华信咨询设计研究院专家团队

# 6G技术发展及演进

许光斌◎编著

人 民 邮 电 出 版 社
北 京

**图书在版编目（CIP）数据**

6G技术发展及演进 / 许光斌编著. -- 北京 : 人民邮电出版社, 2021.10（2023.4重印）
ISBN 978-7-115-55890-9

Ⅰ. ①6… Ⅱ. ①许… Ⅲ. ①无线电通信—移动网 Ⅳ. ①TN929.5

中国版本图书馆CIP数据核字(2021)第000124号

## 内 容 提 要

随着5G商用日渐成熟，业界开始启动6G系统的研究工作，并形成了广泛共识。尽管6G的场景和需求已基本明确，但是候选关键技术仍在不断发展。本书首先简要介绍了6G的业务需求和技术发展趋势、6G愿景和设想、研究进展情况等；接着分析了6G关键技术，例如太赫兹频谱技术等，还分析了频段传播损耗，并对太赫兹MAC协议设计进行分析阐述，重点阐述了人工智能中的深度学习技术在6G技术推动终端应用等方面的技术特点，介绍了UM-MIMO技术；然后阐述了6G融合的卫星通信技术；最后叙述了6G系统的应用和部署设想。

本书既适合从事6G技术的研究人员、设备研发人员和网络工程相关人员参考学习，也适合高等院校移动通信专业的师生阅读。

◆ 编　　著　许光斌
　责任编辑　赵　娟
　责任印制　陈　犇

◆ 人民邮电出版社出版发行　　北京市丰台区成寿寺路11号
　邮编　100164　　电子邮件　315@ptpress.com.cn
　网址　https://www.ptpress.com.cn
　固安县铭成印刷有限公司印刷

◆ 开本：787×1092　1/16
　印张：18.5　　　　2021年10月第1版
　字数：415千字　　　2023年4月河北第8次印刷

定价：159.80元

**读者服务热线：(010)81055493　印装质量热线：(010)81055316**
**反盗版热线：(010)81055315**
**广告经营许可证：京东市监广登字20170147号**

# 自序 Author's Preface

6G系统将在5G系统的基础上全面支持整个世界的数字化。基于6G系统，未来可实现空－天－地－海一体化的网络覆盖，同时结合人工智能（尤其是深度学习）等技术的发展，实现智慧的泛在可取，全面赋能万事万物。2030年以后，人类将走向虚拟与现实结合的“数字孪生”世界，整个世界将基于物理世界生成一个数字化的孪生虚拟世界，物理世界的人和人、人和物、物和物之间可以通过数字化世界来传递信息。孪生虚拟世界是物理世界的模拟和预测，将精确地反映和预测物理世界的真实状态，帮助人类更进一步地解放自我，提高生活质量，提升整个社会生产和治理的效率，实现“数创世界新，智通万物灵”。

我就职于华信咨询设计研究院有限公司，我及公司同事长期跟踪移动通信技术的发展和演进，已经出版了《5G无线网络技术与规划设计》《无线通信技术与网络规划实践》《TD-LTE网络规划设计与优化》等书籍，既见证了我国移动通信的发展过程，也见证了6G技术的萌芽、前期发展的过程。在这本书中，我尽量用通俗的语言介绍6G的基本概念和关键技术性能，并且系统地阐述6G系统网络架构、关键技术、损耗、介质访问控制（Medium Access Control，MAC）协议、深度学习、卫星通信和应用部署等内容。本书将有助于研发人员和工程设计人员更深入地理解6G无线网络技术，更好地进行6G无线网络技术研发、网络规划和工程建设。如果说在走向网络强国的历程中，6G 系统可以算作是一个台阶的话，本书则是这个台阶上的一块砖石。希望以此抛砖引玉，吸引更多的企业、设计部门、研究机构和运营商投入 6G 网络的研究中来，进一步促进 6G 网络的完善和产业链的发展壮大，更好地服务于社会和广大移动通信用户。

本书的出版适逢 6G 发展初期，为广大读者呈现了 6G 技术的概貌，对于 6G 技术发展演进中的技术研究和网络规划设计等，将会有重要的参考价值和指导意义。

许光斌

2021.5.16

6G

# 前言

Foreword

自我国开展 5G 商用以来，给未来信息化发展提供了非常广阔的空间。据估计，未来 10 年，移动互联网的数据流量将增长 70 倍以上。随着移动互联网的快速发展和终端设备的智能化，数据业务已经成为终端用户的刚需。移动互联网进入了“数字孪生，智能泛在”的时代，在继承和发展 5G 技术的基础上，6G 应运而生。

2018 年 11 月，工业和信息化部 IMT-2020（5G）无线技术工作组组长透露，6G 概念的研究会在 2018 年启动。2019 年 11 月，科学技术部会同国家发展和改革委员会、教育部、工业和信息化部、中国科学院、国家自然科学基金委员会在北京组织召开 6G 技术研发工作启动会，宣布成立国家 6G 技术研发推进工作组和总体专家组：推进工作组由相关政府部门组成，职责是推动 6G 技术研发工作的实施；总体专家组由来自高校、科研院所和企业共 37 位专家组成，主要负责提出 6G 技术研究布局建议与技术论证，为重大决策提供咨询与建议。2020 年 1 月，《人民邮电报》报道，工业和信息化部信息通信发展司司长表示，2020 年要扎实推进 6G 前瞻性愿景需求及潜在关键技术预研，形成 6G 总体发展思路，这对信息通信行业产生了深远的影响。随着 6G 研究的开展，我国的移动通信将进入 6G 实验阶段。在此背景下，需要在工程技术领域针对 6G 网络技术前期发展思路和技术演进等方面加强研究，为后续的 6G 研发和实验网做好技术储备。

本书作者是华信咨询设计研究院从事移动通信的专业技术人员，长期跟踪研究 6G 通信系统标准、规范与关键技术，参与国内 6G 技术预研和实验测试，对 6G 无线网络技术有较为深刻的理解。本书融入了作者在长期从事移动通信关键技术研究、技术演进分析和网络规划设计及优化工作中积累的经验，可以使读者较为全面地理解 6G 的技术特点及演进方向等内容。

本书简要介绍了 6G 的业务需求和技术发展趋势、6G 愿景和设想、研究进展情况等；分析了 6G 无线网关键技术，例如新型的网络架构、网络与智能集成技术、太赫兹频谱技术、可见光通信、认知无线电技术、动态频谱共享技术等；分析了不同频段的大气衰减率、雨水衰减率、云 / 雾衰减率、沙尘衰减率等，并对室内环境的视距、非视距信号衰减进行了分析；阐述了太赫兹应用、接入机制和 MAC 协议设计；介绍了人工智能中的深度学习在 6G 技术中的应用、终端应用、网络控制、网络安全等方面的技术特点；重点介绍了 UM-MIMO 系统模型、信道条件、SM 方案、交织调制编码、智能环境、信道估计和性能验证分析；阐述了 6G 融合的卫星通信体系架构、路由技术，微型卫星存储、转发、切换、应用和卫星轨道及地球站规划设计；介绍了 6G 空天系统、陆地系统和水下无线通信系统的应用和规划部署设想。

本书由华信咨询设计研究院有限公司总工程师朱东照统稿，许光斌编写。华信咨询设计研究院是国内最早从事移动通信技术研究、网络规划设计与优化的设计院之一，在 6G 网络技术研究、规划、设计与优化方面具备雄厚的技术实力和丰富的实践经验。本书的编写得到了华信咨询设计院多位领导和同事的大力支持，特别是公司王鑫荣总经理和网络规划研究院周振勇院长的大力支持，在此表示衷心感谢！同时，在这里也向华信咨询设计研究院有限公司网络规划研究院汪丁鼎副院长为本书全稿进行的审校工作表示感谢，也对其他提供帮助和支持的同人表示感谢！本书的编写也参考了许多学者的专著和研究论文，在此一并致谢！

由于6G尚处于前期的研发和发展思路规划时期，尚未进入实际的商业应用，6G系统关键技术、标准与设备也在不断研发和完善中，加之时间仓促，编者水平有限，书中难免有疏漏与不妥之处，恳请读者批评指正。

编者

2021年3月于杭州

6G

# 目录 Contents

第 1 章

# 6G 系统概述

## 1.1　移动通信发展趋势

### 1.1.1　业务需求发展趋势

自20世纪80年代第一代模拟移动通信系统问世以来，几乎每十年就有新一代移动通信系统问世。从一代到另一代，改进了服务质量（Quality of Service，QoS）指标并提供了新的特性和新的服务。在过去的10年时间里，由于智能设备和机器对机器（Machine-to-Machine，M2M）通信的引入，移动数据流量大幅增长。预计2030年全球移动通信业务量将是2010年的670多倍。国际电信联盟（International Telecommunication Union，ITU）预测，到2030年年底，每月移动数据流量将超过5ZB，移动设备用户数将从2010年的53.2亿户增长到171亿户。此外，M2M通信的使用也将呈指数式增长，每个移动设备的通信量也将增加。2020年单个移动设备的流量每月为5.3GB。到2030年，这一数量将增加近50倍。与2010年相比，2020年订阅M2M的用户数增加约33倍，2030年将增加约455倍。2020—2030年全球移动业务量总额的增长预测如图1-1所示，2020—2030年全球单用户移动业务量增长预测如图1-2所示。全球移动连接使用趋势见表1-1。

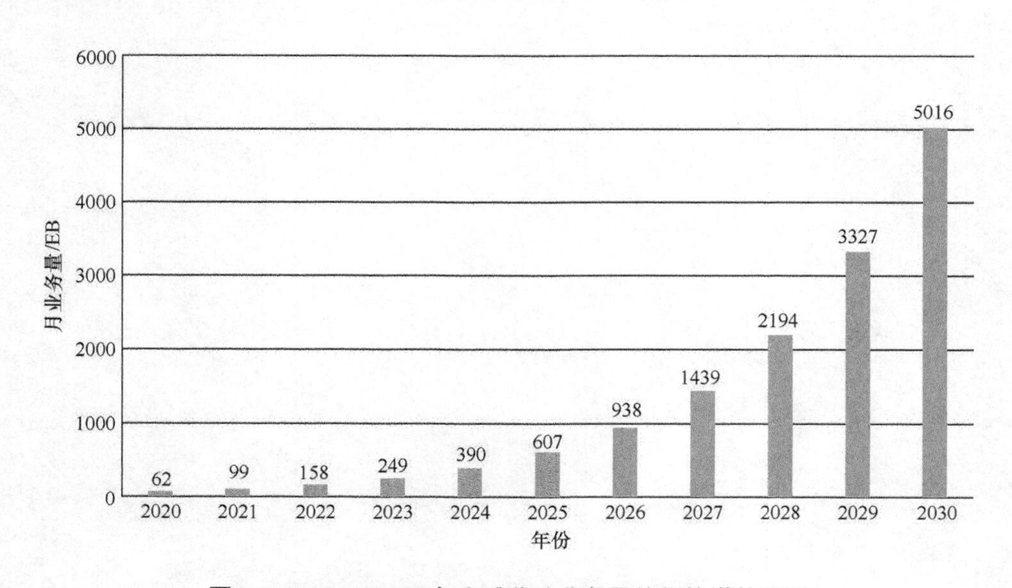


图1-1　2020—2030年全球移动业务量总额的增长预测

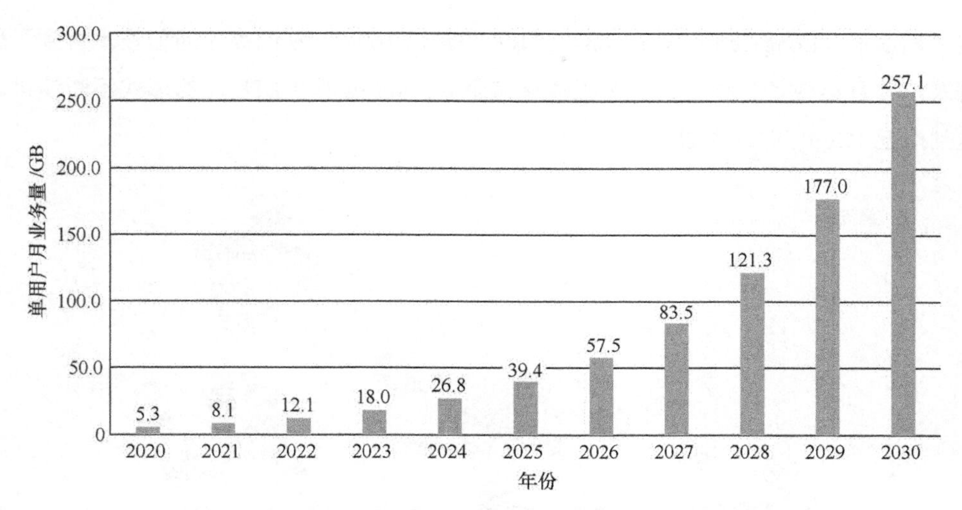


图1-2　2020—2030年全球单用户移动业务量增长预测

表1-1　全球移动连接使用趋势

| 类别 | 2010年 | 2020年 | 2030年 |
|---|---|---|---|
| 移动设备用户数 / 亿户 | 53.2 | 107 | 171 |
| 智能移动设备用户数 / 亿户 | 6.45 | 35 | 162.5 |
| M2M 用户数 / 亿户 | 2.13 | 70 | 970 |
| 月业务量 /EB | 7.462 | 62 | 5016 |
| M2M 月业务量 /EB | 0.256 | 5 | 622 |
| 移动设备用户月业务量 /EB | 7.206 | 57 | 4394 |
| 单移动设备用户月业务量 /GB | 1.4 | 5.3 | 257.1 |

注：用户数即入网设备数；EB=$10^9$GB。

## 1.1.2　技术发展演进趋势

从第一代到第五代移动通信系统（The 5th Generation Mobile Communication System，5G），几乎每 10 年就会商用新一代移动通信系统，以改善 QoS、提供新功能并引入新技术，每一代移动通信技术的设计都是为了满足终端用户和网络运营商的需求。从 1G 到 6G 蜂窝网络的代表性应用如图 1-3 所示。

随着技术的进步，移动通信服务不断发展。从 1G 到 2G，语音呼叫是当时主要的通信方式，并且开始出现简单的电子邮件。但是，从 3G 开始，人们可以使用移动设备进行数据通信（例如 i-mode）和多媒体信息（例如照片、音乐、视频）通信。从 4G 开始，基于使用长期演进（Long Term Evolution，LTE）的超过 100Mbit/s 的高速通信技术得到了爆炸式普及，并且出现了各种各样的多媒体通信服务。4G 技术以 LTE-A 的形式不断演进，现已达到接近 1Gbit/s 的最大通信速率。

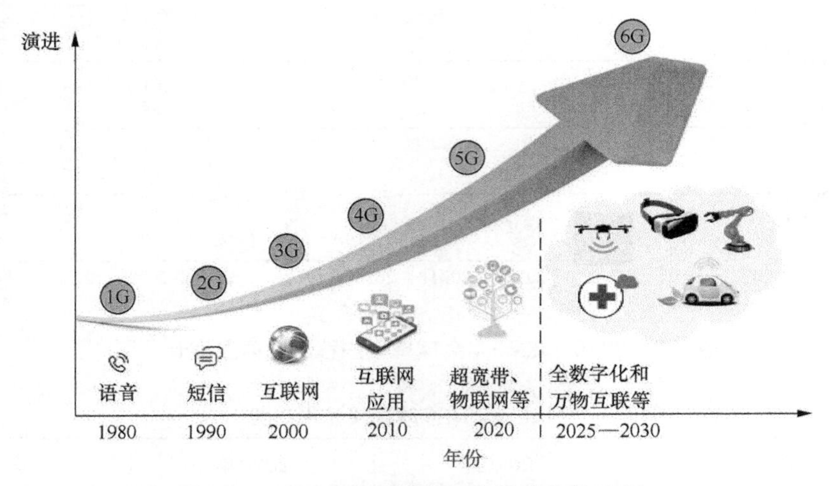


图1-3 从1G到6G蜂窝网络的代表性应用

如今的社会越来越以数据为中心，产生了数据依赖。工业生产过程的彻底自动化将提高生产效率。而在本地“云”和“雾”环境中的人工智能操作的新系统将使大量新应用成为可能。人工智能（Artificial Intelligence，AI）、虚拟现实（Virtual Reality，VR）、三维（Three Dimensional，3D）媒体、万物互联（Internet of Everything，IoE）等各种新兴应用的快速发展，带来了海量数据。自主系统在社会的各个领域（例如工业、卫生、道路、海洋和太空）都变得越来越普及。为了提供智能生活和自动化系统，数百万个传感器将被嵌入城市、车辆、家庭、工业、食品、玩具和其他环境中。因此，我们需要具有可靠连接的高数据速率来支持这些应用程序。我们正在迈向一个完全自动化和具有远程管理系统的社会。但是，5G 仍无法实现一个完全自动化、智能化并为人们提供一切服务和完全沉浸式体验的网络。尽管 5G 移动通信系统比现有系统有显著的改进，但在 10 年之后，5G 移动通信系统将无法满足未来新兴智能和自动化系统的需求。与第四代移动通信系统相比，5G 移动通信系统将提供新的功能和更好的 QoS。5G 技术将包括一些新的附加技术，例如新的频段、先进的频谱使用和管理，以及许可和未许可频段的集成。然而，以数据为中心的自动化系统的快速增长可能会超出 5G 无线系统的承载能力。某些设备（例如 VR 设备）至少需要 10Gbit/s 的数据速率。同时，以数据为中心的自动化进程加快，需要以 Tbit/s 为数量级的数据量、几百微秒的时延，以及每平方千米 $10^7$ 万个连接数。通信网络需要为这些新的智能系统提供神经系统，并以更高的速率传输更多的数据。

预计到 2030 年，5G 的容量将达到极限，现在就开始探索 5G 的下一步设计目标，即第六代移动通信系统（The 6th Generation Mobile Communication System，6G）。6G 连接将超越个性化通信，全面实现物联网（Internet of Things，IoT）模式，不仅连接人，还要连接计算资源、车辆、可穿戴设备、传感器甚至机器人等，推动 4G 和 5G 的发展。

一般而言，在移动通信网络技术的演进和发展过程中，新兴的传输方案，例如 3G 中的时分同步码分多址（Time Division-Synchronous Code Division Multiple Access，TD-SCDMA）、4G 中的多输入 / 多输出（Multiple Input Multiple Output，MIMO）和正交频分复用（Orthogonal Frequency Division Multiplexing，OFDM）、5G 中的毫米波（mmWave）技术和 Massive MIMO，都可以归结为“如何创新性地利用时间、频率和空间资源的自由度（Degree of Freedom，DoF）来解决社会的多样化和精确要求的问题”。基于这一观点，我们在这里粗略地分析 6G 网络中这些资源的潜在应用趋势。

根据以往移动通信网络的演进趋势，6G 在时间、频率、空间资源应用方面将具有超灵活性，以便在未来提供比 5G 应用更快的速率、更大的容量和更低的时延。5G 到 6G 的演进趋势示意如图 1-4 所示。

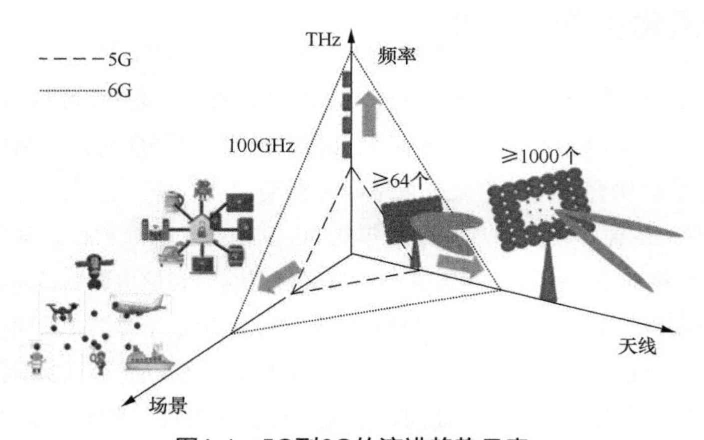


图1-4　5G到6G的演进趋势示意

① 在频率维度中，6G 将使用比前几代移动通信系统更高的频率，以提高数据速率。一方面，高频段，例如毫米波频段、太赫兹（THz）频段甚至可见光频段将被用于 6G 的 100Gbit/s+ 传输；另一方面，未来移动通信网络可以与卫星系统和互联网集成以构建空天、地面一体化网络，从个人移动通信的角度来看，这确实会增加用于通信服务的频率范围。

② 在空间维度中，为了进一步利用“多径”，发射端和接收端上配备的天线数量将会增加。用于太赫兹通信的超大规模多输入多输出天线（Ultra-Massive Multiple Input Multiple Output，UM-MIMO）可以支持数百到数千个发射接收天线单元，例如面向 1THz 传输的（$N_r$，

$N_t$)=(1024，1024) 天线单元 UM-MIMO。

③ 在时间维度上，6G 将提供 5G 所期望的低时延和架构转变。6G 中的基本时隙单元还可以被更大程度地压缩，并且更有效地使用高频段，满足时延敏感型服务的需求。当时隙变得更精细时，网络的灵活性和多功能性将得到增强，从而有利于它向下兼容 2G 至 5G。

④ 通常情况下，时频空间资源利用是相互关联的。当使用更高的频率时，多个天线单元的布置变得更容易(因为尺寸较小)。例如，对于 60GHz 频段，可以在 1dm$^2$ 内嵌入“144 +”个天线单元；而对于 1THz 频段，可以在 1cm$^2$ 中嵌入 1000 多个天线单元。这些多域相互关联现象也存在于 6G 中。

总而言之，6G 移动通信系统发展的主要趋势包括以下几个方面：高比特率、高可靠性、低时延、高能效、高频谱效率、新频谱、绿色通信、智能网络、通信覆盖、定位、计算、控制和传感的融合。6G 将是一个完全数字化和互联的世界。这些新技术的构想也激发了研究人员对新一代无线网络的研究兴趣，从而推动 6G 满足全面连接的智能数字世界的需求。

## 1.2 标准化和研究活动

5G 在全球范围内相继展开部署，关于 6G 的研究还处于起步阶段，一些国家（例如美国、芬兰、英国、韩国和中国等）和组织正在积极地开展 6G 研究，从而推动在全球范围内开展 6G 标准的研究工作，主要有以下研究活动。

2017 年 9 月，欧盟启动了一项为期 3 年的 6G 基础技术研究项目。其主要任务是研究 Tbit/s 无线通信网络的下一代前向纠错编码、高级信道编码和信道调制技术。

2017 年年底，中国开始研究 6G 移动通信系统，以满足未来物联网丰富的通信需求，例如医学成像、增强现实和传感。中国已于 2019 年启动了 6G 通信发展与标准化概念研究。在 2019 中国移动全球合作伙伴大会期间，中国移动研究院联合产业界共同发布了《2030+愿景与需求报告》，这是中国移动的第一份 6G 报告。该报告对 2030 年之后移动通信发展的总体愿景与新应用场景进行了预测和探讨，提出了 6G 网络性能指标的初步需求，描述了未来 6G 网络的五大特征构想。

2018 年 4 月，芬兰科学院宣布了一项为期 8 年的研究计划“6Genesis”(6G 使能的无线智慧社会与生态系统)，奥卢大学和诺基亚将 6G“概念化”，其中，奥卢大学正在研究一个具有突破性的 6G 研究项目，这是芬兰科学院“旗舰”计划——“6Genesis”的一部分，其专注于研究新一代无线通信技术并探索发展 6G 标准。“6Genesis”是第一个专注于 6G 研究的计划，涵盖了多个具有挑战性的领域，即无线连接、分布式计算、服务和应用，包括可靠、近乎即时、无限的无线连接、分布式计算与智能、用于未来电路和设备的材料和天线。6G系统的重要技术组件将得到科学创新。

2018年7月，ITU成立了“网络2030”焦点组，旨在探索面向2030年及未来的通信系统技术发展。“网络2030”焦点组亦称为“IMT-2030”，它将总结2030年移动通信的可能需求（6G）。“IMT-2030”提出的6G概念包括新的全息媒体、服务、网络架构和互联网协议。

美国也开始了6G的研究活动。美国的一些大学已经开始研究基于太赫兹的6G无线通信网络。英国政府投资了一些用于6G及未来无线通信的潜在技术，例如为量子技术研究投入了1500万欧元。

韩国SK电讯已经基于“去蜂窝”和非地面通信网络技术开展了6G研究。2019年7月，韩国三大运营商与三星、诺基亚、爱立信签订了6G合作研发协议。三星电子成立了一个研发中心，负责开发6G移动网络的关键技术。为了加快6G的标准化，三星研究院正在针对蜂窝技术进行广泛研究，他们已将新一代电信研究小组升级为一个研究中心。

首次6G无线峰会于2019年3月在芬兰拉普兰（Lapland）举行。来自全世界的学者、业界人士和供应商进行了广泛而有效的讨论。此次峰会开启了对一些关键问题的讨论，例如6G的动机、如何从5G过渡到6G、6G当前的行业趋势，以及实现技术等。

2020年1月底，NTT DoCoMo（日本一家电信公司）发布了日本第一份“6G白皮书”，展望了6G的技术前景，讨论了未来6G技术的四大发展方向，研究了六大6G无线技术需求用例，给出了6G技术的研究领域。从“6G白皮书”看来，NTT DoCoMo将继续增强5G技术的超高速、大容量、超可靠、低时延、大规模设备连接能力，将继续研究5G演进和发展6G技术，以实现以下6个方面的技术进步：同时满足多种需求，例如超高速、高容量和低时延连接；包括太赫兹频段在内的新频段的开拓；扩大至空中、海上和太空的通信覆盖范围；实现极低能耗和低成本的通信；确保极其可靠的通信；开发用于极大规模连接和感知的功能。

## 1.3 6G愿景和设想

2020年，中国正式进入5G规模化部署阶段，关于6G的讨论也在逐渐升温。但正式定义6G还为时尚早，我们试图提出几个有前景的可能实现6G的方向。

5G是支持诸如超过10GHz频段的毫米波之类的高频段的第一代移动通信系统，而且5G是一种利用数百兆大带宽实现数Gbit/s的超高速无线数据通信技术，这比前几代移动通信系统的速率要高得多。但是，对于移动通信中的毫米波技术而言，未来的发展空间仍然很大。NTT DoCoMo指出，特别是在非视距通信环境中提高覆盖范围和上行链路性能方面，

5G 后续将面临极大挑战。

作为支撑未来垂直行业和整体社会发展的技术，5G 引起了广泛关注，而且在行业用例中通常需要特殊要求和高性能。未来有必要进一步增强 5G 技术，从而灵活地适应行业用例中相当广泛的需求。

最初的 5G NR R15 专注于增强型移动宽带（enhance Mobile Broadband，eMBB）和一小部分超高可靠低时延通信（ultra Reliable Low Latency Communication，uRLLC）。与 LTE 一样，5G 主要实现着力于下行链路数据速率的“尽力而为”服务。在 5G 演进的情况下，在提高上行链路性能的同时，还应考虑为行业应用研发高度可靠的无线电技术，特别是在某些行业用例中存在需要上传大量的图像数据，并且在一些业务中需要保证数据速率的情况。对于广大用户而言，上行链路增强功能和性能保证技术在行业服务中显得尤为重要。

目前，随着大数据和 AI 的逐步普及，人们对网络和物理融合的兴趣日益增强。AI 在网络空间中复制了现实世界并进行了超出现实世界限制的模拟，因此可以发现“未来预测”和“新知识”。在现实世界的服务中使用 AI，可以获得各种价值和解决方案。无线通信在这个网络和物理融合中所起的作用包括对现实世界图像和传感信息的高容量且低时延的传输，以及通过高可靠性和低时延的控制信令向现实世界反馈。当考虑与人类比较时，网络和物理融合中的无线电通信对应于人类的神经系统，在大脑（AI）和每个器官（设备）之间传输信息，因此进入大脑的与上行链路相对应的信息量将会大大增加。

为了研究 6G 的需求，必须研究面向 2030 年 6G 商用时的 6G 行业用例、技术发展、社会价值观。人们认为，作为面向 2030 年进一步发展的新技术，6G 将需要更广泛和更深入的融合；另外，随着信号处理的加速和各种设备的发展，也需要更高级的服务、多个用例的集成和新用例的出现。

《2030 + 愿景与需求报告》给出的 6G 愿景是“数字孪生，智能泛在”。如果说 5G 时代可以实现信息的泛在可取，6G 应在 5G 基础上全面支持整个世界的数字化，并结合 AI 等技术的发展，实现智慧的泛在可取、全面赋能万事万物。该报告指出，2030 年及未来将走向虚拟与现实相结合的“数字孪生”世界，整个世界将基于物理世界生成一个数字化的孪生虚拟世界，物理世界的人和人、人和物、物和物之间可通过数字化世界来传递信息与智能。孪生虚拟世界则是物理世界的模拟和预测，将精确反映和预测物理世界的真实状态，帮助人类更进一步地解放自我，提高生活质量，提升整个社会生产和治理的效率，实现“数创世界新，智通万物灵”的局面。6G 时代部分应用示例如图 1-5 所示。

驱动 6G 的关键因素将是过去所有移动通信系统的特性（例如网络密度、高吞吐量、高可靠性、低能耗和大规模连接）聚合。6G 也将在此基础上发展新服务和新技术。6G 无线网络需实现的最重要的需求是处理大量数据的能力和每个设备具有非常高的数据速率连接。

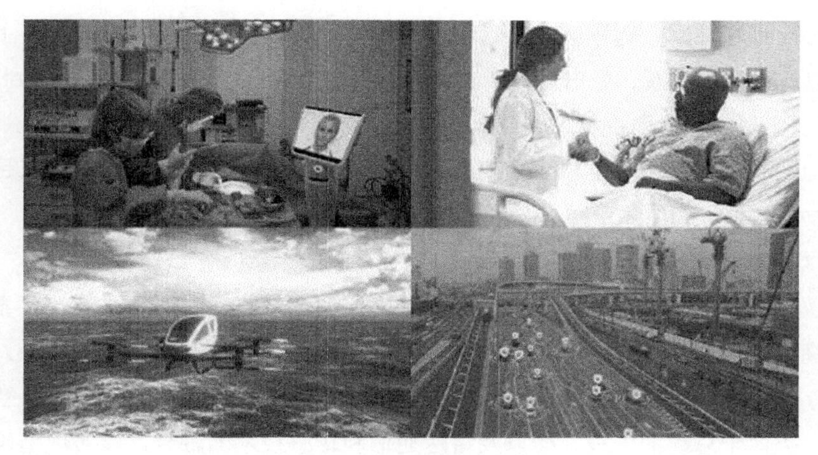

图1-5 6G时代部分应用示例

6G将提高通信网络的性能，并最大限度地提高用户的QoS，例如，它将保护系统和用户数据的安全并提供舒适的服务。在许多应用中，6G的比特率大约为1Tbit/s，能提供比5G高1000倍的同步无线连接。此外，时延小于1ms的超远程通信也有望实现。6G最令人激动的特性是完全支持AI来驱动自动系统。在6G中，视频类型的通信很可能在各种数据通信系统中占据主导地位。未来，预计6G最重要的技术包括太赫兹通信、人工智能、光无线通信（Optical Wireless Communication，OWC）、3D网络、无人机（Unmanned Aerial Vehicle，UAV）和无线功率传输等。

基于5G的发展演进，6G将继续使我们的城市变得超级智能，6G将与手机/平板电脑、物联网设备、无人驾驶汽车等大量自主服务设备实现连接。在大城市，飞行出租车将会普及。飞行出租车和汽车的指挥控制与连接要求将是前所未有的。6G将能够连接一切设备，集成不同的技术和应用，支持全息通信、触觉通信、空间通信和水下通信，还将支撑万物互联、纳米网络、身联网（The Internet of Bodies，IoB）等。

6G将使我们周围的一切变得非常智能，产生万物互联（The Internet of Everything，IoE）的概念。由于大量可操作数据的可用性和计算能力的进步，人工智能将成为6G的一个重要组成部分。最近，人们的兴趣还转向了边缘缓存和雾无线接入网络（Fog Radio Access Networking，F-RAN），这将使内容更接近用户设备（User Equipment，UE），从而实现更低的时延和功耗。在6G中，我们期望看到AI在网络边缘（包括微蜂窝基站和UE）的分布式训练下运行。与在5G移动通信网络数据上使用人工智能算法相比，6G将实现集体人工智能，这也是对当前人工智能技术的升级。6G研究涉及以下几个重要方面。

1. 解决社会问题

5G时代，许多社会问题和需求得到解决。例如，高速和低时延的通信网络可以提供诸如远程办公、远程控制、远程医疗、远程教育以及各种设备（包括汽车）的自主操作等解决方案，以解决区域创新、低出生率、老龄化、劳动力短缺之类的社会问题。到了 2030 年后，6G 可以实现在任何地方以超真实体验访问所有人、信息、商品，并且完全消除了工作地点和时间的限制。这将缩小城乡之间的社会和文化差异，避免城市人口越来越集中，并促进地方发展，使人们的生活更轻松。

2. 网络—物理融合泛在

在工业界，泛在的智能车辆和机器人不仅需要超宽带移动网络，还需要可靠性和超低时延的超高速无线总线，从而提供新型的“移动即服务”（ Mobile-as-a-Service）以及“移动即制造”（ Mobile-as-Manufacturing）应用。作为智能超级终端和计算节点，智能汽车将需要高速、类似于总线的无线连接以及雷达通信和传感技术的融合，以实现精确的波束控制和 3D 场景交互。作为移动生活工具，智能汽车将需要全天候、超宽带且实时的服务，例如 4K/8K 超高清视频、AR/VR 云游戏和 3D 全息视频。在 6G 网络中，为了连接飞机、轮船、火车，空间和地面网络将需要更多的互联和集成。

未来，智能工厂将由密集的智能移动机器人组成，而这些机器人需要无线接入高性能的计算资源，形成具有 TB 级计算能力的分布式智能网络。机器人将需要对各种随时变化的环境（包括与人的互动）做出快速反应，并在对时间要求严格的控制回路中运行。机器人将需要巨大的计算能力来处理每秒数十万亿次浮点运算的数据，而且机器人的连接网络类似于超级计算机的并行总线，如此巨大的无线容量将需要大约 100Gbit/（s · $m^2$）和低于 10μs 的超低时延。这些应用将超出 5G 最初支持的基于感知的 uRLLC 服务的目标范围，并且没有任何技术可以满足其严格的要求。此时，太赫兹通信和光无线通信被认为是可行的候选方案，因为这两个通信方案可以提供大带宽以实现所需的数据密度。

在网络—物理融合中，连接 AI 和设备的无线通信类似于传输信息的人类神经系统。为了实现实时服务并高度交互，始终保持稳定的端到端（End-to-End，E2E）低时延是一项基本要求。对 6G 来说，大约 1ms 或更低的 E2E 时延被视为目标值。例如，在由机器人自动化服务的商店中，可以实现通过观看顾客的面部表情而与人类进行无缝的交互式服务。其中，包括可穿戴设备的高级功能、超过 8K 的高清图像和全息图像以及触觉在内的 5 种感官交流将激增，人与人之间以及人与物之间的交流将变得超现实和丰富。由此，6G 将不受时间和地点的限制，提供创新的娱乐服务和用于游戏、观看体育比赛等的企业服务。随着物联网服务迅速发展和普及，整个社会对物联网的需求将变得非常大。NTT DoCoMo 指出，6G 将提供远远超出人类能力的高速和低时延性能，因此机器可以用来执行包括高清图像在内的大数据处理和超低时延的设备控制。

许多利用网络—物理融合的服务将在 2020 年后创建，并在所有环境中使用，但在

2030 年后，世界将需要更先进的网络—物理融合。通过在网络空间和物理空间之间几乎无延迟地传输和处理大量信息，实现两个空间之间更紧密的协作，最终达到没有间隙的融合。对于人类而言，网络空间将有可能通过安装在人体上的可穿戴设备和微型设备实时支持人类的思想和行动。

在网络—物理融合中，图像和各种传感信息通过 IoT 设备传输到网络，因此一些技术被认为是通过 AI 来分析这些信息并将其应用于诸如波束控制和传播路径估计之类的无线电通信控制的升级。例如，人们认为使用 AI 可以提高通信可靠性，或者可以预测不断变化的环境，并始终将可移动基站自主地布置在最佳位置。NTT DoCoMo 指出，将无线通信的无线电波用于除信息传输以外的各种应用是很有希望的，并且考虑将其应用于定位和物体检测以及无线电源技术（例如能量收集）等。与 5G 一样，从业务和环境的角度来看，降低网络和终端设备的功耗与成本将是 6G 的重要需求，包括 6G 在内的未来将成为一个不需要为设备充电的世界，发展基于无线电信号的电源技术，即能源无线传输技术或许可以实现。毫米波和太赫兹频段不仅适用于高速和大容量通信，而且还适用于实现高精度的定位和感测，并且有望在某些环境中实现仅有几厘米误差的超高精度定位。它对 AI 技术的利用是至关重要的。AI 可能会在无线电通信系统的所有领域以及在空口本身的设计中得到应用。

可穿戴设备、大量收集现实世界图像和传感信息的 IoT 设备将在 6G 时代进一步普及，并且连接数量需求有望达到 5G 的 10 倍，即每平方千米内连接 1000 万个设备。NTT DoCoMo 指出，除了将大量 IoT 设备连接到网络的方法之外，无线通信网络本身有望具有感知现实世界的功能，例如使用无线电波进行定位和物体 / 对象检测。实际上，对于“定位”的研究在 5G 的演进过程中已经取得了进展，并且预期在某些环境中可以实现误差不超过几厘米（甚至更低数值）的超高精度定位。

我们希望 6G 可以将智能从集中式计算设施带到终端，为已经从理论角度研究过的在 5G 环境下的分布式学习模型提供具体的实现。无监督学习和信息共享将通过预测来促进实时网络决策。

可靠的数据连接对于日益智能化、自动化和无处不在的数字世界来说是至关重要的。移动网络是数据高速公路，在智能数字世界，需要连接一切，从人到车辆、传感器、数据、云资源，甚至机器人。5G 实现了超越 LTE 的重大进步，但可能无法满足未来数字社会的全面连接需求。虽然在其他新兴领域也有一些成功的用例，但这些领域尚未具有太大的影响力。在 6G 中全面连接可能成为现实，包括无线功率传输（Wireless Power Transfer，WPT）和射频能量收集、光学无线通信或可见光无线通信（Light Fidelity，Li-Fi）。此外，6G 将不仅应用于无线通信，而且还需要处理传统移动通信和计算机内部互联共存的问题，因为多核计算机可以使用数字表面波通信进行互联，这些互联可能会占用与 6G 相同的频段。总的来说，人工智能将会渗透得更深入，并成为更智能、更强大的 6G 网络的标志。

3. 新型天线及网络安全

6G 将利用智能结构提供额外的 DoF 来改善无线连接。智能反射面大范围将被安装在建筑物内，它将有效增加天线孔径，收集尽可能多的无线电信号，以提高能源和光谱效率，这在以前是不可能的。流体天线的早期研究结果为设计无线通信系统提供了一种全新的可能。此外，超材料也可以用来制造更紧凑的宽带天线。这种智能结构试图通过设计环境来满足各种应用，例如提高连接质量、屏蔽干扰、增强隐私性和安全性、避免对抗性攻击等。

在设备层面，安装在移动电话、平板电脑或任何物联网设备上的雷达可获取上下文信息，这将使采用物理层安全性方法成为可能，由经过雷达行为数据训练的人工智能赋予智能设备能力，智能设备也将变得更加智能。

4. 新颖的非连续性通信技术

尽管 5G 网络已经具有可以在极高频率下运行的能力，例如在 NR 中的毫米波频段运行，但 6G 可以从更高的频谱技术中获益。

5G NR 支持高达 52.6GHz 的频率，并考虑在将来的 3GPP 版本中扩展到约 100GHz。此外，美国联邦通信委员会建议 6G 考虑使用高于 5G 的频率，例如从 95GHz 到 3THz，6G 可以利用非常宽的频段，并且可能实现超过 100Gbit/s 的极高数据速率。然而，太赫兹波的直线传播性高于毫米波的直线传播性，并且传播距离严重受限。NTT DoCoMo 指出，需要对比进行深入技术的研究，例如基于新的网络拓扑的射频（Radio Frequency，RF）设备技术。

一种新的无线接入技术考虑了高频频段的发展以及向天空、海洋、太空覆盖范围的扩展。对于无线技术，与 OFDM 相比，单载波的信号波形将占据主导地位，并且随着将来包括新一代信息技术（Information）、人工智能（AI）、生物科技（Biology）（简称“IAB”）在内的无线技术的应用领域不断扩大，无线技术的重要性也会增加（例如在功率高效的单载波方面）。

另外，在将诸如毫米波和太赫兹波之类的新频段添加到现有频段时，与过去相比，6G 将采用非常宽的频带。因此将会产生许多相关的研究领域，例如根据应用优化多频带的选择、重新研究小区之间的频率复用方法、升级上行链路和下行链路中的双工方式、重新研究低频段的利用方式等。

1999 年，约瑟夫（Joseph）博士等人首次提出认知无线电的概念后引起了社会极大的关注，尽管 5G NR 采用了一些基本的共享频谱技术，但进展甚微，与预想的认知无线电还有很大的差距。6G 的认知无线电将实现移动无线电的自我调节，实现公平、高效共存，并促进 5G、LTE、Wi-Fi 和其他网络之间的无缝移动融合。认知无线电将在 6G 中发挥其全部潜力。当移动通信技术扩展到更广泛的应用领域时，必须考虑与专用于各种现有应用的移动通信以外的无线技术进行合作与集成。与 5G 一样，6G 必须继续与非授权频段无线通信协作。另外，6G 还考虑了与使用除无线电波之外的波的无线通信协作，例如水下声通信。此外，许可辅助接入（License Assisted Access，LAA）以及 IAB 亦是相关示例，但是也可以采用一种把使用不同规范和频率的无线技术集成到移动通信系统中的方法，这些将有助于建立一个可以支撑更多用例的生态系统。

5. 超高速、高可靠通信

在 6G 的速率和容量要求方面，在未来的智慧城市中，数据速率将会达到 1Tbit/s，以实现各种活动的自主管理。对于单个用户，数据速率预计将从 5G 的 1Gbit/s 增加到每个用户至少 10Gbit/s；在 6G 中，某些情况下最高可达 100Gbit/s。6G 还将与卫星集成，提供全球的移动覆盖。相对于常用的面积谱效率（$\mathrm{bit \cdot s^{-1} \cdot Hz^{-1} \cdot m^{-2}}$），体积谱效率（$\mathrm{bit \cdot s^{-1} \cdot Hz^{-1} \cdot m^{-3}}$）更适合在三维空间中测量 6G 的系统容量。uRLLC 是 5G NR 的一个关键特性，它将再次成为 6G 的关键驱动因素，进一步推动这一极限，要求控制面时延小于 1ms。通过进一步提高通信速率（例如通过具有 Tbit/s 级峰值速率的无线技术），6G 可以达到或超过实际传感质量的新传感服务。预期实现这种服务的用户界面将通过眼镜型终端的发展并演变为可穿戴设备。这样的全新体验服务将在多个用户之间实时共享，并且可以期待新的“同步”应用。NTT DoCoMo 指出，考虑到诸如行业应用和网络—物理融合应用的趋势，需要把各种实时信息传输到云和 AI（可称它们是“大脑”），因此 6G 提高上行链路性能将显得更为重要。

5G 的演进和 6G 将有望实现“尽力而为”的通信和“质量保证”的通信。无线通信高度可靠的控制信息是许多工业应用（例如远程控制和工厂自动化）的一项重要要求，并且 6G 有望实现比 5G 更高的可靠性和安全性。随着机器人和无人驾驶飞机的普及以及无线电覆盖范围向天空等的扩展，不仅在工厂等有限区域而且在更广阔的区域都需要高度可靠的通信，并且有可能实现在各种场景下进行高度可靠的通信。

6. 扩展通信环境及覆盖范围

如今，通信像我们周围的空气一样无处不在，而且与水和电同样重要。随着人和物活动范围的扩大，在所有地方都需要交流环境。高层建筑、无人机、飞机甚至太空都是人与物的自然活动区域；不仅地面，而且天空和太空都是必不可少的通信区域；此外，对海上和海底通信区域的需求也在增加。由于各种传感器网络、无人值守的工厂、无人值守的建筑工地等需求，还必须在没有人的环境中搭建通信网络。综上所述，地面、天空和海洋上的每个地方都将成为通信区域。

为了给无人机、飞行汽车、轮船、空间站提供服务，需要覆盖范围扩展技术，由于传统蜂窝移动通信网络无法完全覆盖很多重要的服务区域（例如天空、海洋和太空），所以6G新的网络拓扑应从垂直方向进行三维覆盖。6G网络应用程序的异构性和基于不同通信技术的紧密集成，通过接入、回传、分集和虚拟化网络设备的3D覆盖实现新的小区架构模式。

另外，在无线回传和IAB应用的假设下，能在几十千米的距离内实现长距离无线传输的技术研发将是有必要的。

在“超覆盖扩展”中，使用对地球静止轨道（Geostationary Earth Orbit，GEO）卫星、低地球轨道（Low Earth Orbit，LEO）卫星、高空伪卫星（High Altitude Pseudo Satellite，HAPS），可以覆盖山区和偏远地区、海洋、太空，并能够为诸多新领域提供通信服务。特别是最近再次引起关注的HAPS，因为它可以固定在海拔约20km的位置，并且可以在陆地上形成小区半径大于50km的宽覆盖区域。除了上述广泛的覆盖范围外，HAPS还具有以下优势：及时、简单地为便携式基站提供回程，并确保与陆地通信网络（公共网络）的独立性。HAPS不仅被认为是一种有效的灾难事件应对方式，而且对于5G演进和6G所预期的许多行业应用也是很有效的。

7. 新的网络拓扑

当追求超高速、高容量（尤其是上行链路）并提高无线通信的可靠性时，理想的状态是在尽可能近的距离和无障碍的环境（低路径损耗）中通信，并且生成尽可能多的通信路径以增加候选路径（增大冗余）。为此，6G需要在空间域中具有分布式网络拓扑。在5G中，构建具有六边形小区的蜂窝网络（以前被认为是最理想的通信环境），这样小区之间就不会互相干扰；然而，为了增加路径选择，6G将通过放弃“小区”的概念来追求空间非正交分布网络的拓扑，这样的分布式网络拓扑将有助于刺激高频段、无线感测、无线电源的开发。

另外，由于安装了许多冗余天线且发生小区间干扰的网络拓扑不是最优的网络配置，所以可以从技术上通过波束控制和路径选择避免干扰，但是“如何以低成本实现这一目标”是一个难题。综合考虑各种方法，目前认可的一种解决方案是不使用常规基站天线。NTT DoCoMo指出，为了使新的网络拓扑更有效地发挥作用，使用AI等的拓扑管理技术将成为重要因素；此外，考虑与传统的蜂窝结构结合使用的网络拓扑似乎是必要的。

同时，随着智能家居、智能建筑、智能城市的兴起，尤其是随着机器人和自动无人机系统的发展，6G将满足人—机通信和机器—机器通信的增长需求。为了实现未来的万物互联，6G将是一个具有超灵活性的超密集网络，可以巧妙地集成不同的技术来同时满足各种不同的服务需求。为提供全球移动综合体，6G预计将地面、卫星和天空网络整合到一个单一的无线通信系统中。通过无人机和低轨道地球卫星接入网络和核心网络功能，将使超级

3D 连接无处不在。卫星、天空和地面综合网络如图 1-6 所示。

“空 – 天 – 地”集成网络可分为 3 层：由各种轨道卫星组成的空基网络，由飞行器组成的天基网络，以及包括地面蜂窝移动网络、卫星地面站、移动卫星终端的地面网络。“空 – 天 – 地”集成网络可以充分利用大空间覆盖、大视距和低损耗传输的特性在整个 3D 空间中实现无缝的高速移动覆盖。

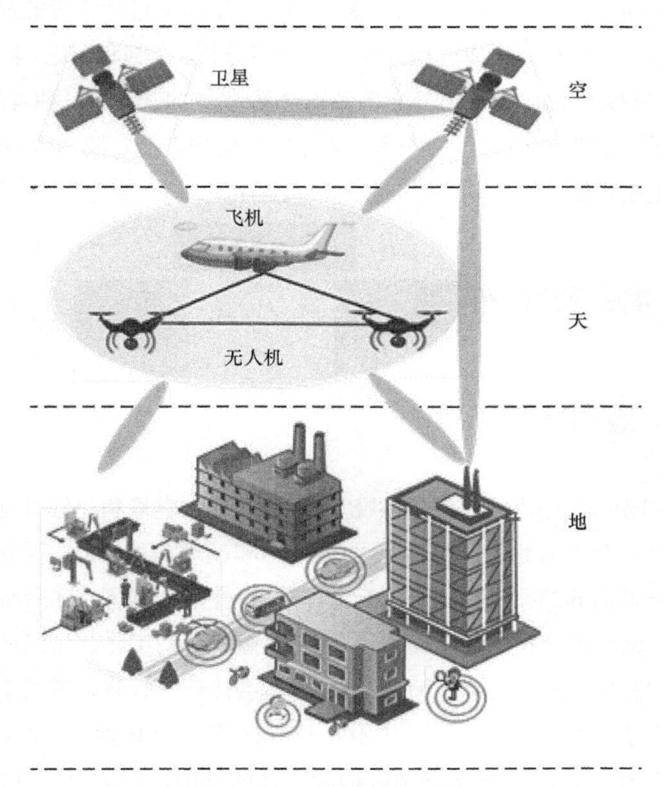


图1-6 卫星、天空和地面综合网络

6G 网络将是基于地面通信、天空网络和卫星系统的集成设计，以适应未来新出现和迫切需要的服务（例如灾害预测），并实现全球覆盖和严格的无缝接入，甚至适用于海洋和山区。通过综合利用卫星系统、天空网络和地面通信系统各自的优势，这种多维网络将为未来的 6G 无线通信带来许多好处。特别是随着航空器、飞艇和 UAV 等数量和类型的增加，可以建立以飞行基站（Flight Base Station，FBS）辅助的动态网络来改善传统的静态网络结构。近年来，许多 FBS 项目如雨后春笋般出现，例如谷歌的 Loon 项目、脸书（Facebook）的 Aquila 等项目。

利用毫米波和太赫兹波建立“空 – 天 – 地”网络之间的通信链路，通过动态波束赋形技术将蜂窝网络小区转换为垂直“空 – 天 – 地”覆盖的概念。6G“空 – 天 – 地”集成网络包括由卫星中继节点（Satellite Relay Node，SRN）和卫星接入节点（Satellite Access Node，SAN）组成的天基骨干网系统；由 SAN 和用户卫星组成的空间接入网；飞机作为热点的天空接入网等。

综上所述，6G 的愿景设想：从微波、毫米波、太赫兹波到激光（自由空间光通信），将有一个较全面的频谱系统；遍及地面、天空、太空、海域的移动超宽带全覆盖；将有完全一致的全息无线和通信，6G 网络将非常精确，在射频空间中进行精确的操作，并从简单的平均化过渡到“强度 - 相位 - 频率”空间中的细粒度分析、调制和操纵，将融合通信、控制、传感、计算和成像等技术。6G 网络将是一个多用途系统，它将颠覆 5G 独有的无线通信功能，可以提供更多“杀手锏”应用和多种服务；从应用层到物理层，将有无处不在的万物互联的分布式计算与泛在智能。

## 1.4 6G 指标及面临问题

### 1.4.1 6G 指标要求

总的来说，6G 移动通信网络有望提供超高速率、更大容量和超低时延，以支持各种新应用的可能性，例如精细化医疗、智能化灾难预测和超现实的 VR。基于以前移动通信网络的演进规律，早期的 6G 网络将主要基于现有的 5G 架构，继承 5G 所带来的好处（例如更多的授权频段、优化的分布式网络架构），并且将改变我们工作和生活的方式。

作为对未来的愿景，就“速率”而言，6G 可能会比前几代移动通信系统使用更高频段的频谱，以便将数据速率提高到比 5G 快 100 ～ 1000 倍。具体而言，6G 网络将通过利用多个频段，达到每秒数百个千兆比特到每秒太比特的链路，例如组合使用 1GHz ～ 3GHz 频段、毫米波频段（30GHz ～ 300GHz）和太赫兹频段（0.1THz ～ 10THz）。

就“容量”而言，与 5G 相比，6G 将能够灵活且高效地连接万亿级的“对象”，而不是当前的十亿级的移动通信设备。由此可知，6G 将变得非常密集，其容量可能比 5G 系统和网络的容量高 10 ～ 1000 倍。

就“时延”而言，从 2G 到 5G，移动通信网络的发展都是以“服务人”为中心的，因此，时延取决于人的反应时间，例如听觉反应时间（约 100ms）、视觉反应时间（约 10ms）以及感知响应时间（约 1ms）。对于触觉互联网的应用，5G 技术将允许 1ms 的时延；然而，这对于工业物联网（Industrial Internet of Things，IIoT）和其他一些对时延敏感的应用来说却“太长”了。例如，“最小时延”对降低碰撞率和提高自动驾驶车辆的安全性来说是至关重要的，为此，6G 旨在实现不可检测（＜ 1ms）甚至不存在的时延，因为它可以对自动驾驶汽车、增强现实和医学成像等应用起到“增强”效果。

欧洲电信标准组织（European Telecommunication Standards Institute，ETSI）发布的一份关于 5G 场景和接入技术要求的文件中，上行链路的目标峰值速率为 10Gbit/s，下行链路为 20Gbit/s（3GPP TR 38.913）。5G 与 6G 的 KPI 对比见表 1-2。

表1-2　5G与6G的KPI对比

| 指标 | 5G | 6G |
| --- | --- | --- |
| 操作频率 | 0.7GHz ～ 300GHz | ＜ 10THz |
| 上行数据速率 | 10Gbit/s | 1Tbit/s |
| 下行数据速率 | 20Gbit/s | 1Tbit/s |
| 可靠性 | $10^{-5}$ | $10^{-9}$ |
| 最大移动速率 | 500km/h | 1000km/h |
| 用户面时延 | 0.5ms | 0.1ms |
| 控制面时延 | 10ms | 1ms |
| 处理时延 | 100ns | 10ns |
| 业务容量 | $10Mbit \cdot s^{-1} \cdot m^{-2}$ | $1Gbit \cdot s^{-1} \cdot m^{-2}$ ～ $10Gbit \cdot s^{-1} \cdot m^{-2}$ |
| 定位精度 | 10cm（二维） | 1cm（三维） |
| 用户体验 | 50Mbit/s（二维） | 10Gbit/s（三维） |
| 卫星集成 | 否 | 是 |
| AI 集成 | 部分 | 完全 |
| 扩展现实（XR）集成 | 部分 | 完全 |
| 触觉集成 | 部分 | 完全 |

我们也可以从表 1-2 中看出未来可能的 5G、6G 网络需求的变化，6G 所采用的频率宽度将大大提升，支持的移动速率将从 5G 的 500km/h 到 6G 的 1000km/h，峰值速率、时延指标提升至少一两个数量级，可靠性提升 10000 倍，接近有线传输的可靠性；用户面可实现几乎实时地处理海量数据；超高精度定位，并考虑立体覆盖；同时与卫星、触觉、自动化等集成融合。

## 1.4.2　6G 研究面临的问题和挑战

值得注意的是，6G 研究仍处于起步阶段，因此还有许多未解决的问题。本小节将探讨未来 6G 网络发展所面临的主要问题，并为解决这些问题提供参考方案。

1. 电源问题

如今，智能手机几乎每天都要充电，比以前的手机消耗更多的能量。未来，除智能手机外，数十亿台设备将连接到 6G 网络，因此应考虑有效的能量传输方法，尤其是无线能量传输方法，并且开发连接设备使之可以支持不同的充电方法。6G 将能够灵活、高效地连接上万亿台低功耗移动设备。在这种情况下，就用户体验而言，采用节能技术就变得非常重要，需要有新颖的电源技术以及简化的信号处理架构，使 6G 网络高效地适应移动设备的持续增长。一方面，可以开发用于实现不同电源供给方法的新的移动设备架构，尤其是无线供电的方法（例如无线能量收集和无线功率传输）；另一方面，可以采用先进的节能无线通信技术，例如我们可以设计低复杂度的预编码和信号检测算法，以应对 UM-MIMO 多用户场景中的“超高维”，从而提高功率效率。此外，基于移动设备需求的电源供给方法和无线传输技术的集成优化，也是实现 6G 网络移动供电以及多种条件下普及终端设备“能源自主”的战略方法。

2. 网络安全问题

对于 6G 无线网络，安全性是一个关键问题。在 6G 中，除了传统的物理层安全之外，还应考虑其他类型的安全，例如集成网络的安全性，因此依靠低复杂度和高安全级别的新兴方法值得更深入的研究。6G 无线通信网络不仅可以连接智能手机，还可以连接自动化、AI、扩展现实（Extended Reality，XR）、智能城市和卫星中使用的智能设备。5G 中采用的安全性方法在 6G 中是不够的，6G 应考虑采用具有创新加密方法的新安全性技术，包括物理层安全性技术和低成本、低复杂度和高安全性的集成网络安全性技术。

3. 设备能力

支持 6G 无线通信技术的设备应能够承受 1Tbit/s 的数据速率和较高的工作频率，还应支持使用设备到设备的通信，实现 AI 和 XR 与不同设备的交互。

当前，大型高频发射端和接收端实现了“小型化”。例如，高通等公司的机场车身扫描仪将毫米波组件从米级别缩小到指尖大小的调制解调器和天线。对于太赫兹频段，这个问题可能更具有挑战性，由于天线尺寸从纳米到微米呈比例变化，可能需要发明可以同时用于毫米波和太赫兹频段的天线。而光电集成（集成了光学模块和电子模块）就是一种用于高频通信系统的技术，该技术能够综合利用片上集成、高速半导体和先进天线技术的共同优势。

4. 收发和天线设计

6G 无线通信系统中的主要挑战是在太赫兹频段。尽管它提供了很高的数据速率，但是高频段带来的高路径损耗也是一个很大的问题。对于长距离通信来说，大气吸收和传播损耗非常大。由于带宽大，需要开发新的多径信道模型来克服频率分散问题。现有的调制和编码技术无法满足太赫兹频段的需求，因此实施新的调制和编码技术是一项具有挑战性的研究。新的收发机应设计为可支持在大带宽、高功率、高灵敏度、低噪声系数的高频段上工作，以克服大气损耗。同时，由于高功率和高频率而引起的健康和安全问题也是研究人员面临的巨大挑战。

第 2 章

# 6G 无线网关键技术

## 2.1 关键技术综述

通过开发不同的技术来改善人类的生活正在不同的领域加速进行着。在集成电路领域，重点是增加晶片面积上的晶体管数量。就电信行业而言，发展方向是提高传输数据的速率，以满足日益增长的不同服务需求。在过去的几年时间里，无线数据流量快速增长：一方面，2021 年的移动数据流量预计将比 2016 年增长 7 倍；另一方面，视频流量预计也将增长 3 倍。到 2022 年，无线和移动设备的流量预计将占总流量的 71%。到 2030 年，无线数据的速率将达到甚至超过有线宽带数据的速率。无线数据速率发展路线如图 2-1 所示。

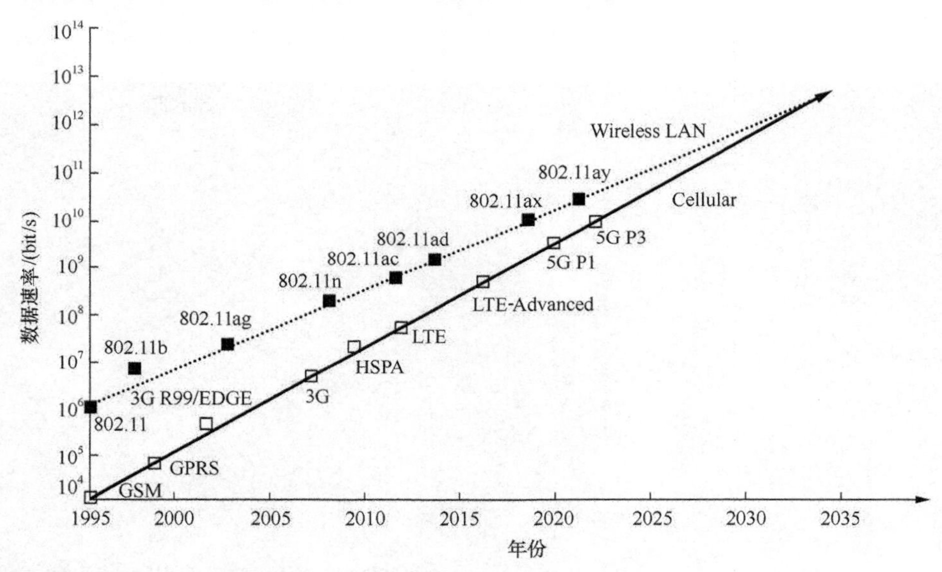


Wireless LAN（Wireless Local Area Network，无线局域网）
Cellular（蜂窝）
GSM（Global System for Mobile Communications，全球移动通信系统）
GPRS（General Packet Radio Service，通用无线分组业务）
EDGE（Enhanced Data Rate for GSM Evolution，增强型数据速率GSM演进技术）
3G （The 3rd Generation Mobile Communication System，第三代移动通信技术）
HSPA（High Speed Packet Access，高速分组接入）
LTE （Long Term Evolution，长期演进技术）
LTE-Advanced （Long Term Evolution Advanced，长期演进升级）
5G（The 5th Generation Mobile Communication System，第五代移动通信技术）
5G P1 （The Phase 1 of the 5th Generation Mobile Communication System，第五代移动通信技术阶段1）
5G P3 （The Phase 3 of the 5th Generation Mobile Communication System，第五代移动通信技术阶段3）

**图2-1 无线数据速率发展路线**

无线使用的显著增长促使研究团体探索无线频谱的范围，以满足人类不断增长的需求。为此，太赫兹频段（0.1THz ～ 10THz）开始在全球范围内引起关注。无缝数据传输、大带宽、微秒时延和超高速下载是太赫兹技术的特性，该技术将彻底改变人们通信和访问信息的路由。

在本章中，我们将介绍6G场景中的关键使能技术。6G使能技术与相关应用的比较见表2-1。尽管其中一些技术在5G的背景下已经进行了讨论研究，但这些技术被排除在早期5G标准之外（由于技术限制或市场不够成熟无法支持）。本章我们将分析物理层突破，寻找新的架构和协议解决方案，以及人工智能的颠覆性应用。

表2-1 6G使能技术与相关应用的比较

| 类别 | 使能技术 | 潜力 | 挑战 | 应用 |
| --- | --- | --- | --- | --- |
| 新频谱 | 太赫兹 | 带宽高、天线尺寸小、聚焦光束 | 电路设计、高传播损耗 | 普遍互联、工业4.0、全息远程呈现 |
| | 可见光通信 | 低成本硬件、低干扰、未分配频谱 | 有限的覆盖范围，需要射频（RF）上行链路 | 普遍互联、电子健康 |
| 新物理层技术 | 全自由度双工 | 连续不间断的发送/接收（Transport/Receive，TX/RX）和中继 | 干扰管理、调度 | 普遍互联、工业4.0 |
| | 带外信道估计 | 灵活的多频谱通信 | 需要可靠的频率映射 | 普遍互联、全息远程呈现 |
| | 传感和定位 | 新服务和基于上下文的控制 | 通信和定位的有效复用 | 电子健康、无人驾驶、工业4.0 |
| 创新网络体系结构 | 多连接和无蜂窝架构 | 不同类型链接的无缝移动和集成 | 调度、新的网络设计 | 普遍互联、无人驾驶、全息远程呈现、电子健康 |
| | 三维（3D）网络架构 | 普遍3D覆盖、无缝服务 | 建模、拓扑优化和能源效率 | 普遍互联、电子健康、无人驾驶 |
| | 先进的接入回传集成 | 灵活部署、户外到室内中继 | 可伸缩性、调度和干扰 | 普遍互联、电子健康 |
| | 能量收集和低功率操作 | 节能网络运行、弹性恢复 | 需要在协议中集成能源特性 | 普遍互联、电子健康 |
| 智能网络 | 价值评估学习 | 智能自主选择要传输的信息 | 复杂性、无监督学习 | 普遍互联、电子健康、全息远程呈现、工业4.0、无人驾驶 |
| | 知识信息共享 | 在新场景下的加速学习 | 需要设计新颖的共享机制 | 普遍互联、无人驾驶 |
| | 以用户为中心的网络体系架构 | 将智能分布在网络的端点 | 实时、节能、高效处理 | 普遍互联、电子健康、工业4.0 |

### 2.1.1 颠覆性通信技术

新一代移动网络通常以一套新颖的通信技术为特征，这些技术提供了前所未有的性能（可用数据速率和时延）和功能。例如大规模多输入多输出（Massive MIMO）和毫米波（mmWave）通信都是5G网络的关键推动者。6G网络依赖传统的频谱（即频谱低于6GHz和mmWave），但也在考虑应用太赫兹频带和可见光通信（Visible Light Communication，

VLC）。亚 6GHz、毫米波和太赫兹频段的路径损耗以及 VLC 的接收功率示意如图 2-2 所示，它体现了在典型的部署场景中每个频段的路径损耗及各频段应用的差异和特点。接下来，我们将重点介绍 6G 中使用的两个新的频段。

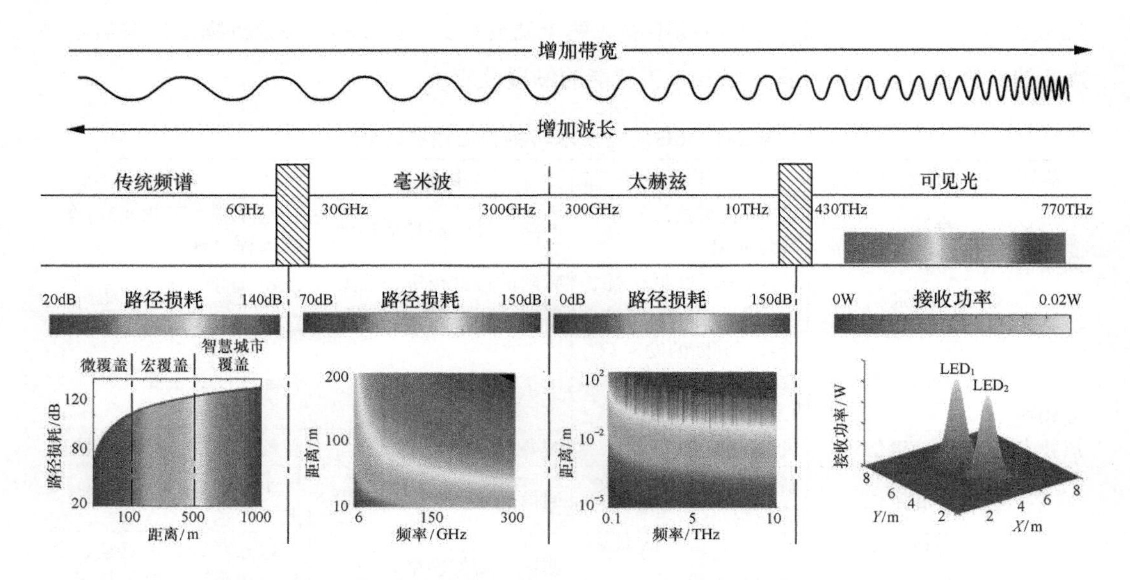


图2-2　亚6GHz、毫米波和太赫兹频段的路径损耗以及VLC的接收功率示意

太赫兹通信使用的频段是 0.1THz ～ 10THz，与毫米波相比，它带来了极端的高频连接潜力，数据速率达到数百 Gbit/s，甚至 Tbit/s，符合 6G 的最高要求。另外，到目前为止，阻碍太赫兹链路在商业系统中应用的主要问题是传播损耗、分子吸收、高穿透损耗，以及天线和射频（RF）电路的实现。对于毫米波通信，可以使用定向天线阵列来补偿传播损耗，也可以在有限的干扰下实现空间复用。此外，通过在不受分子吸收严重影响的频带上工作，可以最大限度地提高太赫兹通信的性能。最后，只在室内通信的情况，这种高频率为新射频和天线电路的超小型电子封装提供了解决方案。

VLC 通过广泛采用廉价的发光二极管（Light Emitting Diode，LED）灯具来补充射频通信。这些设备可以在不同的光强之间快速切换，调制信号并传输到适当的接收器。由于实验平台的成本更低，VLC 的研究比太赫兹通信的研究更成熟。VLC 的覆盖范围有限，它需要一个照明源，并且会受到其他光源（例如太阳）的射噪影响，因此主要适用于室内。此外，VLC 用于下行链路时采用光信号，用于上行链路时还需要采用射频（RF）信号。虽然目前 VLC 没有被纳入蜂窝网络标准，但后续随着标准的演进，VLC 可以在室内场景中引入蜂窝网络覆盖。

虽然标准化机构正在推动面向未来无线系统的太赫兹和 VLC 解决方案的研究项目，但是这些技术还没有被纳入蜂窝网络的标准系统中，有可能在将来被纳入 6G 标准系统。此外，为了使6G移动用户能够在太赫兹和VLC光谱中操作，还需要进行更多的研究，包括用在非视距（None Line of Sight，NLoS）环境中灵活的多波束捕获和跟踪的硬件和算法。6G将利用最新的物理层和5G中没有涉及的关于电路研究的技术来支持全新的无线网络，具体包括以下方面。

1. 全自由度双工通信栈

采用全自由度双工通信的自干扰抑制电路，其收发机能够在接收信号的同时进行传输。实际的全自由度双工部署需要天线和电路设计方面的创新，以减少无线设备中发射端和接收端电路之间的串扰。目前，全自由度双工通信没有被纳入当前的蜂窝网络规范中。然而，随着技术进步，并发下行和上行传输将成为可能，从而在不使用额外带宽的情况下增加复用能力和整个系统的吞吐量。尽管如此，6G网络需要详细规划全自由度双工过程和部署，以避免干扰，并设计新的资源调度器。

2. 新颖的信道估计技术

定向通信的信道估计将是毫米波通信和太赫兹频率通信的关键组成部分。然而，考虑到多个频带和大带宽，很难设计有效的定向通信过程，因此6G系统需要新的信道估计技术。例如，信号的来波到达角（Angle of Arrival，AoA）可以通过将6GHz以下信号的全向传播映射到毫米波频率的信道估计，从而提高波束管理的反应能力。同样，考虑到毫米波和太赫兹通道的角度方向的稀疏性，利用压缩感知来估计使用较少样本的通道是可行的。

3. 基于网络的定位和感知

虽然利用射频信号可以实现同步定位和映射已经得到了广泛的研究，但这种能力从未与蜂窝网络的操作和协议深入集成。6G网络将利用统一的定位和通信接口来改进控制操作，这些操作可以依赖上下文信息来形成波束赋形模式，减少干扰和预测切换，提供创新的用户服务，例如车辆及电子健康服务。

4. 人工智能

由于人工智能技术的进步，特别是深度学习和大量训练数据的可用性，近年来，将人工智能技术用于无线网络的设计和优化的研究非常多，所以6G通信系统中一个重要的应用技术就是人工智能（AI）。4G移动通信系统没有采用人工智能技术，5G支持部分或非常有限的人工智能技术。机器学习的进步将为6G实现实时通信创造更多的智能网络。人工智能的引入将简化和改善实时数据的传输。通过大量的分析，人工智能可以确定复杂目标任务的执行方式。人工智能将提高效率，减少通信步骤的处理时延。耗时的任务（例如切换和网络选择）可以通过人工智能快速完成。人工智能还将在M2M、机器对人、人对机器通信中发挥重要的作用。基于人工智能的通信系统将得到超材料、智能结构、智能网络、智能设备、智能认知无线电、自主无线网络和机器学习的支持。网络中的无监督强化学习在6G网络中是很有前途的。监督学习方法对于6G中生成的海量数据进行标注是不可行的，但无监督学习方法是不需要标记的，因此该技术可以用于自主构建复杂的网络，结合强化学习和无监督学习，使网络以真正自主的方式运行成为可能。

目前，研究人员已经发现了无数个成功使用人工智能技术完成无线通信的例子，例如在物理层设计方面，信道估计和预编码、业务控制等网络资源分配和缓存存储管理、安全性和身份验证、动态小区和拓扑的形成和管理、故障预测和检测等，而且应用列表还在不断增加。

人工智能技术中应用的深度学习（Deep Learning，DL）是基于深度神经网络（Deep Neural Network，DNN）开展的。6G 正在向一个更分布式的架构发展，例如 F-RAN 可以处理世界各地数以百万计的端到端通信。分布式云结构需要在网络边缘进行训练，阻碍了深度学习的运行。尽管最近开发的联邦学习通过分布式训练在一定程度上解决了这个问题，但它更像是集中式学习的分布式实现，并且需要在分布式云和中央网络管理器之间进行通信。此外，用于优化的联邦学习的功能要弱得多，因为在将更新信息发送回中央管理器之前，要对用户级的更新信息进行平均。

未来，6G 的认知无线电的目标是以一种集成的方式，将设备连接到整个网络。解决问题的特定要求和限制条件同样重要，所需要的优化与玩家在游戏中的竞争有一些相似之处，尽管博弈论本身并不是一种优化方法，但它是有用的。为了 6G 的成功，人工智能和博弈论的集成将使一个真正的分布式学习机制成为可能。在这种机制中，多个人工智能体可以通过交互进行学习。人工智能融合体是最近出现的一个相关概念，可以用于处理多个人工智能体（基于每个人工智能体的本地训练）来实现相同的目标，而多个人工智能体之间的直接通信是有限的或其实根本没有直接通信的情况。有效地将人工智能与博弈论相结合的人工智能融合体可以真正达到 6G 的智能。

5. 太赫兹通信

频谱效率问题可以通过使用太赫兹通信和应用先进的 Massive MIMO 或 UM-MIMO 技术来实现。RF 频段几乎用尽，现在已经不足以满足 6G 的需求。太赫兹频段将在 6G 通信中发挥重要的作用，将成为高数据速率通信的下一个前沿。太赫兹频段（通常是指 0.1THz～10THz 的频段）对应的波长为 0.03mm～3mm。根据国际电信联盟无线电通信部门（International Telecommunication Union Radio Communication Sector，ITU-R）的建议，275GHz～3THz 频段被认为是用于蜂窝通信的太赫兹频段的主要部分。通过在毫米波频段（30GHz～300GHz）上增加太赫兹频段（275GHz～3THz），可以增加 6G 蜂窝通信的容量。由于 275GHz～3THz 范围内的频段尚未被分配，所以这个频段有潜力实现所需的高数据速率。当这个太赫兹频段加入现有的毫米波频段时，总带宽至少增加了 11 倍。在已定义的太赫兹频段中，275GHz～300GHz 位于毫米波频段。由于 300GHz～3THz 频段位于光学频段的边界处，紧挨着 RF 频段，所以 300GHz～3THz 频段显示与射频相似。

太赫兹通信的关键特性包括广泛可用的带宽来支持非常高的数据速率、高频产生的高路径损耗。高定向天线产生的窄波束宽度可减小干扰。太赫兹信号的小波长允许更多的天线阵元被整合到设备和在这个频段运行的基站中。这允许使用先进的自适应阵列技术，可以克服覆盖范围的限制。

6. 光无线通信技术

除了基于 RF 的通信之外，OWC 技术还可用于 6G 通信，可将所有可能的设备接入网络；接入网络后可进行前传和回传。自从 4G 移动通信系统应用以来，OWC 技术已经被广泛使用。然而，随着技术的发展，它将被更广泛地用于满足 6G 通信系统的需求。人们熟知的 OWC 技术包括光保真度、可见光通信、光学摄像机通信、基于光频谱的光通信等。研究人员一直致力于提高性能和克服光无线技术的难点。基于光无线技术的通信可以提供非常高的数据速率、低时延和安全的通信。激光雷达也是基于光学频段的，这是一种很有前途的技术，可用于 6G 通信中非常高分辨率的三维测绘。VLC 是 OWC 的一种特殊形式，在光频中使用 LED 对数据进行编码。研究表明，每个链路的数据速率可以达到 0.5Gbit/s，并满足 6G 的数据速率要求。我们推测，VLC 将在车对车（Vehicle-to-Vehicle，V2V）通信中特别有用，汽车的头灯和尾灯可以用作“控制和协调”数据通信的天线。在传统射频通信效率较低的情况下，例如飞机舱内的互联网服务、水下通信、医疗领域等，VLC 也很有用。

7. UM-MIMO 技术

UM-MIMO 是提高频谱效率的关键技术之一。当 UM-MIMO 技术改进时，频谱效率也被提高了。

8. 区块链

区块链将是未来通信系统中管理海量数据的一项重要技术。区块链是分布式账本技术的一种形式。分布式账本是分布在多个节点或计算设备上的数据库，每个节点复制并保存一份相同的分类账副本。区块链是由点对点网络管理，可以在不受中央机构或服务器管理的情况下存在。区块链上的数据被收集在一起并以块的形式组织起来。这些块彼此连接，并使用密码学进行保护。区块链本质上是大规模物联网的补充，改善了互操作性、安全性、私密性、可靠性和可扩展性。

9. 3D 网络

6G 系统将整合地面和空中的网络，为垂直扩展的用户提供通信支持。3D 基站将通过低轨道卫星和无人机实现。在高度和相关自由度方面添加新的维度，使 3D 连接与传统的 2D 网络有很大不同。

10. 量子通信

量子通信是另一项很有前途的技术，它很有可能为实现 6G 的极高数据速率传输和较周密的安全性方面做出巨大贡献。不能被复制或访问的量子纠缠的固有安全特性使量子通信成为6G及以上系统的授权技术。量子密钥分配（Quantum Key Distribution，QKD）和相关协议已初步实现。量子通信的另一个吸引人的特点是它适合远距离通信。然而，由于量子纠缠不能被克隆，目前的中继器概念并不适用于量子通信，可以采用卫星、高空平台和无人机作为可信节点进行密钥再生和重新分配。在设计量子器件方面，已经实现了目前工作在绝对零度以上的单光子发射器件，要使它在正常温度下工作还需要做很多工作。因此，想要在6G中看到量子通信的巨大影响，可能还需要较长时间。

11. 无人机

在许多情况下，6G将使用无人机技术来提供高数据速率的无线连接。基站实体将被安装在无人机上提供蜂窝连接。无人机具有某些固定的基站基础设施所没有的特征，例如容易部署、强视距链路以及具有可控制的移动性的自由度。在自然灾害等紧急情况下，部署地面通信基础设施在经济上是不可行的，有时在不稳定的环境中也不可能提供任何服务，但无人机可以很容易地处理这些情况。无人机将为无线通信提供新的模式，可以满足3个基本的无线网络需求：增强型移动宽带（eMBB）、超高可靠低时延通信（uRLLC）和大规模机器类通信（massive Machine Type Communication，mMTC）。无人机还可用于增强网络连接、火灾探测、灾害应急服务、安全监控、污染监测、停车监控、事故监测等。因此，无人机技术被认为是6G通信的重要技术之一。

12. 无蜂窝通信

5G发展后期的一个热点是无人机无线网络，该网络提出采用飞行基站，在没有通信基础设施或基础设施因灾难性事件严重受损、侦察活动频繁的情况下提供移动覆盖。在6G中，无人机无线网络或无人机小区的全部潜力将被挖掘，其应用将被广泛扩展，通过调动网络资源实现无蜂窝网络。为了充分利用无人机形成的流动小区，将联合实现资源分配（包括无线电、能源和计算资源）、轨迹、内容缓存和用户关联的优化。此外，在6G中，无人机不仅可以作为飞行基站提供无线覆盖，还可以作为内容提供商和计算服务器，与其他新兴技术将会有更多的协同作用。例如，人工智能将利用网络使用数据来学习和动态地找到无人机的最佳路径，并优化无人机的其他参数，这将不可避免地动态重新配置网络的拓扑结构。此外，无人机将从WPT技术中受益良多，WPT技术可以使无人机一直移动，同时无人机还将支持基于服务的网络切片。目前，在密集的网络中，用户从一个小区移动到另一个小区会导致过多的切换，还会导致切换失败、切换时延、数据丢失和乒乓效应。6G无蜂窝通信将克服这些困难，提供更好的QoS。多频率和异构通信技术的紧密集成在6G系统中是至关重要的。因此，用户可以无缝地从一个网络移动到另一个网络，而不需要在设备中进行任何手动配置。最好的网络将从可用的通信技术中自动选择。这将打破无线通信中小区概念的限制。

13. 无线信息和能量传输的集成

无线信息和能量传输的集成（Wireless Information and Energy Transfer，WIET）将是6G中最具创新性的技术之一。WIET技术使用与无线通信系统相同的场和波。值得注意的是，传感器和智能手机将通过在通信过程中使用无线电力传输来充电。在延长电池充电无线系统寿命方面，WIET是一项较有前途的技术。

14. 传感与通信的集成

自主无线网络的关键驱动是能够持续感知环境的动态变化，并在不同的节点之间交换信息。在6G中，传感将与通信紧密集成，以支持自主系统。

15. 接入回传网络的集成

6G的接入网络密度将非常大，每个接入网都需要与回传连接，例如光纤和OWC网络。为应对数目庞大的接入网络，接入网络和回传网络将会紧密结合。

16. 动态网络切片

动态网络切片允许网络运营商用专用的虚拟网络来支持广泛用户、车辆、机器和行业等服务的优化交付。在6G中，大量的设备将应用到动态网络切片中。

17. 全息波束赋形

波束赋形是一种信号处理过程，该过程可以引导一组天线向特定方向发射无线电信号，是智能天线或先进天线系统的一个子集。波束赋形技术具有信噪比高、抗干扰和抑制干扰、网络效率高等优点。全息波束赋形（Holographic Beam Forming，HBF）是一种新的波束赋形方法，它与MIMO系统有很大的不同，因为它使用的是软件定义的天线。HBF将是一种非常有效的方法，在6G中，它可以高效和灵活地传输和接收信号。

18. 大数据分析

大数据分析是分析各种大数据集的复杂过程。在这个分析过程中能发现信息，例如隐藏的模式、未知的相关性和客户的倾向，以确保完美的数据管理。该技术将广泛应用于6G中海量数据的处理。

19. 轨道角动量通信

利用极化分集和轨道角动量（Orbital Angular Momentum，OAM）模式复用，可以构建非常高容量的无线通信系统，并可在几米的距离内工作。同时，还可以设计多个独立的数据流在同一空间的无线信道上传输，使面积频谱效率得到显著提高。这种性能在相对较短的距离内尤为可行，例如可用于工业自动化。OAM系统可达到2.5Tbit/s以上的速率。这对于工业4.0来说是一项很有用的技术，被认为是6G的关键应用之一。

20. WPT和能量收集

WPT在5G中没有起到关键作用，但在6G中将会大放异彩。首先，因为无线网络的密度继续增大，通信距离将大大缩短，加上无人机作为基站可进一步缩短距离，WPT将更有意义。此外，由于人工智能处理的巨大计算需求，6G 中的物联网设备将更加耗电。需要注意的是，随着能量收集技术的不断进步，从周围环境的射频信号挖掘、收集能量可能会成为低功耗应用的可行电源。

21. 雷达的上下文通信

只有在具有足够的信息进行分析时，智能技术才能有较好的应用，而雷达技术可以利用移动物联网和物联网设备的环境意识，使上下文感知的通信达到以前无法达到的水平。6G 设备环境感知增强了人工智能在设备级别上的能力。通过与人工智能结合的雷达观测，UE 将能够识别和定位来自雷达的潜在窃听者或对手，并利用物理层安全模式调整其通信以增强保护。6G 的认知无线电还将存储环境的行为数据，并预测恶意节点的可疑活动。此外，依赖用户行为数据的物理层身份验证等方法也将成为可能。UE 收集的上下文通信数据也可以帮助网络更好地预测 UE 的下一步变化。

22. 基于超材料的可编程无线环境

传统的天线设计技术尽管在过去的几十年里取得了巨大的成功，但它似乎已经达到了极限。尽管基于超材料的天线已经研究了近 20 年，但还没有对前几代移动通信系统产生影响，这种情况将在 6G 中得以改变，基于超材料的天线将成为 UE 的标准，并允许 UM-MIMO 技术应用于移动电话。超材料天线的成熟也将使小型高效宽带天线成为可能，这为 6G 的认知无线电提供了所需硬件的灵活性。

另外一种新形式的天线技术将在 6G 中出现，即流体天线，由导电流体、金属流体或电离液体制成，可以塑造成理想的形式，以适应传播环境。射流结构打破了边界预定义的天线硬件和信号处理，并允许优化它的位置、特别形状的分集和复用增益，同时基于环境和需求，在给定的时间，在适应人手持移动电话的情况下，可以减少电磁场（Electro Magnetic Field，EMF）的暴露。据推测，一个单一软件定义的流体天线可以提供以前只有大量的 MIMO 天线才可以实现的丰富的分集，同时能灵活地改变其形状、大小和位置。

软件定义材料（Software Defined Material，SDM）可以用于设计大型智能表面（Large Intelligent Surface，LIS），以实现可编程的无线环境，并提高超小小区的覆盖面积。这样就有可能通过改变其电磁特性来控制传播环境。使用 SDM 的智能无线环境如图 2-3 所示。SDM 可以铺设在墙壁上，拒绝非预期的无线电信号。许多人预测，在建筑物或室内环境中的 LIS 将在 6G 中得到应用。

可编程的超表面确实可以简单地改变传播环境。编程可以取代无线收发机的设计架构。最近的结果显示，编程可以改变电磁波的相位、振幅、频率甚至 OAM，从而有效地在没有混频器和 RF 链的情况下调制无线电信号。这项技术将具有很大的突破性；根据它的进展，我们可能会看到它的运行是一个 6G 的增强，若能实现，可以带来明显的优势。

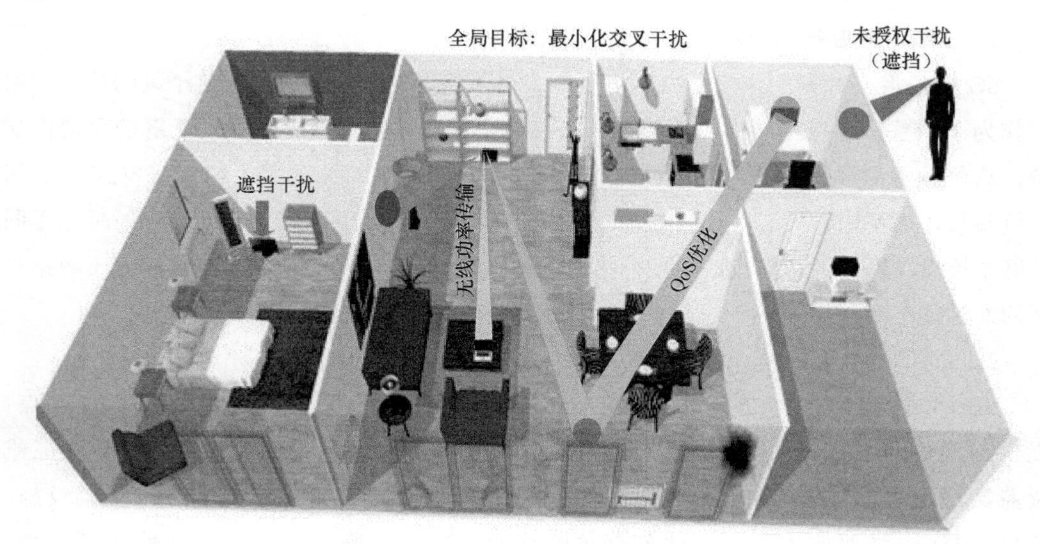


图2-3 使用SDM的智能无线环境

## 2.1.2 创新的网络架构

新的通信技术的引入将启用新的 6G 网络架构，但也可能需要对当前移动网络的设计进行结构更新。例如，太赫兹通信的密度和高接入数据速率将增加底层传输网络的容量需求，必须提供更多的光纤接入点和比今天的回传网络更高的容量。此外，各种不同的通信技术的广泛应用将增加网络的异构性，需要进一步加强管理。6G 将引入的主要架构创新如图 2-4 所示。

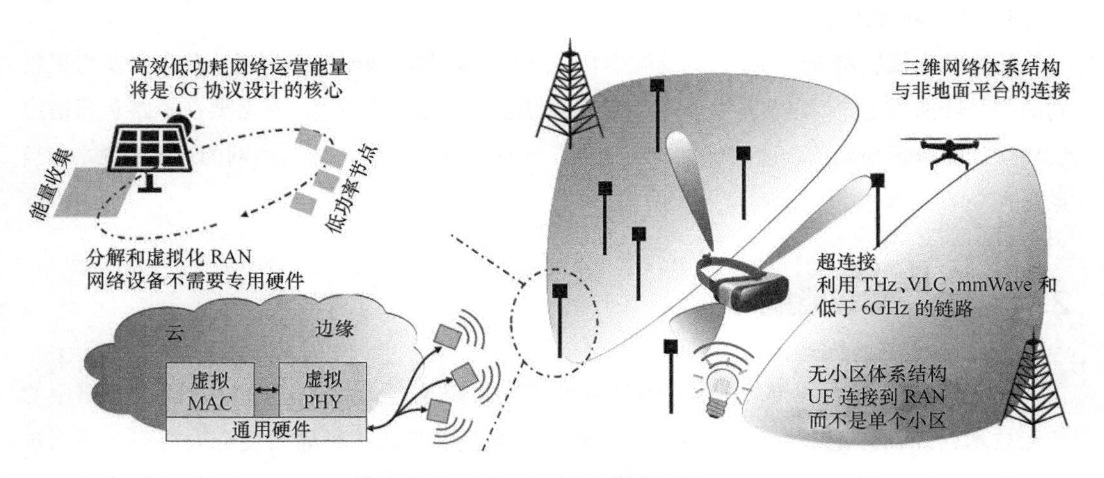


图2-4 6G将引入的主要架构创新

6G 将引入的架构创新主要体现在以下 4 个方面。

1. 多频率紧密集成和无蜂窝小区通信技术架构

6G 设备将支持多个异构无线电信号，这将使多连接技术扩展到当前小区的边界，用户作为一个整体连接到网络，而不是一个蜂窝小区。无蜂窝网络将保证无缝的移动性支持，这些设备能够在不同的异构链路（例如 6GHz 以下、毫米波、太赫兹或 VLC）之间无缝转换，而不需要人工干预或配置。最后，根据特定的应用，用户还可以同时使用不同的网络接口，以利用网络接口的互补特性，例如用于控制的 6GHz 以下链接和用于数据平面的太赫兹连接。

2. 3D 网络架构

5G 网络（以及之前的几代移动通信网络）被设计为一个已部署网络的接入点，提供与地面设备二维空间的网络连接。相反，我们设想未来 6G 异构架构提供三维覆盖，从而用非地面平台（例如无人机、热气球和卫星）来补充地面通信基础设施。此外，3D 网络架构还可以迅速部署这些网元，以确保服务的无缝连续性和可靠性，例如在农村地区或在活动期间，避免建设运行和管理成本高的固定通信基础设施。尽管这些应用有一定的前途，但在飞行平台能够有效地应用于无线网络之前，还有各种各样的问题需要解决，例如空对地信道建模、拓扑和轨迹的优化、资源管理和能源效率等。

3. 先进的接入回传集成

6G 的数据速率要求新的接入技术的回传容量有足够的增长。此外，部署太赫兹和 VLC 将增加接入点的密度，这些接入点需要与它们的相邻节点和核心网络回传连接。因此，可以利用 6G 技术的巨大容量来提供自动回传解决方案。

4. 低功耗网络运营的能量获取

能量收集机制整合到 6G 基础设施中将面临几个问题，例如怎样与通信共存以及将采集到的信号转换成电流时的效率损失等问题。考虑到 6G 网络的规模，有必要在电路和通信协议栈设计能量感知系统。使用能量收集电路，允许设备自供电，这对离网的设备来说是相当重要的。

### 2.1.3 网络与智能集成

6G 通信技术和网络部署的复杂性可能会阻止封闭模式或手动优化。尽管 5G 网络中的智能技术已经在讨论中，但我们预计 6G 的用户数量和接入点部署密度会大得多。不同技术和应用特性的集成会使网络更加异构，对 6G 的性能要求更加严格。因此，智能技术将在网络中扮演更加重要的角色。目前，虽然没有指定要在网络中部署学习策略技术，但是数据驱动方法可以被视为网络供应商和运营商用来满足 6G 要求的工具。6G 的研究将着重于以下两个方面。

1. *数据选择学习和特征提取技术*

未来，联网设备（例如自动驾驶汽车上的传感器）产生的大量数据将对通信技术造成压力，无法保证服务质量。在网络资源有限的情况下，区分信息的价值是实现最终用户能效最大化的基础。在这种情况下，机器学习策略可以评估、观察结果的相关性，或者从输入向量中提取特征，并根据序列的整个历史来预测序列的后验概率。在 6G 中，无监督强化学习方法不需要标记，可以真正自主地操作网络。

2. *以用户为中心的网络架构*

机器学习驱动的网络仍处于起步阶段，但将成为复杂的 6G 系统中的一个基本组件。该系统设想使用分布式人工智能技术来实现一个完全以用户为中心的网络架构。通过这种方式，终端能够根据以前的操作结果做出自主的网络决策，而不会产生与集中控制器之间的通信开销。分布式方法可以实时处理机器学习算法，满足很多个 6G 服务的要求，从而提高网络管理的响应能力。

## 2.2 移动通信频谱现状

频谱是移动通信的基础，也是稀缺资源，持续增长的业务量要求未来移动通信系统扩展可用的频谱资源。我国三大电信运营商的频谱分配情况见表 2-2。

表2-2 我国三大电信运营商的频谱分配情况

<table>
<tr><th>运营商</th><th>无线制式</th><th>上行频段 /MHz</th><th>下行频段 /MHz</th><th>频宽 /MHz</th><th>备注</th></tr>
<tr><td rowspan="8">中国移动</td><td>GSM900</td><td>890 ～ 909</td><td>935 ～ 954</td><td>19×2</td><td></td></tr>
<tr><td>GSM1800</td><td>1710 ～ 1735</td><td>1805 ～ 1830</td><td>25×2</td><td></td></tr>
<tr><td>TD-SCDMA</td><td colspan="2">2010 ～ 2025</td><td>15</td><td>A 频段，室外</td></tr>
<tr><td rowspan="3">TD-LTE</td><td colspan="2">1885 ～ 1915</td><td>30</td><td>F 频段，室外</td></tr>
<tr><td colspan="2">2320 ～ 2370</td><td>50</td><td>E 频段，室内</td></tr>
<tr><td colspan="2">2615 ～ 2675</td><td>60</td><td>D 频段，室外</td></tr>
<tr><td rowspan="2">5G</td><td colspan="2">2515 ～ 2615</td><td>100</td><td>D 频段，室外</td></tr>
<tr><td colspan="2">4800 ～ 4900</td><td>100</td><td>室外</td></tr>
</table>

（续表）

| 运营商 | 无线制式 | 上行频段 /MHz | 下行频段 /MHz | 频宽 /MHz | 备注 |
|---|---|---|---|---|---|
| 中国联通 | GSM900 | 909 ～ 915 | 954 ～ 960 | 6×2 | |
| | GSM1800 | 1735 ～ 1755 | 1830 ～ 1850 | 20×2 | |
| | WCDMA | 1940 ～ 1955 | 2130 ～ 2145 | 15×2 | |
| | TD-LTE | 2300 ～ 2320 | | 20 | E 频段，室内 |
| | LTE FDD | 1755 ～ 1765 | 1850 ～ 1860 | 10×2 | |
| | 5G | 3500 ～ 3600 | | 100 | |
| 中国电信 | CDMA | 825 ～ 835 | 870 ～ 880 | 10×2 | |
| | TD-LTE | 2370 ～ 2390 | | 20 | E 频段，室内 |
| | LTE FDD | 1765 ～ 1780 | 1860 ～ 1875 | 15×2 | |
| | | 1920 ～ 1935 | 2110 ～ 2125 | 15×2 | |
| | 5G | 3400 ～ 3500 | | 100 | |

随着业务的高速增长，现有的频谱资源将无法满足未来通信业务的需求，需要采用更宽、更高的未分配频谱资源来满足低频频谱资源匮乏的瓶颈。

太赫兹和可见光频谱将是极具吸引力的两类重要的候选频谱。太赫兹频谱在通信等领域的开发利用受到欧洲、美国、日本的高度重视，也获得了 ITU 的大力支持。可见光通信技术是随着照明光源支持高速开关而发展起来的一种新型通信方式，可以有效地缓解当前射频通信频带紧张的问题，为短距离无线通信提供了一种新的选择方式。太赫兹、红外线、可见光和紫外线频谱如图 2-5 所示。

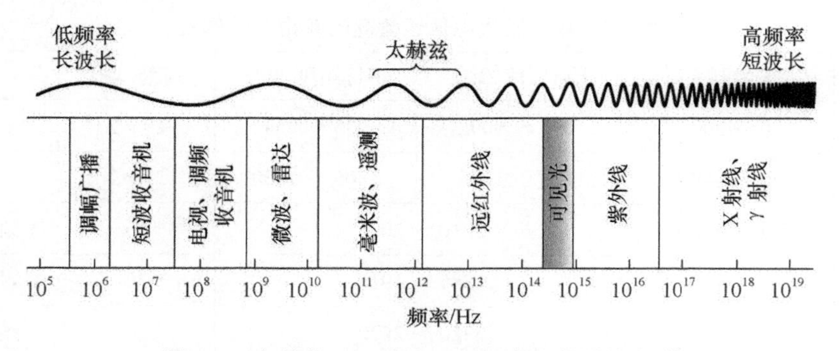


**图2-5　太赫兹、红外线、可见光和紫外线频谱**

其中，大多数研究人员认为太赫兹的频谱范围是 0.1THz ～ 10THz（也有人认为太赫兹频谱范围是 0.3THz ～ 3THz 或 0.06THz ～ 10THz，其中，1THz=1000GHz）。该频谱目前尚未被分配，可以弥补未来无线通信频谱短缺的瓶颈。

# 2.3 太赫兹通信

## 2.3.1 太赫兹研究进展

太赫兹（THz）术语是在 20 世纪 70 年代首次在微波中使用，用来描述干涉仪、二极管探测器和水激光共振的光谱频率。2000 年，太赫兹被称为频率在 100GHz ～ 10THz 的亚毫米波。然而，当时亚毫米波与远红外线之间的界线并没有被清楚地识别。自从提出利用太赫兹的概念，即超宽带通信使用非视距（NLoS）信号作为一个强大的解决方案并提供极高的数据速率，特别是在传播上，太赫兹技术成为研究人员关注的热点。

太赫兹频段保证了极强的吞吐量，理论上可以扩展到几个太赫兹，达到了 Tbit/s 级的容量。与太赫兹技术相关的这种潜力吸引了更广泛的研究群体。由于研究小组的共同努力，新的设计、材料和制造方法正在逐步产生，显示出太赫兹发展的无限机会。从事太赫兹传播相关主题的研究小组见表 2-3。表 2-3 展示了进行太赫兹研究的相关团体的情况，从表 2-3 可知，这一领域的研究是在全球的实验室中进行的。

表2-3 从事太赫兹传播相关主题的研究小组

| 研究小组、实验室 | 国家 | 研发活动 |
|---|---|---|
| 布朗大学的米特尔曼实验室 | 美国 | 太赫兹物理层、太赫兹光谱学、太赫兹探针 |
| 乔治亚理工学院宽带无线网络实验室 | 美国 | 太赫兹物理层、太赫兹MAC层、太赫兹纳米通信、太赫兹器件 |
| 加泰罗尼亚纳米网络中心 | 西班牙 | 太赫兹纳米通信 |
| 布法罗大学超宽带纳米通信实验室 | 美国 | 太赫兹物理层、太赫兹 MAC 层、太赫兹纳米通信、太赫兹器件 |
| 加州大学洛杉矶分校太赫兹电子实验室 | 美国 | 太赫兹光源、探测器、光谱仪、可重构超级膜、成像和光谱学 |
| 麻省理工学院太赫兹集成电子集团 | 美国 | 太赫兹频率的传感、计量、安全和通信 |
| 弗劳恩霍夫应用固体物理研究所 | 德国 | 太赫兹物理层、MAC 层和射频电子 |
| 太赫兹通信实验室 | 德国 | 信道探测和太赫兹反射器 |
| 日本电报电话公司核心技术实验室集团 | 日本 | 太赫兹集成电路和模块化技术 |
| 德州仪器基尔比实验室 | 美国 | 超低功耗亚太赫兹互补金属氧化物半导体（CMOS）系统 |
| 大阪大学通口实验室 | 日本 | 太赫兹纳米科学、太赫兹生物科学、太赫兹生物传感和工业应用 |
| 高丽大学太赫兹电子系统实验室 | 韩国 | 太赫兹物理层、MAC 层和射频电子 |
| 坦培尔理工大学纳米通信中心 | 芬兰 | 太赫兹物理层、太赫兹纳米通信 |

各资助机构一直在支持太赫兹项目，并为5G技术以外的通信和设备开拓新的领域。近年来，资助的太赫兹项目见表2-4。

表2-4　近年来，资助的太赫兹项目

| 项目名称 | 资助机构 | 开始日期/年 | 结束日期/年 | 目标 |
| --- | --- | --- | --- | --- |
| iBROW：通过太赫兹收发机进行创新的超宽带可进行无所不在的无线通信 | 欧盟2020年研究和创新计划 | 2015 | 2018 | 开发新颖、低成本、高效、小巧的超宽带、短距离无线通信收发机技术 |
| TERAPOD：以太赫兹为基础的超高频宽无线接达网路 | 欧盟2020年研究和创新计划 | 2017 | 2020 | 数据中心内的太赫兹无线链路的部署，以及5G以外的其他应用 |
| 支持超高数据速率应用的太赫兹端到端无线系统 | 欧盟2020年研究和创新计划，以及日本国家信息与通信技术研究所（NICT） | 2018 | 2021 | 为近300GHz频段的通信业务的前传和回传提供技术解决方案，能够满足5G系统之外的数据速率需求 |
| 超短波：在100GHz以上频带基于毫米波行波管实现无线超大容量 | 欧盟2020年研究和创新计划 | 2017 | 2020 | 利用超过100GHz以上频带开发商容量回程，实现5G站点致密化 |
| teranova：Tbit/s无线连接，由太赫兹创新技术提供超越5G系统的光网络质量体验 | 欧盟2020年研究和创新计划 | 2017 | 2019 | 在5G以外的网络中，提供高数据速率和几乎零时延的可靠连接，并将光纤系统扩展到无线网络 |
| EPIC：利用下一代信道编码实现实际的无线Tbit/s通信 | 欧盟2020年研究和创新计划 | 2017 | 2020 | 开发新的FEC代码，作为6G无线Tbit/s解决方案的推动者 |
| WORTECS：无线光学/无线电Tbit/s通信 | 欧盟2020年研究和创新计划 | 2017 | 2020 | 探索90GHz以上频谱的Tbit/s容量，同时结合无线电和光学无线技术 |
| TerraNova：真正太赫兹通信的集成测试平台 | 美国国家科学基金会（NSF） | 2017 | 2019 | 开发第一个集成测试平台，专门用于超宽带通信网络的太赫兹频率 |
| 高性能的光学基于太赫兹源在室温下运行 | 美国国家科学基金会（NSF） | 2017 | 2018 | 系统开发如何实现一种新型的基于根本不同的器件工作原理的太赫兹源 |
| 基于磁性材料的新型太赫兹发电机 | 美国国家科学基金会（NSF） | 2017 | 2020 | 创造一种新型的太赫兹发电机，它体积小，价格便宜，通过它可将磁振荡转换成太赫兹波在室温下工作 |

太赫兹第一次是在2002年由西格尔（Siegel）提出的，主要涉及频率高于500GHz的信源、传感器和应用。太赫兹的材料特性使其应用于太赫兹成像和层析成像。菲奇（Fitch）首次描述了太赫兹技术在通信和传感领域的各种实际应用，包括安全和光谱学应用。在

此之后，人们开始对 THz 频率从 100GHz ～ 10THz 技术及其相关的输出功率能力进行研究。雅各布（Jacob）等人简要提出了毫米波和太赫兹频段的信道建模和信号生成方式。费德里西（Federici）和莫勒（Moeller）对太赫兹通信系统的信道模型、太赫兹生成方法和实现问题进行了重点分析。宋厚进（H.J.Song）等人研究了太赫兹通信可实现的数据速率和服务距离，并强调了与 275GHz ～ 3THz 频段相关的挑战。黄高成（G.C.Huang）等人对太赫兹无线通信的最新技术进行了分析，提出了太比特无线系统中的新兴应用程序。加富尔（Ghafoor）等人从媒体接入协议（Medium Access Protocol，MAC）的角度对太赫兹 MAC 进行了深入研究，强调了在设计高效协议时应该考虑的关键特性。最后，拉帕波特（Rappaport）等人提出了一些较有前途且新颖的方法，这将有助于开发和实现使用太赫兹频率的 6G 无线网络。自 2000 年年初以来，虽然电子和光子技术的进步可以满足部分应用的需求，但仍需要对该领域最新的进展有一个全面的分析和研究，这将有助于研究人员为未来的通信系统制订相关的计划。因此，本节旨在通过介绍与太赫兹频段相关的最新技术来实现这一目标。

由于无线流量的增长，在 5G 技术的容量达到上限之前，人们对更高带宽的追求似乎永不止步。在本节中，我们阐明了与部署太赫兹频段相关的各种应用。这些应用将促进多种无线体验，以满足用户的需求。

在过去的十年中，当太赫兹通信研究还处于起步阶段时，就已经开展了太赫兹标准工作。2008 年，IEEE 802.15 建立了太赫兹兴趣组，这是研究所谓“无人区”操作的一个里程碑，特别是针对高达 3000GHz 的频段。此外，该小组还发起了一项呼吁，涵盖不同主题、领域的太赫兹应用，发射端和接收端的实现方法，以及预期的数据速率等相关研究。考虑到 2THz 以下频率的大气衰减，太赫兹探索之旅是从研究短距离链路预算开始的。尽管在确定该频段的实际发射功率、接收端灵敏度和热噪声下限方面存在一定的不确定性，但太赫兹有可能在早期实现多 Gbit/s 的传输。同时，基于香农理论原理进行了进一步的分析，证明了太赫兹在未来 100Gbit/s 数据速率的家庭应用中的适用性。此外，太赫兹兴趣小组还讨论了研究和实验室测量的最新进展，建议研究 300GHz 无线电信道。

2008 年 11 月，IEEE 成立了一个科学委员会，目的是把太赫兹的科学界研究人员聚集在一起，将太赫兹的兴趣小组转变成一个研究小组。为实现此目的，委员会对信道模型进行了全面研究，对技术趋势做出了阐述，并向 ITU 提供了技术反馈。2010 年 3 月，太赫兹研究小组分析了进展，并进一步研究了适用的调制技术、太赫兹信道模型、太赫兹需要的基础设施等要点。2010 年 11 月，研究小组讨论了太赫兹通信开发的相关问题，包括为业务定义频谱频段，其中的带宽确定了短距离允许的衰减。此外，还讨论出一套完整的设计方法，包括通过测量来研究信道特性、设计天线以克服高衰减、定义适当的通信系统、建立一个完整的射频前端以及骨干网的连接等。2011 年，为了在 WRC–12 会议上进行讨论，太赫兹研究小组在预期路线图的基础上，进一步研究了太赫兹技术和潜在的通信性能。2012 年 3 月，研究小组审查了 WRC–12 和 ITU 无线电管理规定，这些规定允许在 275GHz ～ 1000GHz 频段内，使主动业务与被动业务并存。讨论的主要问题是关于应该采取哪些必要的实际步骤来防止各种主动服务（移动链路、固定链路、机载系统和多种干扰）干扰被动服务。

自 2013 年开始，研究小组将 MAC 层加入研究，以研究 MAC 协议应满足的太赫兹通信应用的需求。利用射线跟踪信道模型，通过模拟太赫兹通信环境进行链路级研究。此外，还讨论了数据中心的操作和要求，并作为数据中心互联链路未来使用太赫兹的指南。到目前为止，IEEE 802.15 太赫兹研究小组的活动包括介绍太赫兹技术发展概况、信道建模和频谱问题，以及努力制作技术文档。2013 年 7 月，太赫兹研究小组探索在可切换波束的无线点对点链路上发布 100Gbit/s 标准的可能性，该标准可用于无线数据中心和反向链接。IEEE 802.15-100G 研究小组已于 2013 年 9 月成立。该研究小组的工作任务包括讨论当前的技术限制，研究相关的 PHY 和 MAC 协议，定义可能的应用，并介绍在无线数据中心进行 THz 通信的建议。2014 年，“3d 任务组”（Task Group 3d，TG3d）已经开始调整 802.15.3 指标，旨在为点对点交换链接接入 100Gbit/s。这类应用包括无线数据中心、回传 / 前传的近距离通信，例如信息亭下载和设备到设备（Device to Device，D2D）通信。

当 IEEE 与 ITU 讨论为移动和固定业务分配从 275GHz 到 325GHz 的 THz 频段时，为主动服务定义频段的第一步已经完成。ITU 的“频谱工程技术”小组也确定了在 252GHz ～ 275GHz 频段可用于移动和固定业务。此外，参与“频谱工程技术”研究的有光谱工程技术、传播基础、点对点和地球空间传播、陆地移动服务、固定服务、空间研究、地球探测卫星服务等组织机构。

太赫兹通信的第一个标准出现在 2017 年，它使用 8 个不同的信道带宽（2.16GHz 的倍数）的点对点高定向链接。在过去的两年中，研究小组做了多个太赫兹方面的研究，例如多尺度信道测量、统计信道特性、天线阵列设计、太赫兹网络的挑战和设计、太赫兹内部设备通信系统的干扰研究和数据中心的研究等。

### 2.3.2 太赫兹技术

太赫兹通信是一个跨学科、跨专业的复合技术领域，不仅需要通信技术的发展和突破，还需要高性能器件做支撑，尤其是大功率氮化镓（GaN）太赫兹二极管的制备、大功率太赫兹固态电子放大器、高效率太赫兹倍频器混频器、高速高效的太赫兹调制器、高灵敏太赫兹相干接收器、太赫兹高速基带等。太赫兹处于宏观经典理论向微观量子理论、电子学向光子学的过渡区域，在频率上高于微波，低于红外线，其能量大小介于电子和光子之间。

太赫兹电磁波的频谱在 0.1THz ～ 10THz，波长在 30μm ～ 3000μm。频谱介于微波与远红外光之间，其低频段与毫米波相邻，高频段与红外光相邻，位于宏观电子学与微观光子学的交接地带。太赫兹作为一个介于微波与光波之间的全新频段尚未被完全开发，是未来移动通信中极具优势的宽带无线接入（Tbit/s 级通信）技术。

1. 太赫兹的优势

太赫兹波以其独有的特性，使太赫兹通信比微波和光无线通信拥有更多优势，决定了太赫兹波在高速短距离宽带无线通信、宽带无线安全接入、空间通信等方面均有广阔的应用前景，其具体特点及优势如下。

① 太赫兹波在空中传播时极易被空气中的水分吸收，比较适用于高速短距离无线通信。

② 波束更窄、方向性更好，具有更强的抗干扰能力，可实现 2km ～ 5km 内的保密通信。

③ 太赫兹波的频率高、带宽大，能够满足无线宽带传输时对频谱带宽的需求。太赫兹波频谱具有几十 GHz 的可用频谱带宽，可提供超过 Tbit/s 的通信速率。

④ 在外层空间，太赫兹波在 350μm、450μm、620μm、735μm 和 870μm 的波长附近存在着相对透明的大气窗口，能够做到无损耗传输，极小的功率就可以完成远距离通信。相对于光无线通信而言，太赫兹波的波束更宽，接收端容易对准，量子噪声较低，天线终端可以小型化、平面化。因此太赫兹波可广泛应用于空间通信中，特别适合用于卫星之间、星地之间的宽带通信。

⑤ 太赫兹频段波长短，也适合采用更多天线阵子的 Massive MIMO（相对毫米波同样大小甚至更小的天线体积）或 UM-MIMO。初步研究表明，Massive MIMO 和 UM-MIMO 提供的波束赋型及空间复用增益可以很好地克服太赫兹传播的雨衰和大气衰落，可以满足密集城区的覆盖需求。

⑥ 相对于光无线通信而言，太赫兹波的光子能量低，大约是 $10^{-3}$eV，只有可见光的 1/40，用它作为信息载体可以获得极高的能量效率。

⑦ 太赫兹波能以较小的衰减穿透物质，适合一些特殊场景的通信需求。

2. 太赫兹的劣势

太赫兹频段虽然用于移动通信具有不可替代的优势，但是同时面临着多个方面的挑战。

（1）覆盖与定向通信

电磁波的传播特性表明，自由空间衰落大小与频率的平方呈正比例关系，因此太赫兹相对低频段来说有较大的自由空间衰落。太赫兹的传播特性及巨量天线阵子，意味着太赫兹通信是高度定向的波束信号传播，需要针对这种高度定向传播的信号特征重新设计和优化相关机制。

（2）大尺度衰落特性

太赫兹信号对阴影非常敏感，对覆盖范围的影响很大，例如砖的信号衰减高达 40dB ～ 80dB，人体可以带来 20dB ～ 35dB 的信号衰减。不过湿度 / 降雨衰落对于太赫兹通信的影响相对较小，因为湿度 / 降雨衰落在 100GHz 以下会随着频率的提升而快速增加，但在 100GHz 以上已经相对稳定。可以选择降雨衰落相对较小的几个太赫兹频段作为未来太赫兹通信的典型频段，例如 140GHz、220GHz 和 340GHz 等频段。

（3）快速信道波动与间歇性连接

在指定的移动速率的前提下，信道相干时间与载波频率为线性关系，这意味着太赫兹频段的相干时间很小，多普勒扩展较大，相比当前蜂窝系统所采用的频段变化快很多。此外，较高的阴影衰落将导致太赫兹传播的路径衰落产生更剧烈的波动。同时，太赫兹系统的主要构成是小范围覆盖的微蜂窝小区，而且是高度空间定向的信号传输，这意味着路径衰落、服务波束和小区关联关系将会迅速改变。从系统的角度来看，太赫兹通信系统的连接将表现为高度间歇性，需要有快速适应机制来克服这种快速变化的间歇性连接问题。

（4）处理功耗

利用超大规模天线的一个重大的挑战是宽带太赫兹系统模数（A/D）转换的功率消耗。功率消耗一般与采样率呈线性关系，而与每比特的采样数呈指数关系。太赫兹频段大带宽和巨量天线需要高分辨率的量化，实现低功耗、低成本的设备将是巨大的挑战。

3. 太赫兹通信的安全性

尽管人们普遍预测高频无线数据链路的安全性会被提高，但有研究人员指出，窃听者可以截获 LoS 传输中的信号，即使传输发生在高频窄波束。窃听者在高频段使用的技术与在低频段使用的技术不同；对于高频，窃听设备如果被放置在传输路径上，传输信号向窃听者散射辐射，从而信号就有可能被窃取。因此，研究人员提出了一种技术，利用信号的反向散射特征，以减少窃听的可能性。如果传入发射端的信号可以被测量，并与从移动物体或环境反向散射的变量区分开，那么，通过注意信号中的任何变化（增加或减少），就可以看出可能发生攻击的迹象。这种技术提供了额外的安全级别（特别是添加到常规对抗措施）。因此，为了在定向无线链路中嵌入安全性，系统将需要原始的物理层组件和协议来进行信道估计。在太赫兹无线网络中，物理层的安全是十分重要的，包含应对窃听、对抗的收发机设计也是迫切需要的。

多种证据表明，太赫兹辐射与生物有机体的相互作用是安全的。麻省理工学院于 2009 年发表的一项理论研究表明，长时间暴露在辐射中，太赫兹波可能会通过非线性不稳定性干扰 DNA，但这一过程发生的可能性极低。在收集到足够的实验生物学数据之前，人们不能完全确定其中的机制；然而，由于太赫兹辐射是非电离的，所以到目前为止，业界人士的共识是太赫兹伤害人类的可能性是极低的。

4. 下一步研究方向

为支持太赫兹通信，我们需要进一步深入研究以下 6 个方面的内容。

① 半导体技术，包括 RF、模拟基带和数字逻辑等。

② 研究低复杂度、低功耗的高速基带信号处理技术和集成电路设计方法，研制太赫兹

高速通信基带平台。

③ 调制解调，包括太赫兹直接调制、太赫兹混频调制和太赫兹光电调制等。

④ 波形、信道编码。

⑤ 同步机制，例如高速高精度的捕获和跟踪机制、数百量级（甚至数千量级）天线阵子的同步机制。

⑥ 太赫兹空间和地面通信的信道测量与建模。

另外，在频谱监管方面，目前ITU已决定将0.12THz和0.2THz划归无线通信使用，但0.3THz以上频谱的监管规则尚不明晰，全球范围尚未统一，需要ITU和WRC共同努力，积极推动以达成共识。

太赫兹通信技术的研究只有20年，很多关键器件还没有研制成功，一些关键技术还不够成熟，还需要开展大量的研究工作。但太赫兹通信是一个极具应用前景的技术，随着关键器件及关键技术的突破，太赫兹通信技术必将给人类的生产生活带来深远的影响。

## 2.4 可见光通信

### 2.4.1 可见光通信技术的发展

随着移动通信网络技术的发展，未来移动终端的数目和网络流量将急剧增加，并实现物联网、人联网、车联网等万物互联的美好愿景。对未来无线移动通信系统的性能提出了非常高的要求。近年来，无线通信的发展对于频谱的利用主要集中在特高频频段（300MHz～3000MHz），并且目前用于移动通信的频段只占电磁波频段中很小一部分，例如900MHz、1800MHz、2.6GHz等6GHz以下的几个频段。这些频段的频谱比较拥挤，相对紧缺，同时频谱的利用率也相对较低，很难满足对于未来1000倍容量的业务增长需求。一种对现有无线射频通信技术可能的补充技术是光无线通信（OWC），频段包括红外线、可见光和紫外线，可以有效地缓解当前射频通信频带紧张问题。其中，可见光频段是OWC最重要的频段，我们将在本节对其进行重点讨论。

目前，对于提高频谱效率相对有效的研究主要集中在提高频谱的利用率上，例如认知无线电技术。但是频谱利用率的提高是有一定限度的，不可能无限制提高，并且这种提高对于满足未来无线通信系统的容量需求和频谱效率来说是远远不够的。因此，寻找新的频谱资源，开发未利用的频段来满足未来无线通信系统的容量需求，是解决频谱危机和有效提高通信系统的信道容量的有效途径。

可见光通信（VLC）的频段波长范围为380nm～780nm，此频段范围属于尚未被开发利用的非监管频段，如此宽的频谱范围可用于实现无线通信，可有效提升通信系统容量等性能。可见光通信所使用的灯就是目前供我们照明所用的发光二极管照明灯（LED 灯），也被称为第四代照明光源，或绿色光源。由于其具有节约能源、寿命长、环保等特点，已经在人们的生产、生活中的各个领域得到了广泛应用。使用可见光通信的优势是利用现有的发光二极管（LED）在给人们提供照明的同时，利用 LED 灯的高频闪烁作为高低电频信号的变化来完成信息的传输。

目前，移动通信系统的能量消耗已经十分巨大，未来，随着移动终端数量的急剧增加，基站、终端等设备的数量也要相应增加，能耗的增长将会更加迅猛。可见光通信的发展能够减少其他通信设备的使用，降低能量消耗，为未来实现绿色通信提供很好的技术方案，同时也为未来的车联网提供技术支撑。

国内外科研机构已经对可见光通信开展了广泛且深入的研究工作，各国都在争相抢占该研究领域的制高点。日本庆应大学中川正雄实验室是较早开展可见光通信研究的团队之一，他们利用荧光粉发光二极管作为发送端，雪崩光电二极管作为接收端，采用开关键控调制方式，实现了短距离 100Mbit/s 的光传输系统。英国爱丁堡大学的哈拉尔德·哈斯（Harald Haas）研究团队对可见光通信在理论和应用上进行了突破性研究，率先提出了完全光通信概念，并首度使用串流直播影片来展示 Li-Fi 技术，实现了室内的高速双向通信。Li-Fi 技术的出现，有望解决频谱日渐短缺的问题。西门子公司实现了室内 800Mbit/s 的多点传输系统。

我国在可见光通信方面的研究起步较晚，先后实施了“863”计划和“973”计划，并且在 2014 年形成了可见光通信产业联盟。解放军信息工程大学牵头承担的国家“863”计划——“可见光通信系统关键技术研究”项目，目前将可见光的实时通信速率提高至 50Gbit/s，后续随着研究的推进和技术的发展，通信速率将进一步提升。

### 2.4.2 可见光通信的基本原理

可见光通信是指利用现有供人们照明使用的 LED 灯来进行信息传递的通信方式。它是利用可见光的光波作为传递信息的载体，用 LED 灯高频率的明暗闪烁来区分高低电频信号，是在自然环境中进行无线信息传输的一种通信技术。

一个完整的可见光通信系统包括发射端、传输信道和接收端 3 个部分。VLC 通信系统组成如图 2-6 所示。

发送端可采用紫外 LED（UV-LED）荧光粉 LED（PC-LED）、红、绿、蓝 3 色 LED（RGB-LED）3 种 LED 灯，主要的区别在于 UV-LED 能量损耗大，光效较低；PC-LED 的结构简单、成本低，但是响应速度慢、带宽窄；RGB-LED 的响应速度快、带宽高，适用于高速通信。

可见光通信系统的完整通信过程是数据以二进制比特流方式，先经过预处理和编码调制，然后驱动 LED，并对 LED 进行强度调制，最后将电信号转换成适合信道中传输的光信号。预处理是为了补偿器件、信道对信号的失真，通过采用预处理技术可以提高 LED 的响应带宽，以提高传输速率。编码调制是为了在有限的带宽上实现高速率的信息传输。携带传输数据的光信号，通过自由空间的传输到接收端的光电探测器。接收端的光电探测器接收到光信号后，将光信号转换成电信号，并对电信号进行后均衡、解调、解码，恢复成原始的发送信号。

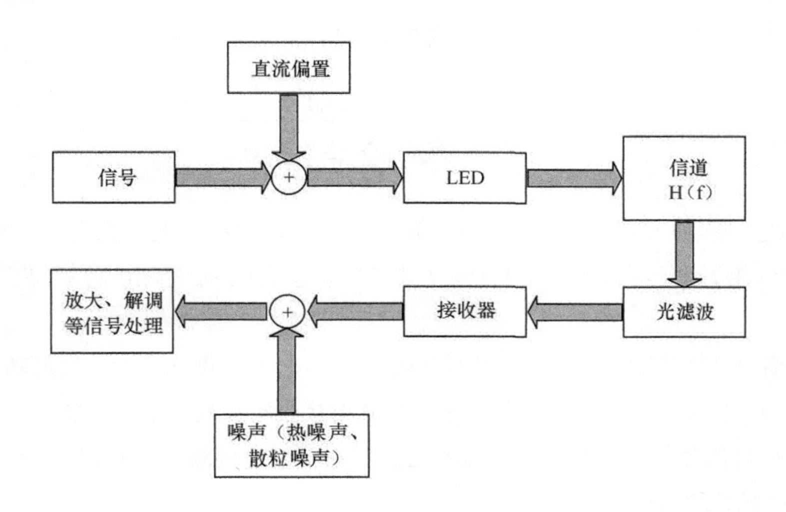


图2-6 VLC通信系统组成

## 2.4.3 可见光通信的信道容量

LED 灯向接收端用户发送信号，经过电光信号转换发送到自然空间，光信号经过自然空间到达用户端，用户接收端接收并进行光电转换，变换成电信号并恢复需要传送的信息。终端设备通过可见光实现终端到 LED 灯的无线连接。由于在接收端的光电探测器接收到的能量大部分来自直射路径 LoS，所以我们为了简化也只考虑直射路径。当仅考虑直射路径时，第 $i$ 个接收端可以得到的信道增益计算如下。

$$g_i = \frac{(m+1)A_{pd}}{2\pi d_i^2}\cos^m(\phi_i)\cos(\psi_i)T(\psi_i)G(\psi_i)\,\mathrm{rect}(\frac{\psi_i}{FOV}) \qquad \text{式（2-1）}$$

其中，$m$ 是朗博系数，$\psi_i$ 是光入射角度，$\phi_i$ 是光发射角度，$A_{pd}$ 是光接收器面积，$d_i$ 是 LED 灯与第 $i$ 个接收器之间的距离，$T(\psi_i)$ 是光滤波器的增益，$G(\psi_i)$ 是聚光器的增益。

聚光器的增益 $G(\psi_i)$ 表示如下。

$$G(\psi_i)=\begin{cases}\dfrac{n^2}{\sin^2(\psi_c)} & 0\leqslant\psi_i\leqslant\psi_c\\ 0 & \psi_i>\psi_c\end{cases}$$ 式（2-2）

其中，$\psi_c$ 代表视场（Field of View，FOV），$n$ 代表聚光器折射率。频谱效率的理论计算如下。

$$C=\sum_{i=1}^{k}\log_2(1+\gamma_i)$$ 式（2-3）

$\gamma_i$ 是信号与干扰加噪声比，$\gamma_i$ 的表达式如下。

$$\gamma_i=\frac{P_{ele,i}}{N_0B+I}=\frac{(SP_{T,i}g_i)^2}{N_0B+\sum_{t\neq T}^{n}(SP_{t,i}g_{t,i})^2}$$ 式（2-4）

其中，$P_{ele,i}$ 是第 $i$ 个终端的接收功率，$P_{T,i}$ 是光发射功率，$S$ 是响应度，$g_i$ 是信道增益，$P_{t,i}$ 代表接收到第 $t$ 号灯的功率，$g_{t,i}$ 代表第 $t$ 号灯的信道增益，$N_0$ 是噪声功率，$B$ 为信道带宽，$I$ 为干扰。

可见光通信受环境的影响较大，并受接收端和 LED 灯之间的角度、发射功率、响应度等因素的影响。要想实现更高速率的通信，应该将接收端和发射端在角度上对齐，并且不能受到外界环境的遮挡。目前，可见光通信主要用于下行链路，在 6G 中，对于上行链路可以采用太赫兹频段进行传输。

### 2.4.4 可见光通信的优势

可见光通信是一种新兴的通信技术，能解决目前通信系统中频谱缺乏的困境，正受到越来越多的关注和重视，其优势主要体现在以下 5 个方面。

1. 高速率

可见光通信技术能够提供高速率的数据通信服务，可以为未来高速的无线通信系统提供一种解决方案，例如 6G 系统的车联网以及智能家居的室内覆盖。高速率是可见光通信技术最大的优势，2015 年年底，我国可见光通信技术的研究获得了重大突破，可见光通信的实时通信速率达到 50Gbit/s。可见光通信的速率还在不断提升，据报道，牛津大学的研究人员已经完成 100Gbit/s 的可见光通信实验，他们甚至预测该通信系统的最高速率可达到 3Tbit/s。

2. 频谱资源丰富

由于目前无线通信使用的电磁波只占电磁波频谱中很小的一部分，大部分的频谱资源并没有被开发和利用。随着用户对无线网络容量需求的增加，可用的频谱越来越稀缺。可见光的频谱宽度是射频频谱的 10000 倍，可见光通信技术是对通信频谱的巨大拓展，能够缓解目前频谱资源缺乏的困境。可见光通信技术可以提供大量潜在的可用频谱（太赫兹级带宽），并且频谱使用不受限。

3. 无电磁辐射的问题

众所周知，Wi-Fi 技术使用的是射频信号，它是一种无线电磁波，设备的功率越大，辐射就越高，同时也会有电磁干扰等问题。而可见光使用的光波信号，不会出现电磁干扰和电磁辐射的问题。由于可见光通信不产生电磁辐射，也不易受外部电磁干扰的影响，所以可见光通信可广泛应用于对电磁干扰敏感甚至必须消除电磁干扰的特殊场合，例如医院、航空器、加油站、化工厂等。

4. 密度高、成本低

目前，由于 LED 灯具有安全、节能、寿命长等优点，所以 LED 灯得到了广泛的应用，使用可见光通信时不需要再部署灯光，这样就节约了成本。可见光通信利用现有为人们生活照明的 LED 灯，借用它在照明的同时完成信息的传递，既实现了照明的功能，又实现了数据的传输，并不会造成 LED 灯增加功率，这样就节约了能源。同时，可见光通信技术支持快速搭建无线网络，可以方便灵活地组建临时网络与通信链路，降低网络的使用与维护成本。像地铁、隧道等射频信号覆盖盲区，如果使用射频通信，则需要高昂的成本建设基站，并支付昂贵的维护费用。而室内可见光通信技术可以利用其室内的照明光源作为基站，结合其他无线、有线通信技术，为用户提供便捷的室内无线通信服务。

5. 保密性高

由于可见光通信的频率比太赫兹频率还要高，容易受到外界环境的干扰和吸收，更适合于室内、近距离的通信，只要遮住光线就不会造成信息的泄露，因此具有较高的保密性。可见光通信技术所搭建的网络安全性更高，该技术使用的传输媒介是可见光，不能穿透墙壁等遮挡物，传输限制在用户的视距范围以内，这就意味着网络信息的传输被局限在一个建筑物内，有效地避免了传输信息被外部恶意截获，保证了信息的安全性。

光学自由空间通信将使 6G 时代的室内外无线通信场景具备高数据速率，因此需要释放可见光的低频段无线电频谱以供大范围使用。OWC 技术的典型应用场景包括光热点（特别是在室内场景）、短距离通信、星际链路激光通信和海底通信（克服衰减和电磁干扰）。这些典型应用场景的 OWC 技术值得深入研究。可见光通信技术具有如此多的优点及应用价值，其发展前景相当广阔。

## 2.5 太赫兹与光通信技术的差异

在过去的几年中，用于无线通信的载波频率一直在增加，以满足带宽需求。为了满足 6G 无线网络的需求，研究领域开始转向毫米波和太赫兹频率，而另一个方向则是转向光无线通信，以实现更高的数据速率，提高物理安全性并避免电磁干扰。光学无线连接允许使用红外线、可见光或紫外线子带，提供大范围的覆盖性能和数据速率。为了分析太赫兹频段与其他无线通信实现技术（光通信）的能力差异，我们通过本小节阐述不同技术的特性。无线通信候选技术见表 2-5。

表2-5　无线通信候选技术

| 项目 | 毫米波 | 太赫兹 | 红外线 | 可见光 | 紫外线 |
|---|---|---|---|---|---|
| 数据速率 | 10Gbit/s | 1Tbit/s | 10Gbit/s | 50Gbit/s | 几 Gbit/s |
| 范围 | 短程 | 短程—中程 | 短程—长程 | 短程 | 短程 |
| 功率消耗 | 中 | 中 | 相对较低 | 相对较低 | 预计会很低 |
| 网络拓扑 | 点对多点 | 点对多点 | 点对点 | 点对点 | 点对多点 |
| 噪声源 | 热噪声 | 热噪声 | 日光 + 环境光 | 日光 + 环境光 | 日光 + 环境光 |
| 环境条件 | 稳健 | 稳健 | 敏感 | — | 敏感 |
| 安全性 | 中 | 高 | 高 | 高 | 待定 |

1. 毫米波与太赫兹比较

近年来的研究表明，毫米波是无线通信的一个新领域，在几米的覆盖范围内可以实现多个 Gbit/s 链路。美国联邦通信委员会（Federal Communications Commission，FCC）已采用毫米波频段作为 5G 技术的工作频率。通过分配更多的带宽，提供更快、更高质量的视频和多媒体内容和服务。

尽管人们对毫米波系统的兴趣日益增加，但此类系统中分配的带宽范围是 7GHz ～ 9GHz。由于消费者的需求不断增加，这最终会将通道的总吞吐量限制在一个较低的水平。此外，为了达到设想的 100Gbit/s 的数据速率，传输方案必须具有 14bit/s/Hz 的频谱效率。例如当采用太赫兹频率时，Tbit/s 链路可以以适度、易实现的较低的光谱效率就能满足要求。

与毫米波相比，太赫兹波的波长更短，自由空间衍射更少；与毫米波相比，太赫兹波在相同的发射孔径下，太赫兹频段工作允许更高的链路方向性。因此可在太赫兹通信中使用具有良好方向性的小天线，既减少了发射功率，又减少了不同天线之间的信号干扰。同时太赫兹波束具有高方向性，这意味着未经授权的用户必须在相同的窄波束宽度上拦截消息，窃听太赫兹频段的机会更少。

2. 红外线和太赫兹对比

利用红外辐射作为无线频谱是一个有吸引力、发展良好的替代方案。红外技术使用的激光发射器的波长跨度为 750nm ～ 1600nm，提供了一个高性价比的链接，数据速率可达 10Gbit/s。因此，它为回传瓶颈提供了一个潜在的解决方案。红外线也不能穿透墙壁或其他不透明的屏障，被限制在发出红外线的房间里。这样的功能能够保护信号在传输的过程中不被窃听，并防止在不同房间操作的链路之间产生干扰。然而，由于红外辐射无法穿透墙体，需要安装连接在有线骨干网的红外接入点。

在室外环境中，大气湍流除了影响日、月光噪声外，还会限制通信链路的可用性和可靠性，这是红外通信部署的主要阻碍因素之一。即使在晴朗的天气，由于闪烁和光强的暂时空间变化，光链路的性能也会下降。另一个主要的问题是必不可少的对准、获取和跟踪（Pointing Acquisition and Tracking，PAT）技术要求，在自由空间中无引导的窄波束传播。因此，光收发机必须同时指向彼此才能进行通信。

在雾、尘、湍流等天气条件下，太赫兹频段是替代红外通信的良好选择。与红外线频段相比，太赫兹频段由于雾的影响，其衰减程度较低。最近的实验结果表明，大气湍流对红外信号有严重的影响，但对太赫兹信号影响不大。此外，在云尘存在下的衰减降低了红外信道的传输能力，但对太赫兹信号几乎没有明显影响。在噪声方面，太赫兹系统不受环境光信源的影响。太赫兹频率的光子能量较低，其噪声来自热噪声。

3. 可见光与太赫兹对比

可见光通信是一种很有前途的能源感知技术，吸引了许多专家来研究它在不同领域的潜在应用。VLC 通过调制可见光谱中的光来传输信息。近年来，LED 在照明技术的发展使 LED 具有前所未有的能源效率和灯具寿命，LED 可以有非常高的速率脉冲，而不会对照明和视觉产生明显的影响。由于 LED 还具有低功耗、体积小、寿命长、成本低、热辐射小等优点，所以 VLC 可以支持许多重要的服务和应用，例如室内定位、人机交互、设备对设备通信、车辆网络、交通灯、广告显示等。

尽管 VLC 通信的部署有优点，但仍存在一些可能妨碍无线通信链路有效性的问题。为了在 VLC 链路中实现高数据速率，应首先假设一个 LoS 信道，在该信道中，发射端和接收端都应该具有对准的 FOV，以最大化信道增益。然而，由于接收端的运动和方位不断变化，接收端的 FOV 不能总是与发射端对准。这种失配导致接收光功率显著下降。当一个物体或一个人遮挡视距时，光功率明显降低，会导致严重的数据速率降低。与红外波相似，环境光的干扰会显著降低接收信号的信噪比（Signal to Noise Ratio，SNR），降低通信质量。目前，在可见光网络的研究也只研究下行流量，而没有考虑上行流量如何操作。由于在 VLC 上行通信中应该保持指向接收器的定向波束，因此当移动设备不断移动、旋转时，可能会出现吞吐量显著降低。因此，我们应该使用其他无线技术来传输上行数据。

与 VLC 系统相反，太赫兹频段允许 NLoS 传播，当 LoS 不可用时，它可作为一个补充。在这种情况下，NLoS 的传播可以通过放置介电镜将波束反射到接收器来设计。由于介电镜的低反射损耗、产生的路径损耗是可以满足要求的。实际上，对于 1m 以内的距离和 1W 的发射功率，太赫兹链路的 NLoS 组件的当前容量大约是 100Gbit/s，后续将达到 1Tbit/s 甚至更高。此外，太赫兹频段被认为是上行通信的候选，这也是 VLC 通信所缺乏的能力。

太赫兹成为有价值的解决方案的另一个特定应用是寻找网络服务时不需要关闭光源。由于正极信号的限制，VLC 系统会出现频谱效率损失。

4. 紫外线与太赫兹对比

为了放宽光无线通信的 PAT 要求所带来的限制，研究人员对具有 NLoS 能力的光无线通信进行了研究。紫外（Ultra-Violet，UV）频段（200nm ～ 280nm）被证明是近程 NLoS 通信的天然候选，也被称为光散射通信。事实上，由于太阳辐射在地面上是可以被忽略的，背景噪声的影响是不显著的，因此可以使用宽视距的接收器。由于 UV 受气象条件的影响相对较小，相对可靠性较好，可以与现有的光学和 RF 链路相结合，所以 NLoS-UV 可以作为室外红外线或 VLC 链路的替代。

虽然紫外线通信具有良好的特点，但它也存在一些缺点。对于 LoS 链路，尽管部署了中等强度的 FOV 接收器，由于环境臭氧的吸收，可传播的范围仍然有限。当在 NLoS 条件下进行长距离操作时，完全耦合散射和湍流的有害影响会恶化通信链路。衰落的影响会进一步影响接收到的信号，从而导致畸变的波前和波动强度。因此数据速率被限制在几 Gbit/s 内，距离被限制在短范围内。

与 UV 链路相比，太赫兹频段被认为是一个合适的替代。与对眼睛、皮肤健康和安全限制的紫外线通信不同，太赫兹频段是一个非电离频段，这些频率与健康风险无关。从通信的角度来看，这表明太赫兹数据速率不会受到任何限制。事实上，开发一个适合实际应用场景的 UV 系统模型仍然是一个需要解决的问题，这表明太赫兹频段可以在其预期的应用中与 UV 通信竞争。

## 2.6 灵活频谱技术

前面讨论的潜在的关键基础性技术都是为了进一步提升频谱资源，从而达到网络峰值速率的需求。而在实际网络中，典型情况是频谱需求的不均衡性，包括不同网络间的不均衡、同一网络内不同节点之间的不均衡、同一节点收发链路之间的不均衡等，而这些不均衡特性会导致频谱利用率较低。本节将分别探讨解决上述频谱需求不均衡问题的两种潜在候选技术：一是频谱共享，主要用于解决不同网络间的频谱需求不均衡问题；二是全自由度双工，主要用于解决同一网络内不同节点之间和同一节点收发链路之间的频谱需求不均衡问题。

无线通信业务量需求激增与频谱资源紧缺的外在矛盾，正在驱动无线通信标准的内在变革。进一步提升频谱效率，消除对频谱资源利用方式的限制，成为未来无线通信革新的一个目标。

### 2.6.1 频谱共享

为满足未来 6G 系统频谱资源的使用需求，一方面需要扩展现有可用的频谱，例如采用太赫兹频谱和可见光频谱；另一方面也需要在频谱使用规则上有所改变，突破目前授权载波使用方式为主的现状，以更灵活的方式分配和使用频谱，从而提升频谱资源的利用率。目前，蜂窝网络主要是采用授权载波的使用方式，频谱资源所有者独占频谱的使用权限，即使所述频谱资源暂时空闲，其他需求者也没有机会使用这些频谱资源。独占授权频谱对用户的技术指标和使用区域等有严格的限制和要求，能够有效避免系统间干扰并可以长期使用。然而，这种方式在具备较高的稳定性和可靠性的同时，也存在因授权用户独占频谱造成的频谱闲置、利用不充分等问题，加剧了频谱的供需矛盾。显然，打破独占授权频谱的静态频谱划分使用规则，采用频谱资源共享的方式是更好的选择。

基于频谱资源授权方式划分，频谱共享可以进一步分为两种类型：一是非授权频谱，用户使用频段不受限制，彼此之间享有同等的使用权但均不受保护，需要采取一些技术措施避免相互之间产生干扰；二是动态共享频谱，在保证主用户不受干扰的前提下，通过设计许可权限（例如规定接入时间、接入地点、发射功率、干扰保护等），赋予次用户相应的频谱使用权，次用户可以使用数据库、频谱感知、认知无线电等技术，在空间、时间、频率等不同维度上与主用户共享频谱。

对于非授权频谱，目前，sub-6GHz 主要的非授权载波频段包括 2.4GHz、5GHz，占总可用频谱的比例较小，不同国家和地区的使用规则也不统一。WLAN 系统是主要使用非授权载波的商业化技术，频谱效率相对较低。3GPP LTE R13 标准版本引入授权辅助接入（Licensed Assisted Access，LAA）技术，开创了蜂窝系统使用非授权载波的先例。当前，NR-unlicensed 技术特性正处于 3GPP 5G 标准讨论中，包含在 5G NR R16 标准版本中，5G NR 也将利用非授权载波通信。而对于动态频谱共享，尽管已有多年的研究基础，但迄今尚未在规模商用的网络中采用。

频谱共享技术没有被充分部署的原因有频谱分配规则约束的因素，但更主要的原因是频谱共享技术本身受成熟度的限制。我们还需要在频谱共享技术的研究上有所突破，包括高效频谱共享技术以及高效频谱监管技术，可以在未来 6G 网络中更好地采用共享频谱技术提升频谱资源的利用率，同时也可以更方便地进行频谱监管。频谱共享的实现技术可以分为三大类：一是感知类，例如认知无线电技术（Cognitive Radio，CR）；二是共享数据库类，例如频谱池技术；三是将前两类技术结合起来使用。今后，可以将 AI 与频谱共享技术结合，以实现智能的动态频谱共享和智能的高效频谱监管。

### 2.6.2 全自由度双工技术

由于接收到的业务数据包基本服从泊松分布，实际网络中收发链路的（在蜂窝网络中的上 / 下行链路）资源利用率动态波动，极不均衡。增强现有的双工技术是为了实现收发链路间灵活的频谱分配（或称为收发链路间灵活的频谱共享），从而通过双工维度提升频谱资源的利用率。

目前，5G 系统采用灵活的空口概念设计，而双工方式则采用动态 TDD 架构。另外，5G 及 6G 主要可用的频谱分布在 2GHz 以上的频段，这些频谱绝大部分为 TDD 频谱。解决上 / 下行（Up Link /Down Link，UL/DL）交叉链路干扰和远程干扰管理工作已于 2019 年完成，并包含在 5G NR R16 标准版本中。此标准项目会引入两类干扰抑制——解决相邻基站交叉链路干扰问题的机制和解决远端基站间交叉链路干扰（大气波导现象引起的交叉链路干扰）问题的机制。一旦这两类干扰问题被很好地解决，5G 将能够很好地支持灵活双工（Flexible Duplex）特性的商业部署，从而逐渐摆脱固定双工模式的资源利用限制。5G 初期的技术讨论虽然涉及全自由度双工技术，但是由于其理论和技术研究尚不成熟，将被应用在 6G 系统中。

随着未来十年双工技术的进步和工艺的成熟，预计 6G 时代的双工模式将有望实现真正的全自由度双工模式，即不再有频分双工 / 时分双工（Frequency Division Duplexing/Time Division Duplexing，FDD/TDD）之分，而是根据收发链路间业务需求完全灵活自适应地调度为灵活双工或全自由度双工（Full Duplex）模式，彻底打破双工机制对收发链路之间频谱资源利用的限制。全自由度双工模式通过收发链路之间全自由度（时、频、空）灵活的频谱资源共享，可以实现更加高效的频谱资源利用，提升吞吐量并降低传输时延。而要实现全自由度双工模式，最关键的技术挑战是突破全自由度双工技术。无线移动通信系统双工方式的演进路线如图 2-7 所示。

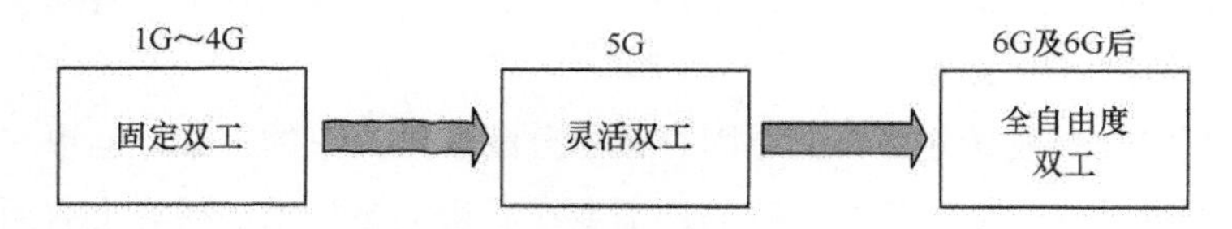


**图2-7　无线移动通信系统双工方式的演进路线**

全自由度双工可以最大限度地提升网络和接入设备收发设计的自由度，消除 FDD 和 TDD 资源的使用限制，从而提升频谱效率并降低传输时延，可作为未来无线通信系统提升频谱效率的关键候选使能技术。

基于自干扰抑制技术，同频全自由度双工技术可以消除 FDD 和 TDD 资源的使用限制，从理论极限上将频谱效率提升一倍。

未来的载波属性应该是以 TDD 载波为主。UL/DL 采用 TDD 方式传输，即使可以动态地灵活上 / 下行，甚至采用灵活的时隙结构，依然存在上 / 下行 TDD 带来的时延、切换操作等问题。全自由度双工可以克服不能同时传输带来的时延问题，同时对 UL/DL 资源调度提供更多的自由度和更高的灵活性。

同频全自由度双工涉及的通信理论与工程技术研究已经开展多年，形成了空域、射频域、数字域联合的自干扰抑制技术路线。近些年，很多研究机构已经成功设计出全自由度双工收发机，并达到110dB的自干扰抑制能力。全自由度双工通信的应用领域十分广泛，包括认知无线电系统、中继网络、双向通信系统、设备到设备（D2D）通信系统、蜂窝网等。其中，在蜂窝网尤其是覆盖范围小、发射功率低的密集蜂窝网场景的应用得到了越来越多的关注。

基于自干扰受限的技术特征，全自由度双工技术主要适合于以下3类典型应用场景：一是低发射功率场景，包括短距离无线链路，例如D2D、车用无线通信技术（Vehicle to Everything，V2X）和小覆盖发射低功率的小基站（Small Cell）；二是收发设备复杂度与成本不受限的场景，例如无线中继（Wireless Relay）和无线回传（Wireless Backhaul）；三是窄波束且空间自由度较多的场景，包括采用Massive MIMO、UM-MIMO的6GHz以下频段及高频毫米波、太赫兹频段的通信场景。

在全自由度双工技术的实用化进程中，尚需解决的问题和技术挑战包括大功率动态自干扰信号的抑制、多天线射频域自干扰抑制电路的小型化、全自由度双工模式下的网络新架构与干扰消除机制、与FDD/TDD半双工模式的共存和演进策略。另外，从工程部署的角度来看，需要充分研究全自由度双工的组网技术等。

### 2.6.3 认知无线电和区块链动态频谱共享技术

随着无线通信的不断增长和发展，一方面，对无线通信的数据传输速率的要求越来越高，对无线频谱资源的需求也相应增长，导致适用于无线通信的频谱资源变得日益紧张；另一方面，已经分配给现有很多无线通信系统的频谱资源却在时间和空间上存在不同程度的闲置。实际上，目前我国的无线频谱的频带资源使用效率较低，即使在相对拥挤的频段，在一些特殊时间段也基本处于闲置状态。例如手机和无线互联网服务所使用的专用频带以及广播电视的固定频带，大量电子设备也利用这些频带实现了数据通信，因此在忙时频带异常拥堵，而在凌晨等较为空闲的时段，这些频带几乎处于闲置状态。为了解决上述问题，从时间和空间上充分利用那些空闲的频谱资源，提出采用认知无线电（CR）技术。采用CR技术作为提高频谱利用率的技术手段并成为无线通信研究和市场发展的新热点。

1. 认知无线电系统的定义

被誉为“软件无线电之父”的约瑟夫（Joseph）在1999年首次提出了认知无线电的基本概念，并系统地阐述了认知无线电的基本原理。基于他的阐述，不同的机构从不同的角度给出了“认知无线电”的定义。FCC认为：“认知无线电是能够基于对其工作环境的交互改变发射端参数的无线电技术。”2009 年，ITU 在 ITU-RSM.2152 中阐述：“认知无线电是一个能够获取系统运营状态并根据获取的知识对运营参数和协议进行动态调整的智能无线系统。”认知无线电能够自主寻找并占用空闲频谱，是具有合理利用频谱资源功能的智能无线电技术，并提供了一条可以解决日益增长的无线电业务需求与有限的频谱资源之间矛盾的有效途径。

认知无线电是一种能够感知外界环境，并使用人工智能技术从环境中学习的智能无线通信系统。它通过实时改变某些运行参数（例如发射功率、载波频率、调制编码技术和通信协议等），使其内部状态适应无线信号的统计性变化，从而实现时间、地点、节点之间的高度可靠通信，以及频谱资源的有效利用。

认知无线电的两个主要能力是认知能力和重构能力。认知能力使 CR 能够从其工作的无线环境中捕获或者感知信息，从而标识特定时间和空间未使用的频谱资源（也称为频谱空穴），并选择最适当的频谱和工作参数（例如中心频率和带宽等）。认知环结构示意如图 2-8 所示。

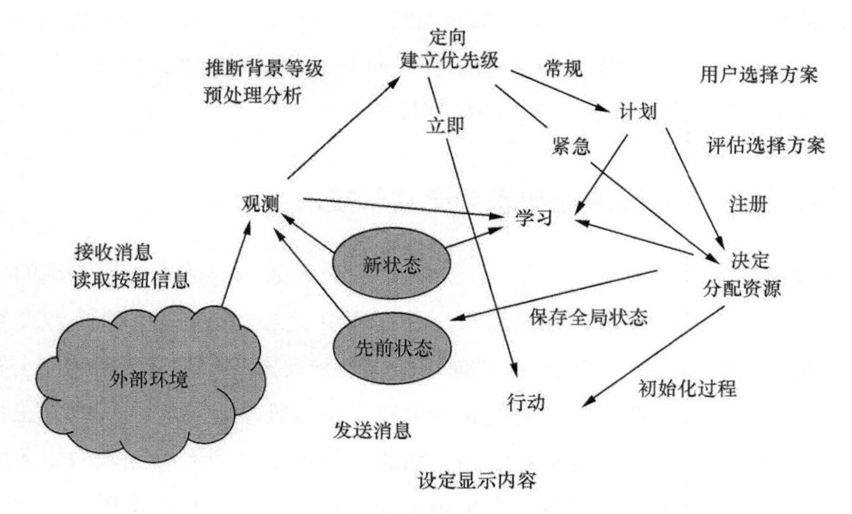


图2-8　认知环结构示意

认知环结构包括频谱感知、频谱分析和频谱判决 3 个主要步骤。其中，频谱感知的主要功能是监测可用频段，检测频谱空穴；频谱分析具有估计频谱感知获取的频谱空穴的特性；频谱判决可根据频谱空穴的特性和用户需求选择合适的频段传输数据。

重构能力使 CR 设备可以根据无线电磁环境的不同而选择不同的参数动态编程，从而允许 CR 设备采用不同的无线传输技术收发数据，在不对已授权的用户造成干扰的情况下，利用授权频段进行通信业务，重构的参数包括工作频率、调制方式、发射功率和通信协议等。重构的核心思想是在不对频谱授权用户（Licensed User，LU）产生有害干扰的前提下，利用授权系统的空闲频谱提供可靠的通信服务。一旦该频段被LU使用，CR有两种应对方式：一是切换到其他空闲的频段通信；二是继续使用该频段，但改变发射频率或调制方案，避免对LU产生有害干扰。

2. 认知无线电的基本特征和关键技术

认知无线电是一种智能频谱共享技术，其功能与特点包括以下内容。

认知无线电技术能够最大化地利用有限的无线带宽资源，同时满足无线网络中日益增长的业务与应用需求。系统中的节点能够感知并意识到环境的变化，以自适应的方式来应对无线电环境和网络参数的变化，从而最大化有效利用有限的频谱资源，同时提供灵活的无线接入服务。节点通过观察、学习来获得智能，即自适应地调整各种系统参数，例如物理层的传输功率、载波频率、调制策略以及高层的通信协议参数等。认知无线电系统的基本功能有观察、学习、记忆、决策，即认知无线电系统能够根据从历史信息中获得的先验信息以及当前的观察结果，对所处环境的状态、环境中的事件产生响应。模拟人类智慧的功能体现在以下6个方面。

① 感知环境，包括无线电环境、系统内和系统间的信息等。

② 通过从环境中学习、记忆存储策略来达到控制系统参数（发射功率、编码调制方案、通信协议等）的目的。

③ 节点以自组织的方式实现节点之间的通信。

④ 通过资源的合理分配来控制节点之间的通信过程。

⑤ 产生意图以及自我意识能力。

⑥ 受政策限制，做出受限于政策的决策。

认知无线电可以通过实时感知周围的无线环境，智能地调整通信参数，在不影响主用户工作的前提下，伺机接入频谱空穴，从而有效缓解频谱资源短缺的问题。认知无线电的关键技术主要有以下几个方面。

（1）频谱感知检测技术

频谱感知检测技术是认知无线电的核心技术。频谱感知是指在频域、时域及空域等多维度的控件，连续不断地检测授权频段的频谱，目的是检测该频段内的授权用户的工作状态是否占用频段，从而获得频谱实际使用情况的信息。

认知用户比主用户对授权频段的接入权更低，为了不对主用户造成干扰，影响主用户的通信，认知用户需要能够独立地检测频谱空穴以及主用户是否需要占用授权频段。

频谱感知检测技术是在时域或者频域不断检测电磁环境，寻找判定适合的频谱空穴，在不干扰授权频段主用户正常通信的情况下，使用该空穴进行其他通信。与此同时，如果当主用户再次占用原本的授权频段通信时，频谱感知检测技术也可以主动退出该频段，寻找其他空穴或者停止通信。

（2）动态频谱接入技术

动态频谱接入技术也称为频谱分配，是指根据请求接入无线通信系统用户（认知用户）的数量，采取相应的策略，将授权频段作为新的频谱资源分配给指定用户的过程。它能够在已检测到的频谱空穴的基础上，有效利用频谱空穴，提高有限的频谱资源的利用率。此技术对于已授权的用户来说，当自身并不是一直占用授权频段时，可以租赁给其他用户，增加效益。对于次级用户，也就是利用认知无线电技术使用授权频段的用户，可以在没有被授权的情况下灵活地使用某些授权频段。

频谱分配策略对于系统的频谱利用率、系统总容量以及用户的服务质量水平具有决定性作用。目前，频谱分配可以分为静态频谱分配（Static Spectrum Allocation，SSA）和动态频谱分配（Dynamic Spectrum Allocation，DSA）。

静态频谱分配是指将频谱资源按照固有的频谱分配策略，分配给系统内的用户，授权用户将空闲频段租赁给认知用户使用的能力。静态频谱分配在实现和管理的进程中较为简单，但是缺乏灵活性，可能会造成频谱短缺，系统整体的频谱利用率很低。而动态频谱分配为有效利用空闲频段提供了新的技术方案，使无线频谱资源不再固定由某一授权用户使用，增大了系统的容量，有效提高了频谱的利用率。

动态频谱接入技术的核心在于：通过信道分配、干扰抑制、功率控制等手段有效利用授权或非授权频段，提高频谱的利用率，减小通信开销。动态频谱接入技术是提高认知无线电的认知能力的重要途径。

根据认知用户对于授权频段的不同租赁方式，又可以将动态频谱接入分为两种分配方式：一种是指只有主用户不使用授权频段时，认知用户才可以占用该频段进行通信，在该方式下，认知用户完全避免了对主用户通信造成的干扰；另一种是通过事先认知用户的发射功率是否占用主用户的授权频段，避免对主用户的正常通信造成干扰。

（3）功率控制

功率控制是认知无线电中的一项关键技术。对于一个认知无线电系统来说，授权用户不允许对主用户的正常通信造成任何有害干扰。

在认知无线电系统中，系统需要通过不断感知频段是否被主用户占用才能决定将哪些频谱空穴分配给认知用户进行通信，授权频段对于授权用户来说是一种保障性资源，而认知无线电是使非授权用户占用空闲的授权频段。因此，控制认知无线电用户对授权用户的干扰是十分必要的。功率控制是一种有效的途径，当授权用户再次占用之前空闲的授权频段时，认知无线电用户必须降低其功率，主动避开对主用户的干扰。

*3. 动态频谱接入及威胁*

频谱感知是指在时域、频域和空域等多维空间，对授权用户（又称主用户）的频段连续地进行频谱检测，检测这些频段内的主用户是否在工作，从而获得频谱的使用状况。传输冲突模型如图 2-9 所示。

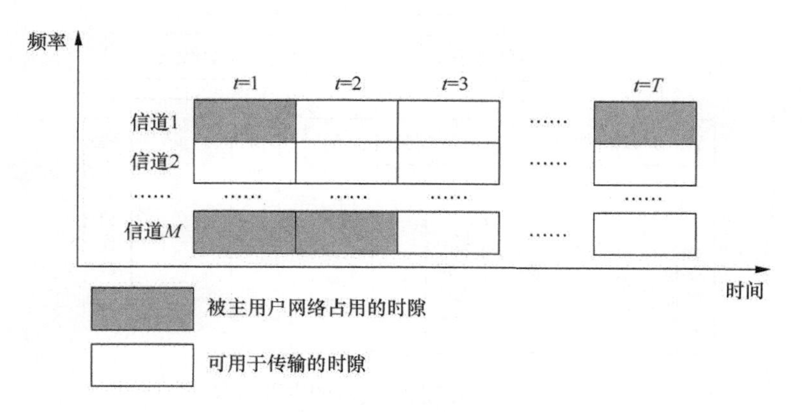


图2-9 传输冲突模型

如果感知的频段没有被主用户占用，那么该频段即为空闲频段，认知无线电用户就可以临时使用该频段。而一旦主用户开始使用该频段，此时认知无线电用户需要通过频谱感知及时检测频谱使用状况，迅速调整自己的工作参数，以最快的速度为主用户让出信道。检测频段是否处于空闲状态是频谱感知的实现方式。一般将空闲频段称为频谱空穴。动态频谱接入如图 2-10 所示。图 2-10 描述了认知无线电利用频谱空穴的过程，如果频谱空穴所在的频段被授权用户使用了，那么认知无线电将被转移到另一个发现的频谱空穴，频谱感知也称为频谱检测。

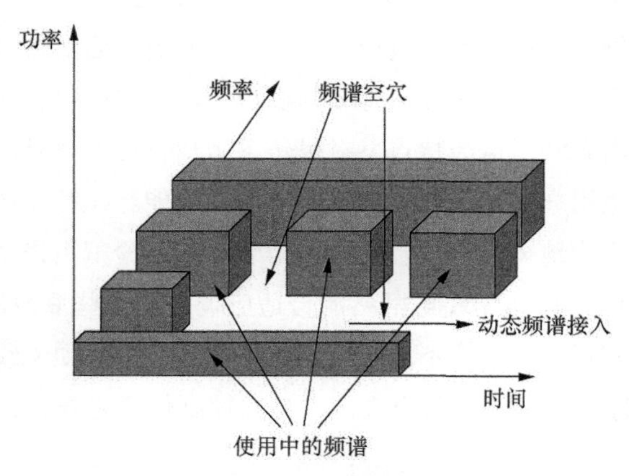


图2-10 动态频谱接入

为避免对授权用户的通信产生干扰，可以采用动态频谱接入。认知无线电对频谱感知的要求是具备较高的准确性和较好的实时性，并且具备检测各种未知形式的、不同类型的主用户信号的能力。频谱感知技术的主要分类如图 2-11 所示。

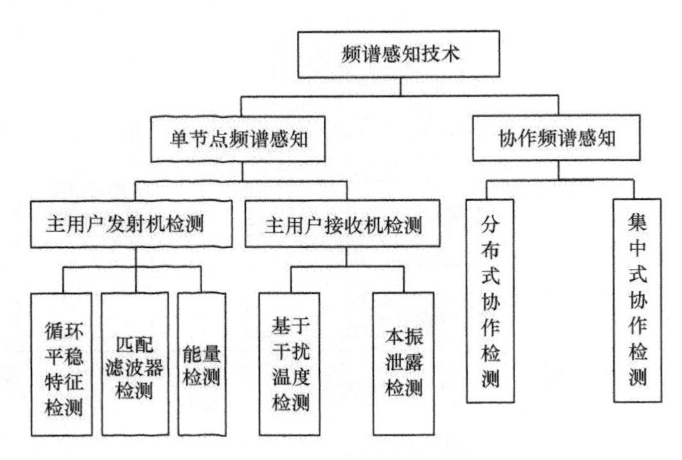


图2-11 频谱感知技术的主要分类

其中，单节点频谱检测又称为本地频谱检测，是指单个认知用户独立执行频谱检测算法的检测，又分为主用户发射端检测和主用户接收端检测。协作频谱检测是指多个认知用户相互合作执行的检测，分为集中式协作检测和分布式协作检测。

现行的频谱都是固定分配，固定的频谱被政府的有关部门长时间分配给固定区域的授权用户。然而，针对现有的固定分配存在的大量频谱空穴问题，认知无线电能够巧妙地二次利用频谱，从而实现充分利用资源的目的。这就需要认知用户能够时时刻刻感知信道的使用状况，并在不影响主用户通信的前提下伺机接入。如果不做好措施，这种频谱感知和伺机接入会对主用户产生一定的干扰，甚至隐藏着一定的危害。动态频谱接入分频谱感知、频谱管理和频谱迁移 3 个阶段，在每个阶段都存在安全隐患。

一些通信业务（例如电信业务、电视广播业务等）需要通信网络提供一定的保护，使他们免受其他通信业务的干扰。在频谱感知的过程中，认知用户感知到主用户的出现就会立即退出该信道。攻击者利用这一特点发射模仿主用户特征的信号，阻止其他次级用户竞争此频段，甚至干扰主用户的通信，严重损害了网络性能。在智能调节方面，认知无线电可以根据外界环境自适应地调节参数，通过历史学习和经验积累来做出决策。恶意用户通过篡改相应的参数，阻止认知无线电网络的自适应调节，这些篡改能够影响网络记忆库，从而对以后的决策起到误导作用。不同于传统的无线网络，认知无线电有其特有的安全问题：频谱滥用和自私行为、模仿主用户攻击、公共控制信道阻塞、认知节点演化成恶意节点等。

频谱管理机构必须生成一套使用已授权频段的法规（这些法规将指导并约束非授权用户去合理地使用授权频段）。这些法规由频谱管理机构以某种机器可以理解的方式发布。具有认知无线电功能的非授权用户可以定期搜索并下载相应的频谱使用法规。获得最新的频谱使用法规之后，非授权用户将根据这些法规调整自身的通信机制。

另外，具有认知功能的接入点，在不间断正常通信的同时，可通过认知模块对其工作的频段以及更宽的频段进行扫描分析，从而可以尽快地发现非法的恶意攻击终端，进一步增强通信网络的安全性。同样，将这样的认知技术应用在其他类型的宽带无线通信网络中也能进一步提高系统的性能和安全性。

4. 认知无线电技术（CR）的技术优势

（1）提高频谱利用率

CR能够自动检测周围环境的情况，智能调整系统参数以适应环境变化，在不对授权用户造成干扰的条件下，从空间、时间、频率等方面利用多维空闲频谱资源进行通信，从而提高现有授权频谱的利用率。

（2）提高终端用户的服务质量

从用户的角度来看，CR带来的最大好处是服务质量的提高。根据用户的需求，服务质量有不同角度的定义，例如开销、时延、数据速率等。此外，CR技术还能提高无线服务的可靠性和易接入性，不需要用户参与；重配置硬件平台和自适应认知协议栈使CR设备能自动提供最方便、最合适和最可靠接入的网络服务。

（3）增加频谱持有者的收益

对于频谱持有者来说，采用CR技术存在两种赢利模式：一是采用新的商业模式“频谱贸易”，即向第三方出租未使用的频谱并从中受益，而第三方也可通过提供运营服务或转租而获得利润，由此可知，“频谱贸易”是一种双赢模式；二是开发二级频谱市场，在相同频段上提供不同的服务。

（4）增加设备制造商的收益

CR终端具有通用的硬件平台，可以在不同服务和协议之间灵活转换，具有很好的兼容性，而不需要用户更新设备。制造商可以从通用的硬件平台中获益，因为它消除了硬件平台的差异性，可以在单一平台上提供不同服务的软件，同时也有利于快速配置服务，从而使CR功能的设备更具有竞争力。

（5）减轻频谱管制部门的负担

CR采用灵活和自适应的方式接入频谱，提高了频谱的利用率，与此同时，也减轻了频谱管理部门的负担。频谱管理部门可以采用政策数据库的形式进行管理，其反应机制将变得快速灵活。

5. 认知无线电的标准进展及政策

任何一项关键技术的发展都离不开政府的强有力支持，认知无线电技术的发展尤其如此。认知无线电面临的最大障碍是政策问题，例如分配给电信运营商及广播电视频道的固定频带只允许授权者使用，即使授权者不使用，该频带处于闲置状态时，也不允许其他设备使用。同样，在特定区域内，未经分配的电信运营商及广播电视频道的频带也不允许其他电信运营商或广播电视设备使用，甚至不能被同一区域的其他电信运营商或电视广播设备使用，因此这些频带一直处于未使用的状态。此外，频道之间也存在未使用的频谱，各个电信运营商及电视广播设备的发射功率较高，可能会相互干扰，只有在各发射频道之间有一个很宽的频谱间隔，接收器才可能清晰地接收到信号。认知无线电技术必须利用政府分配给其他用户的闲置专用频带，这也是认知无线电技术的发展基础。IEEE 802.22 工作组的主要任务是开发和建立一套基于认知无线电技术，在现有的电视频段，利用暂时空闲的频谱进行无线通信的区域网空中接口标准。由于基于 IEEE 802.22 协议的无线区域网（WRAN）工作在现有的电视频段中，要求不能对正在广播的电视频谱产生干扰，所以 WRAN 采用了认知无线电技术，对电视频段进行感知和测量，利用动态频谱管理技术找到空闲频谱进行再分配。另外，WiMAX 由于缺乏频段，专门成立了致力于解决共存问题的 IEEE 802.16h 工作组，可以使 WiMAX 适用于特高频（Ultra High Frequency，UHF）电视频段，利用认知无线电技术使 IEEE 802.16 系列标准可以在免许可的频段内获得应用。将分配给电视广播的甚高频（Very High Frequency，VHF）/ 超高频频带的频率用作宽带接入频段。频谱管理机构将选择利用率较低的其他已授权频段（例如电视广播频段中若干未被使用的频谱资源）。这些频段可以暂时被用来支持非授权频段上那些未能接入其系统的通信业务。

6. 基于区块链的动态频谱共享技术

从狭义的角度来讲，区块链（Block Chain）是一种按照时间顺序将数据区块以顺序相连的方式组合成的一种链式数据结构，并以密码学方式保证不可篡改和不可伪造的分布式账本。从广义的角度来讲，区块链技术是利用块链式数据结构来验证与存储数据、利用分布式节点共识算法来生成和更新数据、利用密码学方式保证数据传输和访问的安全、利用由自动化脚本代码组成的智能合约来编程和操作数据的一种全新的分布式基础架构与计算方式。

（1）区块链系统与结构

一般来说，区块链系统是由数据层、网络层、共识层、激励层、合约层和应用层组成的。其中，数据层封装了底层数据区块以及相关的数据加密和时间戳等技术；网络层则包括分布式组网机制、数据传播机制和数据验证机制等；共识层主要封装网络节点的各类共识算法；激励层可将经济因素集成到区块链技术体系中，主要包括经济激励的发行机制和分配机制等；合约层主要封装各类脚本、算法和智能合约，是区块链可编程特性的基础；应用层则封装了区块链的各种应用场景和案例。在该模型中，基于时间戳的链式区块结构、分布式节点的共识机制、基于共识算力的经济激励和灵活可编程的智能合约是区块链技术最具代表性的创新点。区块结构见表 2-6。

表2-6 区块结构

| 字段 | 大小 | 描述 |
| --- | --- | --- |
| 区块大小 | 4 字节 | 用字节表示的该字段之后的区块大小 |
| 区块头 | 80 字节 | 组成区块头的几个字段 |
| 交易计数器 | 1 ~ 9 字节（可变整数） | 交易的数量 |
| 交易 | 可变的数据 | 记录在区块里的交易信息 |

（2）区块链技术的特点

区块链是一个分布在全球各地、能够协同运转的数据库存储系统，区块链认为任何有能力架设服务器节点的人都可以参与其中。来自全球各地的通信服务商或用户等在当地部署自己的节点，并连接到区块链网络中，成为这个分布式数据库存储系统中的一个节点；一旦加入，该节点享有同其他节点完全一样的权利与义务。与此同时，对于在区块链上开展服务的人，可以在这个系统中的任意节点进行读写操作，最后全世界所有的节点会根据某种机制完成一次又一次的同步，从而实现在区块链网络中所有节点的数据完全一致。区块链是分布式存储，通过多地备份，制造数据冗余，让所有人有能力去维护一份共同的数据库；让所有人有能力彼此监督维护数据库。

区块链技术通过 P2P 协议将全世界所有节点设备彼此相互连接，形成一张密密麻麻的网络；以巧妙的机制，通过节点之间的交易数据同步来保证设备节点的数据共享和一致。

在同一个周期内，全网并不产生唯一的一个区块等待挖掘；每个节点事实上都在周期性地创造区块和挖出区块；只是在某一个节点的视野里，它不能感知到另外一个节点产生的区块。为何这里要特别强调“在某一个节点的视野里”，从区块的视角来说，区块的凭空产生是基于即将与之相连的区块 ID；而从节点的视角来看，区块的凭空产生是基于当前节点区块链末尾的那个区块 ID 产生的。

区块链是分布式数据存储、点对点传输、共识机制、加密算法等计算机技术的新型应用模式。区块链本质上是一个没有中心的数据库，是一串使用密码学方式相关联产生的数据块，每一个数据块中包含了一批次的网络信息，用于验证其信息的有效性（防伪）和生成下一个区块。

区块链主要解决的是交易的信任和安全问题，区块链的技术创新主要包括以下内容。

① 分布式账本。交易记账是由分布在不同地方的多个节点共同完成的，而且每一个节点记录的是完整的账目。所有节点可以参与监督，具有交易的合法性，同时也可以共同为其作证。没有任何一个节点可以单独记录账目，避免单一记账人被控制或者被贿赂而记假账。另外，由于记账节点足够多，理论上讲，除非所有的节点被破坏，否则账目就不会丢失，从而保证了账目数据的安全性。由于使用分布式核算和存储，任意节点的权利和义

务是均等的，系统中的数据块由整个系统中具有维护功能的节点来共同维护。

② 对称加密和授权技术。存储在区块链上的交易信息是公开的，但是账户身份信息是高度加密的，只有在数据拥有者授权的情况下才能访问，从而保证了数据的安全和个人的隐私。

③ 共识机制。共识机制是所有记账节点之间怎样达成共识，去认定一个记录的有效性，这既是认定的手段，也是防止篡改的手段。区块链提出了 4 种不同的共识机制，适用于不同的应用场景，在效率和安全性之间取得了平衡。

④ 智能合约。智能合约是基于这些可信的、不可被篡改的数据，可以自动地执行一些预先定义好的规则和条款。以保险为例，如果说每个人的信息都是真实可信的，那就很容易在一些标准化的保险产品中进行自动化的理赔。

⑤ 开放性。系统是开放的，除了交易各方的私有信息被加密外，区块链的数据对所有人都是公开的，任何人都可以通过公开的接口查询区块链数据和开发相关应用，因此整个系统的信息是高度透明的。

⑥ 自治性。区块链采用基于协商一致的规范和协议（例如一套公开透明的算法）使整个系统中的所有节点能够交换数据，使对“人”的信任变成对机器的信任。

⑦ 信息不可被篡改。信息一旦被验证并添加至区块链，就会永久地存储起来，区块链数据的稳定性和可靠性极高。

⑧ 匿名性。由于节点之间的交换遵循固定的算法，其数据交互是不需要信任的（区块链中的程序规则会自行判断活动是否有效），所以交易对手无须通过公开身份的方式让对方产生信任，对信用的累积非常有帮助。

（3）区块链分类

区块链可以分为公有区块链、私有区块链和行业区块链。公有区块链是指世界上任何个体或团体都可以发送交易，且交易能够获得该区块链的有效确认，任何人都可以参与其共识过程。私有区块链仅仅使用区块链的总账技术进行记账，可以是一个公司，也可以是一个人，独享该区块链的写入权限，本链与其他的分布式存储方案没有太大的区别。联盟区块链由某个群体内部指定多个预选的节点为记账人，每个块的生成由所有的预选节点共同决定，其他接入节点可以参与交易，但不过问记账过程，其他人可以通过该区块链开放的 API 进行限定查询。

（4）区块链的应用

通过交易产生对应的行为，为每一个设备分配地址（Address），给该地址注入一定的费用，可以执行相关动作，从而实现物联网的应用，例如获取 PM2.5 监测点数据、租赁服务器、调用网络摄像头数据等。随着物联网设备的增多、边缘计算需求的增强，大量设备之间需要通过分布式自组织的管理模式，并且对容错性的要求很高。区块链自身分布式和抗攻击的特点可以很好地应用到这一场景中。

供应链行业往往涉及诸多实体，包括物流、资金流、信息流等。这些实体之间存在大量复杂的协作和沟通。在传统模式下，不同实体保存各自的供应链信息，缺乏透明度，造成了较高的时间成本和金钱成本，而且一旦出现问题（冒领或假冒等）难以追查和处理。通过区块链，各方可以获得一个透明、可靠的统一信息平台，可以实时查看状态，降低物流成本，追溯物品的生产和运送整个过程，从而提高供应链管理的效率。当发生纠纷时，举证和追查也变得更加便捷。

现有的互联网能正常运行，离不开很多近乎免费的网络服务，例如域名系统（Domain Name System，DNS），任何人都可以免费查询域名。因此，对于网络系统来说，类似的基础服务必须做到安全、可靠。区块链技术恰好具备这些特点，基于区块链打造的DNS，将不会再出现各种错误的查询结果，并且可以稳定、可靠地提供服务。

（5）基于区块链的动态频谱共享

频谱拍卖是指授权用户规划某一频段对外进行公开拍卖，以公开竞价的方式将该频段的使用权转让给最高应价者。目前，广泛采用频谱拍卖的地区和国家主要集中在欧洲和美国。我国采取的频谱管理的方式是分配而非拍卖，我国的政府监管部门在移动通信产业的发展中处于核心位置。

频谱拍卖的分配方式之所以难以满足6G时代“对于频谱资源的高效利用”的需求，是因为它存在授权用户独占频段而造成频谱闲置、利用不充分等问题。对于无线电频谱这种稀缺性的战略资源，此方式显然不适合万物智联的时代，甚至极有可能阻碍整个社会的创新。

为了合理配置频谱资源，使其得到充分利用，FCC于2015年开始推动动态频谱共享，在3.5GHz上推出公众宽带无线电服务（Citizens Broadband Radio Service，CBRS），通过集中的频谱访问数据库系统来动态管理不同类型的无线流量，以提高频谱的使用效率。简单来说，就是当某一使用者不使用时，其他使用者可以接入使用，这样不仅能有效减少资源的浪费，也可减少拥塞的问题。

CBRS引进了三层式频谱接入系统（Spectrum Access System，SAS）。SAS分为三层：第一层用户是该频段的执照持有者，例如军用雷达等，这层用户拥有最高优先级，它们将受到最高级别的保护，免受其他层级接入用户的干扰；第二层是已支付授权费的用户，享有免受第三层接入用户干扰的保护；第三层是任何人都可以使用，优先级最低，不受任何干扰保护。

SAS负责协调现有用户和新用户间的频谱接入，保护较高层用户免受低层用户的影响，并优化CBRS频段内所有用户可用频谱的有效使用。这就达到动态共享频段、按需使用的效果，频谱的使用率无疑会大大提高。

CBRS 极具创造性、高效性和前瞻性，对未来 6G 的发展具有非同寻常的意义。不过，面向 6G，动态频谱共享显然还要在原有的基础上发展。CBRS 是通过集中式数据库来支持频谱共享接入的，如果系统能基于采用分布式数据库的区块链技术，探索使用区块链作为动态频谱共享技术的低成本替代方案，则不仅可以降低动态频谱接入系统的管理费用，提升频谱效率，还能进一步增加接入等级和接入用户的数量等。

第3章

# 太赫兹传播损耗分析

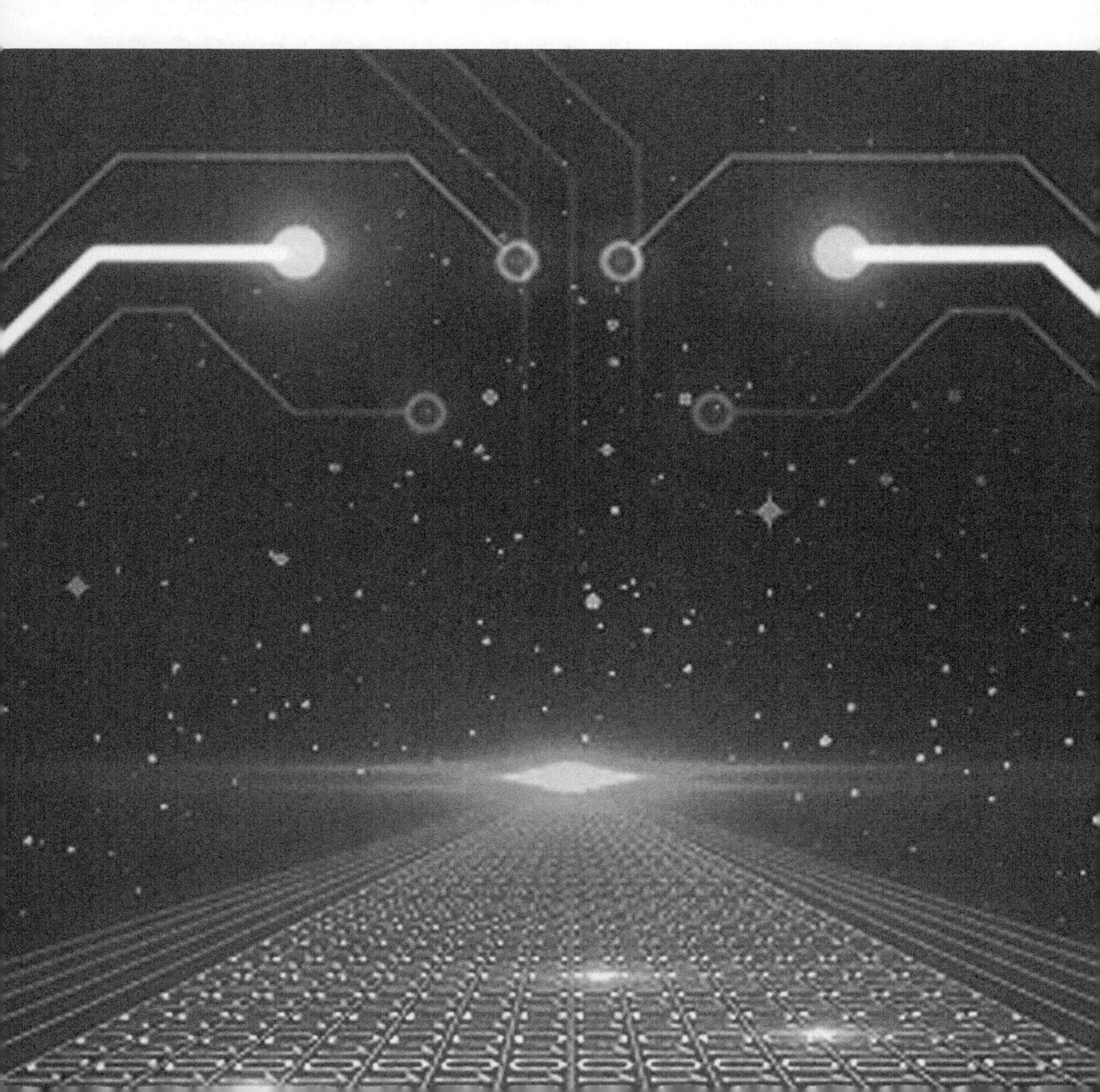

## 3.1 概述

当前，高频通信（例如毫米波）在军用通信、无线局域网等领域已经有了一定的应用，但是在1G至4G蜂窝通信领域未被采用，在5G也只是处于初步应用阶段，然而太赫兹频段的大带宽至今仍未被纳入5G应用频段。此前，人们普遍认为高频段电波不适合用于蜂窝通信，因为与低频信号相比，高频信号在传播的过程中，自由空间衰减和穿透损耗都比较大，基于该频谱的网络也并不可行。然而，美国纽约大学的拉帕波特（Rappaport）博士的研究从根本上挑战了这种想法。他已经证明了利用这些频率进行可靠的传输是可能的，从而为6G采用太赫兹频段奠定了理论依据，例如采用频率超过100GHz的太赫兹波可用于超高速无线连接。

现有相关机构报道了使用超过100GHz的载波频率进行无线传输的实验。400GHz以下的载波频率是被研究最多的频段，因为有足够的设备和组件可以用于具有足够输出功率的发射端。基于硅电子技术的收发机现在可以轻松地启用高达260GHz频段的10Gbit/s无线链路，而GaAs电子技术能够使用频率高达300GHz的频段，数据速率超过64Gbit/s，传输距离达到850m。特别是在发射端中采用的基于太赫兹频段打破了传输数据速率的记录，单信道的最高传输数据速率为100Gbit/s。此外，基于太赫兹的系统可能在未来的6G无线通信网络的融合中得到应用。随着6G移动通信系统采用频率的不断扩展，频率损耗的差异较大，尤其是相比于6GHz以下的损耗，采用太赫兹高频段的损耗明显加大，所以对于6G的频段应用需要考虑和研究分析其传播衰减损耗特性。

## 3.2 太赫兹波大气衰减

6G系统将与卫星技术融合，形成空－天－地－海一体化覆盖。对于卫星与卫星之间的通信，除了掠过地球大气层的路径之外，大气吸收不是问题。与微波通信相比，使用太赫兹技术的优点是带宽更大，传输速率更高。与此同时，天线的尺寸将会减小，这有利于微型卫星系统。

使用太赫兹的室内无线通信可以提供每秒千兆或更大容量的多个数据通道。传播距离虽然有限，但数据带宽将超过诸如IEEE 802.11b之类的无线协议能满足的速率。

太赫兹通信的缺点是由于水汽引起的大气强吸收损耗，以及现有资源的低效率和相对较低的功率。对于一个1mW的信源和一个pW的探测灵敏度，其工作动态范围是60dB，这允许在一个衰减小于100dB/km的大气传输窗口中，在500m范围内进行通信。对于短距离室内覆盖，如果距离小于 10m，那么大气损耗也非常小（≤ 1dB）。太赫兹频率范围内的大气衰减如图 3-1 所示。

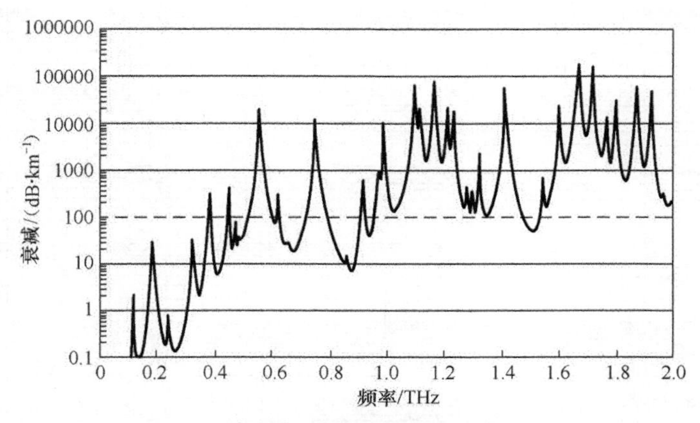


图3-1 太赫兹频率范围内的大气衰减

在 6G 太赫兹通信中，云、雨、尘埃等的散射和吸收会引起信号衰减。在瑞利散射体系中，散射截面随波长的减小而增大，其大小为波长倒数的 4 次方，这解释了天空的蓝色和日出日落时出现红色的现象，因为较短的蓝色波长相比较长的红色波长的散射更强烈。因此，与太赫兹波长相比，毫米波所经历的由微粒引起的散射损失要小得多。毫米波频段的通信可以作为太赫兹链路的备份，以防下雨或乌云等天气。如果空气中存在重粒子（烟、尘），太赫兹也可用于短距离通信。

## 3.2.1 大气特征衰减

太赫兹频率上的无线电波在大气中的特征衰减主要是由空气和水汽造成的。在任何压力、温度和湿度下，采用累加氧气和水汽各自谐振线的方法，可以相当准确地计算无线电波在大气气体中的特征衰减。同时考虑了一些其他相对影响较小的因素，例如 10GHz 以下氧气的非谐振的德拜（Debye）频谱和 100GHz 以上的主要由大气压力造成的氮气衰减和实验中发现的过多水汽吸收的潮湿连续带。由大气气体造成的无线电波的衰减率如图 3-2 所示。图 3-2 给出了在气压 1013hPa、温度 15℃、水汽密度为 7.5g/m$^3$（标准）和水汽密度为 0g/m$^3$ 的空气（干燥）两种情况下，0 ～ 1000GHz 频带的无线电波在大气中的特征衰减（步长为 1GHz）。

在 50GHz ～ 70GHz 频带内所示高度区的衰减率如图 3-3 所示，图 3-3 详细地给出了在 60GHz 附近的频率，在海平面的大气压力作用下，许多氧气吸收线合并形成了一个宽的吸收带。

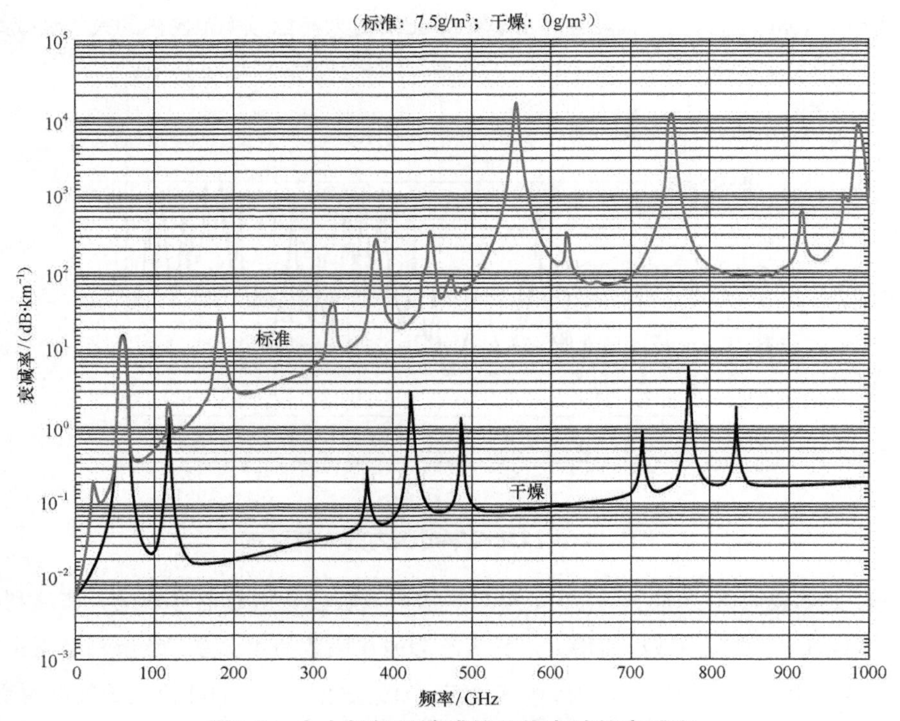


图3-2　由大气气体造成的无线电波的衰减率

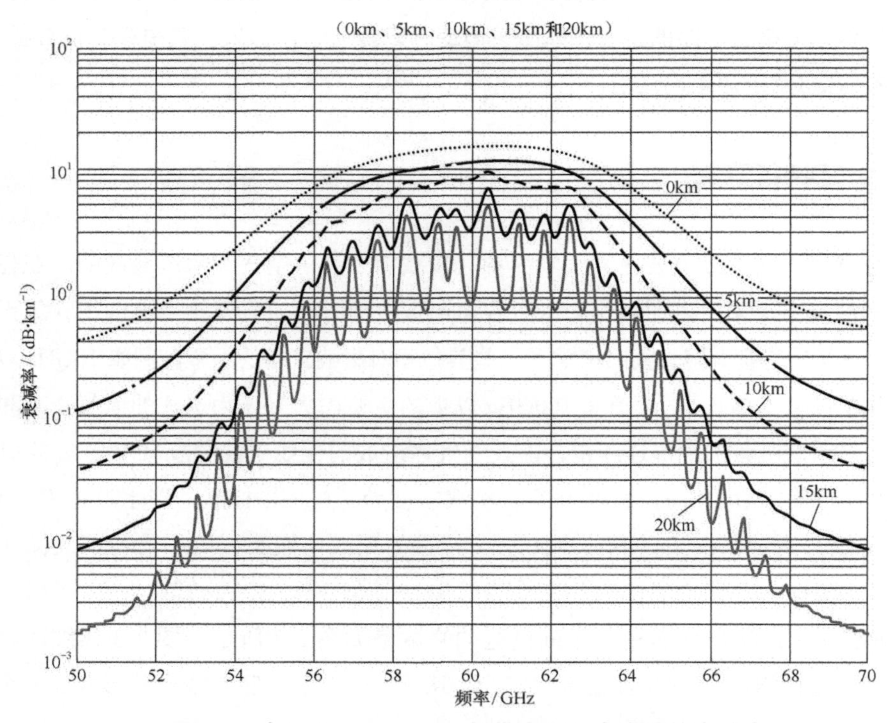


图3-3　在50GHz～70GHz频带内所示高度区的衰减率

### 3.2.2 太赫兹波大气衰减简化计算

太赫兹波和毫米波可用于室内短距离通信，也可为6G移动通信系统提供回传链路，其中，太赫兹波的优势是可用频带宽，波束集中，能够提高能效，方向性好，受干扰的影响较小。各频段无线电波对于不同环境、天气的衰减率也不相同，例如干燥空气、空气湿度、降雨以及沙尘天气等对视距衰减率都有影响。在网络规划中需要对强度衰减率进行分析，从而指导站点规划。考虑到当前高频设备的制造工艺和成熟度，以下大气衰减率的分析频率取值范围为0～350GHz。本小节对有限范围的大气条件采用了简化算法，以便快速、近似地计算无线电波在大气气体中的衰减。

无线电波在空气中传播时会受到空气压力、水汽压力等影响，同时也会受到温度的影响。无线电波在干燥空气中的衰减率为$\gamma_0$和在水汽中的衰减率为$\gamma_w$，单位为dB/km。

通过仿真得到空气造成的不同频率特征衰减率如图 3-4 所示。

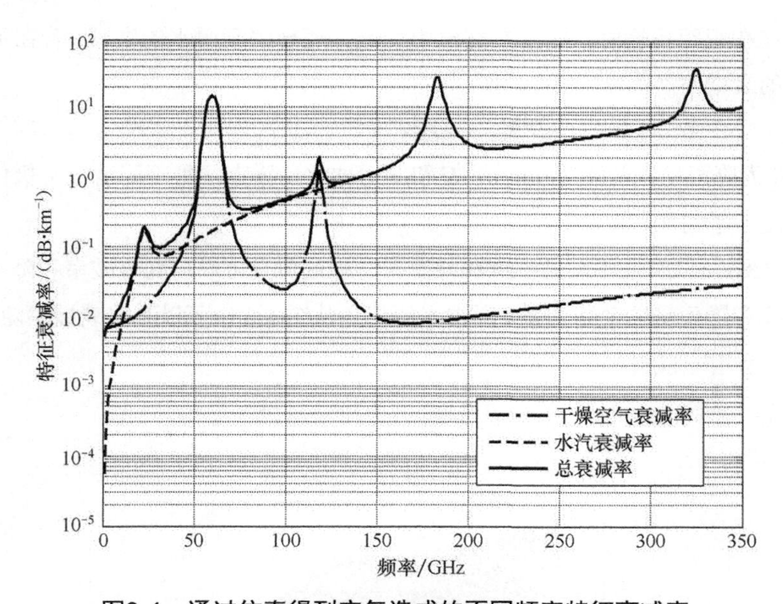


图3-4 通过仿真得到空气造成的不同频率特征衰减率

其中，无线电波在干燥空气中随频率的增加波动较大，并出现多个峰值；无线电波在水汽中的衰减率在低频段比在干燥空气中的衰减率要小，在水汽中的衰减率在高频段比在干燥空气中的衰减率要大，随着频率的变化，其波动较大，出现了多个峰值；在空气中的总衰减率为干燥空气导致的衰减率和水汽导致的衰减率之和，出现了波动多峰值情况。

无线电波在空气中的总衰减率随着水汽密度的不同，其衰减率不同。衰减率随不同频率和水汽密度变化如图 3-5 所示。从图 3-5 中可以看出，随着其密度的增加，衰减率的增加比较明显。

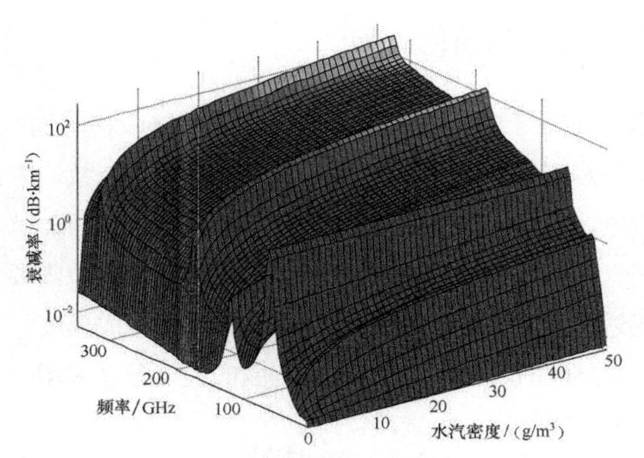


图3-5　衰减率随不同频率和水汽密度变化

## 3.3　雨水通信信号的衰减

无线电波在视距传输时，除了在空气中衰减，还会遇到雨水的衰减；若在下雨时传播，降雨量导致的衰减率 $\gamma_R$ 如式（3-1）所示。

$$\gamma_R = KR^A \qquad \text{式（3-1）}$$

其中，$R$ 为降雨量，单位为 mm/h。$K$ 和 $A$ 分水平、垂直两种不同情况下极化时的参数。具体算法此处不予讨论。

根据式（3-1）以及取不同的频率和降雨量，通过仿真可以得到衰减率和降雨量的关系。衰减率随频率和降雨量的变化关系如图 3-6 所示，从图 3-6 中可以看出衰减率随着降雨量的增加而增加，且增速较快。

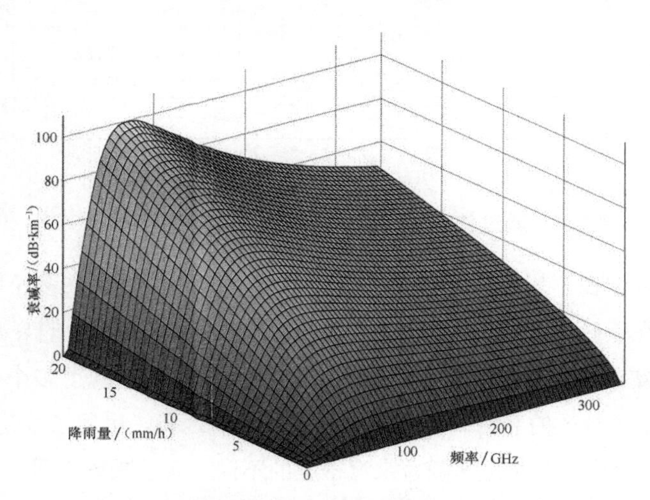


图3-6　衰减率随频率和降雨量的变化关系

无线电波在不同频率、降雨空气中的衰减率如图 3-7 所示，从图 3-7 中可以看出随着降雨量的增加导致衰减率的增速比频率增大，导致衰减率的增速要快。

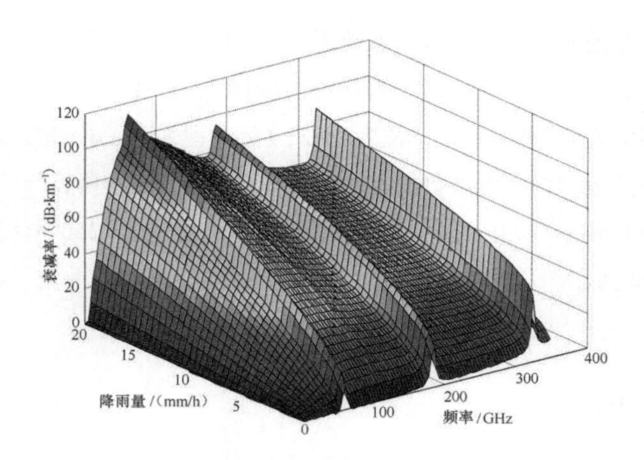


图3-7 无线电波在不同频率、降雨空气中的衰减率

## 3.4 云、雾通信信号的衰减

云、雾衰减率 $\gamma_{c\&f}$ 可以用经验公式来计算，具体算法如式（3-2）所示。

$$\gamma_{c\&f}=0.148f^2/V_m^{1.43}\quad(\text{dB/km})\qquad 式（3-2）$$

在式（3-2）中，$f$ 为工作频率，单位为 GHz；$V_m$ 为能见度。

国际上对能见度的规定是：密雾，$V_m<50\text{m}$；浓雾，$50\text{m}<V_m<200\text{m}$；轻雾，$200\text{m}<V_m<500\text{m}$。衰减率随频率和可见度变化关系如图 3-8 所示，图 3-8 中仿真的可见度选取范围为 20 ～ 500m。

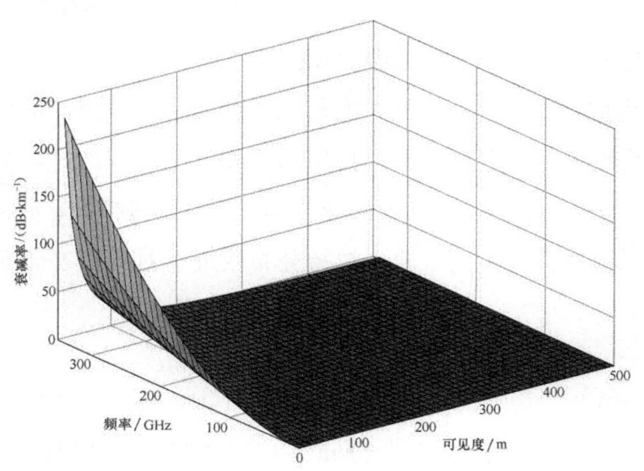


图3-8 衰减随频率和可见度变化关系

## 3.5 降雪通信信号的衰减

由降雪引起的电波衰减率 $\gamma_s$ 可以近似地用式（3-3）表示。

$$\gamma_s = 7.47\times10^{-5} f\times I(1+5.77\times10^{-5} f^3 I^{0.6}) \quad 式（3\text{-}3）$$

在式（3-3）中，$f$ 为工作频率，单位为 GHz；$I$ 为降雪强度（mm/h），$\gamma_s$ 的单位为 dB/km，即每小时降雪在单位容积内积雪溶化成水的高度。衰减随频率和降雪强度变化关系如图 3-9 所示。其中，对于150GHz 以上的频率受到降雪强度的影响较大，150GHz 以下的频率受到降雪强度的影响相对较小。

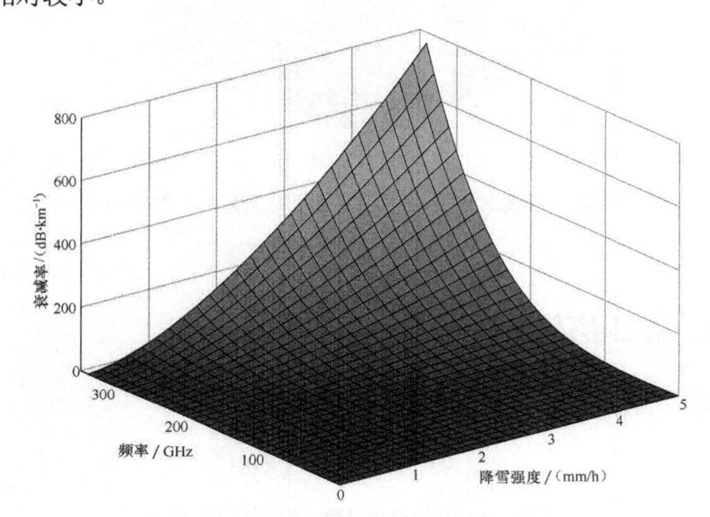


图3-9 衰减随频率和降雪强度变化关系

## 3.6 沙尘气候特征衰减率

中国西北和华北地区比较干旱，常会出现浮尘、扬沙和沙尘暴 3 种天气情况，对通信信号的衰减影响较为明显；沙尘暴天气中有较大沙尘粒子和较小的粉尘粒子，对毫米波、太赫兹波的传播影响较大。沙尘可以分为自然形成和人工形成两种。其中，人工形成的沙尘涉及爆炸或车辆行进产生的沙尘。沙粒的形状具有复杂的多样性，各区域环境以及沙尘的成因不同，沙粒的形状也有所不同。沙尘粒径分布接近于对数正态分布，其计算方法如式（3-4）所示。

$$N(D) = N_0 p(D) = \frac{N_0}{\sqrt{2\pi}\sigma D}\left[-\frac{(\ln D - m)^2}{2\sigma^2}\right] \quad 式（3\text{-}4）$$

在式（3-4）中：$N_0$ 为沙尘的体密度（$1/\text{m}^3$）；$D$ 为沙尘粒子的直径；$p(D)$ 为沙尘粒子的尺寸分布的密度函数；$m$ 为 $\ln D$ 的均值；$\sigma$ 为 $\ln D$ 的标准偏差。

特征衰减率$L_R$的计算方法如式（3-5）所示。

$$L_R = 0.4288\times10^6\frac{\varepsilon'}{(\varepsilon'+2)^2+\varepsilon''^2}fN_0\exp(3m+4.5\sigma^2) \quad \text{式（3-5）}$$

其中，$\varepsilon'$和$\varepsilon''$分别为湿沙尘的复介电常数的实部和虚部，$N_0$为自然形成和人工形成的沙尘样品的体密度、ln$D$的均值$m$和标准偏差$\sigma$，$f$为频率。

沙粒粒径分布的统计参数见表3-1。

**表3-1　沙粒粒径分布的统计参数**

| 类型 | $m$ | $\sigma$ | $N_0$ |
|---|---|---|---|
| 爆炸沙尘 | –8.489 | 0.663 | $6.272\times10^6$ |
| 自然沙尘 | –9.718 | 0.405 | $1.630\times10^5$ |
| 车辆沙尘 | –9.448 | 0.481 | $1.880\times10^6$ |

民用移动通信系统主要面临的是自然沙尘（例如沙尘、雾霾天气）情况导致的频率损耗，我们可以采用自然沙尘参数进行仿真。在20℃下，频率从0～350GHz，水含量从0～30%，沙尘天气不同的频率和水含量的特征衰减率如图3-10所示。在20GHz频段以下，特征衰减率随着频率的增加而明显增加，高于20GHz频段后，特征衰减率随着频率的增加比较平缓，同时随着沙尘中的水含量变化不明显，水含量越多衰耗越小。

对于一定水含量的频率从0～350GHz，温度从0℃～60℃对应的特征衰减率如图3-11所示。特征衰减率只随频率增大而衰耗增大，基本不随温度而变化。

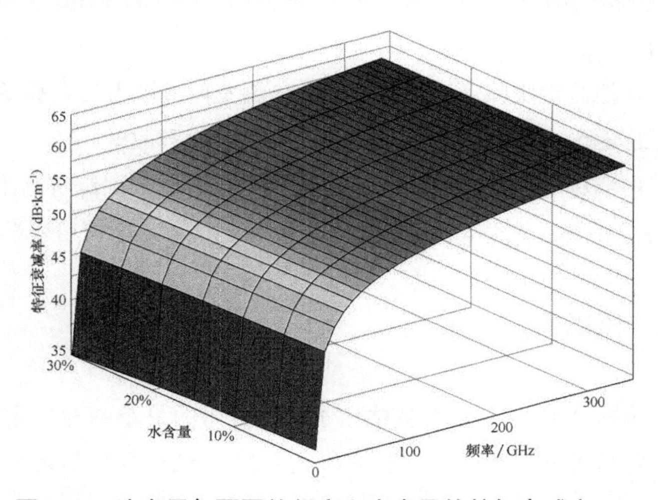


图3-10　沙尘天气不同的频率和水含量的特征衰减率

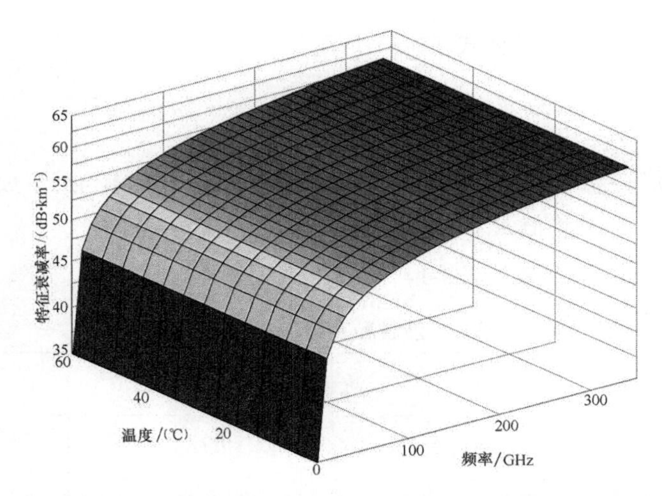


图3-11 对于一定水含量的频率从0～350GHz，温度从0˚C～60˚C对应的特征衰减率

## 3.7 室内无线传播损耗

室内覆盖的解决方案因建筑物而异，甚至因房间而异。大量的家具、墙壁和移动的物体（例如门、人或二者结合）会造成明显的阴影，因此，信号质量的空间变化很大。传统的室内通信系统，例如 WLAN 可以通过微波频段提供足够的穿透性能来解决这些问题。对于太赫兹频段，物体变得不透明，甚至是小物体，例如桌子上的一个杯子可能会阻止太赫兹视距通信。为了评估 6G 所提出的太赫兹潜力，我们需要了解太赫兹在室内环境中传播的主要优势和限制。

由于室内传播环境的复杂性，维塔利・彼得罗夫（Vitaly Petrov）等人采用两个阶段测量模拟实验来评估该系统的性能。

第一阶段：实地测量实验。该阶段测量了典型室内环境下的太赫兹波传播（0.1THz～3THz），着重于混凝土、塑料、硬质纤维板等材料的反射和散射。

第二阶段：射线跟踪评估。该阶段利用实测数据对射线跟踪仿真工具进行参数化，然后模拟典型的办公场景，并得到这些场景的太赫兹无线接入的可用容量和信噪比指标性能。

### 3.7.1 实地测量实验

Vitaly Petrov 等人使用英国太赫兹光谱成像公司的最小脉冲技术，能够在 60GHz～4THz 频段内进行传输和接收，时间分辨率为 8.3fs，频率分辨率为 5.9GHz。在不同频段的铝、玻璃、塑料、硬质纤维板和混凝土的散射特性实验如图 3-12 所示。

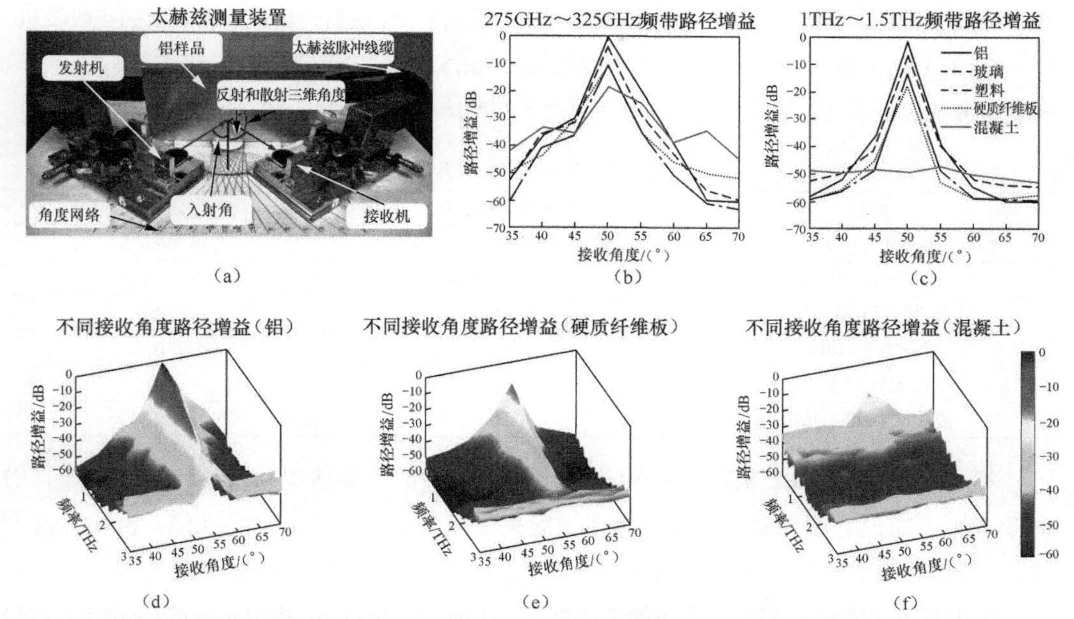


**图3-12　在不同频段的铝、玻璃、塑料、硬质纤维板和混凝土的散射特性实验**

第一个实验用于测量在特定入射角的三维反射、散射下从给定样品的反射、散射的接收能量。第二个实验是在相同距离上没有任何障碍的情况下，以视距传输相同的信号。最后，将第一个实验接收到能量的测量值与第二个实验获得的数据进行归一化处理，以消除传播效应，从而获得材料反射和散射特性的原始数据，并在图 3-12 中进行了展示说明。

从图 3-12 中可以看出，材料越光滑，反射路径的峰值响应越高。表面粗糙的材料由于部分能量分布在散射场中，导致反射路径能量降低。图 3-12 中的测量结果表明，铝的反射路径能量最大，但也证实了混凝土等粗糙表面在 *Rx* 角上的响应相当平坦。可以看出，在所考虑的材料中，铝是最好的反射器。然而，玻璃、塑料和硬质纤维板并没有差多少。其中一个原因是太赫兹信号不能穿透铝，而部分太赫兹信号可以穿透塑料。另外，混凝土的性能与其他材料有很大的不同。从图 3-12(f) 可以看出，只有在相对较低的频率下，混凝土才有明显的反射分量。这代表太赫兹建模必须考虑强反射和强扩散材料。即使在非常高的频率下，仍然有一部分强反射波从典型的办公材料反射。这意味着通过第一次反射的 NLoS 通信是可行的，甚至在太赫兹频率也是可行的。

## 3.7.2　射线跟踪评估

为了评估未来太赫兹在室内环境下的性能，Vitaly Petrov 等人设计了基于表面的微型分段的光线跟踪仿真框架。由于每个微型表面段的大小与波长相当，所以可以将这些段视为点收发机，接收来自发射器的一些能量，并将其中一部分反射到 R*x* 或另一个不同表面上的点收发机。

Vitaly Petrov 等人研究分析了一个典型的 6m×4m×3m 的办公室，其中，墙壁、窗户、桌子、天花板和地板由不同的材料制成。同时，考虑了两种情况，两种场景仿真参数见表 3-2。

表3-2　两种场景仿真参数

| 参数 | 场景 1（IEEE） | 场景 2（THz） |
|---|---|---|
| 房间大小 /m | 6×4×3 | 6×4×3 |
| 频率 /GHz | 275 ～ 325 | 1 ～ 1.5 |
| 带宽 /（Gbit/s） | 50 | 500 |
| 发射功率 /dBm | 0 | 0 |
| 发射天线增益 /dB | 20 | 40 |
| 接收天线增益 /dB | 10 | 20 |

第一个场景是 IEEE 根据 THz 电子技术发展现状的试验成果。在第二个场景中，着眼于未来，通过考虑太赫兹设备的潜在进展来评估太赫兹室内通信的性能，例如 LoS 和 NLoS 通信。NLoS 设置了一个理想的情况，其中总是会选择损耗最小的路径。

考虑到笔记本电脑和移动设备的连接情况。在前一个场景下，笔记本电脑（或移动设备）位于距离太赫兹发射设备 0.1m 以下，水平方向 0.5m 远的木桌上。仿真的办公环境示意如图 3-13 所示。

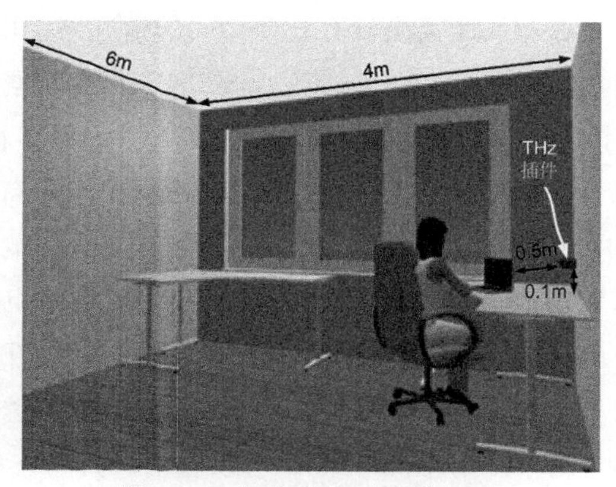


图3-13　仿真的办公环境示意

在移动连接的情况下，设备可能位于房间内的任何位置，高度为 1m。分析研究的指标是覆盖房间的容量和信噪比，以及房间内固定点对接收信号的功率时延剖面（Power Delay Profile，PDP）。

反射分量的影响如图 3-14 所示。图 3-14 为 0.3THz 时笔记本电脑连接情况下所涉及表面的 PDP。正如研究人员观察到的，LoS 信号占主导地位，最近两个表面（木桌和窗户）的反射大约减弱了 20dB。混凝土墙反射的光线分散很多，比 LoS 分量低（75dB ～ 120dB），因此混凝土墙反射的影响可以忽略不计。太赫兹路径损耗如图 3-15 所示。散射级别会明显影响到特定表面上的 PDP 结构。对于所有选择的频率，无论频率是否属于透明窗口（0.3THz）或不属于透明窗口（1THz 和 3THz），都可以观察到相同的定性图像。在接收到的信号中有 5 个明显的峰（第一次表面反射），每个峰都有自己的散射波尾，这使实现 NLoS 通信成为可能。

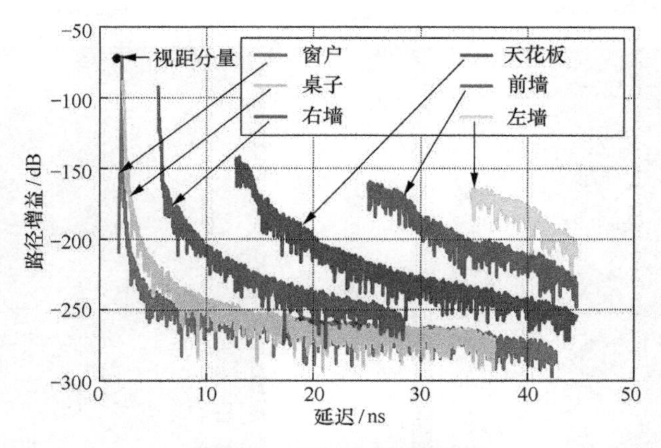


图3-14　反射分量的影响

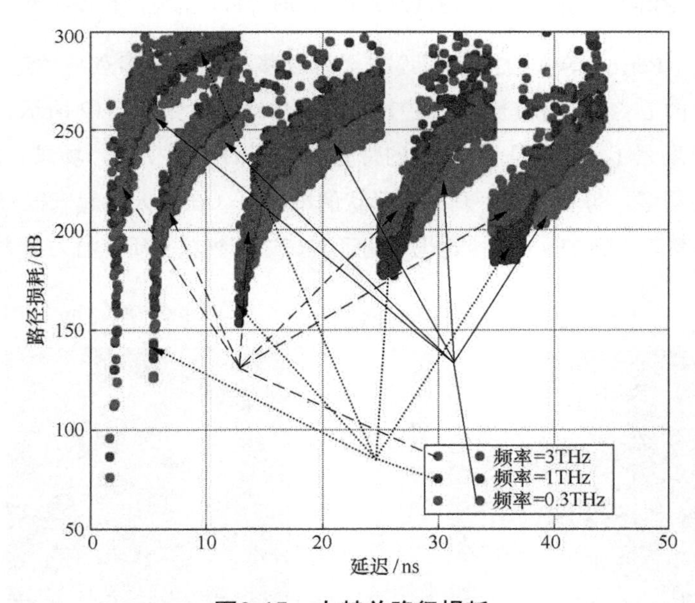


图3-15　太赫兹路径损耗

场景 1 的 LoS（左）和 NLoS（右）的室内传播特性如图 3-16 所示。场景 1 的 LoS 和 NLoS 位于房间内的移动节点之间的平均容量。对于 NLoS，假设移动节点附近有一个障碍物挡住了 LoS，可以观察到，即使在没有视距的情况下，也可以通过捕捉最佳直接反射的功率来确保可靠的连通性。在距离太赫兹移动节点 1m ～ 3m 的范围内，最小信噪比约为 0dB，这个结果是假定来自窗口的反射分量未被阻挡。该方法要求精确跟踪节点位置，并能动态调整太赫兹插头上的发射和接收天线方向图，这也是一个关键的研究热点。同时，由于香农理论信道容量大于 100Gbit/s，根据仿真结果来看，它具有足够高的数据速率。若假设进行 10% 的调制和 MAC 效率，这将导致大约 10Gbit/s 的预期吞吐量开销。

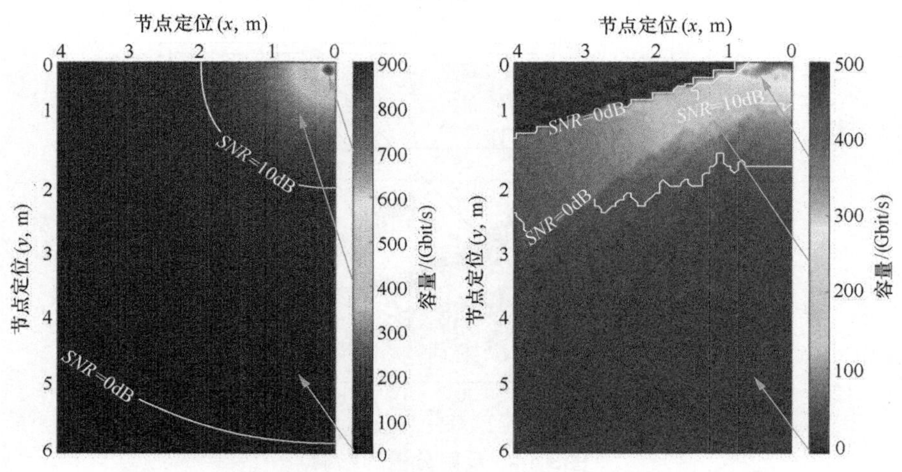


图3-16　场景1的 LoS（左）和NLoS（右）的室内传播特性

最后，Vitaly Petrov 等人给出了假设在太赫兹移动节点上都有高效定向天线的场景 2 的结果。场景 2 的 LoS（左）和 NLoS（右）的室内传播特性如图 3-17 所示。从图 3-17 中可以看出，相比于场景 1，即使是 10 倍宽的带宽和更高的传播损耗，场景 2 的 LoS 和 NLoS 的信噪比都要高得多。可利用像“剃刀”形状的窄波束（在今天听起来很有未来感），因为其理论上的链路容量达到 Tbit/s 级，这也说明了其在通信领域的研究潜力很大。

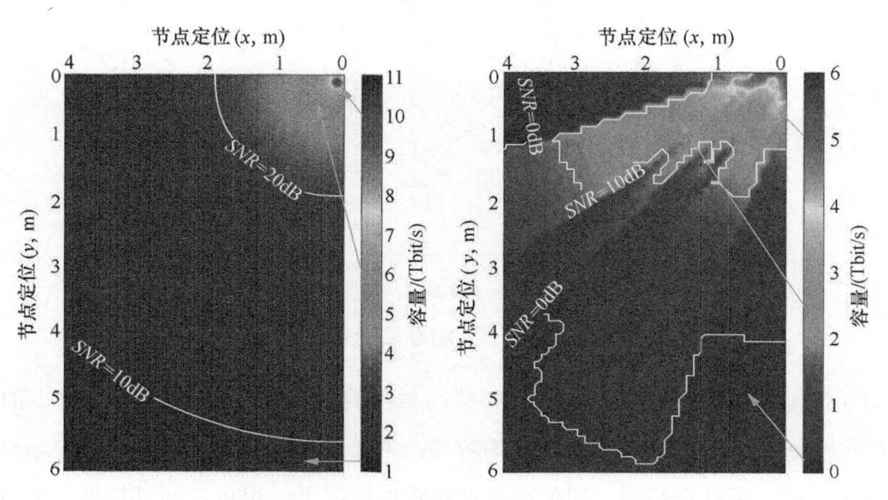


图3-17　场景2 的LoS（左）和NLoS（右）的室内传播特性

第4章

# 太赫兹技术

## 4.1 概述

自互联网和移动技术发展以来，无线数据流量的需求显著增加，现有的无线技术虽然达到了有线技术的能力，但仍不能满足未来超高速通信网络的要求。60GHz 及以下的频谱仍比目标 Tbit/s 速率低几个数量级。

尽管新的收发机架构、材料、天线设计、信道或传播模型和物理层技术都在发展，但是在实现 Tbit/s 链路速率之前，仍然存在一些需要解决的问题。在这些不同的研究领域中，媒体接入控制（Medium Access Control，MAC）是太赫兹通信网络中必须研究的领域。由于传统网络没有考虑太赫兹的特性，所以传统网络的 MAC 协议不能直接应用，例如路径和分子损耗、多路径、反射和散射等。因此，需要考虑满足太赫兹特性和天线要求的新型、高效的 MAC 协议。本章对太赫兹 MAC 协议进行了全面的阐述，包括协议的分类、设计问题、不同应用领域的需求和面临的挑战。

### 4.1.1 太赫兹与其他频谱技术对比

太赫兹是频率为 $10^{12}$Hz 或在国际电信联盟（ITU）指定频带内的电磁波。太赫兹频率范围（初步定为 $10^{11}$Hz ～ $10^{13}$Hz）是整个电磁波频谱的最后一个跨度，通常被称为太赫兹间隔。太赫兹出现在微波和红外线频段之间，太赫兹频段的辐射波长从 0.03mm ～ 3mm，即 30μm ～ 3000μm。太赫兹频谱示意如图 4-1 所示。

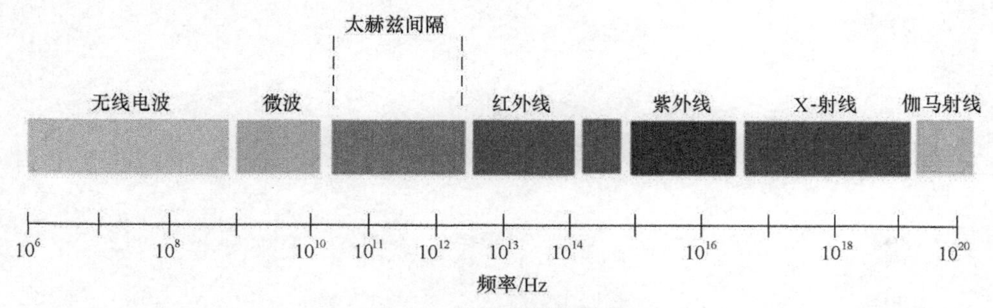


图4-1 太赫兹频谱示意

近 20 年来，太赫兹频段被有效地应用于成像，由于这些波是非电离的，所以太赫兹能够穿透材料并被水和有机物吸收。太赫兹的特性允许其应用于通信网络，以提供高达 Tbit/s 的数据速率。目前，虽然在通信网络中具有潜在用途以及能实现更高的数据速率，但太赫兹频带仍然是被研究最少的频段。不同频谱通信技术的特点见表 4-1。

表4-1 不同频谱通信技术的特点

| 频谱 | 频率范围 | 传输范围 | 功率消耗 | 连接方式 | 噪声 | 天气影响 |
|---|---|---|---|---|---|---|
| 毫米波 | 30GHz ～ 300GHz | 远 | 中等 | P2P[1]，P2MP[2] | 热噪声 | 敏感 |
| 太赫兹 | 100GHz ～ 300GHz（亚太赫兹）300GHz ～ 10THz | 中 | 中等 | P2P，P2MP | 热噪声和分子噪声 | 敏感 |
| 红外线 | 10THz ～ 430THz | 低 | 低 | P2P | 太阳光及环境噪声 | 敏感 |
| 可见光 | 430THz ～ 790THz | 低 | 低 | P2P | 太阳光及环境噪声 | 敏感 |
| 紫外线 | 790THz ～ 30PHz | 低 | 低 | P2MP | 太阳光及环境噪声 | 敏感 |

注：1. 点对点（Point-to-Point，P2P）；
2. 点对多点（Point-to-Multiple-Point，P2MP）。

## 4.1.2 太赫兹 MAC 协议的背景

本节首先定义了 MAC 协议，并针对太赫兹通信网络提出了不同于原 MAC 协议的需求。

1. 媒体接入控制背景

MAC 协议主要负责通过流量控制和复用控制硬件与无线传输介质的交互。它服务于物理层和上层之间的交互，提供了一种方法来识别帧错误，并在允许或调度信道接入时，将数据包发送到物理层。它还决定在发送数据包之前的等待时间及发送时长，以避免节点之间发生冲突。不同的无线通信技术需要不同的 MAC 协议来实现传输目的。例如与无线传感器网络所需的 MAC 功能相比，5G、LTE 和 GSM 等的相关标准的 MAC 协议有不同的用户需求。

随着用户需求和网络需求的增强，高效的 MAC 协议可用来辅助网络操作并提供自适应的解决方案。虽然假设 MAC 协议提供上述相同的功能，但是由于不同的频段特性和要求不同，所以需要新的机制来满足用户需求和网络需求。

2. 太赫兹无线通信 MAC 协议对 6G 高速网络至关重要

现有的太赫兹无线通信 MAC 协议可以根据网络拓扑结构大致分为集中式、集群式和分布式（Ad Hoc 网络）3 种。信道接入方式也有随机（基于竞争）、调度（无竞争）和混合 3 种。协议设定接收端和发送端启动通信的握手机制，从应用的角度也可分为宏观和纳米尺度的应用。

网络拓扑结构会影响 MAC 协议设计。集中式网络使用一个控制器或一个接入点提供节点之间的协调。在分布式网络中，每个节点需要自己决策协作的方式；在基于集群的网络中，几个节点组成一个组，通过一个组头（Group Head，GH）来传输它们的信息。

信道接入机制主要包括随机、调度和混合信道接入机制。在随机信道接入中，每个节点都争用一个共享信道来提高信道的利用率，这样可能会产生冲突。在基于载波感知的多址系统中，太赫兹频段的定向天线可以提供频谱的空间复用，从而提高网络的吞吐量。然而，基于调度的信道接入方法，例如时分多址（Time Division Multiple Access，TDMA）在没有空间复用的情况下，需要预先分配信道接入时隙。这以高同步开销为代价，提供了一个没有竞争的环境。与随机方法相比，基于调度的信道接入提供了相对较差的吞吐量和时延性能。混合信道接入机制结合了随机和调度信道接入的功能。在这个方案中，信道接入是通过随机方案和预定的数据传输来实现的。

太赫兹频段具有独特性，例如定向天线和高路径损耗，为太赫兹无线通信增加了不同的挑战。这些特性、网络规模和应用程序的需求需要新的初始接入机制。在能量受限严重的网络中，接收端主要是在有足够能量接收数据包时触发通信。然而，在无线通信中，最常见的是发送端发起的通信，当发送端有一些数据要发送时，就会触发通信。

此外，太赫兹无线通信 MAC 协议也可以根据应用分为宏观和纳米应用。此处的纳米应用涉及的范围可达几厘米，而范围大于一米的应用可被视为宏观方面的应用。

3. 太赫兹无线通信 MAC 协议与其他通信协议的区别

相对于低频段，太赫兹的特点是带宽较大，高频衰减也较大。因此在大多数情况下，传统的MAC概念应该进行修改或扩展，以满足应用程序的需求。这些需求包括超高吞吐量、覆盖和低时延。与传统网络相比，太赫兹通信允许并发窄波束链路，包括用于减少干扰的链路调度和 MAC 层的容量管理。太赫兹无线通信 MAC 协议的设计考虑与传统无线 MAC 协议的区别如下。

（1）接入确认（Acknowledge，ACK）和数据的链路准备

传统的 Wi-Fi 网络使用带内数据和 ACK，数据和 ACK 帧间间隔为 20ms。在太赫兹中，对 ACK 和数据使用相同的链路涉及许多问题，包括波束转换和控制，以及额外的同步开销，这些会增加时延。

（2）“耳聋”问题

传统的网络在全向和定向天线两种模式下工作，而在太赫兹网络中，发送和接收都需要定向天线，这会带来“耳聋”和碰撞冲突问题。因为节点在同一时间只能感知一个方向，所以很难准确及时地捕获与其相邻的信息。

（3）噪声和干扰

太赫兹频段对热噪声和分子噪声很敏感，干扰通常来自接收端旁瓣、干扰波束对准或多径反射。虽然使用定向天线可以忽略干扰，但是仍然会降低系统性能。毫米波在干扰和噪声建模方面表现得较为成熟，它使用适当的均衡器和滤波器以及高效的编码方案来降低

干扰对系统的影响。在太赫兹系统中，这方面需要进一步研究，以减少干扰和噪声的影响。从 MAC 协议的角度来看，设计高效的调度算法可以提高系统的性能。

（4）天线定向和波束管理

虽然定向天线用于点对点连接，覆盖了较高的传输距离，但是使用太赫兹频段的定向天线，相比于传统的网络，会带来许多挑战，包括初始接入和数据传输的波束管理。快速波束跟踪机制需求主要是在涉及移动性应用的太赫兹频段。

（5）帧的长短和持续时间

较长的帧可以增加网络的吞吐量，但也会增加帧的错误率，MAC 协议一般会使用有效的错误控制机制来减少帧损失。与微波和毫米波系统相比，太赫兹系统的帧非常短。在不影响整体时延的情况下，系统可以接受更多的用户。例如 5G 的调度时间等于 $1/2^{\mu}$ms（$\mu$=0，1，2，3，4，5），而在太赫兹频率中，时间可以短得多，在 $1/2^{\mu}$ms 内更多的节点可以加入系统，这也需要快速地切换和控制波束。对于帧长短的控制，太赫兹系统还不成熟，但由于太赫兹系统容易产生信道误差，所以它的帧应该比较短，可采用稳健的信道编码来检测和校正比特，减少重发和时延。

（6）带宽可用性和信道接入

在太赫兹频段有大量的带宽可用，最高可达几 GHz 或几十 GHz，需要通过管理带宽来支持网络的高吞吐量和 MAC 层的超低时延。然而，传统网络可用的带宽是几十 MHz 或上百 MHz，而在毫米波频段通信中，带宽可达几 GHz。拥有大量可用的带宽意味着在这些低传输时间的频带上会有较少的冲突。在传统的网络中，竞争和干扰管理是信道接入的主要需求，太赫兹频段需要具备的主要功能是协调和调度。因此，高方向性天线的时分多址对于太赫兹网络来说是一个很好的选择。

（7）高能量传播

纳米网络中的高能量传播是指用高效的能量收集机制来支持 MAC 层进行交互和数据传输。而在传统的网络中，能量传播没有纳米网络那么高。

（8）调度

对于宏网络来说，只有在节点之间进行波束对齐时，才能进行通信。在大部分情况下，MAC 协议是基于时分技术的，调度是太赫兹无线通信 MAC 协议设计过程中至关重要的一部分，这也是有别于传统 MAC 协议技术的地方。

（9）吞吐量

传统网络只提供有限的吞吐量，使用 MIMO、Massive MIMO 和高阶调制技术可以获得更高的吞吐量。而在太赫兹网络中，纳米网络（是一套几百纳米或最多几微米数量级相连器件而成的网络，它只能执行一些十分简单的任务）可采用 UM-MIMO 技术，但需要辅助以低复杂度的调制技术。

## 4.2 太赫兹频段的应用

太赫兹频段具有支持未来的高吞吐量、低时延和大规模连接的应用程序的潜力。因此，在探索现有应用程序的可能应用和扩展中，通过太赫兹频段通信提供高质量的传输（包括语音、视频和数据）是至关重要的。现有的应用程序可分为宏观应用程序和纳米应用程序。按所处环境也可分为室外应用程序和室内应用程序，需要从 Gbit/s 到 Tbit/s 的速度。在一些应用中，用户需要 Gbit/s 级速度，例如微蜂窝、WLAN、车对车通信和设备对设备的通信。而传统频带不能满足 Tbit/s 速率的应用（包括使用流量聚合和纳米通信的应用，例如回传通信、数据中心的边缘通信和纳米设备通信），如果通信距离小，那么可以利用太赫兹频带的全带宽。太赫兹链路还可用于汇聚 5G 流量，包括控制平面信令、物联网流量、回传以及核心网侧的互联网和移动服务，以取代现有的光纤链路。如果芯片间的通信需要 Tbit/s 链路，那么芯片可以使用短波以灵活的方式来交换超高数据速率，超高数据速率下的太赫兹通信是可行的。太赫兹通信在宏网络中的应用如图 4-2 所示，太赫兹通信在纳米网络中的应用如图 4-3 所示。

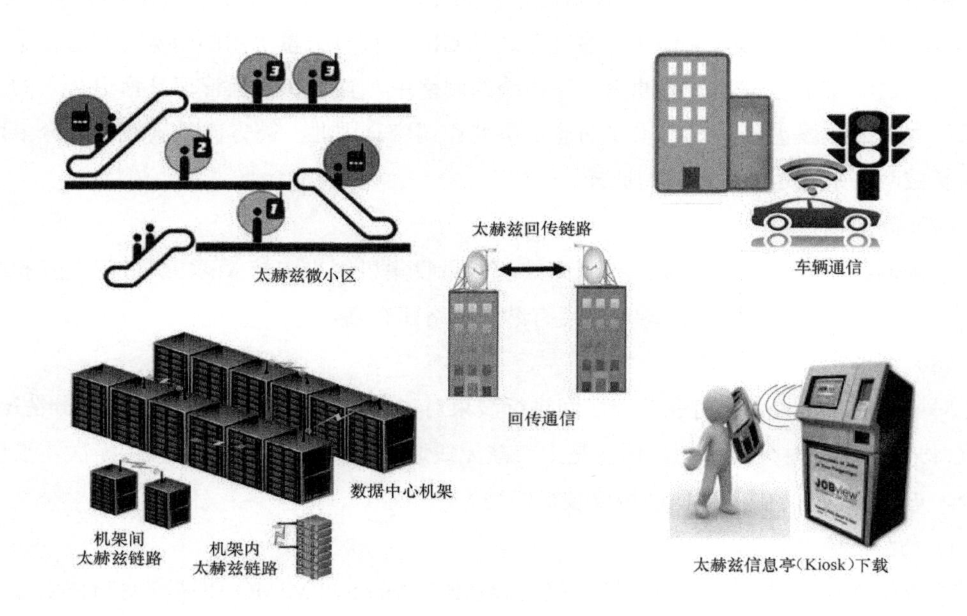


图4-2　太赫兹通信在宏网络中的应用

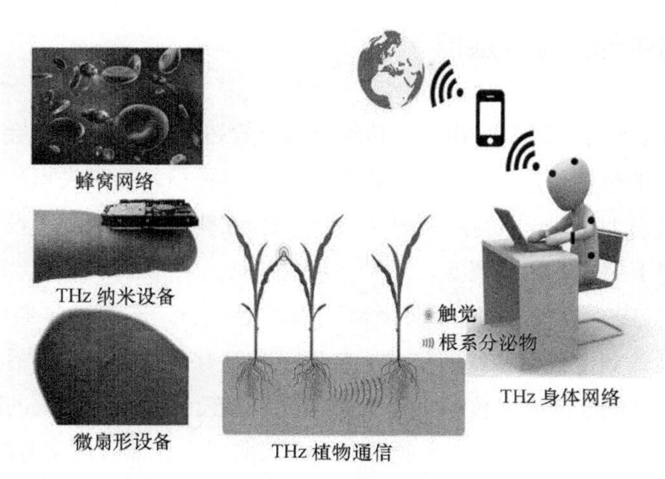


图4-3 太赫兹通信在纳米网络中的应用

太赫兹通信应用的特性和要求见表 4-2。

表4-2 太赫兹通信应用的特性和要求

<table>
<tr><th>类型</th><th>种类</th><th>应用领域</th><th>覆盖</th><th>移动性</th><th>数据速率</th><th>时延</th><th>链路可用可靠指标</th></tr>
<tr><td rowspan="10">宏网络</td><td rowspan="5">室内应用</td><td>数据中心网络</td><td>＜ 20m</td><td>否</td><td>100Gbit/s</td><td>0.1ms ～ 0.2ms</td><td>99.99%</td></tr>
<tr><td>THz 局域网（Terahertz Local Area Networks，TLAN）</td><td>＜ 50m</td><td>是</td><td>100Gbit/s</td><td>＜ 1ms</td><td>高</td></tr>
<tr><td>信息亭下载系统</td><td>0.1m</td><td>否</td><td>1 Tbit/s</td><td>＜ 1ms</td><td>99.99%</td></tr>
<tr><td>THz 个人区域网络（Terahertz Personal Area Network，TPAN）</td><td>＜ 20m</td><td>是</td><td>100Gbit/s</td><td>＜ 1ms</td><td>高</td></tr>
<tr><td>信息广播</td><td>0.1m ～ 5m</td><td>是</td><td>1 Tbit/s</td><td>几 ms</td><td>99.99%</td></tr>
<tr><td rowspan="5">室外应用</td><td>超密集小区技术</td><td>10m ～ 15m</td><td>是</td><td>＞ 100Gbit/s</td><td>几 ms</td><td>高</td></tr>
<tr><td>车联网和无人驾驶</td><td>＞ 100m</td><td>是</td><td>＞ 100Gbit/s</td><td>几 ms</td><td>中</td></tr>
<tr><td>军事应用</td><td>＞ 100m</td><td>是</td><td>10Gbit/s ～ 100Gbit/s</td><td>几 ms</td><td>高</td></tr>
<tr><td>空间应用</td><td>km 级</td><td>是</td><td>10Gbit/s ～ 100Gbit/s</td><td>几 ms</td><td>高</td></tr>
<tr><td>回传连接</td><td>1km</td><td>否</td><td>＞ 100Gbit/s</td><td>几 ms</td><td>高</td></tr>
<tr><td rowspan="5">纳米网络</td><td>体内 / 外应用</td><td>健康监测</td><td>0.5mm ～ 2.5mm</td><td>是</td><td>100Gbit/s</td><td>1ms</td><td>高</td></tr>
<tr><td rowspan="2">室内应用</td><td>纳米物联网</td><td>2m</td><td>否</td><td>90Gbit/s</td><td>1ms</td><td>高</td></tr>
<tr><td>芯片内部网络</td><td>0.03m</td><td>否</td><td>100Gbit/s</td><td>1ms</td><td>高</td></tr>
<tr><td rowspan="2">室外应用</td><td>防御应用</td><td>—</td><td>否</td><td>100Gbit/s</td><td>1ms</td><td>高</td></tr>
<tr><td>农业应用</td><td>4mm</td><td>否</td><td>100Gbit/s</td><td>1ms</td><td>高</td></tr>
</table>

### 4.2.1 宏网络中的太赫兹应用

太赫兹在涉及宏网络的通信应用中，传输范围一般超过了 1m，甚至会达到 1km。太赫兹频段虽然有巨大的带宽可用，但可传输距离会因高路径损耗和吸收损耗而变化。室内应用与室外应用的区别主要在于散射和反射效应。因此，在为这些应用程序设计 MAC 协议时，需要考虑不同环境下的不同信道模型。

需要 Tbit/s 链路的应用包括无线回传和无线数据中心。无线回传通常涉及点对点连接，以便将信息传输到宏蜂窝网络的基站，特别是在没有光纤的地方。另外，微蜂窝通信的回传部分也需要 Tbit/s 链接来传输大量数据。高功率天线可用于更大的距离覆盖，但在设计 MAC 协议时，应考虑环境因素和频繁的用户关联。太赫兹频段本身的大气损耗较高，但天线的高方向性可以补偿一定的大气损耗。为了利用 Tbit/s 传输增强容量和扩大带宽，200GHz ～ 300GHz 的太赫兹频段显示出较低的大气损耗。同时，无线光纤扩展器也是一个研究方向，它可以扩展现有回传通信的范围和容量，为户外环境长达 1km 的 Tbit/s 吞吐量提供可靠的数据通信。一个非常大的天线阵列或 UM-MIMO 技术可以用在小区之间传输信息。UM-MIMO 技术可以自适应地修改发射和接收波束，以应对环境的变化，而不需要物理性地重新调整阵列。同时它可以通过电子束控制与多个回传站进行通信。MAC 协议设计面临的挑战包括可靠的数据传输、干扰和大气损耗缓解技术，以及自适应的参数调整（包括频率转换、距离和带宽分配机制）。

在宏网络中，还有一个较有前景的应用就是无线数据中心。为了增强用户体验和提高网络速度，云应用被引入数据中心的竞争中。太赫兹频带可以通过扩展以支持 Tbit/s 链路，特别是在流量聚集的边缘，而不是使用有限能力的电缆。太赫兹链路可与现有体系结构并行使用，提供备份链路、故障转移机制和支持 SDN 的高速边缘路由器链路。这不仅可以改善用户体验，还可以降低数据中心内的部署成本。

使用高容量的无线太赫兹链路还可以帮助使用者重新设计数据中心的几何分布。然而，为了有效利用数据中心网络，需要精心设计物理层、MAC 层和网络层等通信协议。机架顶部（Top of Rack，ToR）太赫兹设备可以使用点对点和多点无线链路进行连接，但需要定向天线在机架间的通信增强覆盖超过 1m。由于路由器之间的距离较短，机架内的通信也可以使用全向天线。一个公平和有效的信道接入方案需要具备调度（用于定向天线）功能和避免冲突（Collision Avoidance，CA）技术（用于全向天线），并且能在多用户干扰的机架间或内部通信中使用。为了连接不同的 ToR 设备，链路的建立变得非常重要。然而，在定向天线和能量的最小化约束下，链路的建立变得非常具有挑战性。

需要说明的是，信息亭系统是一种融合了互联网技术、多媒体技术、自助式电子商务技术等的新型信息系统，能够将来自政府、企业或社区的各种服务通过规范和整合后提供给大众。其他点对点连接应用程序包括信息亭下载系统，它可用于即时传输大量数据，是固定发射端和移动接收端之间的点对点通信系统。它可以被想象成一个固定的终端或节点，使用光纤连接到数据中心，在几秒内能为不同的用户提供大量的数据。这种类型的应用程序可以使用 Tbit/s 链接来满足用户需求。在 MAC 协议设计上的挑战包括快速用户关联和链接建立、波束管理、错误检测和纠正策略，以及公共系统上的安全认证。

Tbit/s 链路也可以用来改善车辆通信网络。例如谷歌的自动驾驶汽车生成传感器数据的速率为 750Mbit/s，预计可在一次行程中生成 1TB 的传感器数据。交付、处理和优化如此庞大的数据来辅助车辆可能需要 Tbit/s 链接来提高通信的效率。在这个基于光纤回传的替代解决方案中，车辆还可以作为数字传输媒介来降低部署成本。

点对点通信也可以用于空对空和地面机器之间的军事应用。多年来，美国国家航空航天局（NASA）和欧洲航天局（ESA）等机构一直在开发用于空间技术的传感器和仪器，空间应用范围涉及点对点通信。将太赫兹链路用于卫星间通信，在考虑唯一自由空间损失的大气层之外也是可行的。例如在低轨道和地球静止轨道卫星之间建立卫星间太赫兹链路通信。

太赫兹通信的应用场景还包括室内家庭网络和局域网（Local Area Network，LAN），主要是家庭网络到核心网络的回传部分可以使用 Tbit/s 链路传输聚合数据，方便多个用户同时下载海量数据。然而，目前室内家庭或办公室环境通信的距离较短，需要点对点通信或高效的波束管理策略。使用太赫兹通信链路可以实现不同个人设备之间的高速和即时连接。

太赫兹的应用范围可以从短距离的室内到远距离的室外。对于信息亭（Kiosk）下载系统和数据中心机架间等通信距离非常短的应用，需要系统之间点对点的连接，信道接入和数据传输可能会出现时延。“最后一千米”接入和回传的点对点及多点场景需要高吞吐量和低时延的长距离传输。目前，实验传输速率已经达到 10Gbit/s，若使用更大带宽的太赫兹频带将实现超过 1Tbit/s 的速率。

大气损耗对室内和室外应用类型的影响是不同的，因此应该需要合适的信道和传播模型。像无线数据中心这样的室内环境，机架之间是固定连接的，移动能力非常有限。回传链路等室外环境涉及点对点链路，但在大气损耗、距离、可靠性和链路预算要求方面与室内环境不同。车辆和微蜂窝等场景需要高机动性，涉及频繁切换，MAC 协议必须支持新的高用户密度和可伸缩性。对于这两种情况，有效的信道接入机制、可靠的错误检测和校正连接都需要高效的波束管理技术来实现。

### 4.2.2 纳米网络中的太赫兹应用

纳米尺度技术使纳米组件能够执行简单的特定任务，例如数据存储、计算、传感和驱动。这些纳米元件可以集成到一个只有几立方米大小的区域中，用以开发更先进的纳米设备。这些纳米设备可以交换信息，以集中或分布的方式完成复杂的任务，这使它们在生物医学、工业、军事、健康监测、植物监测、纳米传感器网络、化学和生物攻击预防以及系统芯片上的无线网络等领域具有独特的应用优势。它们主要涉及厘米级以上的通信，包括利用纳米网络等电磁辐射的网络和利用分子流动进行传输的分子网络。

太赫兹在纳米设备中具有较小的尺寸和通信范围，可以利用 Tbit/s 链接。而且它的传输路径损耗小，在纳米通信中能够实现高吞吐量。纳米传感器可以通过收集心率的分子通信来检测早期疾病，收集到的信息可以通过互联网上的设备或移动电话传输给医疗服务提供商。太赫兹通信在纳米网络中的其他应用包括纳米扇贝可以在生物医学液体中游动、由骨骼肌驱动的生物机器人、载药系统、磁性螺旋微游器以无线的方式将单细胞基因传递到人类的胚胎肾脏。另外，想要实现应用需要 MAC 协议规划设计时考虑能量消耗、获取权衡、错误恢复、不同节点间传输的调度和有效的信道接入。

太赫兹频段可用于无线芯片网络，由于其高带宽和低开销，可以在很小的范围内连接两个芯片。寻址 MAC 性能通过指定输入流量和接口特性来支持最大芯核数。MAC 协议设计应该分析不同层架构之间的可容忍时延，并分析吞吐量时延支持的最大芯核数。其所面临的挑战包括有效的芯片内通信调度信道接入机制、有效的芯核间通信、提供高带宽和低时延的小型天线等。

在纳米尺度应用上，特别是在芯片上的通信可以利用高带宽来提供 Tbit/s 链接。在纳米范围的通信中，由于通信范围很小，所以路径损耗也较小。这些应用需要高效的能源消耗和获取机制来解决能源有限的问题，同时需要考虑无电池、非收发机架构和增强性能，及时将数据从纳米传感器传输到外部网络，还需要使用天线技术、新的信道传播和噪声模型来估计不同纳米网络环境下的路径损耗。这就需要有效的通信协议，例如调制和编码技术、功率控制、路由和 MAC 协议等。MAC 协议还需要支持大量设备之间的伸缩和连接。由于设备的容量有限，高效的通信需要高效的能量收集和传输平衡机制，而其链路的建立和设备间的通信调度将是一个不小的挑战。

### 4.2.3 太赫兹通信的其他应用

当前，流量需求的增加使太赫兹频段成为最有希望实现 Tbit/s 链路的方式之一。有一些应用程序主要针对终端用户，需要高达 100Gbit/s 以上的高速数据连接。这可以通过使用亚太赫兹频段和高阶调制方案来实现。这些应用程序包括地铁站、机场和购物中心等公共场所的广播系统，其数据速率以 Tbit/s 级传输。然而，目前的传输或数据传输只能在很短的距离内进行。在设计 MAC 协议时，应考虑每个覆盖区域的短距离性、移动性和用户密度。

此外，太赫兹区域网络、车辆对车辆通信、微蜂窝移动用户等应用程序的前端都可以使用太赫兹频段实现高吞吐量。然而，这需要极端的天线方向性管理和快速的用户关联和分离机制。

位于基站和终端用户无线电设备之间的前传需要 Gbit/s 链路。这些无线电设备可以在微蜂窝和无线局域网场景中移动，也可以在固定用户中移动。除了高数据速率（最高 1Tbit/s）之外，这些应用程序的关键参数是距离，即 1m ～ 1km。未来的应用程序包括大规模部署用于云无线电接入网络的微蜂窝，这可能使终端用户在前端和后端链接 Tbit/s 的数据速率增加。微蜂窝的部署可以利用太赫兹频段的巨大带宽，从而获得几个 Tbit/s 的数据传输。太赫兹频段的另一个未来应用是用于移动蜂窝网络的微蜂窝通信。在这种通信方式中，在 20m 的传输范围内，它可以为移动用户提供超高的数据速率。太赫兹的微蜂窝可以被安装为一个固定点，为多个移动用户服务。它需要支持具有较高数据量下载的用户的移动性，用户从一个单元移动到另一个单元需要无缝切换才能实现不间断的通信。太赫兹方向天线的使用会增加用户关联和预定信道接入跟踪方面的难度。因此，太赫兹 MAC 协议应该考虑这些要求和目标性能，以确保用户满意。

另外，虚拟现实（Virtual Reality，VR）设备需要至少 10Gbit/s 的数据流量传输。然而，目前它仍依赖于有线电缆，需要转移到超过 10Gbit/s 数据速率的无线传输中。VR 应用要求极高的可靠性和低时延、高数据速率以及快速的数据处理，使用太赫兹频段可以满足虚拟现实服务的需求。

## 4.3 太赫兹 MAC 协议的设计

本节讨论在设计有效的 MAC 协议时需要考虑的太赫兹频段的特性，以及与太赫兹 MAC 协议相关的设计问题和难点。

### 4.3.1 太赫兹频段通信的特点

利用 0.1THz 以上的频率，可能会出现信道噪声和分子对波的吸收、反射等新的传播现象。因此，研究人员正专注于太赫兹波在不同的环境下的特点。太赫兹频段会影响 MAC 层的性能，包括吞吐量和时延。太赫兹频段的特性如下。

1. 噪声

在太赫兹频段内，介质中的分子会被特定频率的电磁波激发。这些被激发的分子在内部振动，原子以周期运动的方式振动，分子以恒定平移和旋转运动的方式振动。由于内部振动，传播波的能量部分转化为动能。从通信的角度来看，它可以被视为信号丢失。这种分子振动可以通过求解特定分子结构的薛定谔方程得到。国际电信联盟也描述了一个计算大气中气体衰减的模型，该模型考虑了1GHz ～ 1000GHz 频段的水蒸气和氧分子对损耗衰减的影响。同时，美国哈佛大学的 HITRAN 数据库也被用于计算太赫兹频段因分子吸收引起的衰减。

分子吸收与自由空间路径损耗一样是一个需要考虑的重要问题，它会导致因为电磁能部分转化为内能而引起的信号损耗。太赫兹频段的这种转化可能会由于大气温度或无线电信道的传输而产生噪声。由大气温度引起的噪声可称为天空噪声，由无线电信道传输引起的噪声可称为分子吸收噪声。太赫兹无线纳米传感器网络的噪声模型具有影响体内系统的单个噪声源，噪声包括约翰孙 - 尼奎斯特（Johnson-Nyquist）噪声、黑体和多普勒频移造成的噪声。

（1）分子吸收噪声

分子吸收噪声是分子吸收太赫兹能量辐射的结果，它取决于传播环境。根据辐射传递理论，可以直接推导出不同假设条件下的分子噪声基本方程。吸收通常是由透射电磁波将介质转移到高能态引起的，高能态和低能态之间的差异决定了电磁波中吸收的能量有多少，因为吸收的能量是 $E = hf$，其中，$h$ 是普朗克常量，$f$ 是频率。

（2）天空噪声

天空噪声与发射信号无关，可以称为背景噪声。它是由吸收大气的温度引起的，被称为有效的黑体辐射体或非均匀大气介质的灰体辐射体。天空噪声可以在卫星通信中被识别，主要受天线温度的影响，天线温度是吸收温度辐射的附加温度。大气可以被看作一种动态介质，其温度和压力随海拔高度的升高而降低。一般来说，天空噪声取决于吸收系数和由于大气中温度和压力的变化而产生的距离。

（3）黑体噪声

根据维恩位移定律（Wien's Displacement Law，WDL），给定波长的温度为 $T$ 的物体辐射能量可以达到最大值，这种现象被称为黑体辐射，并对信号产生干扰。该干扰称为黑体噪声，它是太赫兹通信系统的噪声之一。

2. *太赫兹散射和反射*

散射和反射是表征电磁波的两种物理性质，发射端和接收端之间的区域可以包含大量大小不同的散射体，并且是随机分布的。散射有两种类型：弹性散射（只有波的方向改变）和非弹性散射（散射导致能量变化）。散射过程包括散射直径尺寸大于太赫兹波长时的瑞利散射和不大于太赫兹波长时的米氏散射。瑞利散射和米氏散射都会影响接收到的太赫兹信号。在 300GHz 传输窗口，带宽为 10GHz 的情况下，发射端和接收端均需要配置定向天线。散射模型有两种：直接散射模型和雷达截面模型。散射是一种重要的传播机制，对于 100GHz 以上的频率，它可以被视为一种简单的反射。

无线电波反射通常发生在室内。反射光线取决于反射器的电磁特性、表面粗糙度以及反射器相对于发射器和接收器的位置。在接收侧接收到的信号是直射线和所有反射线之和。

3. 多路径

在反射体和散射体存在的情况下，太赫兹波通道可以产生NLoS传播。在太赫兹通信中，LoS 和 NLoS 同时存在，NLoS 会干扰接收端 LoS 中的主信号。NLoS 分量的优点是当 LoS 被遮挡时，接收端仍然可以解码传输的信号。接收端接收到的信号大小取决于反映材料特性的反射器的介电常数、反射物的粗糙度系数、入射角、波的偏振性等参数，以及反射器对发射端和接收端的位置。NLoS 信号的大小还受天线特性、源与接收器之间的距离以及包含反射物平面的影响。

LoS 和 NLoS 的传播场景都存在于室内环境中，NLoS 的存在主要是因为散射体和反射体。利用信道脉冲响应的 NLoS 和 LoS 分量，可以估计信道衰减和时延。

时延会影响 MAC 协议的一些决策。例如调制和编码选择模块、天线波束转向模块，时延参数的估计可以帮助选择或切换到链路衰减最低的路径。NLoS 和 LoS 组件的存在，可以作为 LoS 链路通信中断的替代，如果 LoS 被遮挡，NLoS 可以用作替代路径。

4. 太赫兹传输窗口

太赫兹通信中出现的路径损耗使这些频段具有频率选择性，在这种情况下，由于损耗较少，一些频段可以用来提供更高的带宽。太赫兹通信传输窗口依赖于许多参数，例如通信范围和技术要求。

低衰减、高带宽的最佳压缩窗口以 0.3THz（300GHz）为中心。300GHz 窗口的特点是可用的带宽为 69.12GHz，可细分为单独的通道或子带。频率范围从 $f_{min}$ = 252.72GHz 到 $f_{max}$ = 321.84 GHz 的太赫兹通信支持信道由 IEEE 802.15.3d 无线个人区域网络（Wireless Personal Area Network，WPAN）工作组提出。使用高阶调制的 300GHz 窗口的子带带宽和最大可达数据速率见表 4-3。传输窗口是根据节点之间的距离来选择的，这是因为分子在较远距离的吸收会导致信道脉冲响应的衰减更高。

表4-3 使用高阶调制的300GHz窗口的子带带宽和最大可达数据速率

| 带宽 /GHz | 数据速率 / ( $Gbit \cdot s^{-1}$ ) |
| --- | --- |
| 2.16 | 9.86 |
| 4.32 | 19.71 |
| 8.64 | 39.42 |
| 12.96 | 59.14 |
| 17.28 | 78.85 |
| 25.92 | 118.27 |
| 51.84 | 236.54 |
| 69.12 | 315.39 |

### 4.3.2 太赫兹 MAC 协议的设计注意事项

太赫兹频段虽然可以为未来的高速网络提供高带宽，但是其具有影响通信性能的特性，这些特性不会直接影响到 MAC 层的性能，但会对物理层设计、天线和链路容量产生巨大影响，从而间接影响 MAC 层的性能、吞吐量和时延。物理层功能的选择也会影响 MAC 层的设计，例如天线技术、调制和编码。

MAC 层的功能取决于通道特性、设备技术和物理层特性。在为不同的应用程序设计一个有效的 MAC 协议时，有以下几个与物理层和 MAC 层特性相关的设计问题需要考虑。

1. *物理层及设备相关问题和注意事项*

（1）天线技术

传输的太赫兹信号由于在介质中传播而产生多种损耗，包括从高频造成的自由空间损耗到分子吸收噪声和散射。为了解决这一问题，需要用高增益天线在一个特定方向上增强信号并补偿损耗。在通信网络中，假设天线是定向的，会有许多节点试图接入共享信道，那么，网络同时为所有节点提供服务将是不小的挑战。

具有快速波束切换能力的天线技术可以确定节点使用窄波束接入共享信道的方式，并将每个节点访问分配给 MAC 层分配的给定时隙。MAC 层应该包括一个天线控制模块，以快速引导波束朝向接收器，例如可以在脉冲级别执行交换。然而，为了减少误差和时延，不同节点的 MAC 层和天线应该保持良好的同步，优化天线增益也可以使波束达到较高的数据速率和良好的信号质量。UM-MIMO 技术也被设想应用于太赫兹通信，通过增加数据吞吐量和使用空间复用技术，为网络中的更多节点提供服务，从而提升 MAC 性能。其中，天线的数量可以达到 1024 个。在宏观通信领域，对天线技术深入的研究仍然具有一定挑战性。

在纳米通信网络中，节点间距离较短，因此假设天线是各向同性的非复变天线。想达到太赫兹频率的辐射对于由铟砷化镓（InGaAs）和石墨烯等材料构成的天线来说是可能实现的，主要是因为这些材料的化学和电子特性。首先，天线尺寸是适用于太赫兹频率的微米级。其次，用于天线设计和馈电的材料也需要考虑。最后，纳米天线的功耗、辐射功率、工作频段和方向性等主要性能也需要被考虑。由于多频段纳米天线阵列的超密集集成，相互耦合也是一个需要解决的重要问题。

为了解决高衰减和多径问题，快速波束转换和控制技术可以由 MAC 协议来实现，相控阵天线是满足这一要求的最佳选择。通过波束转换和控制，相控阵可以改善链路预算，提高用户之间的公平性。然而，实际技术仍在朝着减少转换时间和增加天线单元数目以增加增益的方向发展。

太赫兹 MAC 层调度程序将流量数据映射到每个天线波束。天线阵列的 MAC 调度如

图 4-4 所示，这是用户数据流量和天线波束之间的映射示例，显示了 MAC 层调度程序模块，以及它是如何与天线系统连接的，如果当前节点 $i$ 需要发送数据到节点 $j$，MAC 层将命令发送到天线系统，在 MAC 层和物理层之间，使用一个数字到模拟的模块接口把它的波束导向节点 $j$。波束控制操作可以在每一帧周期内重复，以调度新的传输。

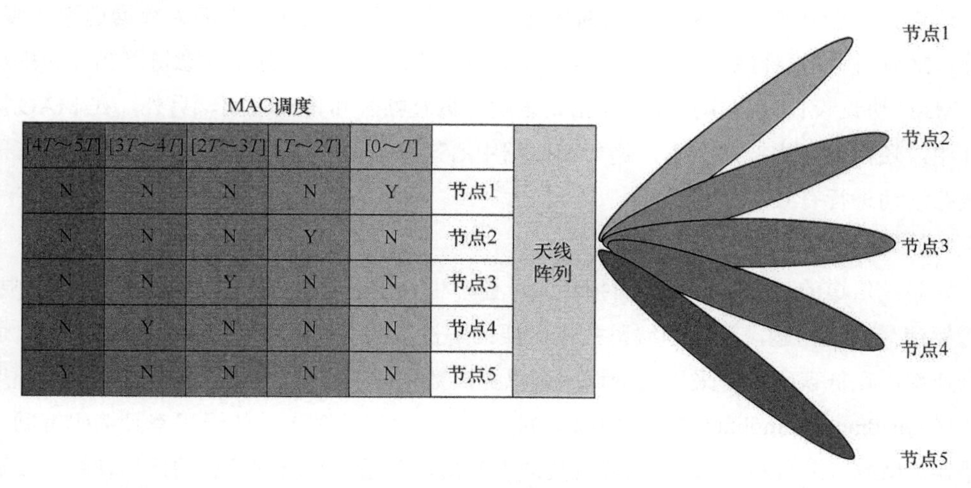


图4-4　天线阵列的MAC调度

MAC 层根据流量需求，为每个传输时间间隔 $[(n-1)T,\ nT]$ 选择一个目标节点及其相关的波束来传输数据流量。许多调度算法可以被使用，例如循环调度、最大吞吐量或最小时延算法。波束的转换操作可以在脉冲、符号或帧级上进行。

（2）干扰模型与信噪比

太赫兹通信系统中存在干扰，干扰可以由同一频段的节点同时产生，也可以由信号本身产生。对于固定或移动用户，反射和散射信号也会造成干扰。由于信噪比主要取决于信道模型，所以目前对干扰建模的研究还不够深入。干扰电平影响信号质量，会导致更高的误码率（Bit Error Rate，BER）。MAC 协议的设计应该通过增强节点的同步，或者采用信道化的方法来实现信道的访问，从而感知干扰。访问方法定义了每个节点传输数据的方式，建立的干扰模型有助于进一步选择正确的接入技术。

（3）链路预算和信道容量

通信链路的特征体现在链路预算和信道容量上。一方面，链路预算包括传输功率、所有增益和损耗。当链路预算值高于接收端信噪比阈值时，链路质量较好。太赫兹链路预算给出了一个链路中所有功率增益和损耗的信息，它的值取决于许多因素，例如天线增益、大气衰减、可用带宽、距离、温度、总噪声和太赫兹源输出功率。链路预算应高于主要依赖器件技术的固定阈值，以保证可靠的太赫兹通信。链路预算的增强提高了通信的可达性，减少了数据丢失，它被用作确定链接范围的参考度量。

另一方面，香农容量（Shannon Capacity）是由特定信道模型发送和接收之间的互信息最大化得到的，它表示在给定的带宽和不同场景中的信噪比下可以传输多少数据。对于太赫兹纳米网络和宏网络中的容量分析，大多是基于理论假设和确定性的传播信道。在实际应用过程中，应该考虑太赫兹波的其他特性，例如散射、色散、大气因素和太赫兹统计模型的影响。

信道容量会随着带宽和信噪比的增加而增加，而吞吐量则会受最大数据速率的限制。因此，MAC 协议设计应该考虑不同信道模型的可达信道容量。除了注意链路预算和信道容量，MAC 协议设计还应保护帧不受错误影响，调整帧长和传输时间。另外，在 MAC 协议设计中，还需要考虑链路需求，例如在数据中心，数据速率可以超过 100Gbit/s，这就需要对链路波动进行有效跟踪。

（4）调制和编码

太赫兹信道的特点是自由空间损耗大，会产生分子吸收和噪声，以及收发能力的限制。为缓解信号质量问题，调制和编码是其主要的解决方式。调制保证了对波动信道的自适应数据速率，在低误码率时采用高阶调制可以提高数据速率，例如使用 16 进制的正交幅度调制（16-Quadrature Amplitude Modulation，16QAM），可以达到 $10^{-3}$ 的误码率且编码有助于减少错误。MAC 层可以被设计成支持可变的吞吐量，并通过来自物理层的信息使帧长度适合信道条件。为了提高 MAC 主层的性能，在设计 MAC 协议的物理层感知机制时，需要对调制和编码技术进行更多的研究。纳米通信使用了基本的调制技术，例如开关键控（On-Off Keying，OOK）和脉冲位置调制（Pulse Position Modulation，PPM）以及飞秒脉冲。为了提高频谱效率，还可以使用子阵列纳米天线的密集分组阵列，同时实现可接受的波束赋形性能。

调制方案的选择取决于太赫兹器件的能力。例如输出功率、带宽和信号灵敏度。对于短程通信，可以使用具有更高带宽和更低复杂度的技术，例如 OOK 和正交相移键控（Quadrature Phase Shift Keying，QPSK）。对于较大范围的宏观通信，太赫兹频段被分割成功能窗口和使用窗口，并通过载波进行传输。高阶调制（例如 16QAM）可以根据定向天线特性部署。信道编码有助于检测和减少接收端的错误，从而减少数据丢失。然而，信道编码为纳米通信引入了计算复杂性。因此，太赫兹频段可以采用简单的编码方案，例如汉明码。对于宏观通信，可以增加里德－所罗门（Reed-Solomon）码和低密度奇偶校验码方案。

第一代太赫兹器件的衰减率较高，因此，要采用输出功率大、噪声低、性能好的器件来优化链路预算，以提高链路数据速率。现已开发了基于电子技术的太赫兹收发机，例如硅锗（SiGe）基异质结双极晶体管，氮化镓（GaN）基单片毫米波集成电路，以及基于光子学的收发机，例如用于高频应用的量子级联激光器（Quantum Cascade Laser，QCL）。另外，共振隧穿二极管（Resonant Tunneling Diode，RTD）在太赫兹应用中也很有前景，RTD 可将毫米波转换为太赫兹波。执行太赫兹信号转换的设备有两种：电子设备（例如 E-RTD）和光子设备（例如单行载流子光电二极管）。光子设备和电子设备可以根据所需的数据速率、距离和灵敏度为每个场景选择一种最好的技术。对于某些应用程序，可以用太赫兹桥取代高容量的线路，这将增加网络的灵活性，降低部署成本。太赫兹器件负责信号的发射和接收，会影响链路预算、接收功率谱密度等链路质量，还会影响误码率和中断概率。因此，为了设计一个高数据速率的MAC协议，在保持网络中信号与干扰加噪声比（Signal to Interference Plus Noise Ratio，SINR）的同时，需要具有低系统噪声和可变输出功率的设备。网络的SINR与设备发射功率、信道和系统的噪声有关。MAC层获悉设备的技术能力可以监测功率发射，天线模式和波束方向。天线技术和设备性能也可以增强节点搜索感知功能，减少时延。

2. MAC层相关问题及注意事项

基于太赫兹的应用程序，下面讨论与MAC层相关的问题和注意事项。

（1）信道接入、调度和共享

对于纳米通信，假设天线是各向同性的，可以使用相同的频段来部署随机信道接入机制。但是当接收到的信号可能与其他信号发生冲突时，应该采用减少干扰的技术。宏网络的通信传输距离超过1m时，天线需要定向以克服信道衰减效应，在建立链路之前，需要执行不同的步骤，例如波束对准和高级节点同步等。如果收发波束不对准，就不能有效传输，还可能会导致“耳聋”问题。在集中网络中，一个中央控制器可以管理和调度传输波束对准，基于TDMA的点对点网络就可以用来避免节点的碰撞冲突和管理波束对齐，这样每个节点都知道传输时刻、传输节点和方向。不同的节点之间也可以使用共享信道，虽然会增加干扰，但可以使用备用频段，在不同的节点之间提供同步和协调以接入信道。

（2）相邻发现和链路建立

要进行任何通信，首先发现节点并建立一个链路，这是在为纳米和宏观通信设计有效的MAC协议时需要考虑的问题。对于纳米通信，由于能量存储和生成的限制，需要具有低信令开销的机制。对于宏观通信，天线的方向性和移动性给节点间建立链路带来了额外的困难，需要节点对其他节点进行跟踪和定位，以维持链路的稳定。为了实现无缝通信，网络在任何时候都需要一个稳定的链接。在点对点网络中，有效的波束引导机制需要减少交互时间和总体相邻发现时间。此外，由于天线的短程覆盖和移动性，可能需要频繁的链路关联和切换，这在MAC协议设计中也应该得到支持。

在通信阶段中，每个节点都需要通知其相邻节点的可用性和身份，节点搜索发生在通信阶段之前。它可能会由于缺少与节点位置相关的信息而受到限制。对于纳米网络，节点可以向它的相邻节点发送身份消息，任何接收到搜索消息的节点都会将发送者添加到它的列表中。通常对于动态网络，当新的节点可以进入或离开邻近的子集时，搜索过程会更加频繁。对于静态网络，搜索过程可以忽略，因为每个节点从部署阶段就知道它的相邻节点，并且在一些关键事件中，例如一个节点停止服务或引入一个新节点，之后交换搜索消息。在宏网络中，如果流动性被添加到系统，同步波束就可以应用在这个过程中，节点搜索会变得比较困难。发现一个节点接收到的消息是对齐的，这个过程是需要消耗时间和能源的，因此，应该从减少所需的时间和能量去搜索相邻节点的角度来考虑优化。

（3）移动性管理和切换

移动性和覆盖是两个相互关联的概念，对于太赫兹移动系统来说，保证无线电覆盖可以减少链路中断的可能性。因此，MAC 层应该支持移动管理功能，以保证服务的连续性。而切换是移动网络中描述服务基站在不中断情况下变换的技术概念。

关于节点移动性的问题可以通过太赫兹定位来解决。太赫兹射频识别（Radio Frequency Identification，RFID）技术使用特定的信道建模和切换过程相关的节点定位来进行设备定位。例如在从服务节点接收到的信号功率较弱的位置可以触发切换。解决定位问题有助于加速切换执行。对于太赫兹网络而言，纳米网络的定位更具有可行性，而对于部署了定向天线的宏网络，其定位的难度较大。

（4）冲突避免和干扰管理

基于高带宽的可用性和天线方向性，在太赫兹通信中不太可能会发生冲突。然而，当两个节点对波束方向相互交叉并进行频繁而长时间的传输时，就会发生这种情况，同时，多用户干扰也可能出现在具有大量移动节点的场景中。因此，在设计一个有效的太赫兹 MAC 协议时，应考虑碰撞冲突检测和避免机制。需要新的干扰模型来捕捉太赫兹频段特征和多用户干扰的影响。定向通信可以减少多用户干扰，但需要收发之间的紧密同步。此外，降低信道码权值还可以降低信道误码率，有助于避免多用户干扰和分子吸收。

（5）可靠性

大多数无线系统需要可靠的通信，可靠性的程度取决于应用程序本身。当通道条件随时间变化，引起时变吸收时，问题会变得更加复杂。太赫兹通信系统主要要求低帧损耗和高吞吐量，它的误差控制模块主要负责帧保护和重传以减少帧损耗。其中，帧误差取决于信道模型和帧长度。特别是在恶劣的信道条件下，例如室外信道具有动态条件时，需要引入误差控制模块。对于纳米传感器网络，需要采用交叉优化方法以适应帧传输和通道条件。此外，为了有效使用网络，在 MAC 协议设计中应该考虑可靠的无线链路和波束跟踪。

（6）吞吐量和时延

太赫兹频段具有很高的带宽，可以达到超过 1Tbit/s 的吞吐量。对于某些应用程序，例如在太赫兹数据中心场景下，带宽会在多个节点之间共享，因此 MAC 协议应该支持并保证高数据速率和低时延。MAC 协议还需要实现快速调度算法、适当的 MAC 技术和缓冲，以满足应用程序特定的 QoS 要求。

（7）能源效率和收获

能源效率意味着使用更少的能源来实现所需的性能。在某些情况下，使用低容量电池的设备、移动节点等很难连续提供能量。能源效率逐渐成为应优先考虑的问题。

太赫兹应用于纳米通信、体内网络、前传通信、生物医学和军事的太赫兹无线传感器网络等领域。为了解决能量供应不足的问题，可以采用能量收集、低阶调制等技术来延长电池的使用寿命，也可以研发新的数据链路层技术来提高能源效率。对于诸如回传、数据中心和信息广播等能源总是可用的应用程序，能效的优先级应当低于其他应用程序。

在一些应用中，节点的功率是连续传输的限制因素，为了降低功耗，在不降低系统服务质量的前提下，需要在 MAC 层上实现功率管理模块。如果节点没有数据要传输，则从激活状态切换到空闲状态，并根据信道条件和目标 QoS 应用功率控制策略。还有一种节省电力和保证电池寿命的方法是收集和管理能量，对于纳米传感器，收集的能量可以用于更活跃的节点。由于纳米器件的低存储限制，必须考虑能量收集和高效利用之间的平衡。

（8）覆盖和连接

太赫兹通信的特点是低范围连接和高可用带宽。可以使用定向天线、增强型太赫兹器件、高输出功率和优化最佳灵敏度来增强覆盖范围。MAC 层还可以利用数据链路中继、路径分集和频谱交换来增强通信覆盖和连接性。例如在车载太赫兹网络中，一个移动节点可以与多个节点协调。在纳米传感器网络中，对于短距离通信，每个节点都可以使用中继，向超出其范围的任何节点进行传输。路径分集是在 LoS 链路暂时不可用时，增强连接性的另一种解决方案。在没有 LoS 链路的情况下，为了支持更少时延的无缝通信，还可以使用反射器到达没有 LoS 链路的远端节点。

### 4.3.3 MAC 协议决策内容

MAC 层负责与物理层的流量匹配，可通过增加复杂的模块来优化链路性能。下面是一些可以在 MAC 层做出的决策，它们可以进一步提高系统性能。

1. 带宽和频率选择

MAC 层应主动感知物理信道，了解各业务流的业务需求，选择合适的带宽和载波频率，使业务适应信道，减少干扰。实际的太赫兹通信系统大多使用单一频率，但应用多频天线也是值得考虑的。

2. 调制和编码选择

太赫兹信道通常与时间相关，其传输的信号会受到损伤，从而导致较高的误码率，为了解决这个问题，可以采用自适应调制，编码方案可由 MAC 层控制。选择高阶调制可以提高吞吐量，低阶调制可以降低误码率。

3. 电源管理

电源管理模块在节点之间相互协调时，可以选择适当的电源，增加覆盖范围，减少干扰。这样使用功率控制的监控节点可以减少干扰，同时保持可接受的能耗值。电源管理模块可以很好地适应其所处的环境，例如潮湿环境下的平均功耗值将不同于干燥环境下的功耗值。

4. 波束控制

当使用太赫兹通信的定向天线时，波束应该被适当地调整到接收节点，根据来自物理层波束参数（例如振子的相位）的输入，可以在MAC层进行波束方向坐标的选择。

在MAC层增加对物理层和信道传播的感知，不同的物理层功能可以被监控，并根据信道链路质量统计数据，触发切换操作，例如可以改变高阶调制方案（16QAM），用低阶正交相移编码（QPSK）以减少误码率，或者当信道条件好的时候，从低阶调制（QPSK）到高阶调制（16QAM），以提高数据吞吐量。负责波束控制的模块也可以包含在MAC层中，例如使用3bit来监控8个波束并与8个相邻节点建立连接。对于多频天线，还可以在MAC层中设计监控频率和带宽，以减少干扰并增加数据吞吐量。最后，当链路掉线或信道衰减增大时，功率管理模块允许监控发射端输出功率来增加链路预算。电源管理模块可以根据采集到的物理层和其他节点的测量数据来决定控制信噪比。调制方案、波束方向、频率和功率可以根据从物理层收集的统计数据和网络层的报告在帧级更新。

### 4.3.4 太赫兹应用场景与MAC协议关系

太赫兹频段的特点、MAC协议设计问题和注意事项需要结合应用场景，这里主要分为纳米场景和宏观场景。由于独特的带宽特性，不同应用程序的每个MAC协议都需要新的MAC机制来适应高带宽、路径损耗和噪声。在纳米网络中，由于距离短、路径损耗小，一般采用全向天线。在收发相距较远时，路径损耗会严重影响通信和距离。用于纳米网络的太赫兹MAC协议目前仍然没有考虑路径损耗、分子吸收、噪声、多路径效应等独特的特性。对于物理层功能，协议设计目前也尚未考虑天线设计、信道、传播和干扰模型。

对于宏观网络的应用，每个室内和室外应用都有不同的需求，因此需要不同的MAC机制。由于短距离限制，所以太赫兹频段适合于室内应用，例如太赫兹局域网（TLAN）和TPAN，这些都涉及短距离通信的移动性。像数据中心这样的场景，涉及不同机架之间的静态连接，因此需要点对点或多点通信，数据中心等场景需要不同的信道模型，并且散射和多径现象会以不同的方式影响通信。为了提高通信范围，应该使用定向天线，这需要新的机制来进行波束管理和跟踪，还要支持UM-MIMO技术、反射器，以减少遮挡。静态点应用需要支持快速链接建立和保证通信的可靠性。特别是在需要频繁建立链路和节点密度高的情况下，这些应用程序还需要新的机制来访问太赫兹信道和链路。

在户外场景中，例如车辆通信、回传和微蜂窝场景，其中包括移动和静态场景，由于雨、风、湿度和干燥等不同的环境因素，信道会受到影响。因此，需要新的信道和传播模型，该模型还应考虑包括树木、人类和其他物理类型的设备等遮挡因素。UM-MIMO技术可用于在小区或邻近网络之间接力传递信息。此外，由于不同的环境因素，室外场景还需要应用抗干扰技术。

MAC 协议在通信决策中起着非常重要的作用。环境很容易降低太赫兹 MAC 协议在时延、吞吐量、分组可靠性和传输率方面的性能。由于太赫兹频段特有的噪声和路径损耗等特性，与其他低频段的干扰现象相比，太赫兹频段通信更容易中断。分子吸收噪声或大气噪声很容易影响太赫兹通信链路，而且随着发射端和接收端之间距离的增加，问题也会越来越严重。此外，附加的环境噪声因素（例如天空噪声）会导致接收端和发射端的噪声或干扰被低估，也会严重影响 MAC 协议的性能。对这些因素进行建模是非常重要的，因为这些因素在不同的环境（室内或室外环境）中表现不同，应该根据场景精细建模。在设计用于短、中、长距离太赫兹通信的 MAC 协议时，必须考虑这些环境因素及其建模。室内和室外场景需要不同的信道、传播和干扰模型，需要考虑不同物理层和 MAC 层设计问题。在一定的室内环境中，为了增强反射和散射信号，可嵌入具有反射特性的金属反射器，以降低功率吸收。然而，对于室外环境，需要新的机制来克服吸收损耗的影响。

## 4.4 不同网络拓扑的太赫兹 MAC 协议

现有的太赫兹 MAC 协议按网络拓扑类型分为集中式、集群式和分布式。然后根据网络规模对每个拓扑设计进一步分类。在现有的研究中，本节将讨论根据不同的应用领域和需求考虑不同的拓扑设计。

### 4.4.1 集中式网络的太赫兹 MAC 协议

1. 纳米网络

纳米网络包括几个可以一起执行简单任务的纳米设备。由于有限的能量容量，集中拓扑有不同的应用，包括体内网络、空气质量监测和工业应用。在这些应用中，纳米控制器能够执行繁重的计算、调度和传输任务。最初，纳米设备将其信息发送给控制器，然后控制器处理和调度传输，并通过网关设备将信息发送到外部网络。体内纳米通信网络如图 4-5 所示。

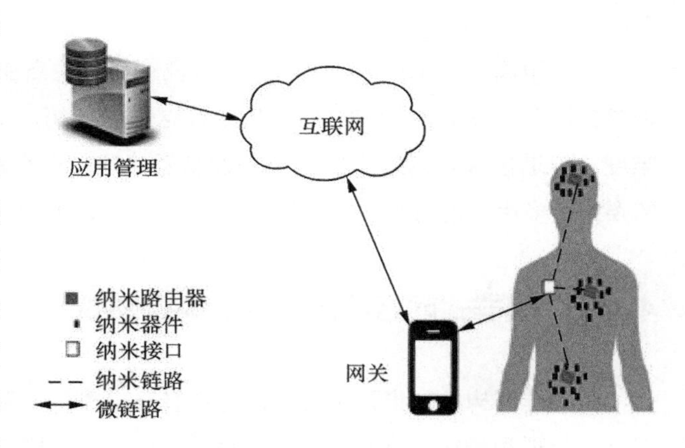


图4-5 体内纳米通信网络

S.J.Lee 提出了一种集中的方法，将纳米节点部署在特定的区域来检测缺陷或污染等问题，其中，每个纳米节点都可以在有限的内存中执行计算任务，并在短距离内将小数据传输给纳米控制器。

网关可以收集信息并将其发送到互联网上。基于TDMA和能量收集的集中式协议，纳米控制器负责对纳米节点进行信道接入和时隙分配。为了应对能源消耗，节点还负责收集能源以延长自己的生命周期，然后使用集中式方法将一些节点从繁重的计算任务和信道接入中释放出来。由于距离较小，路径损耗仍然保持很低的水平，但是来自附近设备的干扰会影响数据传输和信道的接入。在集中式拓扑结构中，节点与控制器节点之间的距离为单跳距离。

根据不同的应用需求，纳米网络可以遵循不同的拓扑结构。对于更高的节点密度，需要采用多跳通信，但它不考虑具有可移动性节点的随机排列。

2. 宏观网络

除纳米网络之外，在更大的网络（例如宏观网络）中，集中式结构也被用于太赫兹通信。具有太赫兹链路的集中式网络是由一个接入点和多个节点组成的。其中，接入点在节点之间协调和调度传输，并能够直接与每个节点通信。网络中较为关键的问题是节点之间的同步，每个使用定向天线的节点需要指向一个接入点，这也增加了来自邻区干扰或冲突的概率。如果定向天线用于节点搜索、初始访问接入和数据传输阶段，就不会产生问题。

当来自接入点和接收点的定向波束需要对准，但波束对准既耗时又耗能，为了实现有效的波束调整控制，需要在 MAC 层实现波束管理模块。对于集中式宏网络，如果接入点具有定向天线，而其他节点使用全向天线，且在初始发现建立后，切换到定向天线模式，那么这会导致较多的时延。波束转换访问技术在初始访问和传输期间周期性地进行波束对准。

对于距离大于 1m 的集中式拓扑来说，其关注点在于如何有效地管理节点之间的波束调整控制和切换。对于 TPAN 和 TLAN 这样的应用，节点移动性增加了 MAC 协议的设计难度，信道接入和调度可以由中央控制器管理。在小距离和具有移动节点的室内环境中，需要解决多用户的问题，其中包括有效的移动性和干扰管理以及资源调度。

### 4.4.2 集群式网络的太赫兹 MAC 协议

在集群结构中，集群中的节点会选择一个簇头，簇头负责对网关节点和其他簇头的数据进行处理和传输。这种集群结构目前只能在纳米网络环境中见到，且距离较近，路径损耗较低。当网络具有中心节点时，使用集群架构可以提高能源效率。

在集群结构中，纳米网络被划分成一组簇，每个簇由一个纳米控制器进行局部协调。纳米控制器是一种处理复杂任务能力强、能量利用率高的设备。由于纳米传感器节点不具备处理任务（尤其是复杂任务）的能力，这些任务被推给纳米控制器，然后由纳米控制器高效协调这些任务。纳米控制器的 MAC 层具有建立链路和分配资源等功能。纳米传感器节点是电池有限的设备，只能通过存储足够的能量来完成简单的任务。集群方法可以用于管理高节点密度，集群间通信可用于提高网络的可接入性。传输时隙和收集时隙被分配到每个簇内不同的纳米传感器之间，以使收集和消耗的能量在节点之间达到平衡。

对于密集网络中基于簇的纳米网络，其簇内和簇间通信都是通过网关节点信息交互实现。基于簇结构植物通信可以解决太赫兹频段的频率选择问题，因此太赫兹频段被认为是植物通信频率待选频段。纳米设备集群可用于监测植物的化学反应，使这些植物之间可以进行信息调度传输，并将数据传输到微设备，然后通过网关设备将数据传输到互联网。

集群架构需要高效的 MAC 协议来处理集群间和集群内部的高效数据中继。由于纳米网络具有非常高的带宽，所以可以使用低阶的调制和简单的编码方案。在这种环境中，与高效调度和信道接入有关的一个难点源于大量节点。此外，纳米节点的分组、节点从一个簇到另一个簇的动态迁移、簇头的位置选择等，需要一个高效的机制来执行。

### 4.4.3 分布式网络的太赫兹 MAC 协议

根据应用需求的不同，纳米和宏观设备都可以分布式地执行通信任务。分布式管理的具体工作如下。

1. 纳米网络

在分布式网络结构中，节点独立执行任务，对通信做出独立的决策。当节点获悉环境和物理层参数时，可以很容易地进行决策。例如当节点知道相邻节点的信道接入和调度状态时，可以最小化整体时延，提高吞吐量。在纳米网络中，可以在节点之间采用协同调制和调度模式进行通信。另外，分布式网络也是可扩展的。

由于点对点网络缺少控制器，节点需要在不产生干扰的情况下，调度点对点的传输并协调接入信道。针对纳米传感器网络，Yu. H 等人提出了一种分布式调度机制，其提出的协议在数据传输方面是可靠的，吞吐量性能较好，并且解决了纳米设备内存有限的基本问题。他们同时提出了一种自适应脉冲间隔调度方案，该方案对纳米接收端发射的脉冲到达模式进行了调度。

在点对点网络结构中，节点的位置可能是随机的，因此节点中继对于保证远程节点之间的连接性至关重要，它需要具有更新每个节点邻近列表的新功能。对于天线面临的问题，直接范围内的纳米传感器可以使用全向天线进行通信，而在有障碍物的情况下，中继节点可使用定向天线与其他节点进行通信。该方法提高了网络的吞吐量，但由于纳米节点的容量有限，增加了网络的信息和能量开销。针对高节点密度的点对点纳米网络，一些研究人员提出了一种泛洪方案，在该方案中，来自外部实体的消息在纳米网络中广播，被其覆盖范围内的接收节点接收。内部接收节点还可以将数据传播到可移动网关的外部实体。为了克服两个纳米传感器节点之间多通道的衰减和噪声问题，还可以建立跳频方案。

根据应用程序需求、带宽限制和设计标准，不同的拓扑需要不同的解决方案。根据应用程序的不同，节点数量可能会非常多。虽然可以使用全向天线，但是大量的节点会带来冲突，这个问题仍然需要研究解决。此外，带宽限制、高节点密度与节能解决方案也需要进一步研究。

2. 宏观网络

除了纳米网络外，太赫兹频段还为宏观网络提供了超高速无线连接。然而，自由空间路径的损耗会影响吞吐量并导致覆盖范围减少。为了扩大覆盖范围和最小化路径损耗，可采用定向天线。此时，需要一种有效的波束调度机制，有助于提供具有控制时延的连续传输。在移动环境中，点对点特性会带来频繁的拓扑变化，需要使用 MAC 协议来解决。例如在信源和目标之间将需要一种机制来控制节点接入退出网络、中继和切换等最小时延的有效路由。

用于大规模通信的太赫兹高速无线链路通信网络解决了交互问题，并将天线处理能力作为设计 MAC 协议时需要考虑的一个重要因素。节点以分布式的方式位于半径 10m 的圆形区域内。移动异构架构用于点对点和 WLAN 连接，以提供高速太赫兹链路和使用接入点的宽带接入。

建立初始链路可使用全向天线，而数据传输需要使用定向天线以到达更远的节点。但是它同时也带来了一些困难，例如执行任务的校准和同步以及额外的天线开销。若分布式太赫兹通信网络同时使用定向和全向天线，其中锚节点与常规节点一起使用，假定锚节点提前知道自己的位置，常规节点配置波束赋形天线阵。全向和定向天线控制信号用于 2.4GHz 链路的波束对准，并用于太赫兹链路的数据传输。虽然 2.4GHz 频段的控制信令降低了节点间的交互时延，但是它也限制了网络的覆盖范围，并在网络中产生孤岛，这就需要采用多跳策略来提高网络的可达性。目前，有人提出了一种随机分布节点的网络中继策略。然而，只有很少的专用中继用于传输数据，并且假定节点在传输和接收模式之间进行切换，这可能会增加时延。

基于软件定义网络（Software Defined Network，SDN）的车载网络考虑了基于距离相关的频谱切换，其中，基于数据传输使用的毫米波和太赫兹频段交替使用。仅使用太赫兹频段是不可能实现全覆盖的，因此，一些研究人员提出了一种将微波、毫米波和太赫兹频段相结合以实现广泛覆盖和信道接入的网络结构。虽然它可以扩展覆盖范围，但是随着节点数量的增加和节点间流量的增加，切换时延也会增加。在毫米波和太赫兹频段之间动态切换的 MAC 协议可以用于高带宽数据传输操作，尽管性能得到了改善，但是信令开销和切换时延仍然很高。对此问题，张超等人提出了一种使用太赫兹频段链路来克服短距离和不稳定链路的自动驾驶车辆通信中继算法。

当使用定向天线时，节点的分布会导致网络断开，同时也会带来“耳聋”问题。在节点之间的同步中，天线对准和交换相邻节点信息将是另一个难点。若使用了多个频段，为解决同步问题，在考虑太赫兹频段特性的同时可提供链路层同步，增加硬件成本和切换时延。然而，当节点不知道其他节点及其波束方向时，全波束扫描时间会增加同步时延。

网络拓扑中的应用场景、目标用户、移动性、天线方向性和覆盖范围是太赫兹 MAC 协议需要考虑的重要方面。每个应用程序都有不同的拓扑需求，在纳米通信网络中，节点之间的距离非常小，路径损耗的影响也较小。全向天线的节点位置较近，可用于纳米网络。在这种场景中，需要一个 MAC 协议给出具有有效感知机制的冲突避免方法来检测干扰。路径损耗随距离增加而增大，为了缓解自由空间衰减效应，需要采用定向天线。天线的定向性会对链路的建立和信道接入机制有明显的影响。在一个集中的场景中很容易管理传输调度，一个中央控制器就可以负责整个调度计划，但这也需要节能机制。然而，当定向天线在短距离传输中使用时，在分布式网络中，调度、传输和保持能量是一个难点。

在宏观网络中，对于太赫兹通信网络，拓扑结构必须考虑许多实际的问题，例如可伸缩性、可重构性、由于天线方向性的要求而导致的 LoS 连接、容错和成本性能指标等。在室内场景中，在提供无故障无缝通信时，MAC 协议设计应该覆盖接入点和具有移动性的用户之间的距离。太赫兹 MAC 协议的分布式拓扑必须在覆盖整个网络的同时，适应网络的动态特性。例如太赫兹数据中心网络要求机架节点的顶部可以在不同的机架之间传输数据。由于短距离限制了节点的连通性，所以需要新的机制来接近数据中心的远程节点。

## 4.5 太赫兹通信信道接入机制

本节将介绍太赫兹通信信道接入机制。本机制主要根据太赫兹纳米网络和宏网络进行分类，进一步分为随机、调度和混合信道接入机制。太赫兹信道接入机制分类如图 4-6 所示。

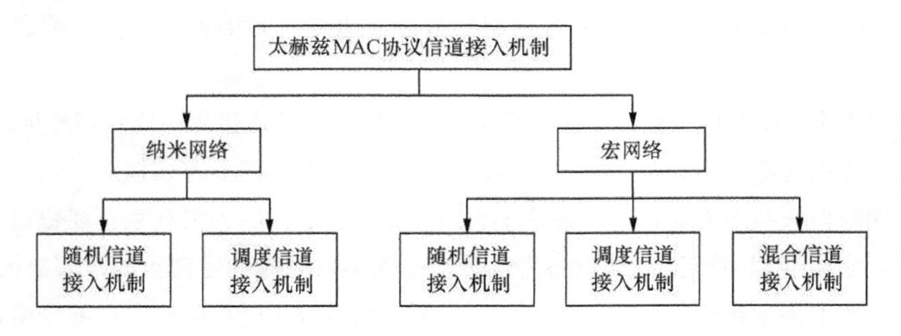


图4-6 太赫兹信道接入机制分类

### 4.5.1 纳米网络信道接入机制

纳米网络基于脉冲的通信使用短脉冲传输信息，减少了发生碰撞的概率。为了避免可能发生的冲突，两个脉冲之间的持续时间可以增加，以允许不同用户同时接入。当一个纳米设备有数据要发送时，它可以采用一种随机的方式发送数据包，而接收设备应该能够检测到这种脉冲，接收设备还可以根据接收到的信息感知或预测下一次传输。

在纳米网络中，多个纳米传感器节点随机分布，可用于不同应用（例如体内感知、有毒气体检测和控制）的网络连接。但纳米网络的目标区域被限制在几毫米以内。尽管如此，小尺寸的天线可通过集成来使大量数据以较高的数据速率进行交互。纳米节点之间的通信需要一个简单、稳健和节能的信道接入机制来实现。现有的纳米网络信道接入机制如下。

1. 随机信道接入

在随机信道接入机制中，不同的节点以随机的方式争取信道接入或传输数据包。随机接入不适合使用较多纳米节点的应用，这是由于纳米设备的感知、计算、电池和内存容量有限，在能量收集阶段之前只能允许少量数据传输。

基于载波信道接入机制额外的传感开销和能量消耗需要，大多不适用于纳米通信。国外已经有人提出一种基于时隙 CSMA/CA 信道接入机制（CSMA-MAC），其中，节点采用竞争方式获取信道。当采用时隙 CSMA 方法时，时隙的使用率更高。此外，设计时隙 CSMA 协议时还要考虑超帧的持续时间和包的大小。节点碰撞冲突也是一个问题，在这些类型的网络中，信标可用于同步下一个传输或要求直接传输数据包。在用于数据传输的直接信标传输中，由于两个节点可以同时传输数据，所以可能会发生碰撞冲突。同时，因为频繁的包传输会很快耗尽纳米设备的能量，还需要解决能量约束问题，所以可以使用载波感知持续时间来优化传输计划。

基于 Aloha 的信道接入机制是一种智能 MAC，节点在向相邻节点发送数据包之前进行信息交互操作。在没有相邻节点可以发送时，节点将在重新启动另一个交互机制之前，使用随机回退时延。接收节点可以验证是否存在物理冲突，当有更多的节点可用时，可能会发生物理冲突，而这些节点有没有得到处理，重传机制如何，需要后续进一步研究确定。

有研究人员对纳米网络使用了带有多个无线电的随机信道接入。控制信号传输使用 2.4 GHz 频段，数据传输使用太赫兹频段，信道在两个阶段都以随机方式接入。该方法还通过对数据传输阶段天线方向的同步，解决了天线面临的问题。因为窄波束不能覆盖整个搜索空间，所以它主要以多个无线电设备为代价使用太赫兹频段的定向天线，解决同步问题。其中，需要校准决定每个传输阶段的时间。当节点数目较大时，随机存取或分组传输可能会带来一些挑战，包括冲突、传输时延和更高的能量消耗，高能效也限制了纳米节点的内存和能量。

以多个无线电设备为代价解决节点之间的同步问题，这增加了信道接入的复杂度。虽然调度机制解决了能量问题，但是却以牺牲吞吐量为代价。在分布式环境的时隙开始时，随机传感可以提供最优调度。它考虑到纳米节点有限的内存和能量消耗，但没有最大化总体吞吐量。在分布式环境中，只有很少的纳米节点用于信道接入。

2. 调度信道接入

纳米设备需要简单的通信和媒体访问机制才能从其他纳米传感器器件中收集数据。大量存在的纳米设备为纳米节点提供了最优的单跳节点周期调度。然而在分布式网络中，管理多跳距离节点的信道接入调度是一项具有挑战性的任务。

在基于 TDMA 的方法中，每个节点被分配了一个时间周期来传输其数据。基于 TDMA 的调度机制是纳米控制器来决定纳米传感器节点传输传感数据的机制。在逻辑信道中，信息可以在两个事件之间的静默期进行编码，并且这些逻辑信道能够在节点之间实现同步，具有高能效、低速率和避免冲突的优点。

有一种基于 TDMA 的 ES 感知动态调度方案的纳米传感器，可以根据传输的数据量动态分配可变长度的传输时隙、纳米传感器与控制器之间的距离以及纳米传感器的能量。为了平衡，此方案提到一种最优调度策略，该策略旨在为纳米传感器提供最优的传输顺序，以使其吞吐量达到最大。该方案利用基于脉冲的物理层的符号间距，允许大量的纳米传感器并行传输数据包，而不引入任何冲突。

Negar Rikhtegar 等人提出的基于 TDMA 的多跳无线纳米传感器网络（Wireless Nano Sensor Network，WNSN）MAC 调度协议，利用了聚类技术的优点来缓解移动效应和传输冲突。选择了一个纳米路由器之后，它按照系统的分配模式将特定的时隙分配给纳米节点。该时隙被认为是固定的，可以传输到最近的纳米路由器，降低能耗，从而延长网络寿命。另一项基于集群的纳米网络（EESR-MAC）架构则是首先选择一个主节点，然后使用 TDMA 方法在集群内及集群之间分配传输调度。主节点的角色在不同的节点之间定期改变，以节约能源和避免长距离传输。

节点可以选择不同的物理层参数、能量和通道条件，通过使用交互过程来达成一致，由于纳米节点的容量有限，所以交互过程可能会限制节点的性能。虽然参数可以调整，但是为了提高网络的使用寿命和性能，仍然需要选择动态优化的参数。现在业内已提出一种基于飞秒长脉冲、随时间传播的异步交换的速率分割时间扩展 OnOff（RD TS-OOK）键控方法。太赫兹的脉冲间隔时间扩展信道接入机制如图 4-7 所示。

在图 4-7 中，符号 $T_S$ 和符号速率 $\beta= T_S/T_P$ 为不同的纳米设备选择不同的包，使多个连续的数据包冲突的概率最小。当所有的纳米设备都以相同的符号速率传输时，可能会发生灾难性的碰撞冲突。如果采用正交跳时序列，则可以避免这种情况。由于传输的符号 $T_P$

的长度很短，而且符号 $T_S$ 之间的时间比符号持续时间 $T_P$ 长得多，所以不太可能发生符号冲突。通过允许不同的纳米设备以不同的符号速率传输，给定符号中的冲突不会导致同一信息包中的多次连续冲突。图 4-7 是一个 RD TS-OOK 说明，两个纳米设备传输不同初始传播次数（$\tau_1$ 和 $\tau_2$）到一个通用接收端。短脉冲表示逻辑 1，静默表示逻辑 0。设备 1 曲线显示序列“10100”，设备 2 曲线显示序列“11100”。

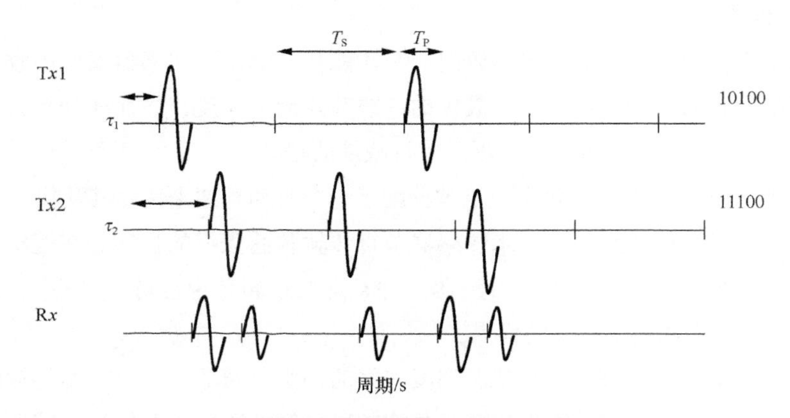


图4-7 太赫兹的脉冲间隔时间扩展信道接入机制

由于电池容量有限，所以使用纳米设备无法实现频繁传输。在设计信道接入机制时，必须考虑能量获取从而使网络性能达到最佳。双态 MAC 是两个状态仅用于一个节点的搜索和传输的收集。在休眠和传输模式下使用收集，用于达到网格收集和消耗、有限的计算能力、太赫兹频段特性和节点密度下的最佳性能。这不仅需要考虑能量问题，同时还需要考虑内存、冲突和太赫兹频段特性等其他方面的问题。信道参数和编码方案感知协议需要同时考虑纳米器件的高节点密度、能量获取和消耗的平衡以及有限的计算能力。分布式纳米网络需要同时考虑太赫兹频段的特性。在考虑多跳协议的同时，需要考虑能源效率。纳米节点需要一个有效的机制来平衡能量的获取和消耗。

为了适应分布式环境中的突发流量，有人提出了一种自适应脉冲间隔调度（Adaptive Pulse Interval Scheduling，APIS）方案。该方案通过基于接入带宽的纳米汇聚来调度脉冲的到达模式。基于短信道传感采集的信息，它提出了传输移位和交织两个调度步骤。当纳米汇聚开始传输脉冲时，首先在间隔 1s 内按顺序进行移位，在此之后，多用户传输交织在一起，通过间隔均匀分离脉冲，从而使响应脉冲以理想的模式到达网关。

在设计纳米网络调度接入机制时，目前主要考虑的是能量的集中化和分布式环境，但没有考虑频段特性，也没有讨论能量获取和消耗之间的平衡。在考虑公平吞吐量和持续期之间的权衡时，提供了接入方案，节点可以感知能量和频谱信息。

基于频时分多址（Frequency and Time Division Multiple Access，FTDMA）提出了采用

FTDMA 的动态频率选择策略。最先考虑的是采用 FTDMA，对于数目较多的纳米节点，会针对不同数目的使用者提出多频分时段的调度方法。每个节点都被分配了不同的时隙，以避免在发送大包（例如多媒体流量）时发生冲突。

### 4.5.2 宏网络信道接入机制

太赫兹宏网络的太赫兹频段信道接入机制的具体分类信息如下。

1. 随机信道接入

随机机制的技术包括 Aloha 和载波侦听多路访问（Carrier Sense Multiple Access，CSMA）技术。在理想情况下，对于随机机制，节点应该在接入之前感知它。由于有很大的带宽可用，所以发生碰撞冲突的概率很小，所以随机机制也被用于随后的消息确认策略。一方面，不能完全忽略冲突和干扰的概念，因为可能有许多用户访问相同的媒体，正在传输大量的数据，这可能会在两个节点之间产生冲突。因此，避免冲突和冲突后的恢复是非常有必要的。另一方面，随机访问可以使时延最小化，但是在冲突和时延参数的权衡方面还需要进一步研究。

（1）基于 CSMA

在基于载波感知的信道接入方案中，控制数据包是在数据传输到接入信道之前进行交换的。为了减少信令开销，提出了一种基于单向交互的信道接入方案，即处于传输模式的节点侦听来自其他节点的消息，直到接收到一条为止。在使用定向天线的情况下，由于可能会出现定向天线波束定位调整的问题，所以需假定节点之间知道彼此的位置。通过考虑信道、天线和通信层之间的跨层效应，研究最大吞吐量的中继距离，其着重于控制消息交换以建立节点关联，并遵循随机信道接入；同时需要考虑节点高密度、信令开销和独特的太赫兹频带特性。

（2）多无线电或混合系统的 CSMA

收发机的有限功率和高路径损耗限制了传输距离，也增加了信道接入问题，需要在发射端和接收端都能形成波束的定向天线。在传输数据包之前，需要对波束进行校准以建立链路并接入信道。当天线扫频发现相邻节点时，波束对准需要时间。因此使用多个无线电设备来划分初始接入和数据传输。这些工作可以增加信令开销，以更多的无线电设备成本来增加天线切换时延。通过发送包含节点位置的请求（RTS/CTS）包来接入信道，但是如果节点是移动的，则会导致重复出现。发送一个清晰的数据包到发射端，接收端估计到达的角度和发送 TTS 数据包到发射端。然后，发射端可以切换和调整其定向天线，指向接收端天线并开始数据传输。虽然信令开销减少了，但是同时需要考虑用户关联阶段的丢包不确定性。太赫兹辅助波束赋形媒介接入控制（Terahertz Assisted Beamforming Medium

Access Control，TAB-MAC）和多路无线辅助媒介接入控制（Multi-radio Assisted Medium Access Control，MRA-MAC）协议的随机信道接入、节点关联与天线方向对准对比如图 4-8 所示。其中，一种方案使用的是 4 个传输，直到天线方向对准；另一种方案使用的是 2 个传输。

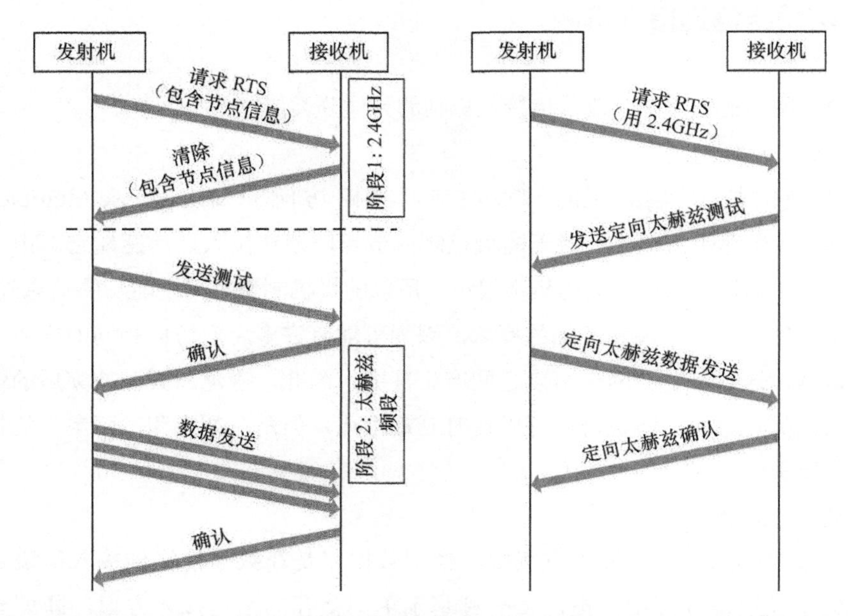


**图4-8　TAB-MAC和MRA-MAC协议的随机信道接入、节点关联与天线方向对准对比**

高节点密度可能会导致冲突问题，使用定向天线时可能会出现同步问题。为了解决同步问题，可采用低频段和太赫兹频段的多频段天线。虽然同步问题可以解决，但是天线的切换和对准会增加时延。

2. 调度信道接入

在分布式网络中，为太赫兹节点分配调度是一个难题。在设备允许非视距通信技术成熟之前，预定的信道接入可以在上述约束条件下提高网络性能。在调度访问中，每个节点都被分配到一个特定的时间段。下面将讨论调度访问的其他相关内容，例如 FTDMA 和基于太赫兹的 TDMA 信道接入机制。

（1）FTDMA

基于 FTDMA 的技术将可用频率进一步划分为子频带和分配的频率时隙号。在 FTDMA 中，频率被划分为不同的时间段。任何用户在特定的时间内使用的频率可以用一个 $S_k$ 序列表示，为了避免干扰，每个用户采用不同的序列或传输策略。对于 $n$ 个用户同时传输，每个用户使用的序列必须是正交的。在安全性和吞吐量方面，性能得到了改善，但是未考虑太赫兹频段的路径损耗和噪声。

（2）TDMA

基于TDMA的信道接入方案：一种是基于脉冲级波束交换和能量控制的太赫兹网络MAC协议；另一种是由轮询周期、下行（DL）周期和上行（UL）周期组成的MAC帧结构。在轮询期间，访问接入点（Access Point，AP）了解用户的流量需求并安排DL/UL传输。在DL和UL中，每个不同的用户被分配一个单独的时隙来接入通道。

（3）多个无线电设备的TDMA

在太赫兹频段，需要定向窄波束来增强传输距离，这可以增加时延来建立初始访问、切换和波束跟踪。基于TDMA的方法适合为波束对准和信道接入分配调度，这也需要节点之间的同步。2.4GHz频段和非视距的毫米波用于实现初始同步和波束对准，太赫兹频段用于传输数据。当节点进入通信范围或需要数据时，可以提前对波束进行对齐，实现无缝通信。基于软件定义无线电控制器（Software Defined Network Controller，SDNC）在毫米波和太赫兹频带之间进行切换，以实现车载通信的高带宽数据传输操作。其目标是使基站和车辆之间的比特交换最大化，条件是在考虑距离的情况下，至少在每个时隙安排一辆车。

对于链路交换，当车辆与发射塔之间的链路小于切换门限时，太赫兹频段和毫米波之间应该进行切换。一个像太赫兹频段这样的高容量链路被用于数据传输，而毫米波被用于ACK数据传输。然而，由于太赫兹频段的通信必须是定向的，这种替代频段的使用可能会带来过多的开销，而更高的ACK接收时延还会带来波束赋形开销。

用于集中式架构的角分复用MAC协议（Media Access Angular Division Multiplexing，MA-ADM）是一个负责协调和调度传输的接入点，以实现公平和达到效率。使用全向天线来克服波束对准和发现问题，并使用定向天线进行数据传输。AP使用存储的消息传输在网络关联阶段，节点使用角度建立与AP的连接，并将其注册到内存中。AP通过检查内存中已经注册的角度来切换窄波束进行数据传输，以避免对未注册的角度进行空扫描。全向天线的初始使用会限制服务范围，并影响节点与AP的连接。为了保持传输完成通过接收ACK消息或重复出现故障来验证公平性，将触发服务发现阶段来更新引导传输。

在宏网络中，定向窄波束的同步是一个挑战。调度接入可以提供无竞争网络，但增加了时延。虽然可以使用窄波束定向天线实现同步，但是波束对准需要更多的切换和传输时延。需要注意的是，采用TDMA方式仍然需要高效的同步。为了解决同步问题，记忆辅助方法对于利用来自记忆的波束方向是有用的。

3. 混合信道接入机制

随机接入机制会增加时延，在节点密度高的情况下会产生冲突，但可以提高吞吐量。然而，调度接入方案不仅可以减少冲突的影响，也可以提高吞吐量性能。因此，需要混合机制来克服这些方案的局限性。在混合机制中，可使用CSMA和TDMA。其中，信道时间被划分为多个超帧。每个超帧由信标周期、信道时间分配周期（CTAP）和信道接入周期（CAP）组成。CSMA/CA 用于 CAP 期间的信道，在 CAP 期间，传输数据的设备需要向 PNC 发送信道时间请求命令。根据接收到的请求帧，在网络信标帧中分配 PNC 广播时隙信息。设备可以根据同步信息进行自同步，获得由信道时间分配构成的 CTAP 时隙分配信息。设备在 TDMA 模式下接入信道，每个设备在其分配的时隙传输数据。基于信道条件的按需重传机制，还可以利用预留机制来降低信令开销。一个混合系统不仅可以通过更新时隙请求来降低时延效率，还可以提高吞吐量。混合信道接入机制可以改善随机和调度信道接入方案的局限性。

## 4.6 发射端和接收端太赫兹 MAC 协议

现有的太赫兹频段需要不同的 MAC 机制，例如纳米网络和宏网络。纳米网络是一种能量受限的网络，在这种网络中，纳米设备的能量刚好可以传输一个数据包，因此使用能量收集机制来生成能量。在宏网络中，建立通信时需要注意天线的方向性。定向天线减少了多用户干扰，但需要收发机之间紧密同步来解决隐藏节点或“耳聋”问题。

建立链路是开始通信前的一个重要部分，其用于实现信息同步和信息交换，例如邻区信息、物理参数、波束对准等。对接机制应该仔细设计，以减少链路建立时延，同时考虑能源效率。太赫兹 MAC 中通常有两种对接机制：一种是接收端发起的；另一种是发送端发起的。需要注意的是，接收端发起的 MAC 协议旨在减少资源受限的纳米尺度和宏网络中的传输数量，而发射端发起的 MAC 协议则以传统的方式关注网络的性能效率。定向天线通常用于发射端发起的通信，因为它对带宽的要求较小。除了使用定向天线之外，建议使用多个天线来建立多个节点之间的初始协调。基于发射端和接收端发起通信的太赫兹 MAC 协议分类如图 4-9 所示。

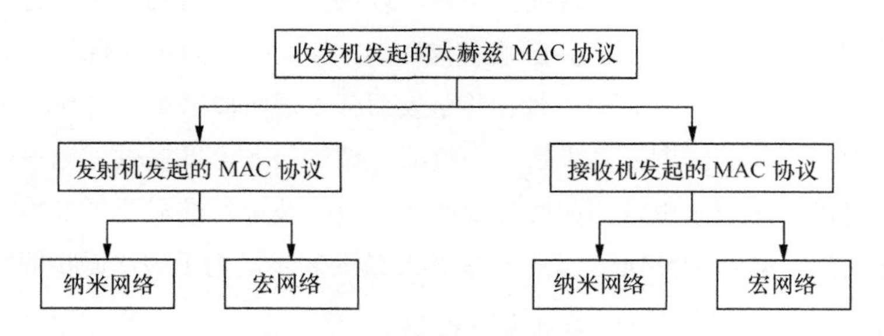


图4-9 基于发射端和接收端发起通信的太赫兹MAC协议分类

### 4.6.1 发射端发起 MAC 协议

传统的发射端主要负责链路的建立、数据的传输和节点调度时间、信道信息等参数的同步。太赫兹 MAC 协议具有简单性和分布式特性，大多数太赫兹 MAC 协议遵循发射端发起的通信。然而，太赫兹频段的距离限制是由于吸收和路径损耗造成的；定向天线的使用支持高带宽和吞吐量，由于发射端和接收端最初不知道位置、天线的波束方向与隐藏节点等问题，所以对技术实现增加了一定的难度。同时还会造成路径损耗或冲突、包丢失。建立链路的太赫兹 MAC 协议中的消息传输如图 4-10 所示。

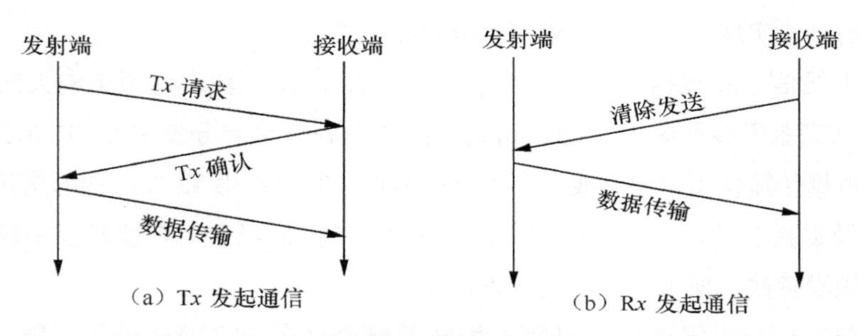


**图4-10 建立链路的太赫兹MAC协议中的消息传输**

其中，图 4-10 中的（a）为发射端发起的对接机制，在开始数据传输之前需要接收端确认其发送的数据包；图 4-10 中的（b）为接收端发起的对接机制，当接收端需要一些信息或有足够的能量来接收信息时，接收端发起通信，主要用于纳米通信网络。

1. 纳米网络

在纳米网络中，通常使用一个纳米控制器在一个集中的网络中向纳米节点转发和收集数据。发射端发起的通信允许需要发送数据的节点进行传输。要发送数据的节点将发起通信并执行对接过程。

基于 RD TS-OOK 的低权信道编码方案可用于纳米网络，其主要目的是协作发射端和接收端之间的通信参数和信道编码方案，使其干扰最小化，最大限度地提高接收信息的有效解码概率。纳米网络中的通信是通过发送一个节点的请求来建立的，该节点将信息作为传输请求（Transmission Request，TR），接收它的节点将确认该通信参数，并生成一个 ACK，同时发送一个传输确认（Transmission Confirmation，TC）消息。

TR 包含同步、传输 ID、包 ID、传输数据符号速率和错误检测代码。在时延和吞吐量方面有一些优点，但也有一些缺点。例如限制太赫兹通信性能的对接过程开销，需要较高的通信参数的纳米设备，且其计算能力有限。由于其有限的计算能力，可提出能量和频谱感知的 MAC 协议将计算负载转移到纳米控制器上，同时考虑能量收集和使用 Tx 发起通信的工作。

发射端发起的通信用于分布式架构实现最大的吞吐量，而不是能源效率。Tx 发起的通信会增加控制信令开销。由于纳米网络的计算能力有限，所以需要采用对接机制来平衡能量的获取和消耗，同时最小化链路建立的时延。

2. 宏网络

对于具有方向性天线的宏网络，可调整控制的窄波束是克服太赫兹频段高路径损耗、扩展通信范围的关键。T*x* 发起的通信用于许多宏观范围的应用程序，这些应用程序的主要目标是提高网络的吞吐量性能。考虑到信道容量、自主中继和网络建立，目前，相关机构已经提出了一种基于太赫兹的车辆通信模型和自主中继机制。采用太赫兹频段的天线切换机制与较低的频段实现同步，用于车辆和微蜂窝部署。

采用多天线信令和数据传输部分，建议使用 2.4GHz 频段，使用全向天线进行信令和天线对准，以克服天线面临的问题。初始访问和控制信息部分使用 IEEE 802.11 RTS/CTS 机制执行，数据传输使用定向天线，在太赫兹节点之间也使用 T*x* 发起的通信传输数据。除了较高的路径损耗之外，定向天线的距离还可以达到 1m 以上。在能量控制过程中，考虑到太赫兹的频段特性，使用了脉冲级波束切换。

基于 CSMA/CA 的信道接入机制，为较差链路条件的 TPAN 提供了随需重发机制。当信道条件较差时，网络吞吐量会下降，该机制所提出的 MAC 协议的性能优于 IEEE 802.15.3c 和 ES-MAC 协议。

尽管如此，发送端发起的协议由于其复杂性较低和利于分布式的特性而被广泛使用。由于使用定向天线面临一些问题：一方面，这些定向天线增加了传输距离；另一方面，在涉及移动的户外场景中，频繁的波束切换会发生，这就需要一种新的机制来最小化同步和天线对准方案。目前，已有相关机构提出了将控制信令开销和链路建立最小化的 Wi-Fi 技术，解决了天线对准面临的问题。然而，它引入了较高的天线切换开销，需要高效的调度机制来实现无缝控制信息和数据传输。

### 4.6.2 接收端发起 MAC 协议

接收端确认其存在并准备接收来自发射端的数据包。R*x* 发起的通信主要用于纳米和宏观规模的网络，以节省能源和减少多余的信令开销。下面将讨论这两种网络现有的不同解决方案。

1. 纳米网络

纳米网络是一个能量和资源有限的网络，在这个网络中，首选的是能量消耗最小的方案。除了传统的接收方式之外，还有一些接收端发起的机制。在这种机制中，接收端通过发布其状态来启动通信设施，以便接收到足够多的能量资源。在纳米网络中，网络大多是集中的，因此纳米控制器主要用于控制和数据传输，从而形成一个集中的网络。在这个网络中，主要的需求是调度传输，这个网络使用的是基于脉冲的通信而不是基于载波感知的通信。只有当网络密度较低、带宽较高时，冲突的概率才较低。但是对于更高的网络密度，冲突是不可忽视的，需要一种有效的机制来避免冲突和最小化分组丢失。

在纳米网络中，能量利用率较高，传输或信息交换的过量意味着能量利用率较高，存储的能量刚好传输一个数据包。当接收端收到发射端的请求，但没有获得足够的能量发送 ACK 或数据包时，传输仍然不成功。因此在接收端发起的协议中，接收端通过发送请求接收包主动向所有发射端声明其能量优先状态。

接收端发起的通信既可用于集中式网络，也可用于分布式网络。在集中式纳米网络中，纳米控制器主要负责执行主要的处理和决策。由于接收端通常被认为是自己产生能量资源，所以接收端收集的能量只能传输一个数据包。当接收端准备好接收数据包并可以交换编码方案、错误率和调度等信息时，接收端通过通知发射端开始通信。因此有限的能量资源是集中式网络中接收端发起通信的主要原因之一。当接收端处于繁忙的能量收集阶段、发射端开始发送数据包时，就会出现问题，这将导致数据包丢失，调度成为此类方案的重要组成部分。针对集中式拓扑结构，一种通信模型是由接收器向附近一个接收端发送一个请求接收纳米节点，然后纳米节点发送数据包或确认信息，并以概率为 $P$ 的随机接入方式建立节点之间的连接。分布式方案的调度机制和捕获机制共同工作，以提高纳米网络的能量利用，使用接收端发起的方法来实现对接和调度。

由于节点捕获阶段导致的传输接收失败会增加时延，同时也会导致隐藏节点问题，所以需要使用接收端发起的方法来避免分布式环境中的隐藏节点问题。MAC 协议可以通过数据速率最大化来达到最优能耗和解决分配问题，接收到的能量不足以传输一个数据包。当接收速率低于能量消耗速率时，传输一个数据包可能需要多个时隙。

在纳米网络中，接收端发起的通信为节点提供了决定何时接收和发送的灵活性，可以通过单向对接来减少这些网络中的信令开销。

2. 宏网络

在这些网络中，太赫兹频率的高路径损耗会影响太赫兹设备之间的可达距离。太赫兹通信还需要发射端和接收端之间的紧密同步来克服“耳聋”问题。定向天线的接收端发起的 MAC 协议使用的是带有单向对接的滑动窗口流控制机制，从而提高信道利用率。高速转向的定向天线用于周期性的空间扫描，其是一个具有足够资源的节点，通过动态旋转窄波束并扫过整个周围空间，利用 CTS 消息广播其当前状态。CTS 帧包含了接收端滑动窗口大小的信息。发射端从预定的接收端检查一个 CTS 帧，然后将它的方向指向接收端所需的周期。有可能多个发射端同时指向同一个接收端，从而导致可能发生的冲突。

需要注意的是，接收端发起的通信被证明比发射端发起的通信更好。一般来说，接收端发起的通信由于资源有限，多用于纳米网络。然而，在宏网络中，它也被用来减少信令开销和解决天线面临的问题。在分布式环境中，预先分配会增加协调实现的时延，也会导致隐藏节点问题。虽然 R$x$ 发起的方案可以减少信令开销，但是为接收端分配额外的处理过程会增加系统的复杂性。

接收端发起的通信也可用于宏网络。其尽管最小化了控制信令开销，但是增加了系统的复杂性，并且在分布式场景中并不可取。在分布式环境中，如果附近的两个节点执行相同的操作（例如收集能量），则会增加时延并导致隐藏节点问题。因此这些场景需要高效的同步和调度机制。

由于太赫兹频带对大气分子很敏感，所以路径损耗很大，而且随着距离的增加，路径损耗增加得更快。需要高效的机制来实现传输的可靠性，能够区分由于媒介不确定性等其他原因造成的包错误、冲突和包丢失。到目前为止，在太赫兹通信网络中，虽然单通道是首选的通信方式，但是也需要单一或多个信道共享接入。在多信道的情况下，可以采用灵活的 MAC 机制来工作。

第 5 章

# 深度学习

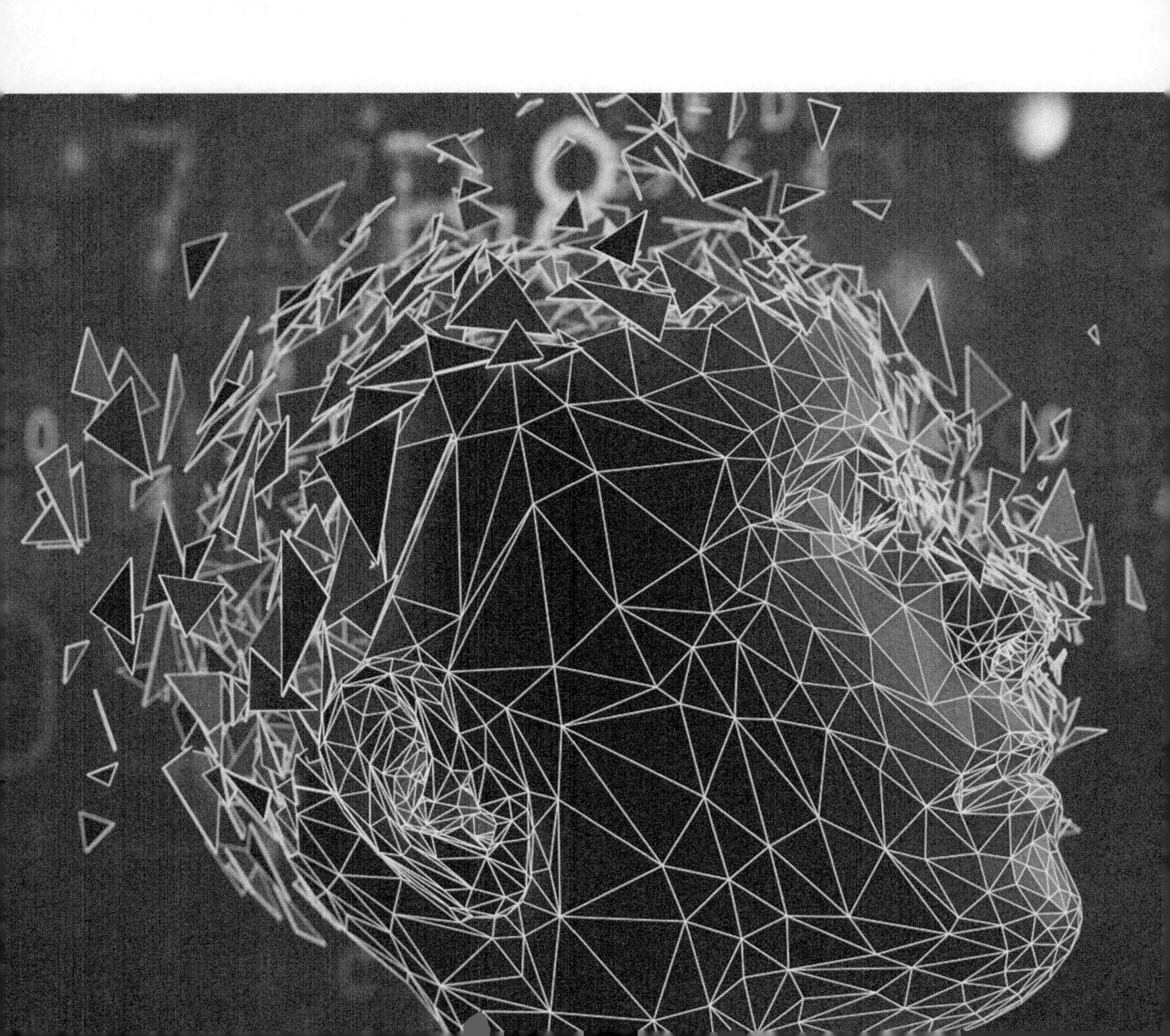

## 5.1 概述

互联网连接的移动设备正渗透到个人生活、工作和娱乐的方方面面。智能手机数量的不断增加和越来越多样化的应用程序的出现，使移动数据流量激增。事实上，最新的行业预测显示，2021 年全球的 IP 流量消耗将达到 $3.3\times10^{15}$ MB，智能手机流量在 2021 年超过个人电脑流量。考虑到用户偏好向无线连接方向转变，当前的移动基础设施面临巨大的容量需求。为了应对这一日益增长的需求，早期的工作重点放在了灵活地提供资源，并分布式处理移动管理上。然而，从长远角度来看，互联网服务提供商（Internet Service Providers，ISP）需要开发能够催生第 6 代移动通信系统（6G）并逐渐满足更严格的终端用户应用需求的智能异构架构和工具。

移动网络架构的多样性和复杂性日益增加，使监控和管理大量网络单元变得非常棘手。因此在未来的移动网络中嵌入多功能的智能机器引起了研究人员强烈的兴趣。这一趋势反映在基于机器学习（Machine Learning，ML）的解决方案上，具体过程为从无线电接入技术（Radio Access Technology，RAT）选择到恶意软件检测，以及支持机器学习实践的网络系统的开发。ML 能够系统地从流量数据中挖掘人类专家无法提取的有价值的信息，并自动发现相关信息。作为机器学习的重要部分，深度学习在计算机视觉和自然语言处理（Natural Language Processing，NLP）等领域取得了显著的成绩。网络研究人员也开始认识到深度学习的重要性，并正在探索其解决移动网络领域特定问题的潜力。

在 6G 移动无线网络中嵌入深度学习是很有前景的，特别是在移动环境生成的数据越来越异构的情况下，用它们去解决一系列特定问题成为可能。大数据提升了深度学习的性能，因为它消除了专业领域知识的界限，并采用分层特征提取。这意味着可以有效地提取信息，并从数据中获得越来越抽象的相关性，同时减少预处理工作。基于图形处理单元（Graphics Processing Unit，GPU）的并行计算使深度学习能够在毫秒内进行推理并得到结果。这有助于提升网络分析的精度和时效性，克服了引用传统数学技术（例如凸优化、博弈论）的运行限制。

尽管人们对移动网络领域的深度学习越来越感兴趣，但是现有的研究成果分散在不同的研究领域，缺乏全面的调查整理。本章通过介绍位于深度学习与移动无线网络两个领域交叉点的最新研究调查，阐述了各种深度学习架构的优缺点，并概述了解决移动网络问题的深度学习模型选择策略。

由于深度学习技术在移动网络领域是比较新颖的，本章就对深度学习做了一个基本的阐述，强调其直接解决移动网络问题的优势。在移动网络应用程序中实现深度学习有很多要素（包括专用的深度学习库、优化算法等），深度学习算法、学习库有助于移动网络应用选择正确部署的软件和硬件平台。

深度学习是 ML 的一个分支，它在本质上能够使算法根据数据进行预测、分类或决策，而不需要显式编程。有关深度学习的经典例子包括线性回归、k 近邻分类器和 Q 学习。与传统 ML 工具严重依赖领域专家定义的特征不同，深度学习算法会通过多层非线性处理单元从原始数据中分层提取信息，以便根据某个目标做出预测或采取行动。著名的深度学习模型是神经网络（Neural Network，NN），但只有具有足够数量隐含层（通常多于一个）的 NN 才能被视为“深度”模型。除了深度 NN 之外，如果其他的结构是多层的，则也可以看作深度学习结构，例如深度高斯过程、神经过程等。因此与传统 ML 相比，深度学习的主要优势是自动提取特征，从而可以绕过成本昂贵的人工特征处理。深度学习、机器学习和人工智能关系如图 5-1 所示。

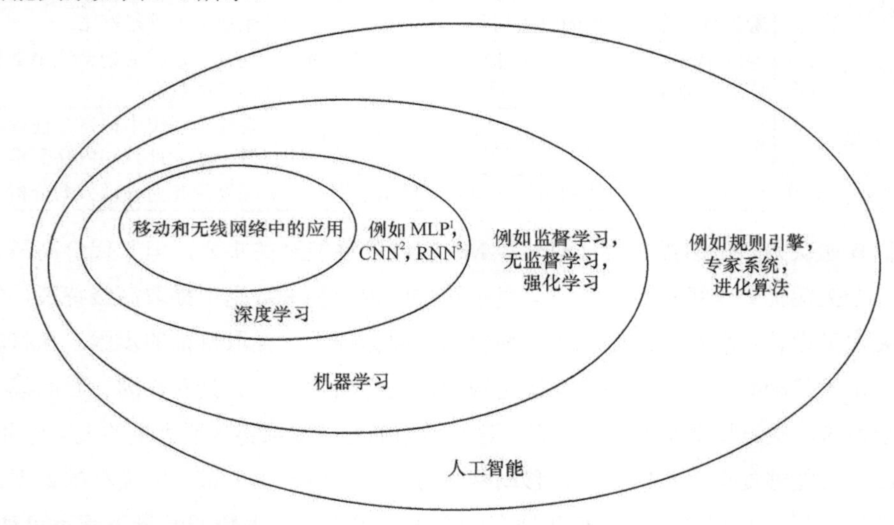


1. MLP (多层感知器，Multilayer Perception)
2. CNN(卷积神经网络，Convolutional Neural Network)
3. RNN(递归神经网络，Recurrent Neural Network)

**图5-1　深度学习、机器学习与人工智能关系**

总的来说，人工智能是一种赋予机器智能的计算范式，旨在教会它们如何像人类一样工作、反应和学习。许多技术在广义上都属于这一范畴，包括机器学习、专家系统和进化算法。其中，机器学习使人工过程能够从数据中收取信息并做出决策，而不需要显式编程。机器学习算法通常分为监督学习、无监督学习和强化学习。深度学习也是一种机器学习技术，它们模拟生物神经系统，通过多层转换进行表征学习。

1. 深度学习的基本原则

深度神经网络的关键目标是通过单元或神经元的简单预定义操作的组合来近似复杂函

数。这样的目标函数几乎可以是任何类型的。例如图像和它们的类标签之间的映射（分类），基于历史值计算未来股票价格（回归），甚至根据当前的棋盘状态决定下一个最优棋步（控制）。根据模型的结构，所执行的操作通常是由一组特定的隐含单元和一个非线性激活函数的加权组合来定义的，这种操作以及输出单元被称为“层”。深度神经网络的结构类似于大脑中的感知过程，在当前环境下，一组特定的隐含单元被激活，从而影响深度神经网络模型的输出。

2. *深度学习在移动无线网络中的优势*

应用深度学习解决移动无线网络的优势见表 5-1。

**表5-1 应用深度学习解决移动无线网络的优势**

| 项目 | 描述 | 优势 |
| --- | --- | --- |
| 特征提取 | 深度神经网络可以通过不同深度的层次自动提取高级特征 | 减少处理异构和嘈杂的移动大数据时昂贵的人工特征编制工作 |
| 大数据开发 | 与传统的 ML 工具不同，深度学习的性能通常随着训练数据的增多而显著增长 | 有效地利用大量移动数据并高效生成深度神经网络 |
| 无监督学习 | 深度学习能够有效地处理非标记、半标记数据，实现无监督学习 | 处理大量在移动系统中常见的未标记的数据 |
| 多任务学习 | 通过隐层神经网络学习的特征应用于不同的任务 | 在移动系统中执行多任务学习时，减少计算和内存需求 |
| 几何移动数据学习 | 专门的深度学习架构用于建模几何移动数据 | 深度的几何移动数据分析 |

人们普遍认为，虽然提取特征对传统 ML 算法的性能至关重要，但其代价高昂。深度学习的一个关键优势是可以自动从具有复杂结构的内部相关数据中提取高级特征，学习过程不需要人工设计，这极大地简化了以前机器学习需要人工提取特征的步骤。在移动网络环境中，由于移动数据通常是由异构源生成的，是有噪声的，并具有空间、时间模式，所以深度学习这一优势显得尤为重要，否则这些数据的特征提取将需要大量的人工作业。

深度学习能够处理大量的数据。移动网络可以快速地产生大量不同类型的数据。传统的 ML 算法的训练有时需要将所有数据存储在内存中，这在大数据场景下是不可计算的，例如支持向量机（Support Vector Machine，SVM）和高斯过程（Gaussian Process，GP）。此外，随着数据量的增加，ML 的性能并没有显著地提高，反而会以相对较快的速度趋于稳定。而用于训练 NN 的随机梯度下降法（Stochastic Gradient Descent，SGD）在每个训练步骤中只需要数据子集，由此可以保证深度学习在大数据环境下的可扩展性。

传统的监督学习只有在有足够的标记数据时才有效。然而，目前大多数移动系统生成的是未标记或半标记的数据。深度学习可提供多种解决方法，允许利用未标记的数据以无监督的方式学习有用的模式，例如限制型波兹曼模型（Restricted Boltzmann Machine，RBM）、生成对抗网络（Generative Adversarial Network，GAN），其应用包括聚类、数据分布近似、监督、无监督学习法等。

深度学习的压缩可以跨任务共享，而在其他 ML 范式（例如线性回归等）中，这是有限的或难以实现的。因此一个模型可以被训练用来实现多个目标，而不需要针对不同的任务进行完整的模型再训练。它在执行多任务学习应用程序时降低了移动系统的计算和内存需求，这对于移动网络工程来说是至关重要的。

深度学习是处理几何移动数据的有效方法，而这对于其他 ML 方法来说是一个难题。几何数据是指以坐标、拓扑、度量和顺序表示的多元数据。移动数据（例如移动用户位置和网络连接）可以自然地用具有重要几何属性的点、图层等来表示，研究人员可以利用它们通过专用的深度学习架构进行有效建模，利用这些架构对几何移动数据分析具有巨大的变革潜力。

3. *移动无线网络深度学习的局限性*

虽然深度学习在解决移动无线网络的问题上具有优势，但也存在一些不足，部分不足还制约了其在该领域的适用性，具体分析如下。

一般情况下，深度学习容易出现对抗攻击的例子具体是指攻击者故意设计输入样本以“欺骗”机器学习模型，使其出错。虽然很难将这些样本与真实样本区分开，但它们引发模型误调的可能性很高。关于深度学习的对抗攻击的示例如图 5-2 所示。深度学习很容易受到这类攻击。这也可能影响深度学习在移动系统中的适用性。例如黑客可能利用这个漏洞，构建网络攻击，破坏基于深度学习的探测器。构建一个对抗稳健的深层模型是必要的，但仍然具有一定挑战。

原始图像

**图5-2 关于深度学习的对抗攻击的示例**

深度学习算法主要是“黑匣子”，它的优势是在准确性方面，因为它大大提高了不同领域许多任务的性能。尽管深度学习能够创造出在特定任务中具有较高准确性的“机器”，但对于 NN 做出某些决策的过程，研究人员仍然知之甚少。因此在许多研究中宁愿“牺牲”准确性，也会继续使用解释能力强的统计方法。

深度学习严重依赖于数据，有时数据可能比模型本身更重要。深度学习模型可以进一步受益于训练数据的扩充。网络产生了大量的数据，这确实是一个优势。然而，数据收集的成本较高，并且会面临一些涉及用户隐私的问题，因此可能很难获得足够的信息进行模型训练。在这种情况下，采用深度学习的优势可能会降低。

深度学习需要大量的计算。先进的并行计算（例如 GPU、高性能芯片）促进了深度学习的发展和普及。深度神经网络通常需要复杂的结构才能获得满意的精度性能。然而，当研究人员在嵌入式和移动设备上部署 NN 时，必须考虑能量和能力约束，非常深度的 NN

可能不适合这种情况，这将不可避免地损害其准确性，需要开发解决方案来缓解这个问题。

深度神经网络通常有很多参数，很难找到它们的最优配置。对于单个卷积层，我们至少需要为过滤器的数量、形状、步长、扩展以及剩余连接配置参数。这些参数的数量随着模型深度的加深呈指数增长，并对模型的性能有很大影响。找到一组好的参数就像大海捞针，AutoML 平台通过使用渐进式神经结构搜索，为这个问题提供了一个解决方案。然而，这项任务的代价较大。

为了避免上述问题，并允许深度神经网络在移动网络中有效部署，深度学习需要一定的系统和软件支持。

## 5.2 移动网络中深度学习的技术推动

6G 系统寻求提供高吞吐量和超低时延的通信服务，以改善用户的体验质量（Quality of Experience，QoE）。在 6G 系统中，通过智能构建深度学习，从而可以实现这些目标，然而成本是较高的。这是因为在复杂的环境中，需要强大的硬件和软件来支持训练和推理。高级并行计算、分布式机器学习系统、专用深度学习库、快速优化算法、雾（fog）计算的出现，使移动网络中的深度学习变得切实可行。这些工具可以看作一个层次结构。深度学习推动工具的层次结构如图 5-3 所示。雾计算中的并行计算和硬件为深度学习奠定了基础；分布式机器学习系统建立在它们之上，以支持深度学习的大规模部署；专用深度学习库在软件层面运行，以支持快速的深度学习实现；更高级的优化器用于训练神经网络，以实现特定的目标。这些工具之间存在协同作用，使移动网络问题适合基于深度学习的解决方案。通过使用这些工具，一旦训练完成，深度神经网络就可以在毫秒级的时间范围内进行结果推断。能够在移动网络系统中部署深度学习的技术汇总见表 5-2。

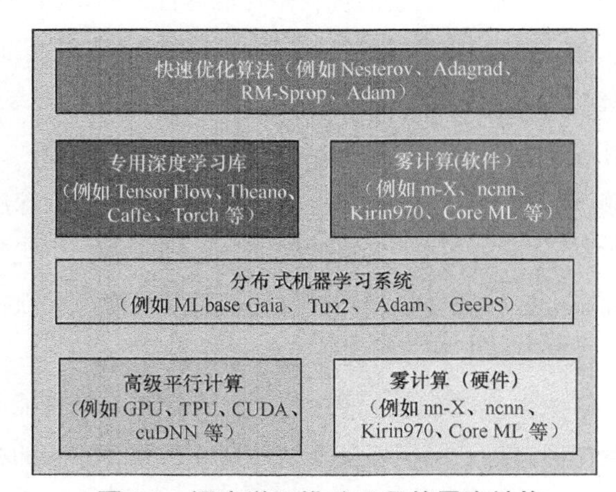


图5-3 深度学习推动工具的层次结构

表5-2 能够在移动网络系统中部署深度学习的技术汇总

| 技术 | 例子 | 范围 | 功能 | 性能改进 | 能源消耗 | 经济成本 |
| --- | --- | --- | --- | --- | --- | --- |
| 高级并行计算 | GPU、张量处理单元（Tensor Processing Unit，TPU）、统一计算设备架构（Compute Unified Device Architecture，CUDA）、统一计算深层神经网络库（Compute Unified Deep Neural Networks, cuDNN） | 移动服务器、工作站 | 在移动应用程序中支持快速、并行的深度学习模型训练及推理 | 高 | 高 | 中（硬件） |
| 专用深度学习库 | TensorFlow，Theano，Caffe，Torch | 移动服务器和设备 | 高级工具箱，使网络工程师能够构建特定目的的深度学习架构 | 中 | 与硬件相关 | 低（软件） |
| 雾计算 | nn-X，ncnn，Kirin970，Core ML | 移动设备 | 支持基于边缘的深度学习计算 | 中 | 低 | 中（硬件） |
| 快速优化算法 | Nesterov，Adagrad，RM-Sprop，Adam | 训练深架构 | 加速并稳定模型优化过程 | 中 | 与硬件相关 | 低（软件） |
| 分布式机器学习系统 | MLbase，Gaia，Tux2，Adam，GeePS | 分布式数据中心，跨服务器 | 支持跨数据中心的移动网络系统中的深度学习框架 | 高 | 高 | 高（硬件） |

## 5.2.1 高级并行计算

与传统的机器学习模型相比，深度神经网络具有更大的参数空间、中间输出和梯度值数量。深度学习的每一个步骤都需要更新，这需要强大的计算资源。尽管它们可以大量并行化，但训练和推理过程涉及大量的矩阵乘法和其他操作，传统的中央处理器（Central Processing Unit，CPU）的核心数量有限，因此它们只支持有限的并行计算。使用 CPU 来实现深度学习是非常低效的，并且不能满足移动网络系统的低时延需求。

GPU 的高性能可以被用来解决这些问题。GPU 最初被设计应用于高性能视频游戏和图形渲染，但 NVIDIA（英伟达）将一些新技术，例如 CUDA 和 cuDNN 添加进这种类型的硬件以增加其灵活性，允许用户定制具有特定目的的 GPU。GPU 通常包含数千个核，在训练神经网络所需的快速矩阵乘法中表现出色。与 CPU、GPU 相比，谷歌最近开发的高级 TPU 显示出更高的性能（分别提升 15 ～ 30 倍的处理速度和每瓦 30 ～ 80 倍的处理能力）。

完全依赖于光通信的衍射深度神经网络（Diffractive Deep Neural Network，D2NN）最近被引入深度学习，以实现零消耗和零时延。D2NN 由多个递质层组成，递质层上的点充当神经网络中的神经元。该结构被训练之后用来优化传输及反射系数，这些系数相当于神经网络中的权值。一旦经过训练，透射层将通过 3D 打印生成，随后可以用于推理。

还有一些工具箱可以帮助服务器端的深度学习进行计算优化。瑞安·斯普林（Ryan

Spring）等人引入了一种基于哈希的技术，大大降低了深度神经网络实现的计算需求。米尔霍塞尼（Mirhoseini）等人采用了一种强化学习方案，使机器能够学习深度神经网络混合硬件上的最优操作位置。这些深度神经网络的解决方案比目前人类专家设计的同类型方案的计算速度快 20%。更为重要的是，这些系统易于部署，因此移动网络工程师不需要重新构建移动服务器来支持深度学习计算。这使在移动网络系统中实现深度学习和加速移动数据流的处理成为可能。

## 5.2.2 分布式机器学习系统

移动数据从异构数据源（例如移动设备、网络探测器等）中收集，并存储在多个分布式数据中心中。随着数据量的增加，将所有移动数据集中到一个中央数据中心来运行深度学习应用程序是不现实的。因此运行移动网络范围内的深度学习算法需要支持不同接口（例如操作系统、编程语言库）的分布式机器学习系统，以便跨地理分布的服务器能够同时进行深度学习模型的训练和评估，并且实现高效率和低开销。

以分布式方式部署深度学习将不可避免地引入几个系统级问题，用于解决这些问题的方案需要满足以下特性。

① 一致性——保证模型参数和计算过程在所有机器上是一致的。

② 容错——有效处理大规模分布式机器学习系统中的设备故障。

③ 通信——优化集群中节点之间的通信，避免拥塞。

④ 存储——根据不同的环境（例如分布式集群、单机、GPU）、I/O 和数据处理多样性，设计高效的存储机制。

⑤ 资源管理——分配工作负载并确保节点工作协调良好。

⑥ 编程模型——设计支持多种编程语言的接口。

在移动网络应用中，有几种分布式机器学习系统可以促进深度学习。蒂姆（Tim）等人引入了一个名为 MLbase 的分布式系统，该系统能够智能地指定、选择、优化和并行化 ML 算法。他们的系统可帮助非专业人员部署各种 ML 算法，允许在不同的服务器上优化和运行 ML 应用程序。凯文（Keven）等人开发了一种跨地理分布的 ML 系统，称为 Gaia，它通过在广域网上使用先进的通信机制打破了吞吐量瓶颈，同时保留了 ML 算法的准确性。该系统支持通用的 ML 接口（例如 TensorFlow，Caffe），而且不需要对 ML 算法本身进行重大更改。该系统支持在大型移动网络上部署复杂的深度学习应用程序。

埃里克（Eric）等人开发了一个支持大数据应用的大型机器学习平台。他们的体系结构实现了高效的模型和数据并行化，以较低的通信成本实现了参数状态同步。肖文聪等人为 ML 开发了一个名为 TUX2 的分布式图引擎，以支持跨机器的数据布局优化，减少跨机器通信。它在运行和对具有多达 640 亿条数据的大型数据集的收敛方面表现出了卓越的性能。崔舒尔（Trishul）等人构建了一个分布式、高效、可扩展的系统，命名为 Adam，它专门针对深度模型进行训练，在吞吐量、时延和容错方面表现出色。崔恒刚等人开发了另一种专用的分布式深度学习系统——GeePS，他们的系统允许分布式 GPU 上的数据并行化，并证明了更高的训练吞吐量和更快的收敛速度是可以实现的。最近，莫里茨（Moritz）等人设计了一个专用的分布式框架 Ray 来支持强化学习应用。该框架由动态任务执行引擎支持，引擎合并了参与者和任务并行抽象。他们还进一步引入了自下而上的分布式调度策略和专用的状态存储方案，以提高强化学习应用的可伸缩性和容错能力。

### 5.2.3 专用深度学习库

从无到有建立深度学习模型是很复杂的，因为研究人员除了为 GPU 并行化编写 CUDA 代码之外，还需要定义每一层的转发行为和梯度传播操作。随着深度学习的日益流行，一些专用的库简化了这个过程。这些库大多使用多种编程语言，并使用 GPU 加速和自动区分来构建，避免了手工定义梯度传播。常见的深度学习库汇总见表 5-3。

表5-3 常见的深度学习库汇总

| 库 | 可用接口 | 优势 | 劣势 | 支持移动性 | 普及度 | 上层库 |
|---|---|---|---|---|---|---|
| TensorFlow | Python，Java，C，C++，Go | • 庞大的用户群体<br>• 精心编写的文档<br>• 完成功能<br>• 提供可视化工具（TensorBoard）<br>• 支持多种接口<br>• 允许分布式培训和模型服务 | • 难以调试<br>• 包重<br>• 对初学者来说，入门门槛高 | 是 | 高 | Keras，TensorLayer，Luminoth |
| Theano | Python | • 灵活<br>• 运行速度好 | • 难学<br>• 编译时间长<br>• 不再维护 | 否 | 低 | Keras，Blocks，Lasagne |
| Caffe | Python，Matlab | • 快速运行<br>• 多平台支持 | • 用户基数小<br>• 处理的文档小 | 是 | 中 | 无 |
| (Py)Torch | Lua，Python，C，C++ | • 易于构建模型<br>• 灵活<br>• 良好的文档记录<br>• 容易调试<br>• 丰富的预培训模型可用<br>• 声明性数据并行性 | • 资源有限<br>• 缺乏模型服务<br>• 缺乏可视化工具 | 是 | 高 | 无 |
| MXNET | C++，Python，Matlab | • 轻量级<br>• 节约内存<br>• 快速训练<br>• 简单的模型服务<br>• 高度可伸缩 | • 用户基数小<br>• 难学 | 是 | 低 | Gluon |

TensorFlow 是由谷歌开发的机器学习库。它允许在单一和分布式架构上实现 ML，这有利于在云和雾服务上快速实现深度神经网络。尽管 TensorFlow 最初是为 ML 和深度神经网络应用程序设计的，但是它也适用于其他数据驱动的研究。它提供了一个复杂的可视化工具（TensorBoard），帮助用户理解模型结构和数据流并执行调试。它用 Python 编写了详细的文档和教程，同时还支持其他编程语言，例如 C、Java 和 Go。目前，TensorFlow 是最受欢迎的深度学习库。在 TensorFlow 的基础上，谷歌还发布了几个专用的深度学习工具箱来提供更高级的编程接口，包括 Keras，Luminoth 和 TensorLayer。

Theano 是一个 Python 库，允许高效地定义、优化和评估涉及多维数据的数值计算。它同时提供了 GPU 和 CPU 模式，使用户能够根据不同的机器来调整他们的程序。然而，学习 Theano 是非常困难的，使用它构建一个 NN 需要大量的编译时间。虽然 Theano 拥有庞大的用户基础和支持团体，并且在某个阶段曾是最受欢迎的深度学习工具之一，但随着 TensorFlow 逐步吸收了其核心思想和属性，Theano 的受欢迎程度正在下降。

Caffe 是由 Berkeley AI Research Center（伯克利人工智能研究中心）开发的一个专用的深度学习框架，最新版本 Caffe（2）由 Facebook 发布，它继承了旧版本的所有优点，已经成为一个非常灵活的框架，使用户能够有效地构建模型。它还允许在分布式系统的多个 GPU 上训练神经网络，并支持在移动操作系统 [iOS（苹果系统）和 Android（安卓系统）] 上实现深度学习。因此，它有潜力在未来的移动边缘计算中发挥重要作用。

（Py）Torch 是一个科学计算框架，广泛支持机器学习模型和算法。它最初是用 Lua 语言开发的，后来开发人员发布了一个改进的 Python 版本。本质上，（Py）Torch 是一个轻量级工具箱，可以在智能手机等嵌入式系统上运行，但缺乏全面的文档。由于在（Py）Torch 中构建 NN 非常简单，所以这个库的受欢迎程度正在迅速增长。它还提供了易于重复使用和组合的丰富的预先训练模型和模块。（Py）Torch 现在由 Facebook 官方维护，主要用于研究。

MXNET 是一个灵活的、可扩展的深度学习库，它为多种语言（例如 C++、Python、Matlab 等）提供了接口。它支持不同层次的机器学习模型，从逻辑回归到 GAN。MXNET 为单机和分布式生态系统提供了快速的数值计算。它将深度学习中常用的工作流包装成高级函数，这样不用大量编码工作也可以轻松地构建标准的神经网络。然而，如何在短时间内学会使用这个工具箱是比较困难的，因此使用这个库的用户相对较少。MXNET 是亚马逊官方的深度学习框架。

还有一些虽然不太流行，但也很优秀的深度学习库，例如 CNTK、Deeplearning4j、block、Gluon 和 Lasagne，也可以用于移动网络系统。使用者们对于库的选择会根据具体的应用而有所不同。一方面，对于初学并打算将深度学习用于网络领域的人工智能的研究人员来说，（Py）Torch 是一个很好的选择，因为它很容易构建神经网络，而且这个库针对 GPU 进行了很好的优化。另一方面，对于那些追求高级操作和大规模实现的研究人员来说，Tensorflow 可能是一个更好的选择，因为它是成熟的，得到了良好的维护，并且已经通过了许多项目的测试。

### 5.2.4 快速优化算法

深度学习中需要优化的目标函数通常是复杂的，因为它们涉及大量数据的似然函数。随着模型深度的增加，这类函数通常具有较高的非凸性，具有多个局部极小值、临界点和鞍点。在这种情况下，传统的随机梯度下降（Stochastic Gradient Descent，SGD）算法的收敛速度较慢，这将限制其对时延受限的移动网络系统的适用性。为了克服这个问题并稳定优化过程，许多算法对传统的 SGD 进行了改进，使神经网络模型在移动应用中得到更快的训练。本小节总结了这些优化器背后的关键原则。不同优化算法对比见表 5-4。这些算法的操作细节如下。

表5-4 不同优化算法对比

| 优化算法 | 核心理念 | 优势 | 劣势 |
| --- | --- | --- | --- |
| SGD | 迭代计算小批量的梯度并更新参数 | • 易于实现 | • 设置所需的全局学习速率<br>• 算法可能会陷入鞍点或局部极小值<br>• 收敛速度缓慢<br>• 不稳定 |
| Nesterov's momentum | 为下一次更新引入动量来保持最后的梯度方向 | • 稳定<br>• 快速学习<br>• 可以避免局部极小值 | • 设置所需的学习速率 |
| Adagrad | 对不同的参数应用不同的学习速率 | • 根据每个参数调整学习速率<br>• 处理好稀疏梯度 | • 设置所需的全局学习速率<br>• 对正则化器敏感的梯度<br>• 学习速率在后期变得非常慢 |
| Adadelta | 通过应用自适应学习速率改进 Adagrad 算法 | • 不依赖全局学习速率<br>• 更快的收敛速度<br>• 更少的参数需要调整 | • 可能会在后期的训练中陷入局部极小值 |
| RMSprop | 使用均方根作为学习速率的约束 | • 根据每个参数调整学习速率<br>• 在后期的训练中，学习速率不会大幅下降<br>• 在 RNN 训练中表现良好 | • 设置所需的全局学习速率<br>• 不擅长处理稀疏梯度 |
| Adam | 采用动量机制来存储过去梯度指数衰减的平均值 | • 根据每个参数调整学习速率<br>• 擅长处理稀疏梯度和非平稳问题<br>• 节约内存<br>• 快速收敛 | 在训练中可能会变得不稳定 |
| Nadam | 将 Nesterov 加速梯度合并到 Adam 中 | • 在 RNN 训练中表现良好 | — |
| Learn to optimize | 将优化问题转化为一个使用 RNN 的学习问题 | • 不需要手工设计学习 | 需要额外的 RNN 学习优化器 |

（续表）

| 优化算法 | 核心理念 | 优势 | 劣势 |
| --- | --- | --- | --- |
| Quantized training | 将梯度量化为 {−1,0,1} 进行训练 | • 适合分布式培训<br>• 节约内存 | 培训准确性下降 |
| Stable gradient descent | 使用差异专用机制来比较训练和验证梯度，用以重复使用样本并保持新鲜 | • 更稳定<br>• 减少过度拟合<br>• 比 SGD 收敛速度更快 | 仅在凸函数上验证 |

1. 固定学习速率 SGD 算法

伊利亚等人引入了一种带有涅斯捷罗夫动量的 SGD 优化器，该优化器在应用当前速度之后评估梯度。该方法在优化凸函数时具有较快的收敛速度。另一种方法是 Adagrad 算法，它根据参数的更新频率对参数进行自适应学习，这适用于处理稀疏数据，并且在鲁棒性方面显著优于 SGD 算法。Adadelta 算法改进了传统的 Adagrad 算法，它收敛速度更快，不依赖全局学习速率。RMSprop 是由杰弗里（Geoffrey）提出的一种基于 SGD 的流行的方法。RMSprop 将学习速率除以梯度的平均指数平滑，不需要设置每个训练步骤的学习速率。

2. 自适应学习速率 SGD 算法

金马（Kingma）和吉米（Jimmy）提出了一种名为 Adam 的自适应学习速率优化器，该优化器通过梯度的一阶矩来合并动量。该算法收敛速度快，模型结构具有很强的鲁棒性，是在不能确定使用何种算法时的首选算法。另外，Nadam 算法将动量合并到了 Adam 中，对梯度施加了更强的约束，使其能够更快地收敛。

3. 其他优化器

马辛（Marcine）等人认为优化过程是可以动态学习的。他们提出梯度下降是一个可训练的学习问题，这表明神经网络训练具有良好的泛化能力。文伟等人提出了一种适合分布式系统的训练算法，他们在训练处理中将浮点梯度值量化为 {−1，0，1}，这在理论上的梯度通信需要比节点之间的高 20 倍。他们的 GoogleLeNet 训练实验平均只有 2% 的精度误差。周颖雪等人采用了一种差异个性机制来比较训练和验证梯度，从而大大减少了重复使用样本在训练期间的过度拟合情况。

## 5.2.5 雾计算

雾计算（Fog Computing，FC）范式为在移动网络系统中实现深度学习提供了新的机遇。

雾计算指的是一套允许在网络边缘部署应用程序或数据存储功能的技术，它减少了通信开销、数据流量和用户端时延，并减轻了多端计算负担。雾计算可被定义为“大量异构、无处不在的分布式设备在没有第三方介入的情况下，它们之间具有潜在的合作交互，可在网络中执行存储和处理任务，具体来说，这些设备可以指智能手机、可穿戴设备和可以存储、分析和交换数据的车辆，用以减轻云计算的负担，执行更敏感的时延任务”。雾计算涉及边缘部署，参与设备通常是有限的计算资源和电池电量。因此，通过雾计算实现深度学习需要特殊的硬件和软件。

1. *硬件*

目前已有一些将深度学习计算从云端转移到移动设备的尝试。例如维纳亚克（Vinayak）等人开发了一种名为 neural network neXt (nn-X) 的移动协处理器，它在保持低能耗的同时，加速了深度神经网络在移动设备中的执行。庞素勇等人引入了一种低功耗、可编程的深度学习处理器，将移动智能部署到边缘设备上，硬件只消耗了 288μW。IBM 公司发布了一种名为 TrueNorth 的神经触发芯片，他们的解决方案旨在支持嵌入式电池驱动移动设备上的计算密集型应用。高通公司推出了 Snapdragon 神经处理引擎，使深度学习计算可被用于优化及量身定制移动设备，他们的硬件允许开发人员在 Snapdragon 820 板上执行神经网络模型，以服务于各种应用程序。Movidius 公司与谷歌密切合作，开发了一个嵌入式神经网络计算框架，允许用户自定义深度学习并将其部署在移动网络的边缘，可以达到令人满意的运行效率，同时运行超低功耗。它还可以支持不同的框架，例如 TensorFlow 和 Caffe，让用户可以在工具库之间灵活选择。华为发布的麒麟 970 是一款基于芯片的移动人工智能计算系统。它的创新框架整合了专门的神经处理单元（Neural Processing Unit，NPU），这极大地加速了神经网络计算，使其在移动设备上每秒可以对 2000 张图像进行分类。

2. *软件*

除了这些硬件的进步，还有一些软件平台寻求优化移动设备上的深度学习。移动通信深度学习平台比较见表 5-5。除了 TensorFlow 和 Caffe 的移动版本之外，腾讯还发布了一个权值少、性能高的神经网络推理框架 ncnn。该框架是为移动平台量身定制的，它依赖于 CPU 计算。就推理速度而言，这个工具箱比所有已知的基于 CPU 的开源框架表现得更好。苹果公司开发了一款名为 CoreML 的专用 ML 框架，用于在“iOS 11+”上实现移动深度学习，这降低了想在苹果设备上部署 ML 模型的开发人员的技术壁垒。姚硕超等人开发了一种称为 DeepSense 的深度学习框架，专门用于移动传感相关的数据处理，它提供了一个通用的机器学习工具箱，可以容纳广泛的边缘应用并且具有中等能耗和低时延的特点，因此可以被部署在智能手机上。

表5-5　移动通信深度学习平台比较

| 平台 | 开发者 | 移动硬件支持 | 速度 | 码长 | 移动兼容性 | 资源开放 |
|---|---|---|---|---|---|---|
| TensorFlow | 谷歌 | CPU | 慢 | 中 | 中 | 是 |
| Caffe | Facebook | CPU | 慢 | 长 | 中 | 是 |
| ncnn | 腾讯 | CPU | 中 | 短 | 好 | 是 |
| CoreML | 苹果 | CPU/GPU | 快 | 短 | 只有“iOS 11+”支持 | 否 |
| DeepSense | 姚硕超等人 | CPU | 中 | 未知 | 中 | 否 |

上述技术和工具箱使在移动网络应用程序中部署深度学习成为可能。

## 5.3　深度学习的技术特点及对无线网络的驱动

机器学习方法分为 3 类：监督学习、无监督学习和强化学习。深度学习架构在所有这些领域都取得了显著的成绩。在本节中，我们将介绍支持几种深度学习架构的关键原则，并讨论它们在解决移动网络问题方面的巨大潜力。不同深度学习架构汇总见表 5-6。

表5-6　不同深度学习架构汇总

| 模型 | 学习类别 | 作用 | 优点 | 缺点 | 在移动网络的潜在应用 |
|---|---|---|---|---|---|
| MLP | 监督学习、无监督学习、强化学习 | 使用简单的相关性建模数据 | 简单的结构，易于构建 | 复杂度高，性能适中，收敛速度慢 | 多属性移动数据建模；其他深层架构的辅助或组件 |
| RBM | 无监督学习 | 提取稳健的表征 | 可以生成虚拟样本 | 很难训练好 | 从未标记移动数据学习表征；模型权重的初始化；网络业务预测 |
| 自编码器（Auto Encoder，AE） | 无监督学习 | 学习稀疏和压缩表征 | 强大而有效的无监督学习 | 用大数据进行预训练成本高 | 模型的权重初始化；移动数据维度减少；移动异常检测 |
| CNN | 监督学习、无监督学习、强化学习 | 空间数据建模 | 仿射不变性 | 高计算成本；很难找到最优的参数；对于复杂的任务需要深层的结构 | 空间移动数据分析 |
| RNN | 监督学习、无监督学习、强化学习 | 时序数据建模 | 捕获时间依赖专家知识 | 高模型复杂性；梯度消失的问题 | 个人业务流分析；（空间的）时态数据建模 |
| GAN | 无监督学习 | 数据生成 | 可以从目标分发中生成逼真的数据 | 训练过程不稳定（收敛困难） | 虚拟移动数据生成；协助网络数据分析中的监督学习任务 |

（续表）

| 模型 | 学习类别 | 作用 | 优点 | 缺点 | 在移动网络的潜在应用 |
|---|---|---|---|---|---|
| 深度强化学习（Deep Reinforcement Learning，DRL） | 强化学习 | 控制问题与高维的输入 | 理想的高维环境建模 | 收敛速度慢 | 移动网络控制和管理 |

深度学习在移动无线网络中有着广泛的应用。接下来，本节将介绍不同移动无线网络领域中最重要的研究成果，并比较它们的原理。我们讨论移动大数据的关键前提，其相关工作可分为 8 个部分。

① 深度学习驱动的网络级移动数据分析侧重于基于网络内收集的移动大数据构建的深度学习应用，包括网络预测、流量分类、调用细节记录挖掘等。

② 无论是在群体还是个人层面，深度学习驱动的用户迁移分析揭示了使用深度神经网络来了解移动用户移动模式的好处。

③ 基于从移动设备或无线信道接收到的不同信号，使用者可利用深度神经网络在室内或室外环境中对用户进行定位。

④ 深度学习驱动的无线传感器网络（Wireless Sensor Network，WSN）从集中式传感、分散式传感、WSN 数据分析、WSN 定位 4 个不同的角度探讨了深度学习在 WSN 中的重要应用。

⑤ 深度学习驱动的网络控制研究通过深度强化学习和深度模仿学习研究了网络优化、路由、调度、资源分配、无线控制等方面的应用。

⑥ 深度学习驱动的网络安全提出了利用深度学习来改善网络安全的工作，将重点集中在基础设施、软件和隐私等方面。

⑦ 深度学习驱动的信号处理研究的是可以从深度学习中获益的物理层，并回顾了信号处理的相关工作。

⑧ 新兴的深度学习驱动的移动网络应用颠覆了传统应用，展示了移动网络中其他有趣的部分。

我们将对每个领域进行主题分析。深度学习驱动移动无线网络示例如图 5-4 所示。

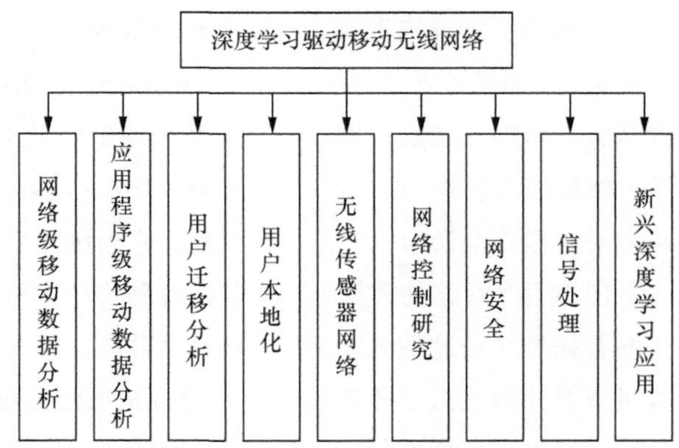


图5-4 深度学习驱动移动无线网络示例

### 5.3.1 移动大数据

移动技术的发展（例如智能手机、增强现实等）正迫使移动运营商发展移动网络基础设施。因此，云计算和移动网络的边缘变得越来越复杂，以满足用户每天产生和消费大量移动数据的需求。这些数据既可以由记录用户个人行为的移动设备传感器生成，也可以由反映城市环境动态的移动网络基础设施生成。适当地挖掘这些数据可以使移动网络管理、公共交通、个人服务等多个学科研究领域和行业受益。然而，网络运营商在管理和分析大量异构移动数据时可能会不堪重负。深度学习或许是克服这一困难的最强大的方法之一。因此，本节首先介绍移动大数据的特点，然后再全面回顾深度学习驱动的移动数据分析研究。移动大数据分类见表 5-7，蜂窝网络、Wi-Fi 和无线传感器网络中移动数据采集过程示意如图 5-5 所示。

表5-7 移动大数据分类

| 移动数据 | 资源 | 信息 |
|---|---|---|
| 网络级移动数据 | 基础设施 | 基础设施位置、容量、设备持有者等 |
| | 性能指标 | 数据流量、端到端时延、抖动等 |
| | 呼叫详细记录（Call Detail Records，CDR） | 会话开始和结束时间、类型、发送方和接收方等 |
| | 无线电信息 | 信号功率、频率、调制等 |
| 应用程序级移动数据 | 设备 | 设备类型、使用情况、MAC 地址等 |
| | 配置文件 | 用户设置、个人信息等 |
| | 传感器 | 迁移率、温度、磁场、运动等 |
| | 应用 | 图片、视频、声音、健康状况、偏好等 |
| | 系统日志 | 软件和硬件故障日志等 |

由网络基础设施生成的网络级移动数据不仅可以提供移动网络性能的全局视图（例如吞吐量、端到端时延、抖动等），而且还可以通过调用呼叫详细记录单个会话时间、通信类型、发送方和接收方信息。网络级移动数据通常由于用户行为而表现出显著的时空变化，可用于网络诊断与管理、用户移动分析和公共交通规划。一些网络级的数据（例如移动交通快照）可以被看作“全景相机”拍摄的照片，它为城市提供了一个城市规模的传感系统。

应用程序级移动数据是由安装在各种移动设备上的传感器或移动应用程序直接记录的。这些数据经常通过不同来源的众包模式收集，例如全球定位系统（GPS）、移动摄像机、录像机以及便携式医疗监视器。移动设备充当传感器集线器，负责数据收集和预处理，随后将数据分发到所需的特定位置。应用程序级移动数据处理系统如图 5-6 所示。应用程序级移动数据由安装在移动设备上的软件开发工具包（Software Development Kit，SDK）生成和收集。这些数据随后根据需要通过实时采集和计算服务进行处理。

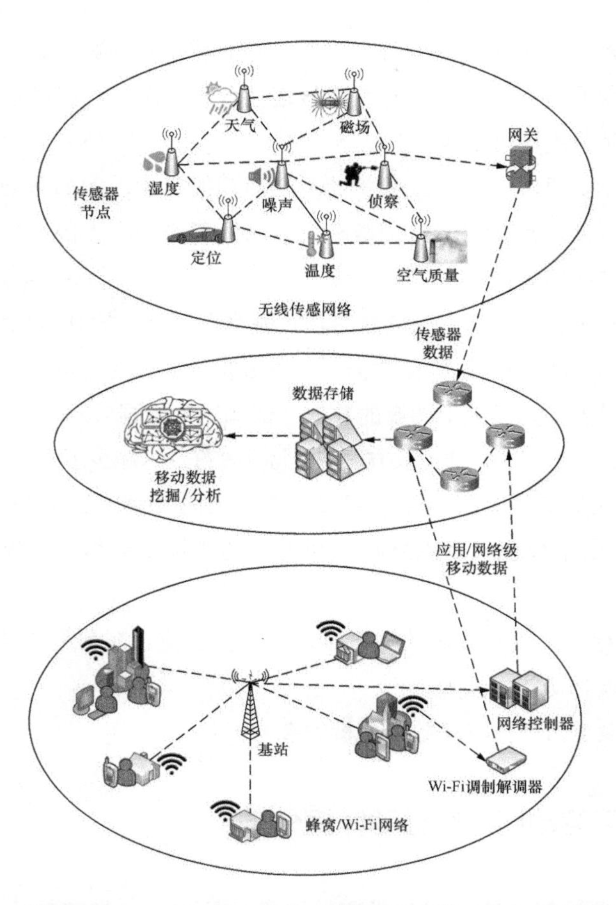


图5-5 蜂窝网络、Wi-Fi和无线传感器网络中移动数据采集过程示意

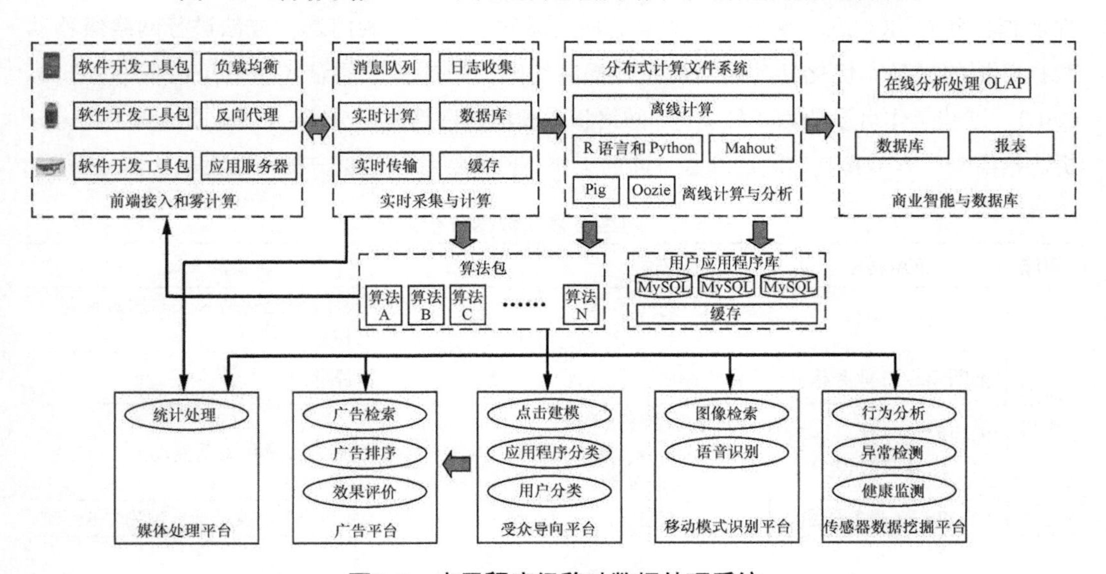


图5-6 应用程序级移动数据处理系统

其中，算法容器是整个系统的核心，它连接到前端接入和雾计算，并依次通过实时采集与计算、离线计算和分析模块，同时它直接连接到移动医疗、移动模式识别、广告平台等移动应用。深度学习逻辑可以放在算法包中。

应用程序级移动数据可以直接或间接地反映用户的行为，例如移动性、偏好和社交联系等。分析来自个人的应用程序级移动数据可以帮助还原一个人的个性和偏好，这可以用于推荐系统和用户定向广告。

与传统的数据分析技术相比，深度学习具有解决上述挑战的几项独特功能。

① 深度学习在结构化和非结构化数据的各种数据分析任务中取得了显著的成绩。某些类型的移动数据可以表示为类似于图像的数据（例如序列数据）。

② 深度学习在原始数据的特征提取方面表现得非常好。这减少了由人工制作的特征工程的大量工作，允许研究人员在模型设计上花费更多的时间，而在数据本身的处理上花费更少的时间。

③ 深度学习提供了处理移动网络日志中常见的未标记数据的优秀工具（例如 RBM、AE、GAN）。

④ 多模态深度学习允许在多种模式下学习特征，这使它在利用从异构传感器和数据源收集的数据进行建模时功能更强大。

这些优势使深度学习成为移动数据分析的有力工具。

### 5.3.2 深度学习驱动网络级移动数据分析

网络级移动数据泛指互联网服务供应商记录的日志，包括基础设施诠释数据、网络性能指标和 CDR。近期深度学习的显著成功激发了全球对利用这种方法进行网络级移动数据分析的兴趣，优化移动网络配置，提高终端用户的体验质量（Quality of Experience，QoE）。这些工作可以分为 4 种类型：网络状态预测、网络流量分类、CDR 挖掘和无线电分析。接下来，本节将具体阐述这些方向的工作。网络级移动数据分析汇总见表 5-8。

表5-8 网络级移动数据分析汇总

| 领域 | 应用程序 | 模型 | 优化器 | 重要的贡献 |
|---|---|---|---|---|
| 网络预测 | QoE 预测 | MLP | — | 使用多层神经网络来关联服务质量参数和 QoE 估计 |
| | 推断 Wi-Fi 业务模式 | 稀疏编码 + 最大池 | SGD | 半监督学习 |
| | 无线网格（Mesh）网络业务预测 | 深度置信网络（Deep Belief Network，DBN）+ 高斯模型 | SGD | 考虑长期依赖和短期波动 |
| | TCP / IP 业务预测 | MLP | — | 研究深度学习在交通业务预测中的影响 |

（续表）

| 领域 | 应用程序 | 模型 | 优化器 | 重要的贡献 |
| --- | --- | --- | --- | --- |
| 网络预测 | 移动业务预测 | AE + LSTM | SGD | 使用 AE 建模空间相关性，使用 LSTM 建模时间相关性 |
| | 长期流动业务预测 | ConvLSTM + 3D-CNN | Adam | 结合 3D-CNN 和 ConvLSTM 执行长期预测 |
| | 手机业务超分辨率 | CNN + GAN | Adam | 引入移动流量超分辨率技术，并将图像处理技术应用于移动业务分析 |
| | 云 RAN 优化 | 多元 LSTM | — | 利用移动业务预测辅助云无线接入网优化 |
| | 无线 Wi-Fi 信道特性预测 | MLP | SGD | 从可观察的特征推断不可观察的通道信息 |
| | 移动蜂窝业务预测 | LSTM | Adam | 使用单独的模块提取空间和时间依赖性 |
| | 蜂窝业务预测 | 图形神经网络 | Pineda 算法 | 通过图形表示时空关系，并首先利用图形神经网络进行业务预测 |
| | 移动需求预测 | ConvLSTM 图 CNN，LSTM，时空图 ConvLSTM | — | 使用图建模小区之间的空间相关性 |
| | 信道状态信息预测 | CNN 和 LSTM | RMSprop | 采用两阶段离线在线训练方案，提高框架的稳定性 |
| 业务分类 | 业务分类 | MLP, 叠加 AE | — | 同时进行特征学习、协议识别和异常协议检测 |
| | 加密业务分类 | CNN | SGD | 采用端到端的深度学习方法进行加密业务分类 |
| | | CNN | Adam | 可以执行业务表征和应用程序识别 |
| | 恶意软件的业务分类 | CNN | SGD | 使用表示学习对原始业务进行恶意软件分类 |
| | 移动加密业务分类 | MLP, CNN, LSTM | SGD, Adam | 综合评价不同的神经网络结构和优良性能 |
| | 网络业务分类 | 贝叶斯自编码器 | SGD | 应用贝叶斯概率论得到模型参数的后验分布 |
| CDR 挖掘 | 地铁密度预测 | RNN | SGD | 采用地理空间数据处理权、共享 RNN 神经网络 |
| | 人口预测 | CNN | Adam | 利用移动电话元数据固有的时间相关性 |
| | 游客下次参观地点的预测 | MLP, RNN | 标量共轭梯度下降 | LSTM 性能显著优于其他 ML 方法 |
| | 人类活动链产生 | 输入—输出 HMM+LSTM | Adam | 首先使用 RNN 生成人类活动链 |
| 其他 | Wi-Fi 热点分类 | CNN | — | 深度学习与频率分析相结合 |
| | QoE 驱动大数据分析 | CNN | SGD | 探讨大数据分析的准确性与模型训练速度 |

网络状态预测是指根据历史数据或相关数据，推断移动网络流量或性能指标。劳拉（Laura）和戴维（David）研究了关键客观指标与 QoE 之间的关系。他们使用 MLP 来预测移动通信中用户的 QoE，基于平均用户吞吐量、单元中的活跃用户数量、每个用户的平均数据量和信道质量指标，MLP 显示出很高的预测精度。网络流量预测是深度学习日益重视的另一个领域。

除此之外，一些研究人员利用深度学习来预测城市规模的移动交通。城市规模移动流量预测的基本原理如图 5-7 所示。通过考虑地理移动交通测量的时空相关性，深度学习预测器将一个区域内的移动交通流量测量序列（快照从时间 $t-s$ 到 $t$）作为输入，预测在未来的 $t+1$ 到 $t+n$ 时间范围内的实例。有研究人员提出使用基于人工智能的体系结构和 LSTM 分别对移动流量分布的时空相关性进行建模，使用一个全局和多个局部堆叠的 AE 来进行空间特征提取、降维和并行训练。在真实数据集上的实验表明，该算法的性能优于支持向量机（Support Veccor Machine，SVM）和自回归综合移动平均（Auto Regressive Integrated Moving Average，ARIMA）模型。同时可将移动交通预测扩展到长时间框架，也可将卷积神经网络和三维神经网络相结合，构建能够在城市规模中反映复杂时空特征的时空神经网络，再进一步引入一种微调方案和轻量级方法，将预测与历史方法融合，这大大延长了可靠预测步骤的长度。时空依赖关系可在移动流量中使用流量图形，并利用图形神经网络学习这种依赖关系。这项工作在进行精确的社会事件预测上也具有很大的潜力。

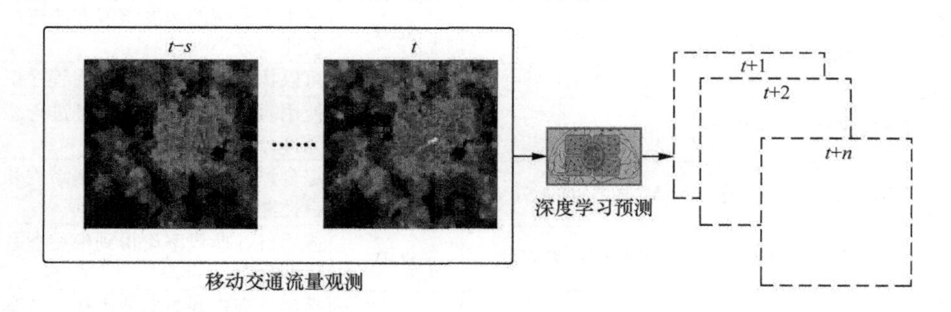


图5-7　城市规模移动流量预测的基本原理

最近，张朝云等人提出了一种原始的移动流量超分辨率（Mobile Traffic Super Resolution，MTSR）技术，通过探测得到的粗粒度副本来推断网络范围内的细粒度移动流量消耗，从而减少流量测量的开销。图像超分辨率技术原理和移动流量超分辨率技术原理如图 5-8 所示。受图像超分辨率技术的启发，MTSR 架构通过一个在层之间有多个跳跃连接的专门的 CNN——深链网络（Deep Zipper Network，DZN）以及一个生成对抗网络（GAN），以执行精确的 MTSR 和提高所推断的流量快照的保真度。通过真实数据集的实验表明，该架构可以将城市移动流量测量的粒度提高 100 倍，同时显著优于其他插值技术。

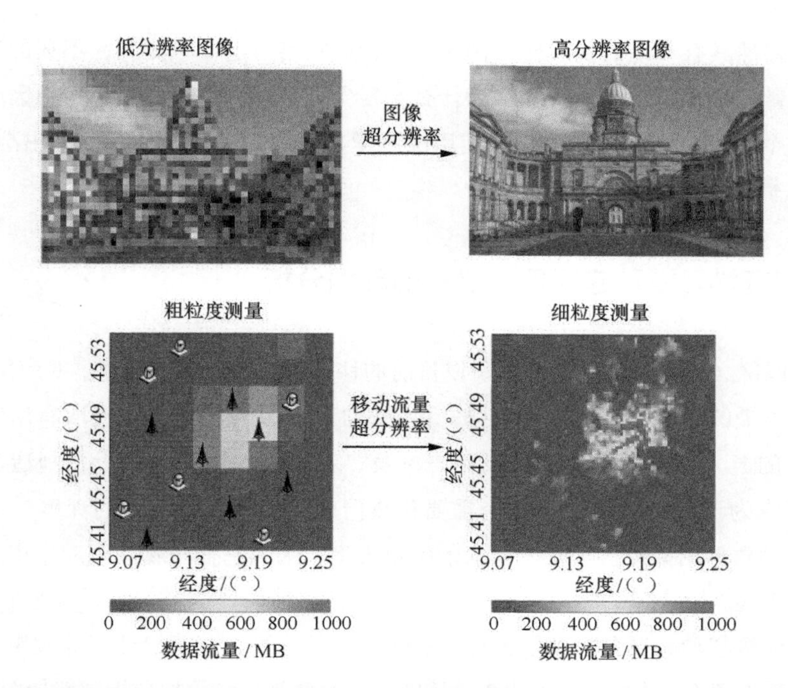


**图5-8　图像超分辨率技术原理（上）和移动流量超分辨率技术原理（下）**

流量分类是为了识别网络中流量之间的特定应用或协议。王占义等人认识到深度神经网络强大的特征学习能力，使用深度 AE 来识别 TCP 流数据集中的协议获得了优异的精度。如果使用一维 CNN 加密流量分类，那么对序列数据建模的效果良好，它的复杂度较低，有望解决流量分类问题。

CDR 挖掘从电信事务的特定实例中提取信息，例如电话号码、单元 ID、会话开始及结束时间、流量消耗等。利用深度学习从 CDR 数据中挖掘有用的信息可以实现多种功能。将移动电话用户的轨迹作为一系列位置，基于 RNN 模型可以很好地处理这类顺序数据。同样，费尔伯（Felber）等人使用 CDR 数据来研究人口统计学。他们使用 CNN 来预测移动用户的年龄和性别，证明了这些结构的准确性优于其他 ML 工具。陈乃春等人通过分析 CDR 数据，比较不同的 ML 模型预测游客的下一个旅游地点的准确性。实验表明，基于 RNN 的预测方法明显优于传统的 ML 方法。

网络级移动数据，例如移动通信流量，通常具有基本的时空相关性。这些相关性可以被 CNN 和 RNN 有效地学习，它们是专门用于建模的空间和时间数据（例如图像、流量系列模型）。一个重要的发现是，大规模的移动网络流量可以以连续快照的方式进行处理，它类似于图像和视频。因此，利用图像处理技术进行网络级移动数据分析具有很大的潜力。以前，用于成像的技术通常不能直接用于移动数据，而现在通过研究使它们适应了移动网络领域的特殊性。

虽然深度学习给网络级移动数据分析带来了精确性，但由于模型的可解释性有限，所以因果推理仍然具有一定的挑战性。例如一个神经网络可能会预测到在不久的将来某个地区会出现流量激增，但是它很难解释为什么会发生这种情况，以及是什么原因引发的流量激增。在这个阶段，研究团体更应该使用深度学习算法作为智能助手，做出准确的推断，减少人力成本。

### 5.3.3 深度学习驱动应用程序级移动数据分析

由于物联网（IoT）的日益普及，所以目前的移动设备捆绑了越来越多的应用和传感器，并可以收集大量的应用程序级移动数据。利用人工智能从这些数据中提取有用的信息，可以扩展设备的能力，从而极大地惠及用户本身、移动运营商和间接设备制造商。因此移动数据分析成为移动网络领域的一个重要和热门的研究方向。先进的深度学习实践为应用程序级移动数据挖掘提供了一个强大的解决方案，因为它们在物联网应用中展示了更高的精度和鲁棒性。

应用程序级移动数据分析基于云计算和边缘计算两种。基于云计算的应用程序级移动数据分析部署如图 5-9 所示，基于边缘计算的应用程序级移动数据分析部署如图 5-10 所示。基于云计算是在云系统中进行推理并将结果发送到边缘设备。相反，基于边缘计算将模型直接部署在能够进行局部推理的边缘设备上。基于云计算将移动设备视为数据收集者和信使，它们通过具有有限数据预处理能力的本地访问点，不断地将数据发送到云服务器。该场景使用通常包括以下几个步骤。

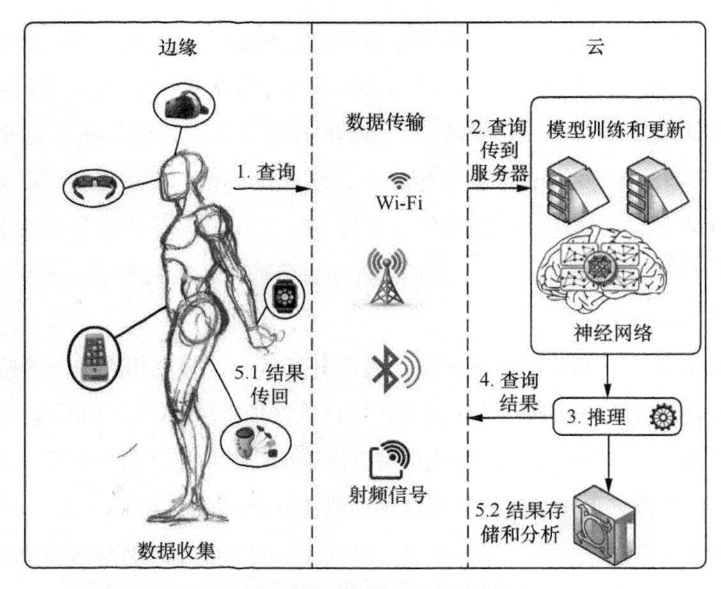


图5-9 基于云计算的应用程序级移动数据分析部署

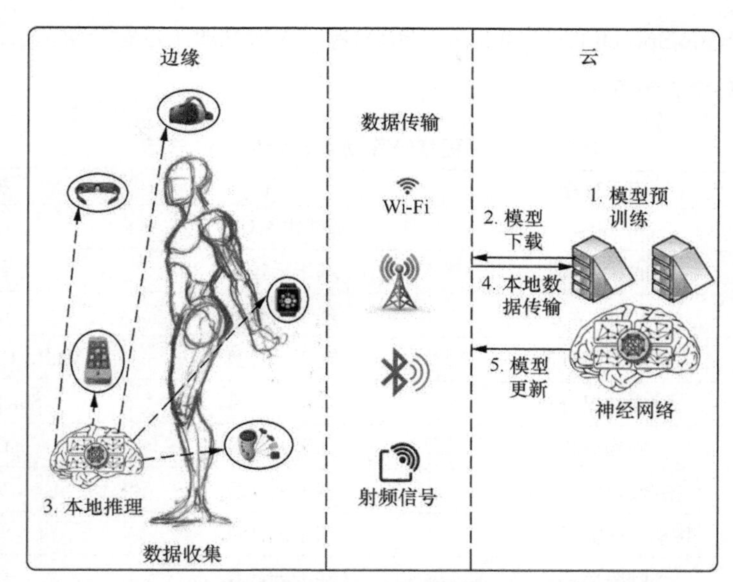


图5-10 基于边缘计算的应用程序级移动数据分析部署

① 用户查询本地移动设备并与之交互。

② 查询被传送到云端的服务器。

③ 服务器收集接收到的数据，进行模型训练和推理。

④ 系统生成查询结果。

⑤ 查询结果随后会根据特定的应用需求发回给每个设备，或者进行存储和分析，不会进一步传播。

基于云计算场景的缺点是，通过互联网不断地向或者从服务器发送和接收消息会带来开销，还有可能导致严重的时延。相比之下，在基于边缘计算场景中，预先训练的模型从云中下载到单个移动设备上，这样它们就可以在本地进行推理分析处理。基于边缘计算场景通常包括以下几个步骤。

① 服务器使用离线数据集对模型进行预训练。

② 将预先训练好的模型放置在边缘设备上。

③ 移动设备使用该模型进行本地推理。

④ 云服务器接受本地设备数据。

⑤ 在必要时利用这些数据更新模型。

虽然基于边缘计算场景与云的交互较少，但其适用性受到边缘设备硬件的计算和电池能力的限制。因此它只能支持需要少量计算的任务。

许多研究人员将深度学习用于应用程序级移动数据分析。我们根据其应用领域：移动医疗、移动模式识别、移动自然语言处理（Natural Language Processing，NLP）和自动语音识别（Automatic Speech Recognition，ASR）等，对研究成果进行分组，应用程序级移动数据分析工作总结见表 5-9。

表5-9 应用程序级移动数据分析工作总结

| 应用领域 | 应用程序 | 部署 | 模型 |
|---|---|---|---|
| 移动医疗 | MobiEar | 基于边缘计算 | CNN |
| | 心率预测 | 基于云计算 | 计算 |
| | 细胞病理学分类 | 基于云计算 | CNN |
| | 睡眠质量预测 | 基于云计算 | MLP，CNN，LSTM |
| | 健康状况分析 | 基于云计算 | Stacked AE |
| | 癫痫分析 | 基于云计算 | CNN |
| | 帕金森症状管理 | 基于云计算 | MLP |
| | 移动健康数据分析 | 基于云计算 | CNN，RNN |
| | 呼吸监测 | 基于云计算 | CNN |
| 移动模式识别 | 移动对象识别 | 基于边缘计算 & 基于云计算 | CNN |
| | 食物识别系统 | 基于云计算 & 基于边缘计算 | CNN，MLP |
| | 面部识别 | 基于云计算 | CNN |
| | 移动可视搜索 | 基于边缘计算 | CNN |
| | 移动增强现实 | 基于边缘计算 | CNN |
| | Wi-Fi 驱动的室内变化检测 | 基于云计算 | CNN，LSTM |
| | 活动识别 | 基于云计算 | CNN，RBM，AE，ConvLSTM |
| | 基于 RFID 活动识别 | 基于云计算 | CNN |
| | 基于智能手表的活动识别 | 基于边缘计算 | RBM |
| | 移动监测系统 | 基于边缘计算 & 基于云计算 | CNN |
| | 姿势识别 | 基于边缘计算 | CNN，RNN |
| | 进食检测 | 基于云计算 | DBM，MLP |
| | 用户能耗估算 | 基于云计算 | CNN，MLP |
| | 个人收入分类 | 基于云计算 | MLP |
| | 多重叠加活动识别 | 基于云计算 | CNN+LSTM |
| | 使用 Apache Spark 的活动识别 | 基于云计算 | MLP |
| | 垃圾检测 | 基于边缘计算 & 基于云计算 | CNN |
| | 艺术品检测与检索 | 基于边缘计算 | CNN |
| | 药丸分类 | 基于边缘计算 | CNN |
| | 移动活动识别、情感识别和说话人识别 | 基于边缘计算 | MLP |

（续表）

| 应用领域 | 应用程序 | 部署 | 模型 |
| --- | --- | --- | --- |
| 移动模式识别 | 车辆跟踪、异构人类活动识别和用户识别 | 基于边缘计算 | CNN，RNN |
| | 物联网人类活动识别 | 基于云计算 | AE，CNN，LSTM |
| | 移动对象识别 | 基于边缘计算 | — |
| | 通知出勤预测 | 基于边缘计算 | RNN |
| | 活动识别 | 基于边缘计算 | RBM，CNN |
| | 活动和姿势识别 | 基于云计算 | Stacked AE |
| | 活性检测 | 基于云计算 | LSTM |
| | 情绪检测 | 基于云计算 | GRU |
| | AR 应用的对象检测 | 基于边缘计算 & 基于云计算 | CNN |
| | 从无线电信号估计三维人体骨骼 | 基于云计算 | CNN |
| 移动 NLP 和 ASR | 语音合成 | 基于边缘计算 | Mixture Density Networks |
| | 个性化语音识别 | 基于边缘计算 | LSTM |
| | 嵌入式语音识别 | 基于边缘计算 | LSTM |
| | 移动语音识别 | 基于云计算 | CNN |
| | 移动文字输入 | 基于云计算 | — |
| | 多任务移动音频传感 | 基于边缘计算 | MLP |
| 其他 | 移动图像质量增强 | 基于云计算 | CNN |
| | 无线网络中视频信息检索 | 基于云计算 | CNN |
| | 减少智能手表用户的注意力分散 | 基于云计算 | MLP |
| | 运输方式检测 | 基于云计算 | RNN，MLP |
| | 移动应用分类 | 基于云计算 | AE，MLP，CNN，LSTM |
| | 移动动作传感器指纹识别 | 基于云计算 | LSTM |

### 5.3.4 深度学习驱动用户迁移分析

了解群体和个体的运动模式对于流行病学、城市规划、公共服务供应和移动网络资源管理变得至关重要。无论从群体还是个体的角度来看，深度学习在这一领域越来越受到重视。个体（左）和群体（右）水平的迁移率分析示例如图 5-11 所示。本节将讨论在这个空间中使用深度学习的研究，目前的深度学习驱动用户迁移分析汇总见表 5-10。

由于深度学习能够捕获序列数据中的空间依赖关系，所以它成为迁移分析的一个强有力的工具。通过共享由 RNN 和门递归单元（Gate Recurrent Unit，GRU）学习的表示，有一种框架可以在社交网络和移动轨迹建模上进行多任务学习。具体来说，它首先使用深度学习来重构用户的社交网络表征，然后使用 RNN 和 GRU 模型来学习不同时间粒度的移动轨迹模式。欧阳熙等人认为，移动数据通常是高维的，这对于传统的ML模型来说可能存在分析困难。因此，基于深度学习的进展，他们提出了一种“深度空间”在线学习方案来训练分层的CNN架构，允许数据流处理的模型并行化。通过分析使用记录，从在真实数据集上的实验所显示的效果来看，“深度空间”在线学习框架预测个人轨迹的准确性比单纯的CNN要高得多。特卡奇（Tkack）设计的神经图灵机可以预测个人使用手机数据的轨迹。神经图灵机包含两个主要组件：一是存储历史轨迹的内存模块，二是管理内存“读”和“写”操作的控制器。实验结果表明，该算法具有较好的泛化效果。

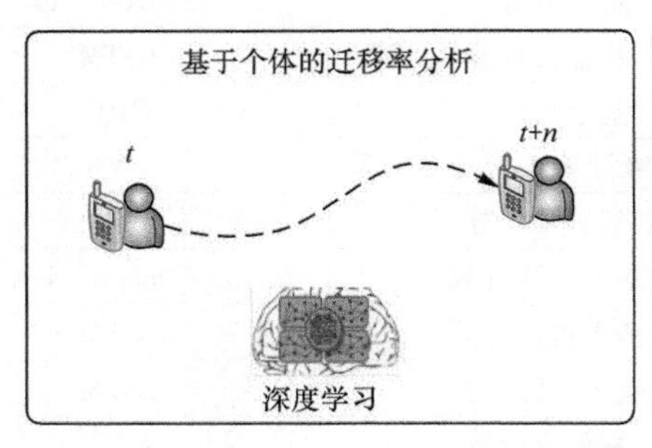


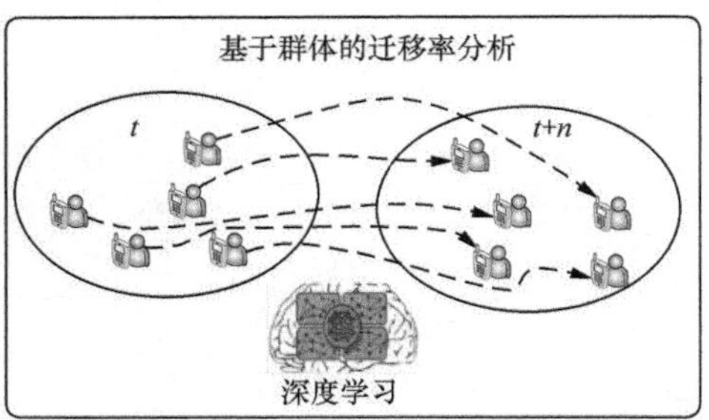


图5-11　个体（左）和群体（右）水平的迁移率分析示例

表5-10　目前的深度学习驱动用户迁移分析汇总

| 应用程序 | 移动性水平 | 模型 | 关键作用 |
| --- | --- | --- | --- |
| 迁移用户轨迹预测 | 个体 | CNN | 数据流处理的在线框架 |
| 社交网络和迁移轨迹建模 | 移动自组织网络 | RNN，GRU | 多任务学习 |
| 迁移模型与预测 | 个体 | 神经图灵机 | 神经图灵机可以存储历史数据，并自动执行“读”和“写”操作 |
| 城市范围的交通预测和交通建模 | 全市范围内 | 多任务 LSTM | 多任务学习 |
| 全市人群业务预测 | 全市范围内 | 深度时空残差网络（基于 CNN） | 迁移事件的时空特征的开发 |
| 人类运动链产生 | 用户组 | 输入—输出隐马尔科夫模型 + LSTM | 生成模型 |
| 移动运动预测 | 个体 | MLP | 更少的位置更新和更低的寻呼信令成本 |
| 移动位置估计 | 个体 | MLP | 在全球移动通信系统中使用接收信号强度 |
| CNN 驱动的计步器 | 个体 | CNN | 减少由周期性运动引起的假步长，降低初始响应时间 |
| 移动自组织网络中的移动性预测 | 个体 | MLP | 在随机路径点移动模型下实现较高的预测精度 |
| 移动性驱动的交通事故风险预测 | 全市范围内 | 叠加去噪 AE | 人的移动与交通事故风险之间的自动学习关系 |

（续表）

| 应用程序 | 移动性水平 | 模型 | 关键作用 |
| --- | --- | --- | --- |
| 人的紧急行为和移动模型 | 全市范围内 | DBN | 实现对地震、海啸等各种灾害事件的准确预测 |
| 轨迹聚类 | 用户组 | 用RNN对AE进行序列比对 | 学习的表征可以稳健地编码目标的运动特征，并生成时空不变的聚类 |
| 城市交通预测 | 全市范围内 | CNN、RNN、LSTM、AE和RBM | 揭示了利用深度学习对数据进行城市交通预测的潜力 |
| 基于主动移动管理的基站预测 | 个体 | RNN | 采用主动和预期的移动性管理来动态地选择基站 |
| 用户移动性和个性建模 | 个体 | MLP，RBM | 基于位置的服务定制的基础 |
| 短期城市流动预测 | 全市范围内 | RNN | 预测精度高，验证为高度可展开原型系统 |
| 密集网络中的移动性管理 | 个体 | LSTM | 提高移动用户在切换过程中的服务质量，同时保持网络能源效率 |
| 城市人口迁移预测 | 全市范围内 | RNN | 利用城市感兴趣的区域来模拟全市范围内的人口流动 |

宋轩等人在更大范围内阐明了迁移率分析。在他们的工作中，LSTM网络被用来联合模拟城市范围内大量人群和车辆的移动模式。他们的多任务体系结构显示出优于标准LSTM的预测精度。该方案针对城市范围内的移动模式，构建了深度时空残差网络（Deep Spatio Temporal Residual Networks，DSTRN）来预测人群的移动，为了捕捉与人群移动相关的独特特征，构建3个ResNet来提取城市内的远近空间依赖关系。该方案对时间特征进行了学习，融合各模型提取的表征信息进行最终预测，通过整合外部事件信息，在所有深度学习和非深度学习的方法中获得了较高的准确性。

林子恒等人考虑从蜂窝数据中探索人体运动链以支持交通规划。需要特别说明的是，他们首先使用输入—输出隐马尔科夫模型（Hidden Markov Model，HMM）来标记CDR数据预处理的活动配置文件。根据标记的运动序列，该框架设计了一个用于运动链生成的LSTM。利用生成模型进一步拟合城市交通规划，其仿真结果显示了合理的拟合精度。姜仁和等人设计了基于RNN模型的24小时迁移率预测系统，该系统每小时利用动态兴趣区域（Region of Interest，ROI）对原始轨迹数据库进行分块归类和挖掘，从而获得较高的预测精度。冯杰等人将注意力机制纳入RNN，以捕捉人类迁移的复杂顺序过渡。该模型结合了非均匀过渡规律和多级周期性，与目前最先进的预测模型相比，其精度提高了10%。

陈全军等人将GPS记录和交通事故数据相结合，了解了人类活动与交通事故之间的相关性。为此，他们设计了一种叠加去噪声发射方法来学习人类迁移的紧凑表示，随后使用该方法来预测交通事故风险。他们的方案可以在大范围内提供实时、准确的预测。GPS记录也被用于其他的移动驱动应用。宋轩等人借鉴了160万个用户的GPS记录，利用深度置信网络（DBN）来预测和模拟人类在自然灾害中的应急行为和移动行为。他们在不同的灾难情景下，例如地震、海啸能做出准确的预测。

迁移分析关注单个用户或大量用户的迁移轨迹，它感兴趣的数据是基本的时间序列，但由于存在一个额外的空间维度，再加上迁移率数据通常受随机性、损耗和噪声的影响，所以精确地建模并不简单。由于深度学习能够进行自动特征提取，所以深度学习成为人类迁移建模的有力候选方法。其中，因为CNN和RNN可以有效地利用时空相关性，所以其成为这类应用中最成功的架构之一。

## 5.3.5 深度学习驱动用户本地化

基于位置的服务和应用（例如移动AR、GPS）需要精确的个人定位技术。因此关于用户本地化的研究正在迅速发展，目前，市场上涌现出许多相关技术。一般来说，用户定位方法可以分为有设备和无设备两类。有设备（左）和无设备（右）的室内定位系统示意如图5-12所示。具体来说，在有设备类型中，用户携带的特定设备成为实现应用程序本地化功能的先决条件。这类方法依赖于来自设备的信号识别位置。相反，不需要设备的方法属于无设备类，它们使用特殊设备来监视信号变化，以便对感兴趣的实体进行定位。深度学习可以使这两种技术具有很高的定位准确性。在用户本地化中应用深度学习见表5-11。

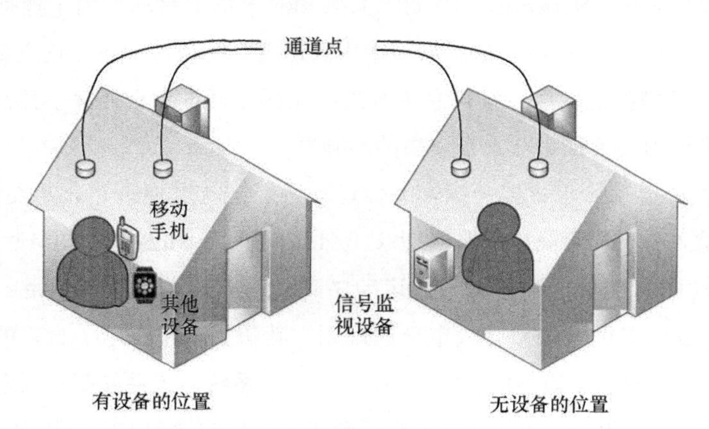


图5-12 有设备（左）和无设备（右）的室内定位系统示意

表5-11 在用户本地化中应用深度学习

| 应用程序 | 输入数据 | 模型 | 重要的贡献 |
| --- | --- | --- | --- |
| 室内指纹定位 | CSI | RBM | 第一个基于信道状态信息（Channel State Information，CSI）的深度学习驱动的室内定位系统 |

（续表）

| 应用程序 | 输入数据 | 模型 | 重要的贡献 |
| --- | --- | --- | --- |
| 室内定位 | CSI | RBM | 使用 CSI 的校准相位信息 |
| | CSI | CNN | 采用更稳健的到达角估计 |
| | CSI | RBM | 采用到达角和 CSI 平均振幅的双模态框架 |
| | Wi-Fi 扫描 | 叠加 AE | 需要较少的系统调整或过滤工作 |
| | 接收信号强度 | 叠加 AE | 无源框架；多任务学习 |
| | 接收信号强度 | VAE+DQN | 处理无标记数据，强化学习辅助半监督学习 |
| | 接收信号强度 | 反向传播神经网络 | 解决区域之间的模糊性 |
| | CSI | RBM | 探索无线信道数据的特征 |
| | CSI | CNN | 利用到达角实现室内稳定定位 |
| | 智能手机的磁光传感器 | LSTM | 采用双峰磁场和光强数据 |
| | 原始信道脉冲响应数据 | CNN | 对多径传播环境稳健 |
| | 接收信号强度 | CNN | 建筑物和楼层识别 100% 准确 |
| | 接收信号强度 | MLP+ 线性判别分析 | 在多建筑环境中精确 |
| | 泛在磁场和 CSI | MLP | 利用磁场来提高定位精度 |
| | CSI | MLP | 无源定位 |
| | CSI | CNN | 将 CSI 表示为特征图像 |
| | 视距和非视距无线电信号 | MLP | 结合深度学习和遗传算法 |
| 户外导航 | 摄像机图像和 GPS | 发展网络 | 在线学习计划；基于边缘计算 |
| 大规模分布式天线基于指纹定位 | 相关信道指纹 | CNN | 操作大量的 MIMO 信道 |
| 活动识别、定位和睡眠监测 | 射频信号 | CNN | 多用户、无源定位和睡眠监控 |
| 室外定位 | 接收到的信号强度信息的人群感应 | MLP | 比蜂窝定位更精确，同时需要更少的能量 |

为了克服基于信号强度方法的可变性和粗粒度限制，王杰等人提出了一种深度学习驱动的指纹识别系统——DeepFi，用于基于信道状态信息（CSI）的室内定位。与传统方法（包括 FIFS、Horus 和极大似然）相比，他们的系统产生了更高的准确性，同时他们还更新了定位系统，使其能够与 CSI 的校准相位信息一起工作，还使用了更复杂的 CNN 和双模态结构来提高系统精度。

苏成宇等人使用深度学习来提供基于射频的用户定位、睡眠监测和失眠分析。在多用户家庭场景中，可能会出现个人睡眠监测设备无法使用的情况。他们使用了一个带有 14 层残差网络模型（Residual Network Model，RNM）的 CNN 分类器来进行睡眠监测，以准确地跟踪用户何时上床或起床。他们在 8 间已部署的被称为“EZ-Sleep”传感器房间中收集了 100 天的数据，交叉验证图谱并且使用脑照技术监测睡眠，得到用户失眠 1 个月的数据，实现了解决方案功能的个体化。“EZ-Sleep”传感器房间设置如图 5-13 所示。

图5-13　“EZ-Sleep”传感器房间设置

大多数移动设备只能产生未标记的位置数据，因此无监督和半监督学习变得至关重要。目前，有学者利用 DRL 和 VAE，设想了一个室内环境中的虚拟者，该虚拟者在训练过程中可以不断接收状态信息，包括信号强度指示器、当前虚拟者位置、真实标记数据以及到目标的距离。在每一步中，虚拟者实际上可以向 8 个方向移动。每当虚拟者采取一个动作时，虚拟者自己就会收到一个激励信号，识别自己是否朝正确的方向移动。通过使用深度学习，在给定标记和未标记数据的情况下，虚拟者最终可以准确地定位用户。

除了室内定位之外，还存在一些将深度学习应用于室外场景的研究。最近，肖克里（Shokry）等人提出了 DeepLoc 系统，这是一种基于深度学习的户外定位系统，使用地理标记接收信号强度信息，通过使用一个 MLP 来了解手机信号和用户位置之间的相关性，该系统可以在 Android（安卓）设备上实现城市地区偏差为 18.8m 和农村地区 15.7m 的定位精度。

定位依赖于感知输出、信号强度或 CSI。这些数据通常具有复杂的特征，因此需要大量的数据进行特征学习。由于深度学习能够以无监督的方式提取特征，所以它成为完成本地化任务的有力候选方法。另外，当多种类型的信号作为输入时，融合这些信号可以提高定位精度和系统的鲁棒性。利用深度学习从不同来源自动提取特征和关联信息以实现本地化已成为一种趋势。

### 5.3.6　深度学习驱动的无线传感器网络

无线传感器网络（WSN）由一组分布在不同地理区域的独特或异构传感器组成。这些传感器协同监测物理或环境状态（例如温度、压力、运动、污染等），并通过无线信道将收集到的数据传输到集中的服务器。WSN 通常涉及 3 个关键的核心任务，即感知、通信和分析。深度学习在 WSN 应用中也越来越受欢迎，涵盖了不同的角度，包括集中式分析模式和分散式分析、WSN 数据分析、WSN 其他应用，这些不同于前面讨论的移动数据分析。深度学习驱动 WSN 的汇总见表 5-12。

表5-12 深度学习驱动WSN的汇总

| 观点 | 应用程序 | 模型 | 优化器 | 重要的贡献 |
| --- | --- | --- | --- | --- |
| 集中式与分散式分析 | 数据聚合 | MLP | — | 提高聚合过程中的能效 |
| | 分布式数据挖掘 | MLP | — | 在分布式节点上进行数据分析，能耗降低 58.31% |
| WSN 数据分析 | 室内定位 | MLP | 弹性反向传播 | 大大降低了接收信号强度映射存储的内存消耗 |
| | 节点定位 | MLP | 一阶和二阶梯度下降算法 | 比较了 MLP 用于 WSN 定位的不同训练算法 |
| | 水下定位 | MLP | RMSprop | 在水下环境下进行 WSN 定位 |
| | 无测距 WSN 节点定位 | MLP，极限学习机器（Extreme Learning Machine，ELM） | 共轭梯度法 | 基于存储成本和定位精度，采用粒子群优化算法同时优化神经网络 |
| | 漏水检测和定位 | CNN + SVM | SGD | 提出了一种改进的基于图的局部搜索算法，该算法使用虚拟节点方案来选择最近的泄漏位置 |
| | 温度校正 | MLP | SGD | 利用深度学习研究极性辐射与气温误差的关系 |
| | 在线查询处理 | CNN | — | 使用自适应查询优化来启用实时分析 |
| | 自适应 WSN | Hopfield 网络 | — | 嵌入 Hopfield NN 作为弱连通支配问题的静态优化器 |
| | 数据聚合 | MLP | — | 提高聚合过程中的能效 |
| | 分布式数据挖掘 | MLP | — | 分布式数据挖掘 |
| | 分布式 WSN 异常检测 | AE | SGD | 采用分布式异常检测技术来卸载云计算 |
| 其他 | 无线多媒体传感器网络能耗优化与安全通信 | 叠加 AE | — | 利用深度学习实现快速数据传输并降低能耗 |
| | WSN 中污染监测的稳健路由 | MLP | SGD | 高效节能 |
| | WSN 速率失真均衡数据压缩 | AE | 有限内存 Broyden-Fletcher-Goldfarb-Shann 算法 | 能效和边界重建误差 |
| | WSN 盲漂移校正 | 投影恢复网络（基于 CNN） | Adam | 利用所有传感器数据的时空相关性，在 WSN 数据校准中采用深度学习 |
| | 氨监测 | LSTM | Adam | 低功耗精确氨监测 |

1. 集中式分析和分散式分析

无线传感器网络中存在集中式和分布式两种数据处理场景。前者简单地将传感器作为数据收集器，其只负责收集数据并将数据发送到中心位置进行处理。后者假设传感器具有一定的计算能力，主服务器将部分作业下沉到边缘，每个传感器分别执行数据处理。一个WSN数据收集和分析的框架示例如图5-14所示。其中，传感器数据通过其感兴趣领域中的各个节点被收集。这些数据被传递到汇聚节点，汇聚节点会聚合并选择性地处理这些数据，再通过应用一个3层的MLP来减少数据冗余，同时维护数据聚合，随后这些数据被发送到中央服务器进行分析。

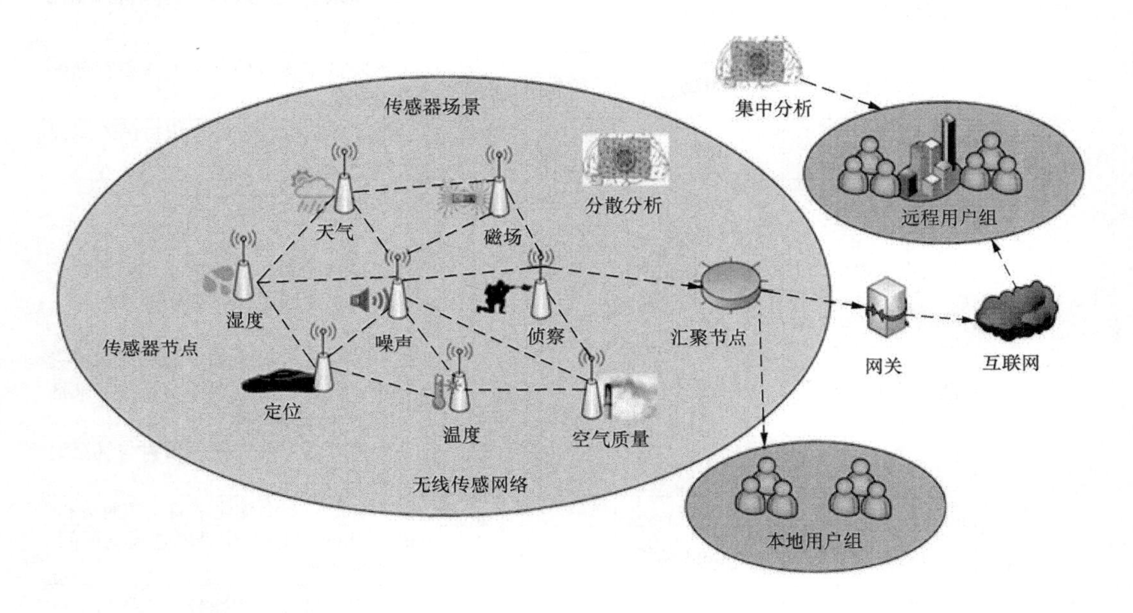


图5-14　一个WSN数据收集和分析的框架示例

2. WSN数据分析

深度学习可用来识别森林的阴燃和燃烧阶段。严晓飞等人在森林中嵌入了一组传感器来监测二氧化碳、烟雾和温度。他们认为，不同的燃烧场景会释放出不同的气体，这可以成为在对阴燃和燃烧进行分类时加以考虑的因素。王宝伟等人认为深度学习可以纠正不准确的气温测量。他们发现了太阳辐射和实际气温之间的密切关系，而这种关系可以通过神经网络被有效地学习。孙伟等人采用基于小波神经网络（Wavelet Neural Network，WNN）的解决方案来评估智能电网上无线传感器网络的无线链路质量。他们的方案比传统方法更精确，可以为智能电网应用提供端到端的可靠性保障。

在WSN数据收集中，数据缺失或失调很常见，而数据不一致可能导致分析中出现严重的问题。李启盛等人通过在基于深度学习的WSN分析系统中插入细化组件来解决这个问题。他们使用指数平滑来推断缺失的数据，从而保持数据的完整性。为了提高 WSN 的智能分析能力，李嘉铠等人将人工神经网络嵌入 WSN，使其能够对潜在的变化做出敏捷的反应，并现场进行部署。他们使用最小弱连接支配集来表示 WSN 拓扑，然后使用 Hopfield 递归神经网络作为静态优化器，使网络基础设施适应潜在变化。这项工作是在无线传感器网络中嵌入机器智能的重要一步。

3. WSN 其他应用

深度学习的好处也在其他 WSN 应用中得到了证明。例如在维护无线多媒体传感器网络安全的同时降低能耗。利用叠加 AE，将图像以连续块的形式进行分类，然后通过网络发送数据，这使数据传输速度更快，能耗更低。

王玉芝等人设计了一个专用的投影恢复神经网络，以在线方式盲校准传感器的测量值。他们的方案可以从传感器数据中自动提取相关特征，并利用所有传感器信息之间的时空相关性达到高精度，这是首次在 WSN 数据校准中采用深度学习的尝试。贾振华等人阐述了利用深度学习进行氨监测的方法。在他们的设计中，一个 LSTM 被用来直接预测传感器在一个非常短的加热脉冲中的电阻，而不是等待电阻处于平衡状态之后再测量。这大大降低了传感器在等待过程中的能耗。利用 38 个原型传感器和自制的气流系统进行的实验表明，此种 LSTM 方法可以准确地预测不同氨浓度下的平衡态阻力，降低了大约 99.6% 的总能耗。

4. 小结

集中式和分布式 WSN 数据分析类似于其他领域的云计算和雾计算。分散式分析利用传感器节点的计算能力，在局部进行光处理和具体分析。这不但减轻了云的负担，而且显著降低了数据传输的压力和存储需求。然而，目前集中式分析在 WSN 数据分析领域占据主导地位。随着深度学习在嵌入式设备上的实现变得越来越容易，未来，分布式分析会更受欢迎。

另外，WSN 中的大多数深度学习实践使用了 MLP 模型，由于 MLP 的性能较好，所以它仍然是实现深度学习与 WSN 应用结合的备选方案。

### 5.3.7 深度学习驱动的网络控制

强大的函数逼近机制让深度学习在改进传统的强化学习和模仿学习方面取得了较大突破，解决了以前被认为是棘手的、复杂的移动网络控制问题。强化学习不断地与环境交互以学习最佳的动作，通过持续的探索和开发，获得了最大化的预期效益。模仿学习则遵循一种不同的学习模式。这种学习模式依赖一个“老师”，即“teacher”，告诉“行为主体”，即“Agent”，在训练期间的某些观察下应该执行什么操作。在充分的演示之后，“Agent”

学习模仿“teacher”的行为策略，并且可以在没有监督的情况下独立操作。例如一个智能体是在游戏、自动驾驶车辆或机器人等应用程序中被训练用来模仿人类行为，而不是像纯粹的强化学习那样通过与环境的交互进行学习。

除了这两种方法之外，基于分析的控制在移动网络中越来越受欢迎。具体来说，该方案使用机器学习模型进行网络数据分析，然后利用结果来辅助网络控制。与强化 / 模仿学习不同，基于分析的控制并不直接输出动作，相反，它提取有用的信息并将其传递给“Agent”来执行操作。在移动无线网络控制中应用的 3 种控制方法的原理如图 5-15 所示。在图 5-15 中，3 种控制方法的原理包括强化学习（上）、模仿学习（中）和基于分析的控制（下）。深度学习驱动网络控制见表 5-13。

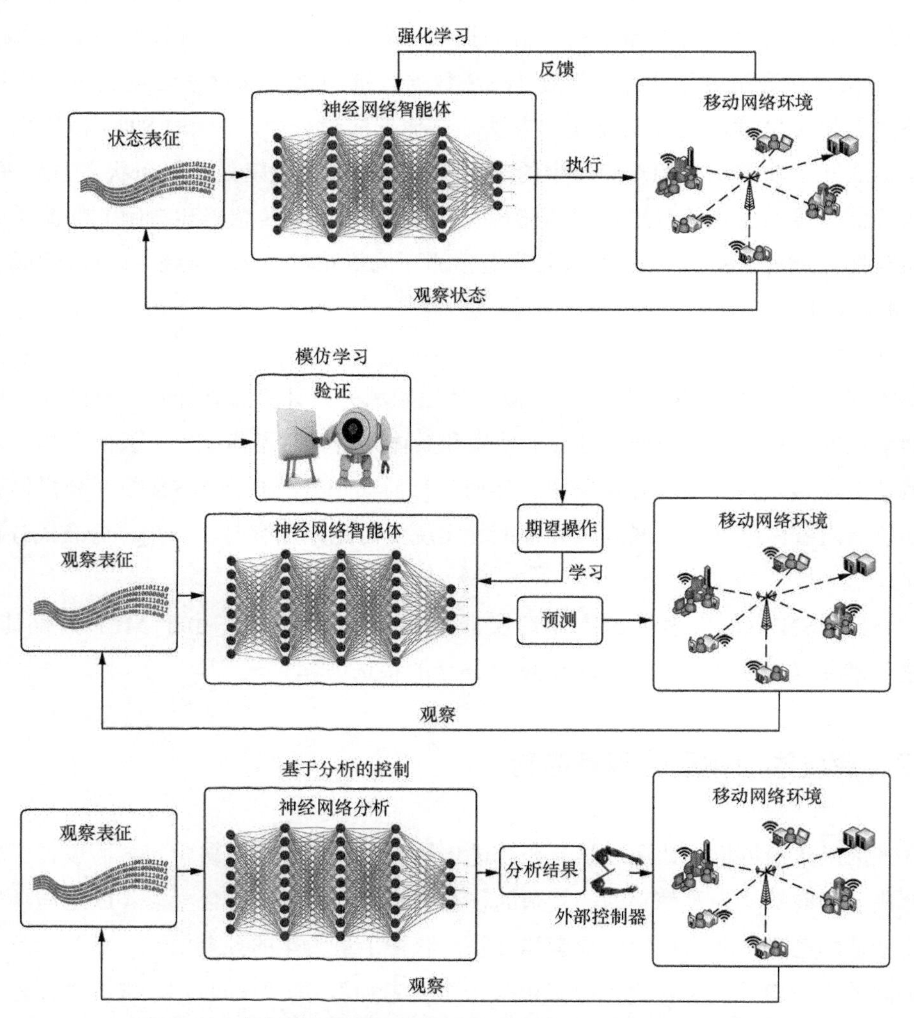


图5-15　在移动无线网络控制中应用的3种控制方法的原理

表5-13　深度学习驱动网络控制

| 领域 | 应用程序 | 控制方法 | 模型 |
|---|---|---|---|
| 网络优化 | 需求受限能量最小化 | 基于分析 | DBN |
| | M2M 系统优化 | 基于分析 | 深度多模网络 |
| | 缓存和干扰对齐 | 强化学习 | 深度 Q 学习 |
| | mmWave 通信性能优化 | 强化学习 | 深度 Q 学习 |
| | 无线系统中的切换优化 | 强化学习 | 深度 Q 学习 |
| | 蜂窝网络随机接入优化 | 强化学习 | 深度 Q 学习 |
| | 自动业务优化 | 强化学习 | 深度政策梯度 |
| 路由 | 虚拟路由分配 | 基于分析 | MLP |
| | 路由优化 | 基于分析 | Hopfield 神经网络 |
| | 软件定义路由 | 模仿学习 | DBN |
| | 无线网络路由 | 模仿学习 | CNN |
| | 智能分组路由 | 模仿学习 | 基于张量的 DBN |
| | 分布式路由 | 模仿学习 | 图查询神经网络 |
| 调度 | 电压和频率混合动态调度 | 强化学习 | 深度 Q 学习 |
| | 路侧通信网络调度 | 强化学习 | 深度 Q 学习 |
| | 预测多频时分多址网络中的空闲时隙 | 模仿学习 | MLP |
| 资源分配 | 无线网络的资源管理 | 模仿学习 | MLP |
| | 云无线接入网络中的资源分配 | 强化学习 | 深度 Q 学习 |
| | V2V 通信中的资源分配 | 强化学习 | 深度 Q 学习 |
| | 移动边缘计算的计算卸载和资源分配 | 强化学习 | 深度 Q 学习 |
| | 无线资源分配 | 基于分析 | LSTM |
| 无线电控制 | 动态频谱接入 | 强化学习 | 深度 Q 学习 |
| | 无线电控制和信号检测 | 强化学习 | 深度 Q 学习 |
| | 小区间干扰消除和传输功率优化 | 模仿学习 | RBM |
| | 动态频谱对准 | 基于分析 | RNN |
| | 无线网络的多址接入 | 强化学习 | 深度 Q 学习 |
| | 认知无线电频谱共享的功率控制 | 强化学习 | DQN |
| | 动态未知环境下的抗干扰通信 | 强化学习 | DQN |
| | 认知无线电区块链的交易传输与信道选择 | 强化学习 | 双 DQN |
| | 卫星通信中的无线电发射端设备选择 | 强化学习 | 深度多目标强化学习 |
| 其他应用 | 自适应视频比特率 | 强化学习 | A3C |
| | 移动参与者节点控制 | 强化学习 | 深度 Q 学习 |
| | IoT 负载平衡 | 基于分析 | DBN |
| | 空中车辆网络的路径规划 | 强化学习 | 多代理回声状态网络 |
| | 无线在线功率控制 | 强化学习 | 深度 Q 学习 |
| | 基站休眠控制 | 强化学习 | 深度 Q 学习 |
| | 网络切片 | 强化学习 | 深度 Q 学习 |
| | 移动边缘缓存 | 强化学习 | A3C |
| | 无人机（UAV）控制 | 强化学习 | DQN |
| | 在 D2D 通信中传输功率控制 | 模仿学习 | MLP |
| | 网络、缓存和计算的动态编排 | 强化学习 | DQN |

网络优化是指以提高网络性能为目标，对给定环境下的网络资源和功能进行管理。深度学习最近在这一领域取得了一些成果。例如刘璐等人利用 DBN 发现了无线网络中商品需求信息与商品使用之间的相关性。基于之前所做的预测，他们删除了不太可能被使用的商品链接。此方法在不牺牲最优性的前提下，将网络运行时间减少了 50%。

何应等人利用深度强化学习来解决无线网络中的缓存和干扰对齐问题，特别是将时变信道作为有限状态马尔科夫信道，应用深度 Q 网络学习最佳用户选择策略。与现有的方法相比，该方法具有更高的总和效率和能源效率。陈立等人利用深度强化学习方法实现了交通的自动优化，他们构建了一个两级 DRL 框架，该框架模仿动物的外围和中枢神经系统，可以解决数据中心规模的可伸缩性问题。在此基础上，他们还提出了一种基于中心系统的长时延优化方法。在 32 个实验台上进行的测试结果表明，与现有方法相比，该方法大大减少了交通优化的周转时间和流量完成时间。深度学习驱动网络控制具体体现在以下几个方面。

1. *路由*

深度学习还可以提高路由选取的效率。李扬民等人利用 3 层深度神经网络对节点进行分类，给出了路由节点的详细信息。利用分类结果和临时路由以及 Viterbi 算法生成后续的虚拟路由。毛博民等人利用 DBN 来确定下一个路由节点，构造一个软件定义的路由器。该方法将开放最短路径优先作为最优路由策略，准确率高达 95%，同时显著降低了开销和时延，并在 240ms 的信令间隔内实现了更高的吞吐量。之后，他们还使用张量来表示 DBN 中的隐含层、权值和偏差，进一步提高了路由性能。

有人使用 Hopfield 神经网络进行路由选取，在移动自组网应用场景中获得了更好的可用性和生存性。费布尔（Fable）等人使用图来表示网络，并设计了一个专用的图查询神经网络来解决分布式路由问题。这种新的体系结构以图作为输入，并使用图中节点进行消息传递，允许它操作各种网络拓扑。

2. *调度*

目前，已有几个采用深度学习的研究应用于调度。张庆辰等人引入了一种基于深度 Q 学习的混合动态电压和频率标量调度机制，以降低实时系统（例如 Wi-Fi、物联网、视频应用）的能耗。在他们的方案中，使用 AE 来近似 Q 函数，根据框架执行后的经验反馈来稳定训练过程并加速收敛。该方法比传统的 Q 学习方法节省了 4.2% 的能耗。类似地，使用深度 Q 学习来调度路边通信网络，特别是对车辆与环境之间的相互作用，包括行动、观察和激励信号的序列，这个过程被称为马尔科夫决策过程（Markov Decision Process，MDP）。通过近似 Q 值函数，与传统调度方法相比，该调度策略可以获得更低的时延、更短的繁忙时间以及更长的电池寿命。

桑迪普（Sandeep）等人提出了一种基于策略梯度的调度器来优化蜂窝网络的业务流。具体来说，他们将调度问题转换为 MDP，并使用 RF 来预测网络吞吐量，随后将其当作激励函数的一个组件。通过一个真实的网络模拟器进行评估，结果表明该方案能够动态地适应流量变化，使移动网络能够多承载 14.7% 的数据流量，而启发式调度的性能则提高了 2 倍以上。魏逸飞等人实现了同时处理用户调度和内容缓存。他们训练的 DRL 代理由一个“Agent”组成，它被用于决定哪个基站应该提供哪些内容以及是否保存这些内容。对一组基站的仿真试验表明，该“Agent”可以产生较低的传输时延。

3. 资源分配

孙浩然等人在有干扰限制的无线网络环境中，使用深度神经网络来近似加权最小均方误差（Minimum Mean Square Error，MMSE）资源分配算法的输入与输出之间的映射。通过有效的模仿学习，深度神经网络达到了与实际数值相近的性能。此方法与单基站关联方法的比较表明，它的 DRL 控制器能够满足用户需求，同时显著降低能耗。

费雷拉（Ferreira）等人利用深度状态—执行—反馈—状态—行为（State—Action—Reward—State—Action，SARSA）来解决认知通信中的资源分配管理问题。预测出的无线电参数避免了低参数试验的浪费，从而减少了所需的计算资源。鲁宾（Ruben）等人利用 MLP 在多频时分多址（Multiple Frequencies Time Division Multiple Access，MF-TDMA）网络中精确预测空闲时隙，从而实现高效调度。使用部署在 100m×100m 房间的网络进行模拟，结果表明他们的解决方案可以有效地减少一半的冲突。周一波等人采用 LSTM 来预测超密集网络中基站的流量负荷。基于预测，他们的方法改变了资源分配策略，避免了拥塞，从而降低了丢包率，提高了吞吐量。

4. 无线电控制

使用深度强化学习可解决多信道无线网络环境中的动态频谱接入问题。人员将 LSTM 合并到深度 Q 网络中，以维护和记忆历史观测值，允许此体系结构在给定部分观测值的情况下执行精确的状态估计。训练过程被分配给每个用户，这使有效的训练并行化，并使每个用户都能学习到好的策略成为可能。与基准测试方法相比，该方法的信道吞吐量提高了一倍。余一丁等人应用深度强化学习来解决无线多址控制中的问题，在这类任务中，他们认识到 DRL 代理的收敛速度快，对非最优参数设置具有很强的鲁棒性。李行健等人研究了 DRL 用于认知无线电频谱共享的功率控制。在设计中，他们用 DQN 代理来调整认知无线电系统的发射功率，从而使整体信噪比达到最大。

无线电控制和信号检测（一个能够学习无线信号搜索策略的稳定的学习过程）可用于强化学习平台的无线信号搜索环境。汉弗莱（Humphrey）等人使用 RNN 进行流量预测，该方法可以辅助移动网络中的动态频谱分配。通过精确的流量预测，移动网络获得了接近最优的频谱分配，动态无线环境中频谱共享的性能也得到提高。刘欣等人使用 DRL 代理解决了动态和未知环境下的通信抗干扰问题。他们的系统基于 DQN 与 CNN，其中的“Agent”采取原始频谱信息作为输入，在有限的先验信息的环境中，提高整体网络的吞吐量。

阮从良等人将区块链技术整合到认知无线电网络中，使用双 DQN 代理来最大化用户成功的交易的传输数量，同时最小化通道成本费用。仿真结果表明，双 DQN 方法在成功传输、降低渠道成本和提升学习速度方面明显优于传统的 Q 学习方法。深度学习还可以解决卫星通信领域的问题，费雷拉等人将多目标强化学习与深度神经网络融合，在动态变化的卫星通信信道中，试图实现多个冲突目标，同时，在多个无线电发射端中进行选择。具体来说，此方法使用两组神经网络分别进行探查和挖掘，这样就构建了一个集成系统，使深度学习框架在不断变化的环境中更加稳健。与理想的解决方案相比，该集成系统几乎可以优化 6 个不同的目标，即误码率、吞吐量、带宽、频谱效率、额外功耗和功率效率，且性能误差较小。

5. 其他应用

深度学习在其他网络控制问题中也扮演着重要的角色。毛洪子等人开发了冥想系统，利用深度强化学习生成自适应视频比特率算法。冥想系统采用了目前最先进的深度强化学习算法 A3C，该算法以带宽、比特率和缓冲区大小为输入来选择比特率，以期获得最佳的效果。该模型采用离线训练，被部署在自适应比特率服务器上，该系统的 QoE 性能比现有最优方案还要提高 12% ～ 25%。刘静初等人应用深度 Q 学习降低蜂窝网络能耗，为了平衡不同的交通行为，他们根据感兴趣区域的流量消耗动态地开关基站，还进一步设计了动作体验重放机制。他们的方案可以显著降低基站的能耗，且优于单纯的基于表的 Q 学习方法。还有人提出了一种基于 DQN 的无人机控制机制，该控制机制具有多个目标，包括最大化能效、通信覆盖、实现公平性和连通性。

金惠英将深度学习与物联网中的负载均衡问题联系起来，并认为 DBN 可以有效地分析网络负载和处理结构配置，从而实现物联网的高效负载均衡。厄休拉（Ursula）等人采用一种基于回声状态网络的深度强化学习算法来对无人机集群进行路径规划，他们的方法比启发式基线的时延更低。徐志远等人利用 DRL 代理学习运用网络动力学来控制流量。他们认为 DRL 在处理动态环境和复杂的状态空间方面表现得很好，通过 3 种网络拓扑进行的仿真试验证实了这一观点，DRL 显著地减少了时延。朱浩等人利用 A3C 算法解决了移动边缘计算中的缓存问题。他们的方法比 3 种基线缓存方法获得了更好的缓存命中率和流量分流性能。他们还构建了一个 DQN 代理来执行网络、缓存和计算的动态编排，为移动虚拟网络运营商带来了较高收益。

6. 小结

使用深度学习进行网络控制有 3 种方法：强化学习、模仿学习和基于分析的控制。强化学习需要与环境相互作用，尝试不同的行动，获得反馈并加以改进。“Agent”在训练过程中可能出错，通常需要完成大量的练习才能变得智能。然而，大多数训练工作并没有在实际的基础设施上进行，一旦出错通常会对网络产生严重的影响。因此，深度学习其实是建立一个模拟真实网络环境的模拟器，然后使用该模拟器离线训练“Agent”。一方面，这对模拟器提出了高保真的要求，因为“Agent”在与平时训练不同的环境中不能正常工作。另一方面，虽然 DRL 在许多应用程序中执行得非常好，但是要训练一个可用的“Agent”需要大量的时间和计算资源。

模仿学习机制则是“示范学习”，需要使用标签告诉“Agent”在某些情况下应该做什么。在网络环境中，这种机制通常可以减少计算时间。具体来说，在某些网络应用中（例如路由），计算最优解是耗时的，不能满足移动网络的延时约束，为了缓解这种情况，可以离线生成大型数据集，并使用神经网络代理来模仿学习最优操作。

## 5.3.8 深度学习驱动的信号处理

深度学习在信号处理、超大规模多进多出（UM-MIMO）和调制等方面的应用也越来越受到重视。UM-MIMO 已经成为当前无线通信的基础技术，无论是在蜂窝网络还是 Wi-Fi 网络中，6G 系统都有可能引入 UM-MIMO。基于深度学习，UM-MIMO 的性能可以根据环境条件进行智能优化，调制识别也在向更精确的方向发展。深度学习驱动信号处理情况见表 5-14。

表5-14 深度学习驱动信号处理情况

| 领域 | 应用 | 模型 |
|---|---|---|
| UM-MIMO 和 MIMO 系统 | UM-MIMO/MIMO 检测 | MLP |
| | UM-MIMO/MIMO-OFDM 系统中的信号检测 | AE+ELM |
| | 基于 UM-MIMO/Massive MIMO 指纹的定位 | CNN |
| | UM-MIMO/MIMO 信道估计 | CNN |
| | 小区间干扰消除和发送功率优化 | RBM |
| | 编码 / 解码过程的优化 | AE |
| | UM-MIMO/MIMO 中的稀疏线性逆问题 | CNN |
| | UM-MIMO/MIMO 非线性均衡 | MLP |
| | 超分辨率信道和到达角方向估计 | MLP |
| 调制 | 自动调制分类 | LSTM |
| | 调制识别 | CNN、ResNet、初始 CNN、LSTM |
| | | 无线转换网络 |
| | 调制分类 | CNN |
| | 软件无线电测试台中的调制分类 | MLP |
| | 无线电业务序列识别 | LSTM |
| | 学会通过受损通道进行通信 | AE + 无线电变换网络 |
| | OFDM 系统中的信道估计和信号检测 | MLP |
| | 信道解码 | CNN |
| | 用于信道解码的神经网络 | MLP、CNN、RNN |
| | 无线通信系统 | AE |
| 其他信号处理应用 | 瑞利衰落信道预测 | MLP |
| | 发光二极管（LED）可见光下行链路错误纠正 | AE |
| | 高移动毫米波系统的协调波束赋形 | MLP |
| | 毫米波定位 | CNN |
| | 基于信道不可知端到端学习的通信系统 | 条件 GAN |

1. UM-MIMO 和 MIMO 系统

塞缪尔（Samuel）等人认为深度神经网络可以很好地估计 UM-MIMO、MIMO 信道中的传输向量。通过扩展投影梯度下降法，他们设计了一个基于 MLP 的检测网络来进行二进制 UM-MIMO、MIMO 等的检测。检测网络经过一次训练后可以在多个通道上实现功能，该方法在不考虑信噪比的前提下，能够获得接近最优的计算精度。严新等人利用深度学习从不同的角度解决了类似的问题。由于信号的特征不变，所以他们利用声发射作为特征提取器，采用极限学习机器（ELM）对 UM-MIMO、MIMO 等的正交频分复用（OFDM）系统中的信号源进行分类。该方法在保持相似复杂度的同时，具有比传统方法更高的检测精度。

戴维·诺依曼（David Neumann）等人利用 UM-MIMO、MIMO 信道模型的结构为特定信道模型设计了一个轻量级的近似极大似然估计器。他们的方法在计算成本方面优于传统的估计方法并且减少了超参数的数目。

迈克尔（Michael）等人考虑将深度学习应用于不同的场景。例如使用非迭代神经网络在基站进行传输功率控制，从而防止由于小区间干扰而导致的网络性能下降。它还通过训练神经网络来估计每个包的最优传输功率，选择出激活概率最高的包。它的性能明显优于 UM-MIMO 系统中常用的传输功率控制算法，同时具有较低的计算成本。

蒂莫西·奥谢（Timothy O' Shea）等人将深度学习引入物理层设计。他们将无监督的深度 AE 合并到单用户端到端 UM-MIMO、MIMO 等系统中，用以优化瑞利衰落信道传输的编码、解码过程。用自动编码器表示的加性高斯白噪声（Additive White Gaussian Noise，AWGN）信道上的通信系统如图 5-16 所示，它采用了这个基于 AE 的框架。该系统包含一个由 MLP 和一个归一化层组成的合并发射端，保证了信号的物理约束。在经过加性高斯白噪声信道传输后，接收端使用另一个 MLP 对消息进行解码，并选择出现概率最高的一个。该系统可以采用端到端的 SGD 算法进行训练，实验结果表明，AE 系统的信噪比比空时分组码方法高约 15dB。马克（Mark）等人提出可以在 UM-MIMO、MIMO 等环境中使用深度学习，从有噪声的线性测量中恢复稀疏信号。该算法在压缩随机接入和 UM-MIMO 信道估计两个方面进行了评估，其精度优于传统算法和 CNN。

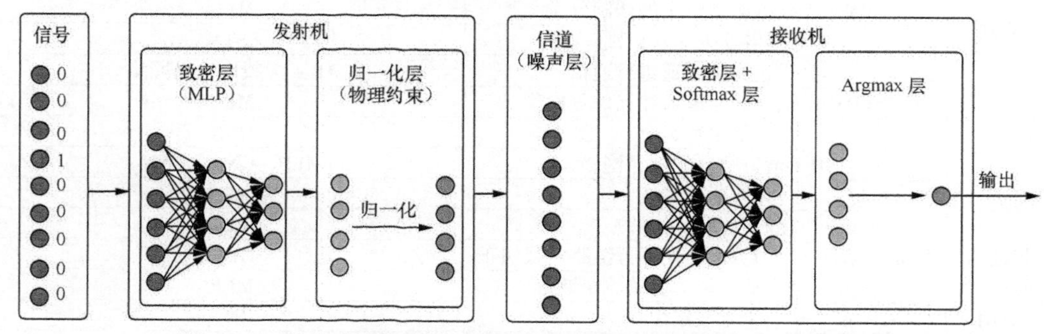


图5-16　用自动编码器表示的加性高斯白噪声信道上的通信系统

2. 调制

蒂莫西·奥谢等人比较了传统CNN、ResNet、Inception CNN和LSTM等不同深度学习架构的调制识别精度。他们的实验表明，LSTM是调制识别的最佳候选。他们根据无线电特性裁剪深度学习架构，构建了一个用于精确调制识别的新型深度无线电变压器网络，将无线电域特定的参数转换引入空间变压器网络，从而对接收到的信号进行归一化，实现卓越的性能。该网络还演示了自动同步功能，减少了对传统专家系统和昂贵的信号分析过程的依赖。他们还介绍了几种用于网络物理层的新型深度学习应用，这些应用使用CNN进行调制分类并可获得不错的精度。

3. 其他信号处理应用

无线信号分析也可以采用深度学习方式。蒂莫西·奥谢等人使用LSTM来代替无线电发射端和接收端之间的序列转换。尽管他们的框架在理想的环境下工作良好，但是在现实的通道效应下，其性能显著下降。后来，他们利用一个正则化的AE来支持受损信道上的可靠通信，进一步在解码器端合并，同时将其用于信号重建的无线电变压器网络，从而实现接收端同步。仿真结果表明了该方法的可靠性和有效性。

梁飞等人使用深度学习方法利用噪声相关性来解码信道。实验表明，该框架能显著提高译码性能。通过不同设置下的实验，他们对MLP、CNN和RNN的译码性进行了比较，结果表明RNN的译码性能最好，但计算量最大。深度学习还可以促进可见光通信。黄思豪等人采用了一种基于深度学习的光通信纠错系统，在他们的工作中，AE被用于对发光二极管（LED）可见光下行链路进行降维，从而最大化信道带宽。蒂莫西·奥谢等人证明了深度学习驱动的信号处理系统可以像传统编码或调制系统一样出色。

在解决毫米波波束赋形的问题中，也可以采用深度学习方法。艾哈迈德（Ahmed）等人提出了一种毫米波通信系统，利用MLP从分布式基站接收到的信号中预测波束赋形矢量，这种方法减少了协调开销，支持广泛覆盖和低时延的波束赋形。他们的初步模拟表明，在真实的户外场景中，基于CNN的系统可以获得较小的估计误差且显著优于现有的预测方法。

4. 小结

深度学习开始在信号处理应用中发挥重要作用，早期模型所展现的性能是显著的，这是因为深度学习在性能、复杂性和泛化能力方面具有优势。但目前这方面的研究还处于起步阶段。期待深度学习在这个领域会越来越受欢迎并应用于6G系统。

### 5.3.9 移动网络中出现的深度学习应用

本节将阐述在其他移动网络领域可应用深度学习的工作，这些新兴的应用实践为接下来要讨论的几个新的研究方向提供了灵感。新兴的深度学习驱动移动网络应用见表 5-15。

表5-15　新兴的深度学习驱动移动网络应用

| 应用 | 模型 | 重要的贡献 |
| --- | --- | --- |
| 物联网在网计算 | MLP | 支持执行协作数据处理并减少时延 |
| 移动众包感知系统 | 深度 Q 学习 | 减轻移动众包感知系统的脆弱性 |
| 移动区块链的资源分配 | MLP | 利用深度学习进行挖掘商（矿工）报价的单调变换，输出最优拍卖中的分配和条件支付规则 |
| 车联网数据传播 | CNN | 研究数据传播绩效与社会评分、能源水平、车辆数量及其速度之间的关系 |

1. 物联网在网计算

尼可亚斯·卡明斯基（Nichoas Kaminski）等人将神经网络嵌入物联网部署中，允许物联网节点协同处理生成的数据，而不是将其视为数据生产者或处理信息的最终消费者。此框架支持低时延通信，同时将数据存储和处理从云中剥离出来。需要注意的是，它将一个预先训练好的神经网络的每个隐含单元映射到物联网网络中的节点，并研究了可产生最小通信开销的最佳投影。该框架实现了与 WSN 网络内计算相似的功能，为光纤陀螺计算开辟了新的研究方向。

2. 移动众包感知

还有人研究了移动网络环境下众包感知存在的漏洞。他们认为一些恶意的移动用户为了节省成本和保护隐私，故意向服务器提供虚假感知数据，因此反过来又会使移动众感系统变得脆弱。他们将服务器 – 用户系统模拟为一个类似斯塔克尔伯格（Stackelberg）游戏，其中，服务器扮演领导者的角色，通过分析每个传感报告的准确性来评估个体的传感努力程度。用户的报酬是根据自身的努力程度来决定的，作弊的用户将获得零奖励。为了设计最优的支付策略，服务器采用深度 Q 网络，从经验感知报告中获取知识，不需要特定的感知模型。与传统的基于 Q 学习算法和随机支付策略相比，此方法的仿真在感知质量、对攻击的弹性和服务器效用方面展示了优越的性能。

3. 移动区块链的资源分配

大量的计算资源需求和能源消耗限制了区块链在移动网络环境中的适用性。为了缓解这个问题，阮丛良等人阐述了基于最优拍卖的移动区块链网络中的资源管理方法。他们设计了一个 MLP，首先对挖掘商（矿工）的报价进行转换，然后输出每个挖掘商的分配方案和有条件的付款规则。通过不同设置下的实验，所得的结果表明，此种基于深度学习的方法能够比二次拍卖的基准价格低，能使边缘计算服务商获得更高的利润。

4. 车联网数据传播

阿穆伦·古拉蒂（Amuleen Gulati）等人将深度学习成功扩展到车联网（Internet of Vehicle，IoV）。他们提出一种基于深度学习的以内容为中心的数据传播方法，具体包括

3 个步骤：一是对能够传播数据的选定车辆进行能量估计；二是采用 Weiner 程序模型，以识别车辆之间稳定可靠的连接；三是利用 CNN 预测车辆之间的社会关系。该实验表明，传播的数据量与能量水平、车辆数量等呈正相关，而与车辆速度、连接概率呈负相关。

## 5.4 让深度学习适应移动网络

虽然深度学习在移动网络的许多领域表现出色，但是没有一种模型可以在所有问题中都能正常工作。这意味着，对于特定的移动网络领域的问题，我们可能需要采用特定的深度学习架构来解决。本节我们将从移动设备和系统、分布式数据中心和不断变化的移动网络环境 3 个角度来研究如何将深度学习应用于移动网络应用程序。

### 5.4.1 让深度学习适应移动设备和系统

未来，6G 网络的超低时延指标要求移动设备和系统执行的所有操作提升运行效率，因此，深度学习驱动的应用程序需要满足这样的要求。然而，目前移动设备和系统的硬件能力有限，这意味着在这些设备和系统上实现复杂的深度学习架构在计算方面是不可行的，除非能执行适当的模型调优。为了解决这个问题，许多研究都在改进现有的深度学习架构，使其推理过程不会违反时延或能量约束。改进移动设备和系统的深度学习情况见表 5-16。

表5-16 改进移动设备和系统的深度学习情况

| 方法 | 目标模型 |
| --- | --- |
| 滤波器尺寸缩小、减少输入通道和时延下采样 | CNN |
| 深度可分卷积 | CNN |
| 点向群卷积与信道转移 | CNN |
| 塔克（Tucker）分解 | AE |
| RenderScript 的数据并行化 | RNN |
| 数据可重用性和内核冗余去除的空间探索 | CNN |
| 内存优化 | CNN |
| 运行时层压缩和深层架构分解 | MLP、CNN |
| 缓存、塔克分解和计算卸载 | CNN |
| 参数量化 | CNN |
| 表征共享 | MLP |
| 卷积操作优化 | CNN |
| 过滤器和类修剪 | CNN |

（续表）

| 方法 | 目标模型 |
| --- | --- |
| 云辅助和增量学习 | CNN |
| 权重量化 | LSTM |
| 并行化和内存共享 | Stacked AE |
| 模型修剪和恢复方案 | CNN |
| 可重用区域查找和可重用区域传播方案 | CNN |
| 使用基于深度 Q 学习的优化器来实现移动平台上深度 NN 在精度、时延、存储和能耗之间的适当平衡 | CNN |
| 基于机器学习的优化系统，自动探索和搜索优化张量算子 | 所有 NN 体系结构 |
| 学习模型执行时间并执行模型压缩 | MLP、CNN、GRU、LSTM |

福里斯特·伊恩多拉（Forrest Iandola）等人为嵌入式系统设计了一个紧凑的架构，命名为 SqueezeNet，其精度与经典的 CNN AlexNet 算法相似，但参数却减少到原来的 2%。SqueezeNet 具有更小的模型尺寸，允许在分布式系统上进行更有效的训练。在客户端更新模型时，它可以减少传输开销，促进自身在资源有限的嵌入式设备上的部署。

安德鲁（Andrew）等人对这项工作进行了扩展，并引入了一个高效的流线型 CNN 家族，称为 MobileNet，它使用深度可分的卷积运算来大幅度减小所需的计算量和模型尺寸。该设计可以低时延运行，满足移动和嵌入式视觉应用的要求。它引入了两个超参数来控制因子的宽度和分辨率，这有助于在精度和效率之间取得适当的平衡。张向玉等人提出的 ShuffleNet 算法通过使用点向群卷积和信道转移来提高移动网络的准确性，同时保留了类似的模型复杂度，他们还发现采用更多的卷积运算组可以减少计算量。

张庆辰等人致力于减少全连接层结构的参数数量，用于移动多媒体特征学习。它可以通过在模型中对权重子张量进行塔克分解来实现，此方法同时保持了模型良好的重构能力，塔克分解试图用更少的参数来近似一个模型以节省内存。曹青青等人使用一个名为 RenderScript 的移动工具箱来并行化特定的数据结构，并使移动 GPU 执行计算加速。他们的方法减少了在安卓智能手机上运行 RNN 模型时的时延。陈春福等人阐述了在 iOS 移动设备上实现 CNN 的方法。此方法通过对数据可重用性和内核冗余消除的空间探索，减少了模型执行时延，同时还减少了卷积层的高带宽需求以及内存和计算需求。其性能下降在此处可以忽略不计。

尼古拉斯（Nicholas）等人开发了软件加速器 DeepX，以帮助在移动设备上实现深度学习。该方法利用了两种推理时间资源控制算法。在推理阶段控制内存和计算运行时，通过扩展模型压缩原理进行运行时层压缩和深度架构分解。这对移动设备很重要，因为在当前的硬件平台上，将推理过程转移到边缘设备会更实用。此外，深层架构分解被用来将数据和模型操作最优地分配给本地和远程处理器。通过组合这两个变量，DeepX 可以在给定的计算和内存约束下实现能量和运行时效率的最大化。姚硕超等人设计了一个名为 FastDeepIoT 的框架，此框架首先了解目标设备上 NN 模型的执行时间，然后进行模型压缩以减少运行时间，同时不影响推理精度。与目前最先进的压缩算法相比，该框架减少了 78% 的执行时间和 69% 的能源消耗。

最近，方碧义等人设计了一个被称为 NestDNN 的框架，它可以在移动设备上提供灵活的资源精度权衡。NestDNN 首先采用模型修剪和恢复方案，将深度 NN 转化为单个紧凑的多容量模型。该方法在 6 个移动视觉应用中的推理精度可达 4.22%，视频帧处理速度提高了 2 倍，能耗降低了 5.9%。徐梦伟等人从缓存的角度加速了对移动视觉的深度学习推理，他们的 DeepCache 框架将最新的输入帧存储为缓存键，并将单个 CNN 层最新的特征图存储为缓存值，通过使用可重用的区域查找和可重用的区域传播，使区域匹配器在每个输入视频帧中只运行一次，并在 CNN 内部的所有层加载缓存的特征图。这种方式平均减少了 18% 的推理时间和 20% 的能源消耗。

除了这些工作，研究人员还将其他设计和复杂的优化成功地应用于深度学习架构。例如参数量化、稀疏化和分离、内存共享、卷积运算优化、裁剪、云辅助和编译器优化等。这些技术对于将深度神经网络嵌入移动设备和系统具有重要意义。

### 5.4.2 在分布式数据容器中“裁剪”深度学习

移动设备和系统每天产生和消耗大量的数据，这些数据分布在世界各地。将它们转移到集中的服务器上执行模型训练和评估，不可避免地会带来通信和存储开销，而这些开销是不可压缩的。同时，在模型训练过程中，忽略移动数据中嵌入的与当地文化、人类移动、地理拓扑等相关的特征，可能会损害模型的鲁棒性，并将会潜在地影响基于这些模型的移动网络应用程序的性能。解决此问题的方案是将模型执行转移到分布式数据中心或边缘设备上，以保证其良好的性能，同时减轻云的负担。

因此，在移动网络环境中，在大量的移动设备上并行训练神经网络是一大挑战。这些设备由电池供电，计算能力有限，尤其缺乏 GPU。而这种模式的关键目标就是使用大量的移动 CPU 进行训练，使模型至少与使用 GPU 进行训练时一样有效。训练的速度虽然很重要，但不是关键的目标。

一般来说，有两种方法可以解决这个问题：一是分解模型本身，单独训练（或推断）其组件；二是扩展训练过程，在与数据容器相关的不同位置执行模型更新。这两种方案都允许训练单个模型，而不需要集中所有数据。并行模型（左）和并行训练（右）的基本原理如图 5-17 所示，移动系统和设备的模型与并行训练情况汇总见表 5-17。

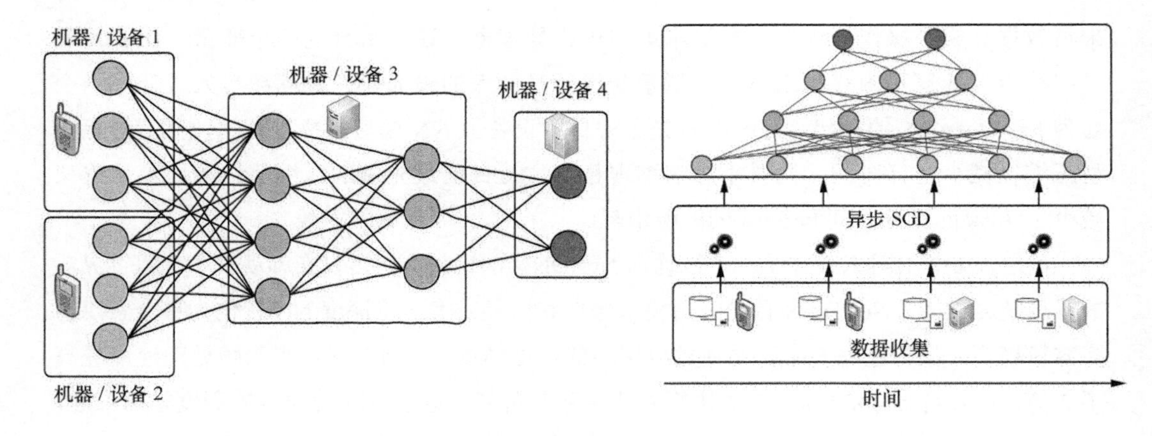


图5-17　并行模型（左）和并行训练（右）的基本原理

表5-17　移动系统和设备的模型和并行训练情况汇总

| 并行性范式 | 目标 | 核心理念 | 改进 |
|---|---|---|---|
| 模型并行性 | 分布式系统中的大型深度神经网络 | 使用 Downpour SGD 来支持大量的模型副本，使用 Sandblaster 框架来支持各种批处理优化 | 使用 81 台机器，速度可达原模型训练速度的 12 倍 |
| | 云和终端设备上的神经网络 | 将深度神经网络映射到分布式设备，并联合训练每个单元 | 可降低 95% 的通信消耗 |
| | 物联网设备上的神经网络 | 从预先训练的神经网络中提取出较小的神经网络，该神经网络对整个空间的子集执行分类 | 移动设备上的推断时延为 10ms |
| | 部分可观测条件下的多任务多“Agent”强化学习 | 采用深度递归 Q 网络和近似值函数；分散并发经验重放轨迹以稳定训练 | 接近最优执行时间 |
| 训练的并行性 | 并行 SGD | 消除了与分布式 SGD 中的锁定相关的开销 | 速度可达原分布式训练速度的 10 倍 |
| | 同步分布式 SGD | 采用超参数无学习规则调整学习速率，采用预热机制解决早期优化问题 | 每天训练数十亿幅图像 |
| | 异步分布式 SGD | 结合随机方差简化梯度算法和时延近端梯度算法 | 速度可达原训练速度的 6 倍 |
| | 边缘设备上的分布式深度学习 | 压缩技术（AdaComp）减少参数服务器上的入口流量 | 入口流量可减少为常用算法的 1/191 |
| | 移动设备上的分布式训练 | 用户可以共同享受共享模型带来的好处，这些模型使用大数据进行训练，而无须进行集中存储 | 速度可达原训练速度的 64 倍 |
| | 移动设备上的数据计算 | 在分布式移动设备上进行安全多方计算以获得模型参数 | 高达 1.98 倍的通信扩展 |

自研究大规模分布式深度学习以来，有人开发了一个名为DistBelief的框架，它可以在数千台机器上训练复杂的神经网络。在框架中，整个模型被分割成若干更小的组件，并且组件分布在不同的机器上，只有跨机器边界的边缘节点（例如层之间的连接）才需要进行参数更新和推理的通信。该框架还涉及一个参数服务器，它使每个模型副本在训练过程中获得最新的参数。实验表明，该框架在CPU集群上的训练速度明显快于在单一GPU上的训练速度，同时在ImageNet上达到了最先进的分类性能。

苏拉特（Surat）等人提出了针对分布式系统的深度神经网络模型，包括云服务器、雾层和地理分布式设备。他们对整个神经网络体系结构进行了扩展，并将其组件从云端分层分布到终端设备。该模型利用本地聚合器和二进制权值来减少计算、存储和通信开销，同时保持相当的准确性。在多视点、多摄像机数据集上的实验表明，该模型能够有效地进行基于云的训练和局部推理。在满足时延约束的情况下，深度神经网络具有与分布式系统相关的基本优点，例如容错和保护隐私。

伊莱亚斯（Elias）等人考虑将深度学习分布在IoT上用于分类应用。他们将一个小型的神经网络部署到本地设备，以执行粗分类，这使快速响应过滤后的数据能够被发送到中央服务器。如果本地模型未能将数据粗分类，则激活云中的较大的神经网络来执行细粒度分类。此模型总体架构保持了良好的准确性，同时大大降低了通常由大模型推断引起的时延发生的可能。

由于移动数据通常来自不同的数据源，所以并行训练对于移动系统来说也是必不可少的。然而，在保持一致性、快速收敛和准确性的同时，有效地训练模型仍然具有挑战性。解决此问题的一种实用方法是执行异步SGD算法。其基本思想是使维护模型的服务器能够接收来自工作器件的时延信息（例如数据、梯度更新）。在每个更新迭代中，服务器需要等待的工作器件逐步减少，这对于在移动系统中训练分布式机器上的深度神经网络至关重要。与其对应的SGD相比，异步SGD具有更快的收敛速度。一种名为DownpourSGD的算法可提高工作节点分解时训练过程的鲁棒性，因为每个模型副本都请求了最新版本的参数，所以少量的机器故障不会对训练过程产生重大影响。

郑帅等人认为随机梯度的固有方差让大多数异步SGD算法收敛速度较慢。他们提出了一种改进的、方差减少的SGD来加速收敛。在谷歌云计算平台上训练深度神经网络时，此算法的收敛性优于其他异步SGD算法。异步方法也被应用到了深度强化学习中，新的A3C算法打破了连续依赖关系，大大加快了传统算法的训练速度。科朗坦·阿迪（Corentin Hardy）等人进一步研究了基于云和边缘设备的分布式深度学习。他们特别提出了一种训练算法——AdaComp。它允许压缩目标模型的工作人员更新。这大大减少了云与边缘设备之间的通信开销，同时保持了良好的容错能力。

联合学习是一种新兴的并行方法，它使移动设备能够协作学习共享模型，同时保留单个设备上的所有训练数据。除了从中央服务器下沉训练数据之外，这种方法还使用安全聚合协议执行模型更新，该协议仅在有足够多的用户参与时，解密平均更新而不检查单个更新。

### 5.4.3 调整深度学习以适应移动网络环境的变化

移动网络环境经常表现出随时间变化的特点。例如一个区域内移动数据流量的空间分布可能在一天的不同时间中存在显著差异。在不断变化的移动网络环境中，深度学习模型需要具备终身学习的能力，不断吸收环境新特性，同时不忘记旧的重要的模式。此外，以智能手机为目标的新型“病毒”正通过移动网络迅速传播，可能会严重损害用户的隐私和商业利益。这对当前的异常检测系统和反病毒软件提出了前所未有的挑战。因为这些工具使用的是有限的信息，却要及时应对最新的威胁。为此，深度学习模型应具有转移学习的能力，使知识能够从预先训练的模型中快速转移到不同的作业中。这将使其能在有限的威胁样本（一次样本学习）或有限的新威胁元数据描述（零样本学习）下工作。因此，在不断变化的移动网络环境中，终身学习和迁移学习都是应用程序所必需的。深度终身学习（左）和深度迁移学习（右）的基本原理如图 5-18 所示。终身学习保留了所学的知识、信息，而迁移学习利用一个领域的标记数据在一个新的目标领域学习。

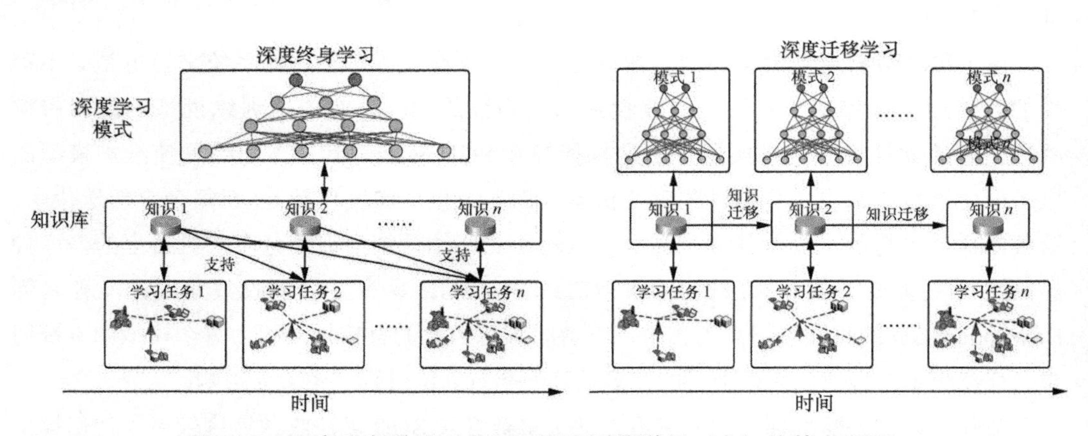


图5-18 深度终身学习（左）和深度迁移学习（右）的基本原理

深度终身学习模仿人类行为，它试图建造一个机器，使其可以不断适应新的环境，尽可能多地保留以前的学习经验和知识，将传统的深度学习应用于终身学习的研究有很多。例如有人提出一种双记忆深度学习架构，用于在非平稳数据流上终身学习人类日常行为。为了使预训练的模型能够在使用新数据进行训练时保留旧信息，它的体系结构包括两个内存缓冲区，即深内存和快速内存。深内存由几个深网络组成，当一个不可见分布的数据量积累到一定的阈值时，这些网络就会被建立起来。快速内存是一个小型的神经网络，当遇到新的数据样本时，它会立即更新。这两个记忆模块可以在不忘记旧信息的情况下持续学习。在非平稳图像数据流上的实验证明了该架构的有效性，它显著优于其他在线深度学习算法。人类的记忆机制也在深度学习中得到了应用，有一种可微分的神经计算机，它允许神经网络动态地读写外部存储器模块。这使设备能够像人类一样，终身查阅来自外部的被遗忘的知识或信息。

帕里斯（Paris）等人设想了一种不同的终身学习情景，设计了一个具有递归神经元的自组织架构来处理时变模式。在每一层网络中，使用所需网络时的生长变量来预测前一层网络的神经激活序列。这可以体现输入数据和类别标签之间随时间变化相关性，而不需要预先定义类的数量。重要的是，该架构是稳健的，因为它可以容忍在移动数据中常见的缺失和损坏的样本标签。

还有一个深度终身学习架构是构建 DQN 代理，该代理，即“Agent”，可以保留在著名的电脑游戏——“我的世界”里学到的技能。整体框架包括一个预先训练的模型（深度技能网络），它是在游戏的各种子任务上被预先训练的。在学习新任务时，框架通过深度技能模块结合可重用技能来维护信息，深度技能模块由深度技能网络阵列和多技能提升网络组成，它让“Agent”有选择地转移知识来解决新任务。实验结果表明，该框架在精度和收敛性方面明显优于传统的双 DQN 算法，具有不断获取新知识的潜力，可用于解决移动网络中的实际问题。

与终身学习不同的是，迁移学习只寻求使用特定领域的知识来帮助目标领域的学习。应用迁移学习可以加速新的学习过程，它使新的任务不需要从头开始学习。这对于移动网络环境来说非常重要，因为它们需要灵活地响应新的网络模式和威胁。在计算机网络领域出现了许多重要的迁移学习应用，例如 Web 挖掘、缓存和基站睡眠策略等。

目前，存在两种极端迁移学习范式：一次学习和零次学习。其中，一次学习是指给定一个预先训练好的模型，仅从一个或几个样本中获取尽可能多的类别信息的学习方法。而零次学习不需要任何类别的样本。它的目的是学习一个新的分布给出描述的新类别和相关的现有训练数据。目前，虽然对一次学习和零次学习的研究都还处于起步阶段，但是这两种模式在检测移动网络中的新威胁或流量模式方面都有很好的应用前景。

第6章

# UM-MIMO 技术

## 6.1 概述

随着当前无线网络应用和服务的蓬勃发展，其对数据速率的要求也越来越高。然而，目前 5G 仍面临频谱资源受限等相关问题，其中包含：①重要的大气衰减；②有限的频谱资源蜂窝网络；③复杂的传播信道影响，以及在现实的环境中应用的非理想的硬件与软件解决方案使相邻微蜂窝存在潜在的干扰。尽管已经提出相关技术可以解决这些问题，包括部署大规模 MIMO 通信系统，并利用多基站异构微蜂窝网络协作等，但最近的现场试验结果仍远低于峰值数据速率的原始目标——100Gbit/s。

为解决频谱资源短缺和速率等问题，可以引入多天线（天线阵列）技术。与低频通信系统相似，天线阵列可以实现多输入多输出（MIMO）通信系统，既可以通过波束赋形来增加通信距离，也可以通过空间复用来增加可达的数据速率。例如在当前的无线通信标准（IEEE 802.11ac 或 4G LTE-A 或 5G 网络）中，具有 2、4 或 8 个天线的 MIMO 系统是很常见的。在这些应用中，由于可用带宽有限，所以 MIMO 主要是利用空间上不相关的信道来提高频谱效率和可达的数据速率。在 5G 中，大规模 MIMO 的概念被引入。在这种情况下，更大的天线阵列与数十至数百个振子被用来提高频谱效率。此外，通过创建二维或平面天线阵列，而不是一维或线性阵列，辐射信号可以在仰角和方位角方向进行控制，从而实现三维或全维（Full Dimension，FD）的 MIMO。然而，有几个缺点限制了它们的实际应用，具体描述如下。

① 在频率低于 5GHz 的情况下，几十个天线的阵列的占用空间约为几平方米或更小面积，这就使它们只能被部署在基站上。

② 对于毫米波系统，几十个天线的阵列占用的空间约为几十平方厘米。虽然这使它们能够被整合到移动设备中，但这个数字不足以克服几十米范围内的毫米波频率的高路径损耗。

③ 当频率为太赫兹（THz）级别时，天线变得更小，在同样的面积中，可以嵌入更多的振子。例如虽然频率为 1THz 时，一个包含 100 个振子的阵列大小约为几平方毫米，但是为克服太赫兹频段的路径损耗需要更多的振子。虽然在几平方厘米内嵌入 1000 个天线是可能的，但是在用传统结构动态控制这样一个阵列时将面临许多挑战，它限制了这种方法的可行性。

同时，由于太赫兹收发机的输出功率有限，所以需要高增益的定向天线来进行几米以外的通信。为了克服这些限制，可以利用新型等离子体材料的独特性能。例如石墨烯和超级材料等纳米材料可以替代传统的金属材料，用于构建微型纳米天线和纳米收发机，这些天线和收发机可以有效地在太赫兹频段工作。由于它们的尺寸非常小，所以它们可以被集成在非常密集的等离子体纳米天线阵列中，这给太赫兹通信带来了前所未有的机遇。

UM-MIMO通信需要将大量纳米天线集成到非常小的面积中，以增加通信距离和提升在THz波段频率上可达到的数据速率。对于0.06THz～1THz的频率，超级材料使等离子体天线阵列的设计成为可能，在几平方厘米内就可容纳数百个振子（例如在0.06THz时36cm$^2$内有144个振子）。在1THz～10THz，石墨烯基等离子体纳米天线阵列可在几平方毫米内嵌入数千个振子（例如1THz时1cm$^2$内可嵌入1024个振子），所得到的纳米天线阵列可同时用于发射端和接收端，它通过在空间中聚焦发射信号来解决扩散性损耗问题，通过聚集在无吸收窗口中的频谱用于发射信号的方式来解决分子吸收损耗问题。因此，在相距几十米的小型电子设备之间可以建立无线Tbit/s连接。

太赫兹频段通信有望在即将到来的6G中发挥关键作用。由于太赫兹频段位于微波和光学频段之间，所以研究人员对开发实现太赫兹通信基础设施的新方案越来越感兴趣。例如IEEE 802.15无线个人区域网络（WPAN）工作组的任务之一是探索支持Gbit/s和Tbit/s链路的高频范围。为此，最近形成了一个太赫兹兴趣小组（THz Interest Group，IGTHz），并进行了几次太赫兹波传播实验。

由于没有紧凑的太赫兹信号源和能够在室温下工作的高功率和高灵敏度的探测器（所谓的"THz间隙"），太赫兹频段的应用传统上是在成像和传感领域。然而，最近在收发机设计上的进步使高效率的太赫兹信号的产生、调制和辐射成为可能。随着具有丰富频谱资源的毫米波和太赫兹频段收发机的发展，它们在服务下一代无线通信系统（6G）方面逐渐显示出巨大的潜力。值得一提的是，研究人员在这些频段上发展出了UM-MIMO通信的设想，并证明了链路在长距离上可以达到每秒太比特级（Tbit/s）的峰值数据速率。因此，基于通信的太赫兹应用是可以预期的。特别是在数据中心，太赫兹通信可以作为有线骨干网连接的替代品，或者作为大型智能表面部署的一部分。同时，太赫兹通信使在设备到设备、无人机、车辆或个人通信的环境中的移动无线中程通信成为可能。

目前，已有几家相关单位提出了多种用于太赫兹收发机设计的集成电子和光子解决方案。一方面，典型的电子解决方案是基于硅互补金属氧化物半导体（Complementary Metal Oxide Semiconductor，CMOS）技术的III-V族化合物半导体，例如异质结双极晶体管（Heterojunction Bipolar Transistor，HBT）、高电子迁移率晶体管（High Electron Mobility Transistor，HEMT）和肖特基二极管。另一方面，光子解决方案包括单行载流子光电二极管、光导天线、光下转换系统和量子级联激光器（QCL）。此外，还提出了电子－光子混合集成系统。总的来说，太赫兹收发机设计目标已经从设计完美的太赫兹设备转移到了设计高效和可编程的设备，这些设备能够满足新兴的系统级特性需求。

目前基于石墨烯等新材料的等离子体，被认为是太赫兹频段通信的首选技术。等离子体材料具有优异的电学性能，例如极高的电子迁移率、支持电子的可调性和可重构性。特别是等离子体天线支持表面等离子体极化波，其谐振波长比自由空间波小得多，设计灵活紧凑。基于石墨烯的亚微米高电子迁移率晶体管可以产生表面等离极化激元（Surface Plasmon Polariton，SPP）波，等离子体波导和相位控制器的组合可以将这些信号传输到所需的天线振子（Antenna Element，AE）。尽管这种方法受到纳米收发机的低功率和 SPP 波的短传播距离的限制，但等离子体源的小尺寸允许它们直接连接到每个 AE 上，从而简化了全数字架构。

在实现太赫兹通信之前，需要从通信系统和信号处理的角度解决更多的问题。例如非常高的传播损耗和由太赫兹频段的功率限制导致的通信距离非常短。这些问题可以通过使用提供高波束赋形增益的高密度纳米天线阵列来缓解。特别是在毫米波系统的类似方案的基础上，利用石墨烯基纳米收发机的阵列中的子阵列（Array of Subarray，AoSA）提出了太赫兹 UM-MIMO 解决方案。类似地，与频率密切相关的分子吸收导致在相对较大的距离上的频段分裂和带宽减少。为了解决这一问题，相关机构提出了基于距离感知和距离自适应的优化波形设计、资源分配以及波束赋形的方案。由于缺乏实际的信道测量（除了最近一次测量报告高达 140GHz 之外），所以太赫兹频段的信道建模也是一个挑战。然而，基于光线追踪的信道模型假设是稀疏分散的，并由视距（LoS）分量控制，因此该模型已经被提出可用于基于石墨烯的太赫兹通信系统。

AoSA 架构以复用方式取代波束赋形的灵活性，可以获得更好的通信范围或频谱效率。此外，等离子体纳米天线的间距显著减少，同时避免了相互耦合效应，但也需要考虑系统性能与天线设计紧凑性之间的平衡问题。虽然紧凑的设计是吸引人的，但是更大的天线间隔能得到更好的空间分集和空间采样，它们可以分别提高空间复用（Spatial Multiplexing，SMX）和波束赋形的性能。一种可行的解决方案是在多载波设计中利用等离子体的可调特性，在保持所有天线振子同时处于激活状态的情况下，交织天线频率映射可以保持相同频率天线之间的最小空间间隔。

## 6.2 UM-MIMO 系统模型

石墨烯基等离子体纳米天线的三维 UM-MIMO 系统模型的天线由石墨烯天线振子构成，覆盖在一个普通的金属表面上，中间是介电层。其发射侧和接收侧的 AoSA 分别由 $M_t \times N_t$ 和 $M_r \times N_r$ 个子阵列（Subarray，SA）组成。此外，我们认为每个 SA 都是由一组 $Q \times Q$ 的纳米天线振子组成。通过向量化每侧的二维天线得到的结构，可以表示为一个大型的 $M_tN_tQ^2 \times M_rN_rQ^2$ MIMO 系统。这种配置不同于传统的发射基站上的大型天线阵列，传统的大型天线阵列通常只有单一天线用户非对称大规模 MIMO（Massive MIMO）。为了不失去一般性，我们分别在发射端和接收端上用 $\delta$ 和 $\Delta$ 来表示两个相邻纳米天线振子（AE）之间的距离和两个相邻子阵列 SA。

我们假设单载波 LoS 传输具有频率平坦衰落。特定频率下的端到端基带系统模型如式（6-1）所示。

$$\boldsymbol{y}=W_{\mathrm{r}}^{\mathrm{H}}HW_{\mathrm{r}}^{\mathrm{H}}x+W_{\mathrm{r}}^{\mathrm{H}}n \qquad 式(6\text{-}1)$$

其中，$\boldsymbol{x}=\left[x_1,x_2,\cdots,x_{N_{\mathrm{s}}}\right]^{\mathrm{T}}\in\boldsymbol{X}^{N_{\mathrm{s}}\times 1}$ 是信息承载调制符号向量，属于同一个正交幅度调制（Quadrature Amplitude Modulation，QAM）星座映射 $X$，$\boldsymbol{y}\in C^{N_{\mathrm{s}}\times 1}$ 是接收到的符号向量，$\boldsymbol{H}=\left(h_1,h_2,\cdots,h_{M_{\mathrm{t}}N_{\mathrm{t}}}\right)\in C^{M_{\mathrm{r}}N_{\mathrm{r}}\times M_{\mathrm{t}}N_{\mathrm{t}}}$ 是信道矩阵，$\boldsymbol{W}_{\mathrm{t}}\in R^{M_{\mathrm{t}}N_{\mathrm{t}}\times N_{\mathrm{s}}}$ 和 $\boldsymbol{W}_{\mathrm{r}}\in R^{M_{\mathrm{r}}N_{\mathrm{r}}\times N_{\mathrm{s}}}$ 是定义 SA 利用率的基带预编码组合矩阵，$\boldsymbol{n}\in C^{M_{\mathrm{r}}N_{\mathrm{r}}\times 1}$ 是零均值、功率为 $\sigma^2$ 的加性高斯白噪声（AWGN）向量。

波束赋形是在 AE 层面上的，也可以由多个 AE 共同生成一个波束，这里假设每个 SA 生成一个单波束。单个振子在（$m_{\mathrm{t}}$，$n_{\mathrm{t}}$）和（$m_{\mathrm{r}}$，$n_{\mathrm{r}}$）之间的 SA 信道 $H$（$h_{m_{\mathrm{r}}n_{\mathrm{r}},m_{\mathrm{t}}n_{\mathrm{t}}}$）的频率响应定义如式（6-2）所示。

$$\left(h_{m_{\mathrm{r}}n_{\mathrm{r}},m_{\mathrm{t}}n_{\mathrm{t}}}\right)=\boldsymbol{a}_{\mathrm{r}}^{\mathrm{H}}\left(\phi_{\mathrm{r}},\theta_{\mathrm{r}}\right)G_{\mathrm{r}}\alpha_{m_{\mathrm{r}}n_{\mathrm{r}},m_{\mathrm{t}}n_{\mathrm{t}}}G_{\mathrm{t}}\boldsymbol{a}_{\mathrm{t}}\left(\phi_{\mathrm{t}},\theta_{\mathrm{t}}\right) \qquad 式(6\text{-}2)$$

其中，$m_{\mathrm{r}}=1$，…，$M_{\mathrm{r}}$，$n_{\mathrm{r}}=1$，…，$N_{\mathrm{r}}$，$m_{\mathrm{t}}=1$，…，$M_{\mathrm{t}}$，$n_{\mathrm{t}}=1$，…，$N_{\mathrm{t}}$，$\alpha_{m_{\mathrm{r}}n_{\mathrm{r}},m_{\mathrm{t}}n_{\mathrm{t}}}$ 是振子（$m_{\mathrm{t}}$，$n_{\mathrm{t}}$）和（$m_{\mathrm{r}}$，$n_{\mathrm{r}}$）之间路径增益，$\boldsymbol{a}_{\mathrm{t}}(\phi_{\mathrm{t}}, \theta_{\mathrm{t}})$ 是发送 SA 的导向向量，$\boldsymbol{a}_{\mathrm{r}}(\phi_{\mathrm{r}}, \theta_{\mathrm{r}})$ 是接收 SA 的导向向量，$G_{\mathrm{t}}$ 是天线发射功率，$G_{\mathrm{r}}$ 是天线接收增益，$(\phi_{\mathrm{t}}, \theta_{\mathrm{t}})$ 是天线发射角，$(\phi_{\mathrm{r}}, \theta_{\mathrm{r}})$ 是天线接收角，其中，$\phi_{\mathrm{t}}$、$\phi_{\mathrm{r}}$ 分别是发射和接收方位角度，$\theta_{\mathrm{t}}$ 和 $\theta_{\mathrm{r}}$ 分别是发射和接收仰角。

导向向量可以用 $\boldsymbol{C}_{\mathrm{t}}$、$\boldsymbol{C}_{\mathrm{r}}\in R^{Q^2\times Q^2}$ 表示，石墨烯阵列发射和接收的互耦矩阵分别表示为 $\boldsymbol{a}_{\mathrm{t}}(\phi_{\mathrm{t}}, \theta_{\mathrm{t}})=\boldsymbol{C}_{\mathrm{t}}\boldsymbol{a}_0(\phi_{\mathrm{t}}, \theta_{\mathrm{t}})$，$\boldsymbol{a}_{\mathrm{r}}(\phi_{\mathrm{r}}, \theta_{\mathrm{r}})=\boldsymbol{C}_{\mathrm{r}}\boldsymbol{a}_0(\phi_{\mathrm{r}}, \theta_{\mathrm{r}})$。通过假设 $\delta\geqslant\lambda_{\mathrm{SPP}}$ 可以忽略相互耦合的影响，其中，$\lambda_{\mathrm{SPP}}$ 是 SPP 波长，且 $\lambda_{\mathrm{SPP}}$ 远远小于自由空间波长 $\lambda$，则 $\boldsymbol{C}_{\mathrm{t}}=\boldsymbol{C}_{\mathrm{r}}=\boldsymbol{I}^{Q^2}$，$\boldsymbol{I}^{Q^2}$ 为单位矩阵。定义理想的 SA 发射的导向向量如式（6-3）所示。

$$\boldsymbol{a}_0\left(\phi_{\mathrm{t}},\theta_{\mathrm{t}}\right)=\frac{1}{Q}\left[\mathrm{e}^{\mathrm{j}\Phi_{1,1}},\cdots,\ \mathrm{e}^{\mathrm{j}\Phi_{1,Q}},\cdots,\ \mathrm{e}^{\mathrm{j}\Phi_{2,1}},\cdots,\ \mathrm{e}^{\mathrm{j}\Phi_{2,Q}},\cdots,\ \mathrm{e}^{\mathrm{j}\Phi_{p,q}},\cdots,\ \mathrm{e}^{\mathrm{j}\Phi_{Q,1}},\cdots,\ \mathrm{e}^{\mathrm{j}\Phi_{Q,Q}}\right]^{\mathrm{T}} \qquad 式(6\text{-}3)$$

其中，相应 AE（$p$，$q$）的相移如式（6-4）所示。

$$\Phi_{p,q}=\psi_x^{(p,q)}\frac{2\pi}{\lambda_{\mathrm{SPP}}}\cos\phi_{\mathrm{t}}\sin\theta_{\mathrm{t}}+\psi_y^{(p,q)}\frac{2\pi}{\lambda_{\mathrm{SPP}}}\sin\phi_{\mathrm{t}}\sin\theta_{\mathrm{t}}+\psi_z^{(p,q)}\frac{2\pi}{\lambda_{\mathrm{SPP}}}\cos\phi_{\mathrm{t}} \qquad 式(6\text{-}4)$$

其中，$\psi_x^{(p,q)}$，$\psi_y^{(p,q)}$ 和 $\psi_z^{(p,q)}$ 是 AE 在三维空间的坐标位置。在接收端 $\boldsymbol{a}_0(\phi_{\mathrm{r}}, \theta_{\mathrm{r}})$ 可以类似定义。为了简单和不失一般性，假设 $M_{\mathrm{t}}=M_{\mathrm{r}}=N_{\mathrm{t}}=N_{\mathrm{r}}=M$。正方形的 AoSA 天线结构如图 6-1 所示。假设归一化符号（$E[X^{\mathrm{H}}X]=1$）和波束赋形角度对齐，每波束的 SNR 可以表示为 $\gamma=G_{\mathrm{t}}G_{\mathrm{r}}Q^2|\alpha|^2/\sigma^2$。

波束赋形使 SA 成为该模型中最基本和最小的可寻址单元。然而，当 $Q=1$ 时，纳米 AE 仍然可以在全数字架构设计中单独处理，但是体系结构要复杂得多。

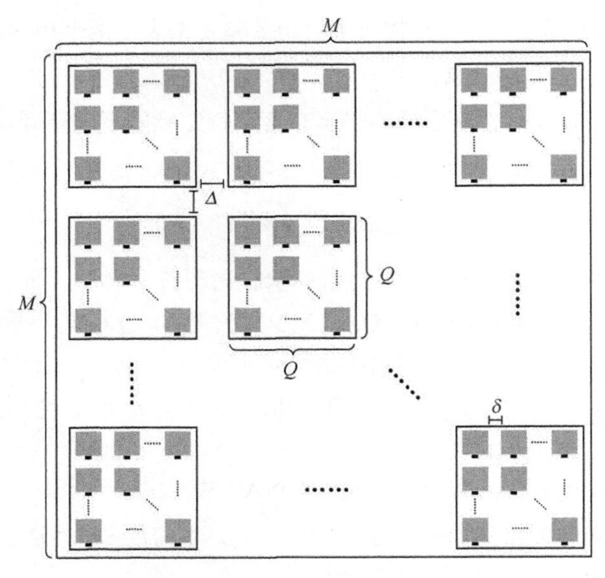


图6-1 正方形的AoSA天线结构

## 6.3 基于太赫兹波的 UM-MIMO 信道条件

信号在太赫兹频率上的传播是准光学的。由于信号反射损耗很大，所以信道主要路径是视距（LoS），而且可能只有很少的甚至没有非视距（NLoS）反射路径。散射和折射的信号可以忽略不计。与频率相关的 LoS 路径增益如式（6-5）所示。

$$\alpha_{m_r n_r, m_t n_t}^{\mathrm{LoS}} = \frac{c}{4\pi f d_{m_r n_r, m_t n_t}} \times \mathrm{e}^{-\frac{1}{2}K(f) d_{m_r n_r, m_t n_t}} \mathrm{e}^{-\mathrm{j}\frac{2\pi f}{c} d_{m_r n_r, m_t n_t}} \qquad 式(6-5)$$

其中，$f$ 为工作频率，$c$ 为真空中的光速，$d_{m_r n_r, m_t n_t}$ 为发射端与接收端 SA 之间的距离，$K(f)$ 为吸收系数。由于波束赋形增益，所以发射端与接收端 SA 之间只存在一条主路径，在此假设该路径为 LoS 路径。

同时传输多个几吉赫兹的数据流是很容易实现的。这是由于在这种频率中有丰富的散射，从而导致产生高秩信道矩阵。然而，低频率的 LoS 信道只能具有单一的空间自由度（DoF）。在高频率的强 LoS 环境中实现良好的多路复用增益是可行的，适用于天线间距远远大于工作波长的情况，这是一个可管理的设计限制。高频率 LoS 环境下的最佳（最大）空间自由度是通过稀疏天线阵列来实现的，它可以产生稀疏的多径环境。

这些阵列可以通过调优 SA 间距 $\Delta$ 和空间复用形成空间不相关的信道矩阵正交特征值模式结构。其中，最优 $\Delta$ 是波长 $\lambda$ 和距离 $d$ 的函数，较短的波长 $\lambda$ 和较小的有效通信距离

$d$ 导致较小的最优天线间距。空间调制（Spatial Modulation，SM）也需要类似的高秩信道，对于在 SM 设置中的信道条件和设计密度之间的关系，以前在毫米波中是采用最大似然（Maximum Likelihood，ML）优化。这里将分析在太赫兹频段两者的关系。

对于均匀间隔的 AoSA，有效距离 $d_{m_r n_r, m_t n_t}$ 可以表示为通信距离 $D$，即发射和接收天线阵列中心之间的距离，即 $d_{m_r n_r, m_t n_t}=\sqrt{D^2+\Delta^2\left[\left(m_r-m_t\right)^2+\left(n_r-n_t\right)^2\right]}$，而且，当 $D \gg \Delta$ 时，可通过泰勒公式近似得到如下结果。

$$d_{m_r n_r, m_t n_t} \approx D+\Delta^2[(m_r-m_t)^2+(n_r-n_t)^2]/(2D) \qquad \text{式(6-6)}$$

因此，信道增益的表达如式（6-7）所示。

$$\alpha_{m_r n_r, m_t n_t}^{\mathrm{LoS}}=\frac{c}{4\pi fD}\times \mathrm{e}^{-\frac{1}{2}K(f)D}\mathrm{e}^{-\mathrm{j}\frac{2\pi f}{c}\{D+\Delta^2[(m_r-m_t)^2+(n_r-n_t)^2]/(2D)\}} \qquad \text{式(6-7)}$$

当信道矩阵 $H$ 的所有列正交，有 $M$ 个奇异值并且值相等时，我们的 $M^2\times M^2$ UM-MIMO 系统的容量最大。令（$m_t=k$，$n_t=i$）和（$m_t=k'$，$n_t=i'$）为两个任意发射 SA 的坐标，忽略天线增益，对应信道列之间的内积如式（6-8）所示。

$$\begin{aligned}\langle h_{kl}, h_{k'l'}\rangle &= \left(\frac{c}{4\pi fD}\right)^2\times \mathrm{e}^{-K(f)D}\times\sum_{m_r=0}^{M-1}\sum_{n_r=0}^{M-1}\mathrm{e}^{\mathrm{j}\frac{\pi f}{cD}\Delta^2[(m_r-k)^2+(n_r-l)^2-(m_r-k')^2-(n_r-l')^2]}=\\ &\left(\frac{c}{4\pi fD}\right)^2\times \mathrm{e}^{-K(f)D}\times\sum_{m_r=0}^{M-1}\mathrm{e}^{\mathrm{j}\frac{2\pi f}{cD}\Delta^2 m_r(k'-k)}\sum_{n_r=0}^{M-1}\mathrm{e}^{\mathrm{j}\frac{2\pi f}{cD}\Delta^2 n_r(l'-l)}\propto\\ &\frac{\sin\left(\pi M(k'-k)\dfrac{\Delta^2 f}{cD}\right)\sin\left(\pi M(l'-l)\dfrac{\Delta^2 f}{cD}\right)}{\sin\left(\pi(k'-k)\dfrac{\Delta^2 f}{cD}\right)\sin\left(\pi(l'-l)\dfrac{\Delta^2 f}{cD}\right)}\end{aligned} \qquad \text{式(6-8)}$$

其中，$\propto$ 表示呈正比。

当内积为 0 时，信道是正交的，对于整数 $z$ 的 $\Delta$ 的最优值如式（6-9）所示。

$$\Delta_{\mathrm{opt}}=\sqrt{z\frac{Dc}{Mf}} \qquad \text{式(6-9)}$$

由此可知，式（6-9）保证了最优 AoSA 设计。LoS 系统通过最大化信道矩阵行列式使容量最大化。在 1THz 和 3THz 的信道条件，$H$ 的最大奇异值与最小奇异值比值分别随 $\Delta$ 和 $D$ 变化而相应变化。二者的比值越小（最好是小于 10dB），信道越好。将信道分隔为两个区域，$\Delta$ 相比于 $D$ 足够大的为区域 1（相对较短的通信范围），反之，则为区域 2。在区域 1 中，由于通信相对距离较短，所以不同的路径之间的发射和接收 SA 可以被明显区分，该信道的状态总是良好的。然而，在区域 2 中，对于相对较大的通信范围，信道路径损耗与频率变得高度相关。在不同的通信范围内，路径损耗随 THz 频段上的频率变化而变化。不同距离的路径损耗与频率的关系如图 6-2 所示。

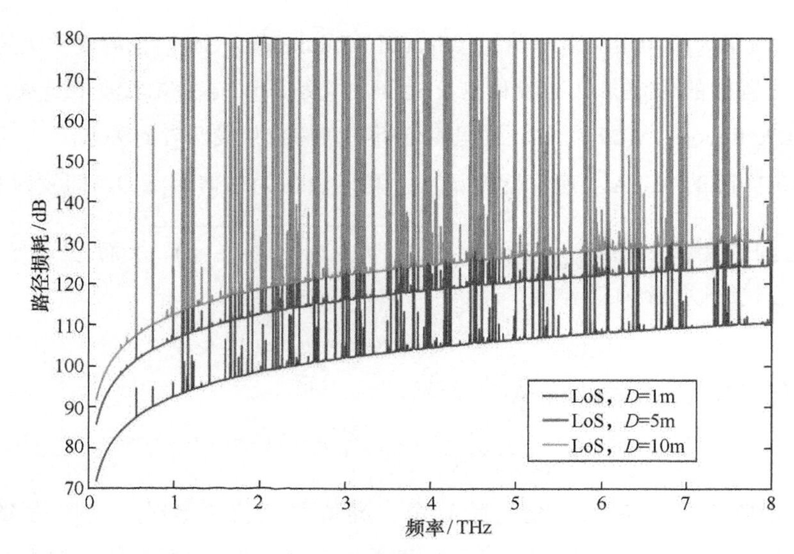


**图6-2 不同距离的路径损耗与频率的关系**

路径损耗主要是由水蒸气引起的分子吸收导致的尖峰损耗，在这里所有需要的数据都可以从 HITRAN 数据库中提取出来。对于超过 1m 的距离和高于 1THz 的频率，可用的频谱会收缩并分裂成多个更小的子频段（在这些子频段中，信道表现为平坦的）。因此，可达到的带宽与距离有关。然而，这并不是唯一影响分子对系统的吸收的因素。事实上，这样的吸收之后通常是频率微小变化的再辐射，这一现象导致了大量散射。

## 6.4 UM-MIMO 的 SM 方案

天线间的距离和通信范围定义了两种工作模式。第一种模式对应上一小节中所提到的区域 1 中的操作，提出了一个自适应的两级 SM 解决方案，其中，天线分配是在 SA 或 AE 级进行的。在第二种工作模式（区域 2）中，当 $D \gg \Delta$ 时，必须避免峰值曲线。对于第二种工作模式，有研究人员提出了一种基于可配置的石墨烯片自适应设计，动态调整天线内部间距以满足(6-9)中所示的条件。在这两种模式下，物理 AE 间距 $\delta$ 和数量规模是固定的，是由目标特定芯片的操作频率确定的。

### 6.4.1 UM-MIMO 自适应分级 SM

对于第一种操作模式，我们可以假设采用 SM 来代替 AE 上的波束赋形。这里有两个充分的理由：一是短距离通信（$D \leqslant 1\text{m}$）不需要波束赋形增益来对抗路径损耗；二是 $\delta < \Delta$

时给定的 $D$ 也可以足够大，使 SM 在 AE 上有良好的调节信道。针对相应体系结构的特点，形成了一种通用的分层 SM 解决方案。在一个信道使用过程中可以传输的总比特数如下。

$$N_{\mathrm{b}} = \underbrace{\log_2(M^2)}_{\mathrm{SA}} + \underbrace{\log_2(Q^2)}_{\mathrm{AE}} + \underbrace{\log_2(|\chi|)}_{\mathrm{Symbols}}$$

令 $\boldsymbol{b} = \left[b_{\mathrm{m}} b_{\mathrm{q}} b_{\mathrm{s}}\right] \in \{0,1\}^{N_b}$ 为一个符号持续时间内传输的二进制向量。有 $b_{\mathrm{m}} \in \{0,1\}^{\log_2(M^2)}$ 是所选 SA 的位表示，$\boldsymbol{b}_{\mathrm{q}} \in \{0,1\}^{\log_2(Q^2)}$ 是所选 AE 的位表示，$b_{\mathrm{s}} \in \{0,1\}^{\log_2(|x|)}$ 是 QAM 符号的位表示。因此，SA 的数量、AE 的数量和映射星座阶数大小可以被用来表征目标比特速率。

虽然 $\varDelta$ 被认为总是先满足第一种模式的条件，但是我们可以通过监测 $\delta$ 决定 SM 是在 AE 还是 SA 层级进行。例如如果在 1THz 频率时，$D<20\delta$，分层 SM 保持不变，那么对应的信道为 $M_{\mathrm{t}}N_{\mathrm{t}}Q^2 \times M_{\mathrm{r}}N_{\mathrm{r}}Q^2$ 维。否则，SM 将被保留在 SA 层级，其中，每个 SA 中只有第一个天线振子可以被激活。后一种情况下，信道为 $M_{\mathrm{t}}N_{\mathrm{t}} \times M_{\mathrm{r}}N_{\mathrm{r}}$ 维，$\boldsymbol{b} = [b_{\mathrm{m}}b_{\mathrm{s}}]$。

可以通过实时反馈的性能指标（例如误符号率或误码率），或者通过训练获取查找 $D$ 和 $f$ 的索引表的简单的决策阈值来实现这种自适应设计。从基于映射准则 $b_{\mathrm{s}}$ 的 QAM 星座 $\chi$ 中选择一个符号；采用分层方式并使用相同的映射器将 $b_{\mathrm{m}}$ 和 $b_{\mathrm{q}}$ 映射到天线位置。分层调制（$M$=2，$Q$=2，$\chi$ 为 16QAM 调制）如图 6-3 所示。

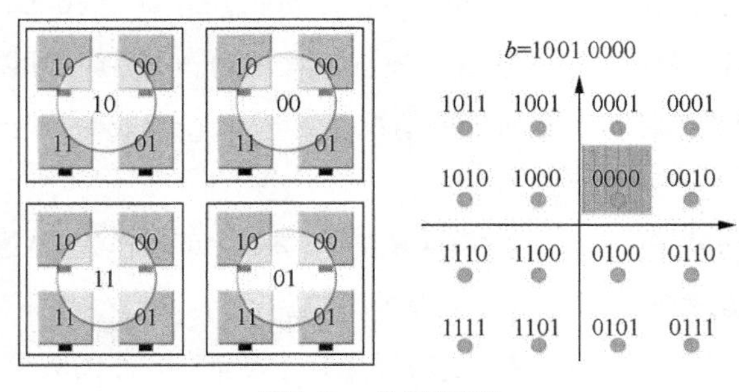


图6-3 分层调制

在接收端，假设已知信道状态信息，激活的 AE（SM 所在的 AE）通过最大比合并接收（Maximum Receive Ratio Combining，MRRC），估计为 $\hat{l}$。接收到的向量首先乘以厄米特共轭信道矩阵。$x$ 除了在激活的 AE 之外，其余的分量都是 0。 可以被估计为变换后的具有最大值的接收向量振子的指标。因此我们有如下相关计算。

$$\boldsymbol{g}=\boldsymbol{H}^{\mathrm{H}}\boldsymbol{y}$$

$$\hat{l} = \underset{l}{\arg\max}(|\boldsymbol{g}_l|) \qquad l = 1, \cdots, M^2Q^2 \tag{式(6-10)}$$

其中，$\boldsymbol{g}_l$ 是 $\boldsymbol{g}$ 的第 $l$ 个振子。

### 6.4.2 基于可配置石墨烯片的 UM-MIMO

空间复用（SMX）通过一个与发射天线数量相等的乘法因子来提高频谱效率，与 SMX 相比，SM 基于天线数量通过以 2 为底数的对数来提高频谱效率，这被认为是一种缺陷。然而，由于基于石墨烯可以采用低成本和小面积制造出非常大的 AE 数量，可以保持在太赫兹频段的 SM 系统效率，所以研究人员提出了一个由两个大型天线阵列（一个在发射端，另一个在接收端）组成的架构，可以根据系统参数实时重新编程。这样的振子实际上是由两个石墨烯薄片组成的数量足够多的天线振子，振子之间的间距都为 $\delta$。为了便于说明，假设这两个石墨烯片是匹配的（对称的 UM-MIMO），因此，我们仅讨论发射阵列参数的计算。

对于第二种操作模式（区域 2），我们考虑一种可配置数量、大小和相应位置的 SA 设置。第一步，确定 SA 中的 AE 数量。根据操作的频率，需要特定的功率增益来对抗特定通信距离的路径损耗，它可以通过组合天线增益和阵列增益来实现。基于链路预算，路径损耗阈值 $PL_{\mathrm{th}}$ 的计算方法如式（6-11）所示。

$$PL_{\mathrm{th}} = P_{\mathrm{Tx}} + 10\log_{10}(G_{\mathrm{t}}) + 10\log_{10}(G_{\mathrm{r}}) + 20\log_{10}(|\alpha|) - \gamma_{\mathrm{th}} - 20\log_{10}(\sigma) \qquad \text{式(6-11)}$$

当发射功率 $P_{\mathrm{Tx}}$=10dBm，信噪比阈值 $\gamma_{\mathrm{th}}$=10dB，$20\log_{10}(\sigma)$=−80dBm（假定自由吸收频谱窗口）。对于小于 1THz 的频率，当 $D$=1m 时，$PL_{\mathrm{th}}$ 为 90dB，当 $D$=10m 时，$PL_{\mathrm{th}}$ 为 110dB。因此，在前一种情况下，$10\log_{10}(G_{\mathrm{t}})+10\log_{10}(G_{\mathrm{r}})+20\log_{10}(|\alpha|)$ 等于 10dB，在后一种情况下则为 30dB，$20\log_{10}(|\alpha|)$ 表示嵌入阵列增益。根据所需的阵列增益，可以确定波束赋形所需 AE 的 $Q$ 值。例如在波束赋形角度同步的情况下，一个 $Q$=8（64 个振子）的 SA 可以提供 18dB 的阵列增益。

第二步是找出最佳的天线间距。需要注意的是，$\delta=\lambda/2$ 可以作为 SA 最好的 AE 间距保留，使波束赋形获得最大化的同时避免受到旁瓣的影响。

在接收端，$l=1, 2, \cdots, M^2$，$M^2$ 是石墨烯片中激活的 SA 的数量。

这种设计灵活性的关键是能够控制一个特定的 AE 子集，不管它是否连续，都可以直接连接到激励机制。SPP 波激励可以通过光泵或电泵实现。光泵方法需要用外部激光器，这里使用量子级联激光器或红外激光器是不切实际的，因为它们有相对较大的孔径。因此，一方面在同一时间只能提供一定数量的 AE，另一方面，可以采用电泵方法，通过基于石墨烯的亚微米高电子迁移率晶体管（HEMT）实现。通过 HEMT 纳米收发机产生信号后，等离子体波导和相位控制器的组合将这些信号传递到所需的 AE 上。但是，后一种方法受到纳米收发机的低功率（几微瓦）和 SPP 波的短传播距离（几个波长）的限制。同时，由于这种等离子体源非常小，所以它们可以直接附着在每个 AE 上，从而产生高辐射功率。

将等离子体源附加到纳米天线上，可以得到一个简化的全数字结构，其中，每个 AE 都可以单独被控制，在系统模型中，当 $Q$=1 时，通过对式（6-2）的 $W_t$ 和 $W_r$ 进行预编码和组合可以解释这一点。然而，具备完全控制石墨烯薄片的能力需要付出硬件成本，因为每个 AE 需要一个单独的射频（RF）链馈入。在 $Q$>1 的情况下，可采用的方案是混合 SM，每个 SA 只需要激活一个 RF 链，这大大降低了功耗。

## 6.5 UM-MIMO 性能分析

可以利用配对错误概率（Pairwise Error Probability，PEP），即 $P(\boldsymbol{x} \to \dot{\boldsymbol{x}})$，得到 SM 的误码率（Symbol Error Rate，SER）性能的一个上界，这个上界就是当真实的发射向量是 $\boldsymbol{x}$ 时，错误地决策向量 $\dot{\boldsymbol{x}}$ 的概率。

$$P(\boldsymbol{x} \to \dot{\boldsymbol{x}}) = Q\left(\sqrt{\frac{\| H(\boldsymbol{x} \to \dot{\boldsymbol{x}}) \|^2}{2\sigma^2}}\right) \qquad 式(6\text{-}12)$$

其中，式（6-12）中的 $Q$ 函数为 $Q(x)=\int_x^{\infty} \mathrm{e}^{-z^2/2} / \sqrt{2\pi}\mathrm{d}z$，$\|\cdot\|2$ 表示向量 2 次范数。这个界是通过对所有可能的符号向量组合的 PEP 求和，并对 $H$ 求平均值来计算的。对于一个太赫兹频段的 LoS 环境，这里不假设特定分布的信道衰落，而是假设一个确定性信道。因此，不需要对 $H$ 求平均值。这个边界对应的是最优 ML 检测，通过穷举搜索所有可能的组合来联合检测天线序号和符号，这在 UM-MIMO 设置中是计算密集型的。在这里，只将 MRRC 作为一种检测方案，将天线序号和发射符号分别检测。实际上，MRRC 是更复杂的探测器可达到的误码率性能的一个上界，基于理论的 SER 方程的解决方案的性能，将分析限制在更详细的第二种操作模式（区域 2）中。

我们注意到，在低频率的瑞利衰落信道上，采用相似的 SM 公式，MRRC 的误差来源有两种：错误估计天线数目（SA 或 AE）和错误检测发射符号。我们用 $P_a$ 表示错误估计天线数目的概率，用 $P_s$ 表示错误检测发射符号的概率。总体 SER 概率 $P_e$ 的计算方法如式（6-13）所示。

$$P_e = P_a + P_s - P_a P_s \qquad 式(6\text{-}13)$$

同样，由于 LoS 的优势，所以 $H$ 是确定的，不需要求平均值来计算 $P_s$，在 AWGN 存在的情况下，一个正方形 $|\chi|$QAM 的 $P_s$ 的计算方法如式（6-14）所示。

$$P_s = 4Q\left(\sqrt{\frac{3\gamma}{|\chi|-1}}\right) \qquad 式(6\text{-}14)$$

其中，$\gamma$ 为信噪比；令 $\mu=\left[\mu_1,\mu_2,\cdots,\mu_{\sqrt{|\chi|}/2}\right]=\Gamma\times[2\times(1,2,\cdots,\sqrt{|\chi|}/2)-1]$，它是 QAM 星座向量的归一化实部（或虚部）的一个组成部分，其中，$\Gamma=1/\sqrt{2(|\chi|-1)/3}$，$P_\mathrm{a}$ 的计算方法如式（6-15）所示。

$$P_\mathrm{a}=1-\left[\left(1-\tilde{P}_\mathrm{a}\right)\left(1-\tilde{P}_\mathrm{a}\right)\right]=2\tilde{P}_\mathrm{a}-\tilde{P}_\mathrm{a}^{\,2} \qquad \text{式(6-15)}$$

其中，$\tilde{P}_\mathrm{a}=\frac{2}{\sqrt{|x|}}\sum_{i=1}^{\sqrt{|x|}2}P\left(\mu_i\right)$是 $\mu$（平均误差只考虑符号的实部或虚部的单一项）天线的估计误差平均概率，$P(\mu_i)$ 是给定一个特定的 $\mu_i$ 天线估计误差的概率。

设 $\boldsymbol{h}_k$ 为信道列向量，该列向量由所选的第 $k$ 个 SA 天线发送到所有接收 SA 的信道系数组成。假设进行预编码矩阵，有效接收向量为 $\boldsymbol{y}=\boldsymbol{h}_k\boldsymbol{x}_k+\boldsymbol{n}$。经过 MRRC 后，$\boldsymbol{g}$ 的计算方法如式（6-16）所示。

$$\boldsymbol{g}=\begin{bmatrix}\boldsymbol{h}_1^{\mathrm{H}}\boldsymbol{h}_k\boldsymbol{x}_k+\boldsymbol{h}_1^{\mathrm{H}}\boldsymbol{n}\\ \boldsymbol{h}_2^{H}\boldsymbol{h}_k\boldsymbol{x}_k+\boldsymbol{h}_2^{H}\boldsymbol{n}\\ \vdots\\ \boldsymbol{h}_{M_t\times N_t}^{\mathrm{H}}\boldsymbol{h}_k\boldsymbol{x}_k+\boldsymbol{h}_{M_t\times N_t}^{\mathrm{H}}\boldsymbol{n}\end{bmatrix} \qquad \text{式(6-16)}$$

由于区域 2 保证了近似正交性，我们有式（6-17）所示的结果。

$$E\left[\boldsymbol{h}_1^{\mathrm{H}}\boldsymbol{h}_k\right]=\begin{cases}G_tG_rQ^2\left|a_{k,k}\right|^2 & l=k\\ \in & \text{其他}\end{cases} \qquad \text{式(6-17)}$$

其中，$\in$ 是一个模接近于 0 的复数。因此，其余 $\boldsymbol{g}$ 所有的振子 $l$ 分布可以近似为 $N\left(\bar{\mu}_{l,i},\dot{\sigma}^2\right)=N\left(0,\dot{\sigma}^2\right)$（由于采用 MRRC，$\dot{\sigma}^2$是一个按比例缩小的噪声方差），$\boldsymbol{g}$ 的第 $k$ 个振子（$l$=$k$）服从$N\left(\bar{\mu}_{k,i},\dot{\sigma}^2\right)$，其中，$\bar{\mu}_{l=k,i}=G_\mathrm{t}G_\mathrm{r}Q^2\left|a_{k,k}\right|^2\mu_i$。

## 6.6 UM-MIMO 性能验证

根据 UM-MIMO 系统模型，我们对所提出的 SM 方案进行了仿真。根据第一种操作模式，对于频率在 1THz 和 3THz，距离为 1m 时，给出了 16QAM 的 16×16 的 UM-MIMO 系统（$M$=4）的理论和模拟的误码率（SER）图，模拟解析 SER 如图 6-4 所示（图 6-4 中假定没有波束赋形）。第二种操作模式是假设 $\Delta$ 按式（6-4）调优。仿真和分析结果接近协议所有分量的错误概率 $P_\mathrm{e}$、$P_\mathrm{a}$、$P_\mathrm{s}$。结果表明，频率从 1THz 到 3THz 产生了 10dB 左右的信噪比损失。因此，阵列组合增益、发射天线增益和接收天线增益的组合可以降低信噪比数值。对于在频率为 1THz 时，给出了采用 64QAM 的 16×16 的 UM-MIMO（$M$=4）和 64×64 的 UM-MIMO（$M$=8）系统方案的相对误码率（BER）性能图。BER 性能示例 1 和 BER 性能示例 2 分别如图 6-5 和图 6-6 所示。

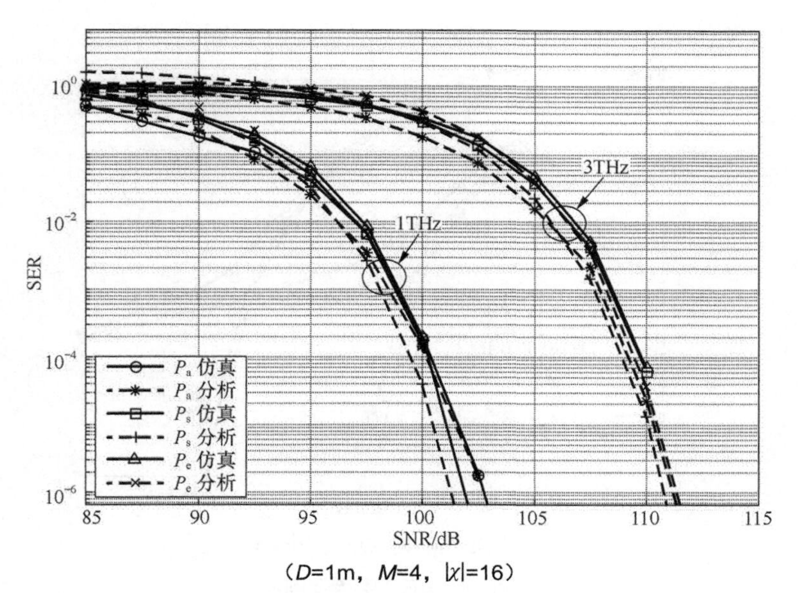


（$D$=1m，$M$=4，$|\chi|$=16）

图6-4　模拟解析SER

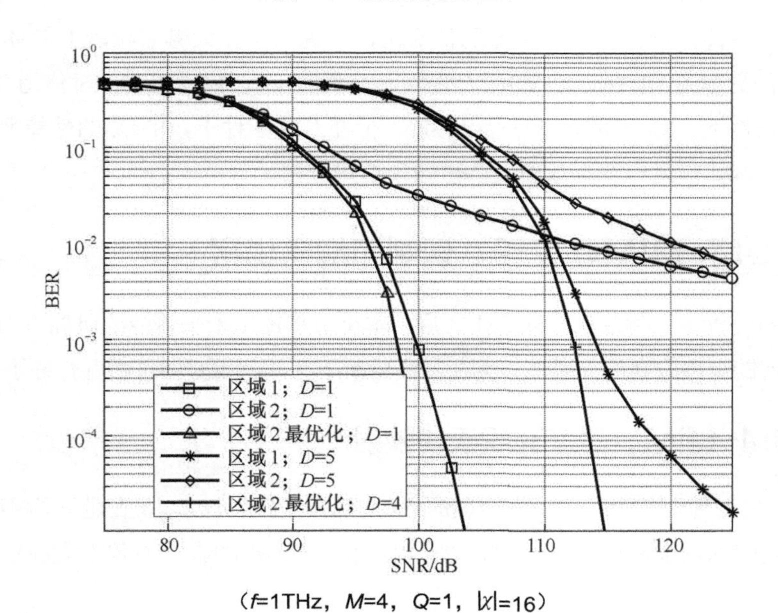


（$f$=1THz，$M$=4，$Q$=1，$|\chi|$=16）

图6-5　BER性能示例1

第一种操作模式（区域 1）的平均信道条件好，保证了良好的性能；第二种操作模式通过区域 2 中 $\Delta$ 的适当调优，达到最佳性能。此外，两种模式的性能都明显优于在不优化天线间距情况下的区域 2。未优化的性能在高信噪比下变得严重扭曲和发散，这验证了优化解决方案的重要性。同时，我们注意到 $D$=1m 和 $D$=5m 时的相对性能相同，两者之间的信噪比差距与 1THz 和 3THz 时相似。

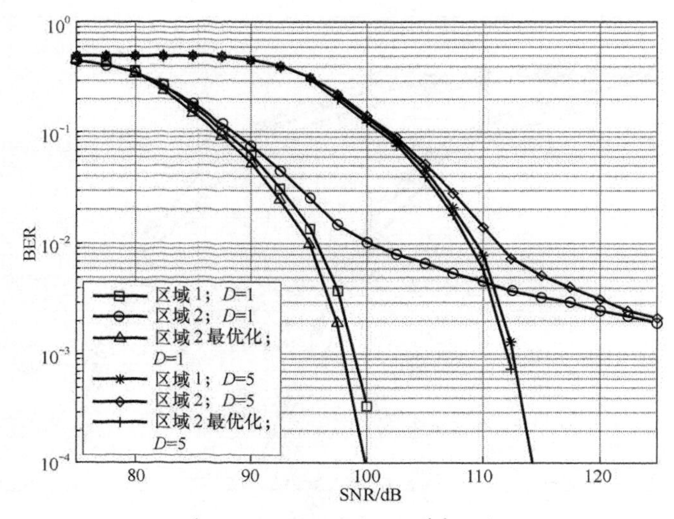


（$f$=1THz，$M$=8，$Q$=1，$|\chi|$=64）

图6-6 BER性能示例2

对于有 1024 个振子的 SA（$Q$=32），64×64 UM-MIMO 系统产生 30dB 阵列增益，要达到相同的相对性能，只需要一个更低的信噪比，这说明了在太赫兹频段上 UM-MIMO 的重要性。天线间距优化同样提高了 SMX 的性能。事实上，SMX 比 SM 对信道条件更敏感。在最优信道条件下，SMX 的性能略优于 SM，但在其他条件下，SMX 的性能严重恶化。这进一步促进了 SM 作为一个有效的太赫兹频段应用模式。

## 6.7 UM-MIMO 交织、调制和编码优化

在介绍和分析了太赫兹频段的 SM 之后，本小节将提出未来可能的研究方向，这些方向可以克服目前的解决方案的局限性，为在超高频率下有效利用空间自由度打好了基础。

### 6.7.1 UM-MIMO 频率交织天线映射

两个石墨烯等离子体纳米天线振子之间的距离可以被设置为$\delta=\lambda_{\text{SPP}}$，在避免了相互耦合影响的同时，此距离也比采用金属天线时小得多。这是由约束因子$\eta$决定的。其计算方法如式（6-18）所示。

$$\eta=\frac{\lambda}{\lambda_{\text{SPP}}}\gg 1 \quad \text{式(6-18)}$$

SPP 波是一种电磁波，它激发出电荷的振荡并在金属和介质之间的界面中传播，速度比自由空间中的电磁波要慢得多。

虽然这种限制有利于密集封装，但空间采样不足也导致了有限的波束赋形增益。为了最大限度地获得波束赋形增益和减少旁瓣，需设置$\delta=\lambda/2\gg\lambda_{\text{SPP}}$。因此，为了维持一个紧凑的设计，同时考虑到最小间距，可采用一种将不连续纳米天线振子调到相同频率的解决方案，而纳米天

线在两个坐标轴维度的不同频率之间交织。类似地，更大的同频率 SA 间距 $\Delta$ 须满足良好的多路复用或 SM 增益。因此，在设计中需要一种能够适应更大工作频率范围的稀疏交织天线映射。

在 AoSA 结构的 AE 上的频率交织设计示意如图 6-7 所示，在 AoSA 结构的 SA 上的频率交织设计示意如图 6-8 所示。其中，交织分别在 AE 和 SA 级别上进行。为了更好地说明交织特性，这些示意图没有按比例绘制。

在图 6-7 中，有效的相同频率 AE 间距 $\delta=\lambda/2$，多个其他频率的 AE 被设置在此间距中。在图 6-8 中，相同频率 AE 间距也为 $\delta=\lambda/2$，达到了良好的波束赋形的增益，相同频率的 SA 按优化需求在一个足够大的间距 $\Delta$ 中被激活。然而，在这两个级别上都可以引入交织，虽然这两个映射可以组合在一起，但是要以更高的复杂性为代价。每个 AE 的特征长度 $L=\lambda_{\mathrm{SPP}}/2$，石墨烯片激活部分的面积 $F$ 的计算方法如式（6-19）所示。

$$F=\left(\frac{3}{2}MQ\lambda_{\mathrm{SPP}}\right)^2 \qquad 式(6\text{-}19)$$

这种频率交织映射的关键是能够动态地将每个 AE 调到一个特定的谐振频率，而不修改它的物理位置。这可以通过改变这些振子的电导率来实现，而电导率是石墨烯费米能量的函数。简单的材料掺杂可以改变费米能量，从而调节 AE 上的谐振频率。同时，也可以选择用静电偏差的方式解决，然而，当频率相对较低时，例如 $f<1\mathrm{THz}$，由于等离子体天线的限制，这种可调性不易实现，所以此时软件定义的等离子体超材料可以作为一种替代解决方案。

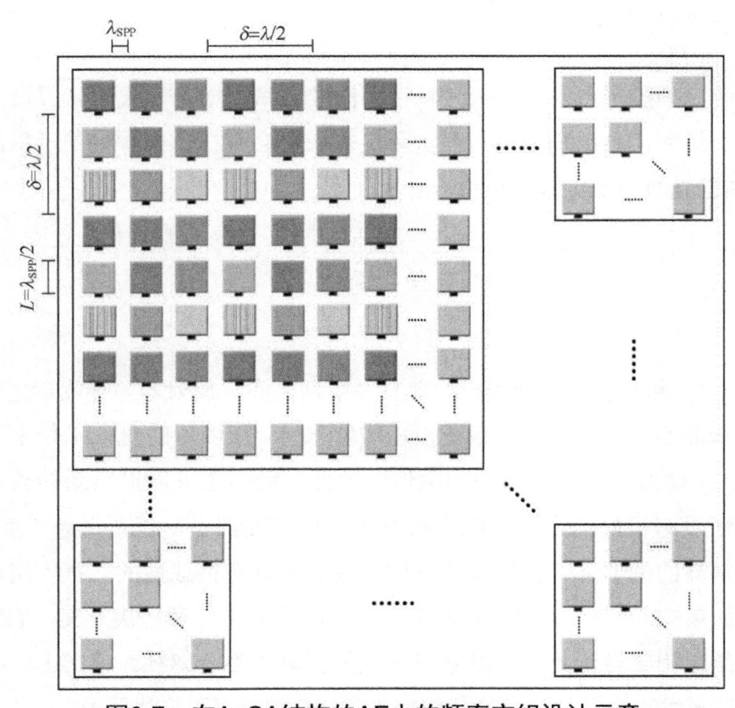


图6-7 在AoSA结构的AE上的频率交织设计示意

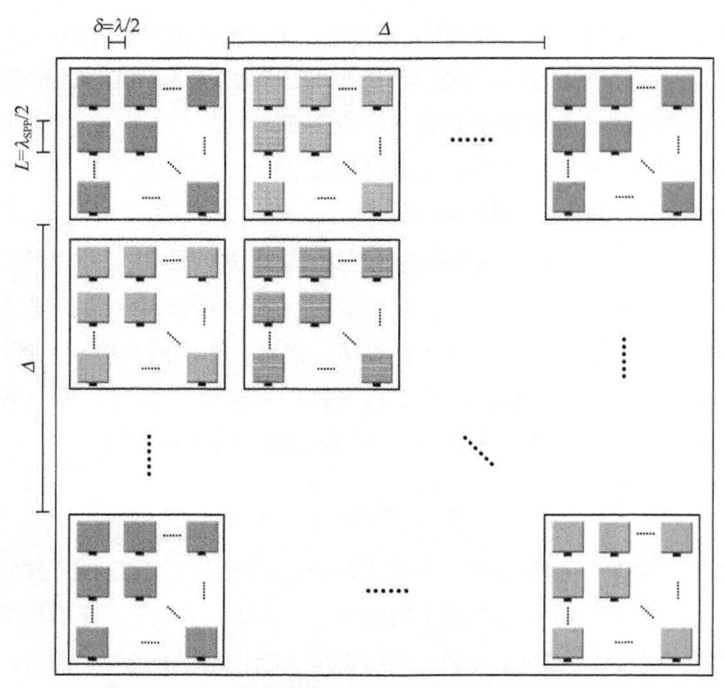


图6-8　在AoSA结构的SA上的频率交织设计示意

## 6.7.2 UM-MIMO 改进

由于在太赫兹频段严重的传播损耗特性和高波束赋形增益，我们只假设一个 LoS 分量在系统模型中。然而，更准确地说，在实际覆盖中仍会存在一些额外的反射波束。相关的 NLoS 路径增益的计算方法如式（6-20）所示。

$$\alpha_{m_r n_r, m_t n_t}^{\mathrm{NLoS}} = \frac{c}{4\pi f\left(r_{m_r n_r, m_t n_t}^{1} + r_{m_r n_r, m_t n_t}^{2}\right)} \times \mathrm{e}^{-\frac{1}{2}K(f)\left(r_{m_r n_r, m_t n_t}^{1} + r_{m_r n_r, m_t n_t}^{2}\right)} \times R(f)\mathrm{e}^{-\mathrm{j}\frac{2\pi f}{c}\left(r_{m_r n_r, m_t n_t}^{1} + r_{m_r n_r, m_t n_t}^{2}\right)} \quad \text{式(6-20)}$$

其中，$r_{m_r n_r, m_t n_t}^{1}$ 和 $r_{m_r n_r, m_t n_t}^{2}$ 分别为反射器与发射端之间、反射器与接收端之间的距离。利用多路径分量来减小式（6-21）中路径损耗阈值 $PL_{\mathrm{th}}$。在以后的研究工作中，还可以进一步使用 Kronecker 模型来解释信道的相关性。此外，我们还可以提出新的模型来近似射频损耗，但目前还没有很好的太赫兹频段收发机，更重要的是，还要考虑不完全信道估计。事实上，在非常高的频率下获得信道状态信息是非常具有挑战性的。在应用快速信道跟踪机制的太赫兹波束空间 UM-MIMO 环境下，目前已经有了一种解决方案，它可以与 SM 的其他信道估计结果相结合。此外，阻塞对高频的影响也不容忽视。事实上，在阻挡窄波束的介质上或者在天线阵列上的悬浮粒子阻挡小的 AE 时都可以产生阻塞。

虽然亚太赫兹波范围内的等离子体天线支持连续传输，但是在室温下石墨烯仍然很难产生比短脉冲更多的脉冲。因此可以使用时域脉冲单载波调制，其频率响应超过太赫兹频段，相应的功率为几毫瓦。由于这种功率不足以进行长距离通信，所以纳米尺度的应用是脉冲调制的典型候选应用。为此，基于脉冲的不对称开关键控调制（TS-OOK）被提出，它在纳米设备之间产生非常短的脉冲。该方案支持大量能够以极高速率传输的纳米器件，传输速率从几吉比特每秒到几十吉比特每秒不等。

太赫兹频段的自适应系统可以根据系统和信道条件改变调制类型。在接收端盲估这些调制的信号处理，是对现有的已经被充分研究的调制分类问题的演进。此外，可以借鉴光学 SM 的结果，使其适用于基于脉冲的调制。从最近石墨烯基技术的发展速度来看，在不久的将来，高太赫兹频谱上的连续调制方案有望得到进一步完善。

### 6.7.3 UM-MIMO 广义空间和索引调制

在特定实例中选择特定的天线组合，这实际上是广义空间调制（Generalized Spatial Modulation，GSM）的一种形式。因为在小范围内有大量的 AE，所以广义空间调制在高的频率上特别有意义。对于我们的系统模型 AoSA，一个信道使用的传输比特的总数的计算方法如式 (6-21) 所示。

$$N_{\mathrm{b}}^{(\mathrm{GSM})}=\log_2\left\lfloor\binom{S}{M^2Q^2}\right\rfloor+\log_2(|\chi|) \qquad 式(6\text{-}21)$$

其中，$S$ 为可同时激活的 AE 的数量。UM-MIMO 的 SM 和 GSM 解决方案非常多，但在如此大的规模下，需要更加高效的低复杂度算法。

此外，频率维度可以通过将信息比特分配到前面小节所述的交织映射中加以利用，从而进一步提高频谱效率。例如相同的 AE 发射可以在不同的用途上分配多个频率。其中，每个特定的频率被映射到特定的信息比特上。这种方法在没有分子吸收而产生了大量可用的频谱窗口的太赫兹频段特别有效。由此产生的方案可被称为广义索引调制（Generalized Index Modulation，GIM），其计算方法如式（6-22）所示。

$$N_{\mathrm{b}}^{(\mathrm{GIM})}=\log_2\left\lfloor\binom{\overline{F}}{F}\right\rfloor+\log_2\left\lfloor\binom{S}{M^2Q^2}\right\rfloor+\log_2(|\chi|) \qquad 式(6\text{-}22)$$

其中，$F$ 是可用窄频段数，$\overline{F}$ 是可以同时利用的频段数。如果频率和空间映射联合共同实现，则可以进一步增加$N_{\mathrm{b}}^{(\mathrm{GIM})}$。这样的方案将保证太赫兹频段的可用频谱得到最佳利用。然而，GIM 的适用性受到频率跃迁速度的限制，频率跃迁速度由材料掺杂或静电偏置导致的费米能量变化速度决定（在未来的技术中，有望实现快速调频速率）。此外，从大量可能的组合中检测信息符号也是一个挑战，应用人工智能和机器学习技术来确定接收端的索引或许是可行的解决方案。

### 6.7.4 UM-MIMO 增强检测和编码方案

在太赫兹通信的环境中可以对大量的 SM 检测算法进行研究，用计算复杂度来交换性能，检测器利用被研究的 AoSA 中固有的层次结构也是可行的。例如在第一种操作模式中，可以首先检测 SA 索引，然后检测 AE 索引，使用 MRRC 来检测前者，而 ML 检测则将后者与所传输的符号一起处理。当 $\Delta>\delta$ 时，意味着错误更容易发生在 AE 级别。同样的概念可以扩展到自适应信道编码。与 SA 索引对应比特的编码方案相比，AE 索引对应比特的编码方案具有更强的冗余度，可以通过更强的编码方案保护。

此外，最近提出的 UM-MIMO 检测方案大部分基于栅格简化、图形模型信息传递、蒙特卡罗抽样、局部搜索准则、启发式禁忌搜索算法和子空间分解等技术。在广义索引调制设置中，应该考虑更复杂的检测方案，以达到接近最佳的性能和具有合理的复杂性。

### 6.7.5 UM-MIMO 优化问题

天线阵列设计和资源分配准则可被归类为优化问题。由于可以优化的参数数量非常大，所以这种优化可以在选定的子问题公式中进行。例如为 AE 制订频率的最优分配，其目标是根据 AE 的数量、可用频率的数量、天线增益、阵列因子、波束转向角和吸收系数等使容量最大化。同时，可通过调整帧数和功率分配来优化脉冲波形设计，以应对特定通信距离内的损耗。此外，现在已经有了一种基于距离感知的自适应混合波束赋形方案，可以优化太赫兹频段的波束赋形。此类优化问题也可以应用 SM 的特定约束来修改并改进。

最后，天线阵列优化设计可以进行扩展，例如假定石墨烯片是足够大的，这样 $\Delta$ 总是可以获得的。事实上，由于发射端和接收端的物理尺寸有限，所以近正交目标信道以及因此而产生的高多路复用增益，不能支持超过所谓的瑞利距离。超过这个距离的点对点 LoS 通信已经被研究用于毫米波通信，包括均匀的和非均匀的线性阵列。这些研究可以扩展到可配置的太赫兹频段天线。如果考虑空间过采样，那么 AE 间距可减少至低于 $\lambda_{SPP}$。这种过采样被认为是为了减少平面波支持的时、空、频域区域，从而产生降低噪声和增强线性等多重好处。

## 6.8 基于 UM-MIMO 无线通信智能环境

由于小波长固有的路径损耗非常高，毫米波和太赫兹频段收发机的发射功率有限，所以毫米波和太赫兹频段频率应用的主要挑战是有限的通信距离。克服这个问题需要高增益的定向天线系统。此外，可重构天线阵列可用于实现 MIMO 和大规模 MIMO 通信系统。当通信频率增加时，天线会变得更小，可以在相同的面积中集成更多的天线。然而，仅仅增加天线的数量并不足以克服在向太赫兹频段技术过渡时产生的更高的路径损耗，也不足以满足 6G 系统的需求和期望。由此产生了由 UM-MIMO 平台支持的智能通信环境的概念，以增加毫米波和太赫兹频段频率下的通信距离和数据速率。UM-MIMO 平台由发射节点和接收节点上的可重构等离子体天线阵列组成，以等离子体发射、接收阵列的形式工作，在传输环境中以等离子体反射阵列的形式工作，UM-MIMO 平台可以在不同的模式下工作，包括发射、接收、反射和波导。等离子体天线利用表面等离子极化波的物理特性，在远小于相应波长的情况下，有效地在目标谐振频率处进行辐射。这一特性使它们可以集成在非常密集的阵列中，超越了传统的天线阵列，并且能够精确地控制亚波长电磁波的辐射和传播。

在发射端和接收端中引入 UM-MIMO 的概念，使用可编程的超表面或超曲面来设计电磁信号在信道中的传播，这比传统的可编程反射阵列具有更多的控制。

等离子体阵列在发射端、接收端以及传播信道上还可以进行全波控制，其基于发射端、接收端和通信信道上的 UM-MIMO 系统，以协同的方式对智能通信环境的性能进行了分析建模和数值估计，从而克服毫米波和太赫兹频率在应用上的主要挑战。智能环境和等离子体天线（反射）阵列如图 6-9 所示。

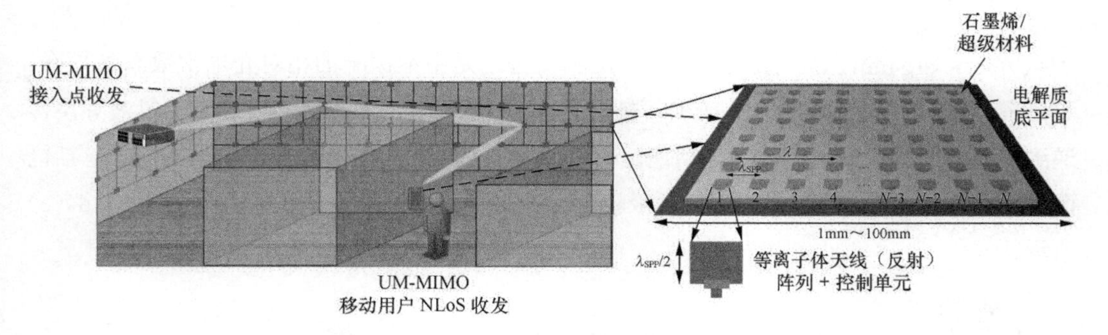


图6-9 智能环境和等离子体天线（反射）阵列

## 6.8.1 基于 UM-MIMO 平台的智能环境设计

UM-MIMO 平台能够在室内和室外场景中创建智能通信环境。这里我们将重点分析室内案例。智能环境由两个主要部分组成：节点上的等离子体收发阵列和传播环境中的等离子体反射阵列。等离子体反射阵列可以嵌入或应用于室内物体的表面（例如墙壁和天花板），就像低能耗的胶粘箔纸一样，并且它允许通过等离子体最上面一层的反射或最下面一层的波导层传输信号。控制层位于中间层，与节点上的发射和接收阵列进行协调，对信道进行估计，并将操作模式分配给单个或多组等离子体单元。UM-MIMO 平台由移动收发机中的电池和覆盖在墙上的反射阵列的交流电源供电。

1. 等离子体收发阵列

等离子体收发阵列可以利用等离子物理特点使天线阵列的振子更加密集，超越传统的 $\lambda/2$ 采样空间要求，有助于让空间和频率波束赋形更精确。在此基础上，已经证明在太赫兹频段，石墨烯可被用于构建最大尺寸为 $\lambda/20$ 的纳米收发机和纳米天线，允许它们在非常小的面积内集成（1024 个振子集成在小于 $1cm^2$ 的面积之内）。然而，石墨烯在毫米波频段的表现并不佳，作为替代，超表面将被考虑合并到等离子体收发阵列中。超材料是一种工程材料，具有自然界中不常见的电磁特性。超表面是超材料的二维表征，它已经从材料科学与技术的角度得到了很好的研究。

2. 智能环境中的等离子体反射阵列

等离子体反射阵列可以在三维环境中自由部署，根据工作频率（毫米波 / 太赫兹频段），在 $1cm^2$ 到 $100cm^2$ 大小不等的面积中，配备数百或数千个等离子体天线振子。基于天线振子的亚波长尺寸，等离子体反射阵列能够以非常规的方式反射信号，包括非镜面方向的受控反射和极化转换反射。这些操作可以通过适当调整中继原子的反射系数来实现。

根据能量守恒，当反射率 $R$ 最小时，吸收率 $\beta$ 达到最大，其中，$\beta \equiv 1-R \equiv 1-\left|\dfrac{\mu_r - n}{\mu_r + n}\right|^2$，$n=\sqrt{\mu_r \varepsilon_r}$，$\arg\min_R \beta = \{R \mid \mu_r = \varepsilon_r\}$，$\mu_r$ 和 $\varepsilon_r$ 分别是中继原子的相对介电常数和磁导率。等离子体反射层示意如图 6-10 所示。最后，电磁波通过吸收入射能量，将其通过波导层传递到相邻的中继原子，实现波导功能。该反射层能够以非传统的模式操纵电磁波，包括镜面反射、控制反射、极化转换反射、吸收、信号波导，分别如图 6-10 中的(a)(b)(c)(d)(e)所示。

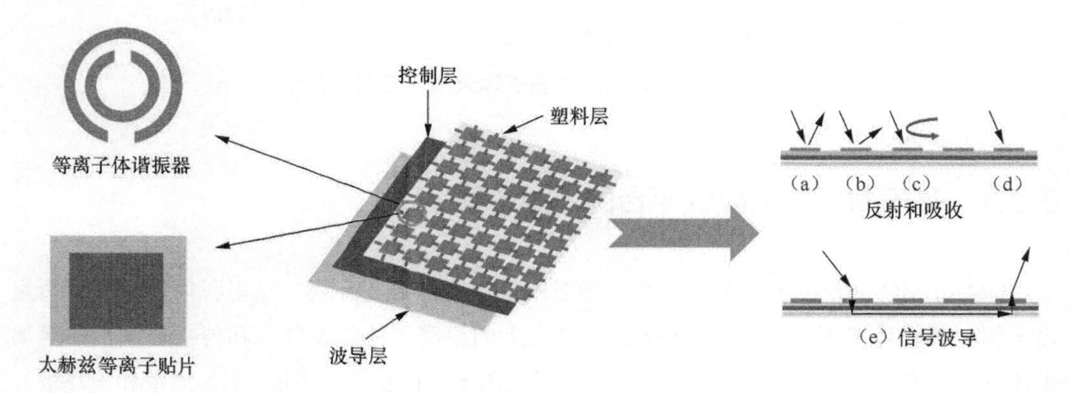


图6-10 等离子体反射层示意

## 6.8.2 UM-MIMO 智能系统端到端特性和性能

UM-MIMO 通信的实现需要先熟悉信道模型的研究和发展，以便能够了解对等离子体阵列以及大量平行波在空间中传播的影响。在本节中，我们将探讨如下特性。

1. 三维（3D）端到端信道模型

我们已经研究了 UM-MIMO 平台的发射和接收模式，在此我们也将三维（3D）端到端信道模型扩展到上述运作模式。在频率 $f$ 处反射阵列的反射系数的计算方法如式（6-23）所示。

$$R(f)=\sum_{n=0}^{N-1}\sum_{m=0}^{M-1}R_{mn}\left[f,\theta_{\mathrm{t}}^{(m,n)},\phi_{\mathrm{t}}^{(m,n)},\psi^{(m,n)}\right]\times\exp\left\{\mathrm{j}k_0\left[x_{mn}\sin(\theta_{\mathrm{t}})\cos(\phi_{\mathrm{t}})+y_{mn}\sin(\theta_{\mathrm{t}})\sin(\phi_{\mathrm{t}})\right]+\mathrm{j}\psi^{(m,n)}\right\} \quad \text{式(6-23)}$$

在式（6-23）中，$M$、$N$ 为收发一体化阵列（包括收发机的 UM-MIMO 阵列和传播环境中的反射阵列）的 $x$ 轴和 $y$ 轴的单元数（cells），j 表示虚数。$R_{mn}$ 表示集成阵列第（$m, n$）单元的反射系数的大小，这取决于等离子体的属性以及仰角和方位角平面上的用（$\theta_{\mathrm{t}}, \phi_{\mathrm{t}}$）表示的偏离角；波数 $k_0=2\pi f/c$，$c$ 是光速；$x_{mn}$ 和 $y_{mn}$ 代表第（$m$，$n$）单元的几何位置；相移 $\psi^{(m,n)}$ 是由集成阵列的第（$m$，$n$）单元在入射场和反射场之间引起的，反射场的相位在垂直于波束方向的平面上是均匀的。

在传播信道中，等离子体阵列发射端产生并发射出大量的波（或路径），并与传播环境交互，直到到达接收端。现有的信道建模方法通常将环境视为无源信道，在接收端实现均衡以对抗码间干扰（Inter Symbol Interference，ISI）。然而，利用 UM-MIMO 平台，等离子体反射阵列可以操纵环境中的路径，增强信号传输，降低 ISI 的影响。基于交互的类型，信道的计算方法如式（6-24）所示。

$$h(t)=\alpha_{\mathrm{LoS}}\delta(t-\tau_{\mathrm{LoS}})l_{\mathrm{LoS}}+\sum_{s=1}^{S}\alpha_{\mathrm{abs}}\delta(t-\tau_{\mathrm{abs}})+\sum_{i=1}^{I}\sum_{j=1}^{J}\left[\alpha_{\mathrm{ref}}^{(i,j)}\prod_{m=0}^{J-1}g_m^{(i,j)}\right]\delta[t-\tau_{\mathrm{ref}}^{(i,j)}]+\sum_{\omega=1}^{W}\alpha_{\mathrm{wvg}}^{(\omega)}g_m\delta(t-\tau_{\mathrm{wvg}}) \quad \text{式(6-24)}$$

$\alpha(\cdot)$ 表示在不同类型路径的振幅，包括视距（LoS）、吸收（abs）、反射（ref）和波导（wvg）。$\tau(\cdot)$ 表示路径和环境之间的交互时间，$l_{\mathrm{LoS}}$ 是 LoS 路径的存在指示函数，$i$ 和 $j$ 分别表示反射路径的各路径段的序号（$i, j$）。$g_m^{(i,j)}$ 是第 $m$ 个中继原子在波撞击第 $i$ 条路径中的第 $j$ 段时所引起的损耗。通过中继原子间的相互连接，波导路径只经历一次撞击中继原子的损耗，然后波导路径可以几乎无损地传输到目的地。

2. 资源配置优化

基于上述多径信道模型，仍然需要一个可以支持 UM-MIMO 平台的发送、接收、反射和波导的理想的资源分配策略。这可以被归结为一个优化问题，旨在寻找最优发射功率 $P_{\mathrm{t}}^{(k)}$。

在 UM-MIMO 系统中，传输和接收的天线数 $N_a$，反射阵列中天线数 $M_s^{(k)}$（在 $k$ 个总用户的毫米波和太赫兹网络中的第 $k$ 个用户接收器），其目标是使传输距离 $d_k$ 和总体吞吐量 $\Gamma_k$ 之和最大。

给定：$T$、$R$、$\left(y_r^{(k)}, z_r^{(k)}\right)^T$、$P_t^{tot}$、$N_a^{tot}$ 和 $M_s^{tot}$

查找：$P_t^{(k)}$、$N_a^{(k)}$ 和 $M_s^{(k)}$

目标：$\max\sum d_k$，$\max\sum T_k$

约束关系：$\sum P_t^{(k)} \leqslant P_t^{tot}$，$\sum N_a^{(k)} \leqslant N_a^{tot}$

$\Gamma_k[P_t^{(k)}, N_a^{(k)}, M_s^{(k)}] \geqslant \Gamma_{th}^{(k)}$

$\sum M_s^{(k)} \leqslant M_s^{tot}$，$k \in K$

在这个优化问题中，$T$ 和 $R$ 分别表示发射端和第 $k$ 个接收端的三维坐标。发射功率、UM-MIMO 中的天线数量以及反射阵列中的振子数量的上界分别为 $P_t^{tot}$、$N_a^{tot}$ 和 $M_s^{tot}$。此外，根据接收器的位置、发射功率、在集成的 UM-MIMO 平台上分配的天线数量、数据速率都需要满足阈值 $\Gamma_{th}^{(k)}$。

3. 性能评估

基于资源分配优化方案，我们可以在端到端信道中分析评估 UM-MIMO 平台的性能，并考虑以下指标：满足信噪比要求的可达距离和最大系统吞吐量。

假设单个用户具有 $N_a$ 个天线的 UM-MIMO 系统的基站（Base Station，BS）以及 $M_s$ 个天线的等离子体反射阵列具有良好传播的信道，其中，信道系数可以表示为 $h_{n,m} = g_{n,m}\sqrt{\alpha_n}$，$g_{n,m}$ 表示零均值和单位方差随机变量的独立同分布（Independent Identically Distributed，IID）小尺度衰落系数，BS 有 $n$ 个天线，等离子体反射阵列有 $m$ 个天线，$\alpha_n$ 是大尺度衰落系数。用户的信道传输矩阵 $H$ 的计算方法如式（6-25）所示。

$$H = \begin{pmatrix} h_{1,1} & \cdots & h_{n,1} \\ \vdots & \ddots & \vdots \\ h_{1,m} & \cdots & h_{n,m} \end{pmatrix} = GA^{1/2} \qquad \text{式(6-25)}$$

其中，$G = \begin{pmatrix} g_{1,1} & \cdots & g_{n,1} \\ \vdots & \ddots & \vdots \\ g_{1,m} & \cdots & g_{n,m} \end{pmatrix}$，$A = \mathrm{diag}(\alpha_1, \cdots, \alpha_n)$

在下行信道中，接收到的信号向量 $\boldsymbol{y}$ 可以表示为发射功率 $P_t$、信号向量 $\boldsymbol{x}$、下行信道矩阵 $H$ 和具有零均值和单位方差的复高斯噪声 $CN$ 的函数，即 $y = \sqrt{P_t}H\boldsymbol{x} + CN$。

若在给定资源优化的前提下，UM-MIMO 平台有优良的信道状态信息，可实现的系统吞吐量的计算方法如式（6-26）所示。

$$C = B\log_2\left|I + P_t H^H H\right| = B\log_2(1 + P_t MN) \qquad 式(6\text{-}26)$$

在同一环境中，当用户数量较少时，系统吞吐量的大小受等离子体收发阵列和等离子体反射阵列大小的限制。因此在这种情况下，干扰渐近为零。应用 UM-MIMO 系统对于通信距离和系统吞吐量的提升如图 6-11 所示。图 6-11 显示了在中心频率 $f_c$=300GHz，带宽为 50GHz 的 UM-MIMO 平台中不同的距离增强和可达的数据速率。对比图 6-11（a）和图 6-11（b）所示的“L”形室内廊道的平均接收功率可以看出，UM-MIMO 平台可以将覆盖提升 40dB 左右。利用 $N_a$=1024×1024 等离子体收发阵列和在等离子体反射阵列环境中满足各种 $M_s$ 值的优化函数（从 50 到 1200 遍历计算），UM-MIMO 平台可实现的数据速率之和可以达到太比特每秒级。

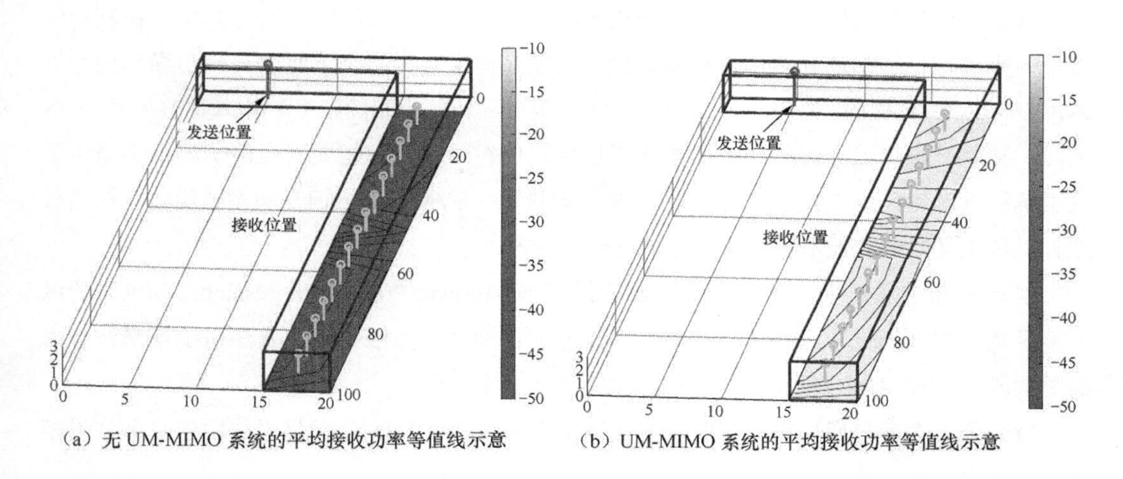


（a）无 UM-MIMO 系统的平均接收功率等值线示意　（b）UM-MIMO 系统的平均接收功率等值线示意

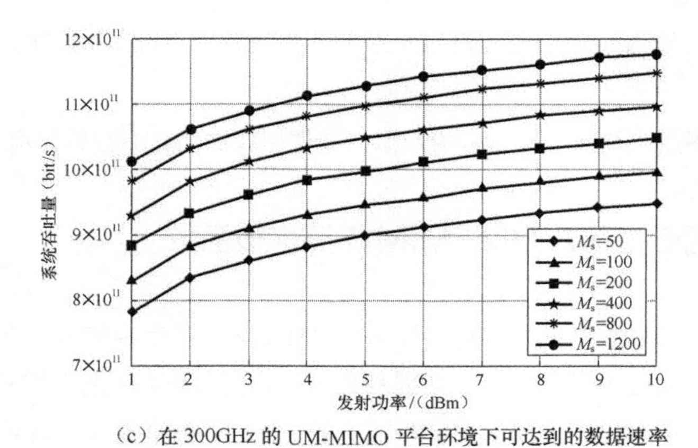


（c）在 300GHz 的 UM-MIMO 平台环境下可达到的数据速率

图6-11　应用UM-MIMO系统对于通信距离和系统吞吐量的提升

## 6.9 UM-MIMO 信道估计

大规模的 MIMO 天线系统在较低的频率下仍然面临信道估计精度和效率的挑战，更大的问题出现在太赫兹频段具有更多数量天线振子的 UM-MIMO 通信系统，其中，每个收发机都设有一千多个天线振子。由于信道噪声限制的固有特性，所以在散射环境下的信号畸变和闪烁效应，有限的辐射信号强度，以及有效估计信道和检测信号这些问题的解决方案几乎是空白的。到目前为止，大规模的 MIMO 天线系统的信道估计解决方案大多基于线性估计，具体包括最小二乘（Least Square，LS）、最小均方误差（MMSE）等，信道估计质量高低取决于大规模 MIMO 天线阵列的信道响应中是否存在已知的相关性。然而，这些线性估计器的复杂度与输入信号的比特长度成正比。因此，在大规模的 MIMO 天线系统和 UM-MIMO 通信中，在需要估计数百个甚至更多输入信号流的情况下，很难保证这些线性估计的效率。

认识到传统的线性估计在处理大规模数据方面的不足，最近的一些研究集中在利用深度学习来进行信道估计和多用户检测。例如将无线信道视为一个黑匣子，使用导频信号训练深度神经网络（DNN）来表征信道。当测试数据（新接收到的符号）输入调整后的 DNN 中时，接收端根据已学习的信道函数恢复已传输的符号。已有相关研究的仿真结果显示了这类解决方案的前景，包括使用 DNN、支持向量机（SVM）等。但是超参数优化、核函数选择以及交叉验证的效率等问题仍需要进一步研究。

现有研究中提出了一种基于高斯回归过程（Gaussian Process Regression，GPR）的深度核函数学习（Deep Kernel Learning，DKL）的信道估计方法，这种方法用于毫米波和太赫兹频段的 UM-MIMO 通信，具体内容包括以下 3 个方面。

（1）分析多用户通信场景，并在上行链路中分解 UM-MIMO 通信系统中的复杂信道矩阵来表征太赫兹频段特性。

（2）当信道的输入和输出之间没有直接的线性关系时，GPR 的 DKL 如何应用于信道估计。

（3）在一个多用户场景中进行数值模拟，并使用线性估计器检验信道估计方案的性能。

### 6.9.1 高斯回归过程的 UM-MIMO 深度核函数

高斯回归过程（GPR）是最小均方误差（MMSE）的贝叶斯扩展。在复杂信道效应的无线通信链路中，MMSE 和最小二乘等线性估计往往具有较高的复杂度和次最优特性。作为 MMSE 估计的一个非线性扩展，GPR 允许通过超参数的调整来实现最优。与其他基于贝叶斯的方法（例如 SVM）相比，GPR 的优势还包括实现快速训练只需要一个小数据序列。在这里，我们简要地解释 GPR 的基础原理。

1. 基本的高斯回归过程

在 GPR 中，一组随机变量的集合中的任何有限子集都具有联合高斯分布。更准确地说，如果我们有一系列的 $n$ 个输入向量 $X$ 代表整个组随机变量空间，$\boldsymbol{X}=(x_1, x_2, \cdots, x_n)$，输出 $n\times1$ 维向量，$\boldsymbol{Y}=[y(x_1), y(x_2), \cdots, y(x_n)]$。输入的一个子集（记为 $\boldsymbol{X}'$）与输出向量之间的关系可以用联合高斯分布来描述。

$$f(\boldsymbol{X}')=[f(x_1), f(x_2), \cdots, f(x_l)]^{\mathrm{T}} \quad 式(6\text{-}27)$$

$$f(\boldsymbol{X}')=N[m(\boldsymbol{X}'),\textstyle\sum_{X',X'}] \quad 式(6\text{-}28)$$

$m(\boldsymbol{X}')$ 和 $\sum_{X', X'}$ 分别为子集的均值向量和协方差矩阵。特别是协方差矩阵，这里也称为核函数。因此，高斯回归过程可以直接由数据本身来表征。在信道估计中，这个特性是优势，因为通过简单地用一小组数据序列训练信道，我们就可以获得信道中的信息，从而获得较高的估计精度。

然而，GPR 的一个缺点是大小为 $n$ 的数据序列在训练过程中的计算复杂度是 $O(n^3)$，在数据序列的测试中的计算复杂度是 $O(n^2)$。

2. 高斯回归过程中的深度核函数学习

为了降低计算复杂度，提高学习的灵活性，我们将 DKL 应用到 GPR 中。DKL 是将深度前馈结构与高斯回归过程及局部核内插相结合，从而推导出一个所有超参数在闭合型核函数下联合优化的非参数高斯过程方案。具体来说，深度核函数学习是从前面提到的输入向量 $\boldsymbol{X}$ 的基核函数转换而来的，具体转换方法如式（6-29）所示。

$$\textstyle\sum_{X_i,X_j}|\theta \to \sum_{g(X_i,W),g(X_j,W)}|\theta,\ \boldsymbol{W} \quad 式(6\text{-}29)$$

其中，$g(X, W)$ 是由 $W$ 加权得到的深层结构的非线性映射函数，高斯回归过程的深度核函数学习结构如图 6-12 所示。在减少计算方面，训练长度为 $m$ 的数据序列计算复杂度为 $O(m)$，测试长度为 $m$ 的数据序列计算复杂度为 $O(1)$，这与传统的 GPR 相比有显著的改进。

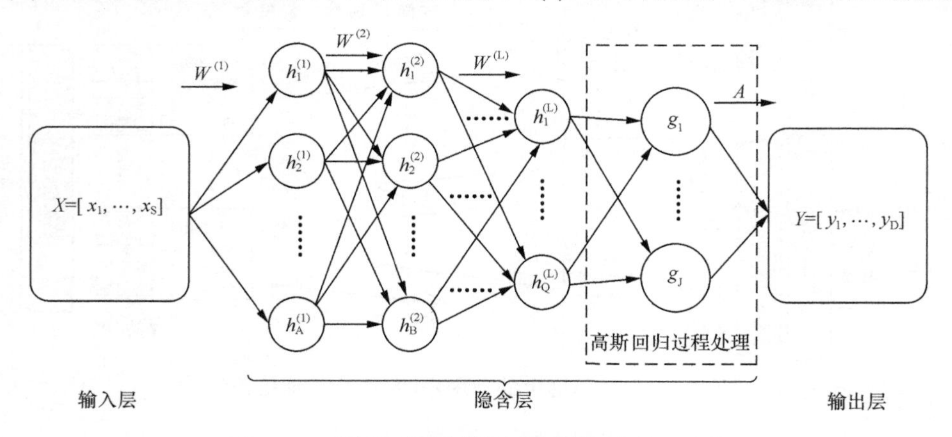


图6-12　高斯回归过程的深度核函数学习结构

## 6.9.2 UM-MIMO 系统信道模型

毫米波和太赫兹频段的无线信道与低频信道表现出明显的差异，这主要是由于毫米波/纳米电磁波与环境中小颗粒物体相互作用引起的大气衰减和分子吸收，特别是该信道显示出由大气湍流引起的突然闪烁。在本节中，我们描述了多用户场景下的 UM-MIMO 通信信道，并考虑了在毫米波和太赫兹频段的特殊影响。

1. 多用户场景下的信道特性

对于一个上行信道，其中一个基站（BS）配有 $M$ 个天线（$M$=1024）和 $K$ 个用户设备（UE），每个设备有 $N_k$ 个天线（$N_k$=1024）。上行信道上的多用户 UM-MIMO 通信系统如图 6-13 所示，阴影的区域展示了具有 1024 个振子的等离子纳米天线的 UM-MIMO 天线阵列，每一个大小都为 $\lambda_{\text{SPP}}/2$。UE 侧的每个振子记为 $n^{(k)}_{i,\ j}$，其中，$k$ 为 UE 号，$i$ 和 $j$ 分别为数组的行号和列号。每行和列的最大振子数是 $I$=32 和 $J$=32；UM-MIMO 阵列结构为一组子阵列，每个子阵列的大小可为 16×16 或 8×8 个振子；第 $k$ 个 UE 天线振子成对信道记为 $h^{(k)}_{i,j,i,j}$，前两个脚标表示源振子，后两个脚标表示目标振子。每个 UE 在发射前将通过等离子体调制进行基带处理和信号频率上变频转换到指定的射频频段。由于每个用户的发射天线振子和接收天线振子的信道不同，所以我们将一般的信道传输矩阵分解为成对天线振子，研究其对信道的作用。

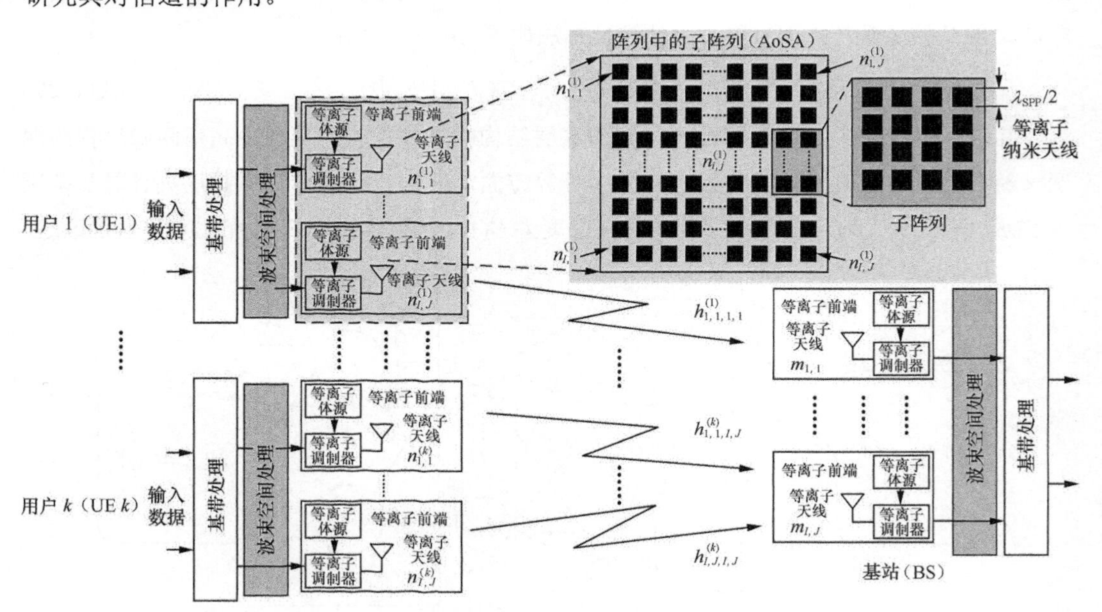


图6-13　上行信道上的多用户UM-MIMO通信系统

接收到的信号如式（6-30）所示。

$$Y=\sum_{k=1}^{K}H^{(k)}\boldsymbol{x}^{(k)}+\boldsymbol{Z}$$ 式(6-30)

$\boldsymbol{x}^{(k)}$ 是第 $k$ 个 UE 的发送符号，$\boldsymbol{Z}$ 是加性高斯白噪声，是由 BS 和多个用户造成的干扰，$\boldsymbol{H}$ 是复信道传输矩阵，$\boldsymbol{Y}$ 是接收到的信号。

由于有大量的与 UE 和 BS 相关联的天线振子对，所以在多种 UE 情况下进行信道估计是比较困难的。同时，毫米波和太赫兹频段信道的高频率选择性，相干时间极短，导致严重的信道参数更新不及时。因此，用当前的天线阵列配置几乎不可能实现完美的信道估计。相反，我们可以寻找一个非线性的，花费与较少的训练开销的方法。

2. 毫米波和太赫兹频段的信道稀疏性

虽然在每个收发机的链路中，UM-MIMO 通信系统采用成千个天线振子，但是由于有限的发射功率和不可忽视的毫米波和太赫兹频段大气衰减，所以只有少量的发射端发出的波束最终会到达接收端。另外，信道中的随机散射体引起的多径分量会导致超过 20dB 的额外衰减。而大多数路径是由视线范围内的路径构成的。因此，这样的高频信道可以被认为是稀疏的，从而允许较少的 RF 链路被连接到阵列振子。在这项工作中，我们假设在 UE 和 BS 处分别有 $N_k$ 和 $M$ 个 UM-MIMO 天线阵列，它们的 RF 链路数分别是 $n_k$ 和 $m_{RF}$，我们有 $n_k<N_k$，$m_{RF}<M$。

此外，整个 UM-MIMO 天线阵列可被划分为子阵列。为了便于分析，我们假设子阵列为正方形，每个边的数量记为 $Q$，每个子阵列的振子总数量记为 $Q^2$。对于 UM-MIMO 天线阵列，子阵列数量 $P$ 对于 UE 是 $N_k/Q^2$，对于 BS 是 $M/Q^2$。

3. 闪烁效应

在毫米波和太赫兹频段，环境的温度和湿度会对信号的折射产生很大的影响，从而加剧了信道的湍流，造成不可避免的信道闪烁效应。

### 6.9.3 UM-MIMO 信道估计结果分析

基于上述理论框架，我们可以建立一个真实的多用户通信场景进行详细的数值分析。现有研究中开发了一个基于 PyTorch 的用于高斯回归过程干扰和可伸缩逼近的平台，即 GPyTorch。该平台的计算复杂度有了显著的降低。因此我们使用该平台进行了信道估计。

1. 系统配置

在我们的模拟仿真中，我们假设 3 个 UE（即 $K$=3）都各自在 UM-MIMO 系统的信道中，在 1THz 频段处每个信道都配备了一个大小为 1024 个振子的等离子体天线阵列。同时，在上行信道中，有一个 BS 作为接收端，也配备了大小相同的等离子体天线阵列。由于上述的毫米波和太赫兹频段的波束空间的稀疏性，以及子阵列结构的有效逼近，可以有效地将估计信道减少至一些主波束。另外，由于采用了子阵列结构，我们可以将 UM-MIMO 天线阵列系统进一步划分成多个子阵列的阵列结构，从而简化了仿真过程。在不失一般性的前提下，我们研究了两个具有子阵列结构的不同阵列，规模大小分别为 $Q$=16 和 $Q$=8。因此每个收发端有效子阵列的总数分别为 4 和 16。

为了比较估计精度，本次仿真采用了两种常用的线性估计，即最小二乘估计和最小均方误差估计。一个关于 UM-MIMO 通信系统架构的示例如图 6-14 所示，UM-MIMO 的访问接入点和 UE1、UE2 和 UE3 之间的距离分别为 4.47m、4m 和 2m，两个用户（即 UE2 和 UE3）的视距分量相对较强，假设他们经历一个莱斯信道（Rician Channel），另一个用户（即 UE1）为非视距（NLoS），经历了瑞利信道。将 UE3 和 BS 之间的信道作为主导信道，其他两个用户作为干扰，改变 UE3 的发射信号功率，同时固定另外两个用户发射信号功率，通过误码率（BER）来评估这 3 个估计器的估计精度。

2. DKL 的训练和测试过程

本次仿真在 DKL 的构建中，在添加 GP 层之前应用了一个 5 层 DNN，在 DNN 中，跨层使用的激活函数是线性整流单元（Rectified Linear Unit，ReLU）函数。DNN 的结构为 d-512-256-128-64-31。我们在 DKL 训练中使用了 RBF 核函数。DKL 的训练数据是一组伪随机二进制序列，长度为 31，但是序列的起始位置不同，以便在多用户情况下模拟仿真不同用户发送的不同代码。

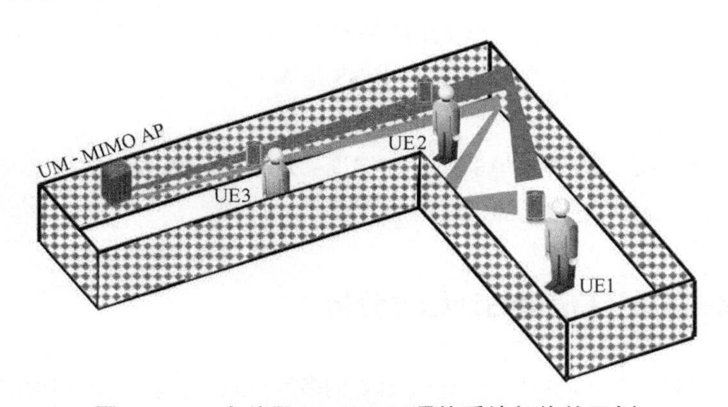


图6-14　一个关于UM-MIMO通信系统架构的示例

在初始化过程中，3 个数据序列的传输是同步的。基于统计以及闪烁效应模拟信号通过的信道，输入特征对应于上行信道中 BS 的每个子阵列接收到的信号流。为了测试，采用了一个长度为 500 的用于信道估计验证的新数据小序列，将学习速率设置为 0.01，每个配置总共执行 10000 次训练，在 GPR 测试中，选择均方误差损失函数。

3. 仿真结果

通过绘制每个子阵列配置下不同信噪比对应的误码率来可视化估计精度，使用 LS、MMSE 和 DKL 进行信道估计的仿真结果如图 6-15 所示。在图 6-15（a）中，每个子阵列共有

256（16×16）个天线振子，整个 UM-MIMO 天线阵列共有 4 个子阵列。与 MMSE 相比，具有 GPR 的 DKL 的估计精度略好于 MMSE，MMSE 的估计精度远好于 LS。然而，如果减少每个子阵列的大小，从 $Q$=16 到 $Q$=8（每个子阵列有 64 个天线振子），我们可以看到 DKL 在误码率上有了显著的改善。这是由于 UM-MIMO 系统改进了波束空间粒度，其中，更多的输入数据用于导入和训练，以更好地估计信道。这也证明了 DKL 能够处理非线性的大数据集。

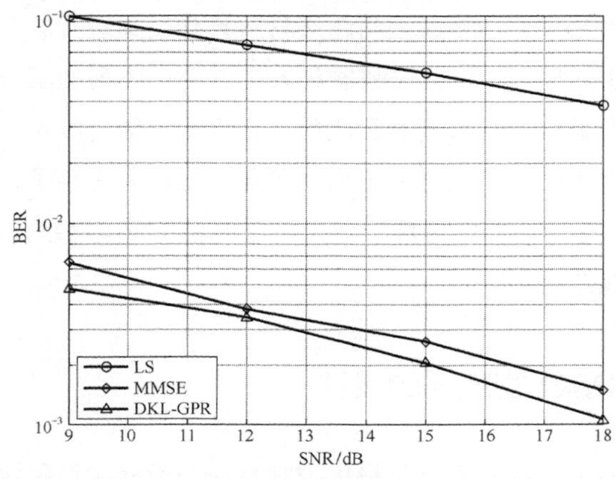


（a）UM-MIMO 通信系统中误码率与信噪比关系（每个子阵列 $Q$=256 个振子）

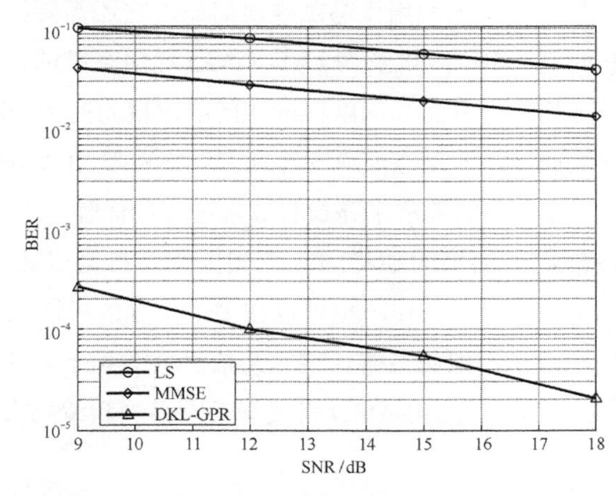


（b）UM-MIMO 通信系统中误码率与信噪比关系（每个子阵列有 $Q$=64 个振子）

图6-15　使用LS、MMSE和DKL进行信道估计的仿真结果

## 6.10　UM-MIMO 系统的挑战

### 6.10.1　UM-MIMO 等离子体纳米天线阵列的制备

制造太赫兹天线阵列的复杂程度取决于它们的底层技术。制造金属天线主要的挑战是

阵列馈电和控制网络的设计。类似于毫米波通信系统，构造一种阵列的子阵列结构，使之与在模拟域或数字域完成的操作之间平衡是构建第一个太赫兹天线阵列的必要步骤。当超级材料或纳米材料被用于构建等离子体纳米天线阵列时，这一步骤的实现变得更具挑战性。对于超级材料，第一步是确定将用于构建材料的纳米块。一个亚波长的铜基贴片阵列可被用来支持频率低至 10GHz 的 SPP 波，但是其他的构建块也可以代替它，例如分裂环谐振器。另外，信号激励、控制和分配网络必须与超级材料设计交叉进行。同时，可以用石墨烯材料制作等离子体信号源、时延 / 相位控制器和天线，简化阵列的制作。目前，石墨烯可以通过多种方法获得，但只有微机械剥离和化学气相沉积才能持续生产出高质量的样品。一旦获得了石墨烯层，就需要在其上定义阵列。目前，化学和等离子蚀刻技术可用于从石墨烯中切割所需的结构。然而，要定义数千个天线阵列及其馈电网络，还需要更精确的技术，例如基于离子束的新型光刻方法。

### 6.10.2 UM-MIMO 物理层的设计

在物理层设计上的主要挑战之一是最优控制算法的设计，这种设计能够充分利用超大纳米天线阵列的能力，最大限度地利用太赫兹频段信道，它还需要控制每个振子运行的频率、每个振子的增益和时延 / 相位，以及为 UM-MIMO 通信系统的设计和运行引入具有许多自由度交织的虚拟子阵列。一方面，可以将设计问题建模为基于 UM-MIMO 模式的具有不同优化目标的资源分配问题，即动态波束赋形和空间多路复用或多频段通信；另一方面，在实时和实际场景中，需要实用的算法来寻找和实现这种最优解。

此外，太赫兹频段信道所提供的独特的距离相关带宽推动了距离感知调制技术的发展。它们既可以在单个传输窗口中工作，也可以在多个单独的频段上工作。在多频段 UM-MIMO 的情况下，可以开发新的编码策略，将冗余信息分散到不同的传输窗口，以提高长距离 THz 链路的鲁棒性。最后，UM-MIMO 模式与动态调制和编码方案相结合，将实现对太赫兹频段的最大利用。

### 6.10.3 UM-MIMO 链路层的设计

因为需要新的网络协议来充分利用 UM-MIMO 通信系统的能力，所以在链路层实现同步成为主要的挑战，其传输具有非常高的数据率和非常窄的波束，并且太赫兹振荡器存在相位噪声。为了最大限度地提高信道利用率，需要新的时间和频率同步方法来减小同步时延。影响链路层吞吐量的还有与波束控制过程相关的时延，这由用于构建 UM-MIMO 阵列的技术决定。对于金属阵列，这主要与时延 / 移相器的性能有关。对于等离子体纳米天线阵列，SPP 波相位可以调制的带宽为载波信号的 10% 左右，即在太赫兹频段有几百。这使非常快的波束控制阵列成为可能。

在链路层要考虑另外的因素是多用户干扰的影响。一方面，在发射和接收中使用非常窄的波束会导致非常低的平均干扰；另一方面，非常高的增益光束经常转向可能导致瞬时干扰非常高，需要分析这种瞬态干扰的影响，并设计相应的克服机制。

类似地，在网络层传输和接收同时需要高增益定向天线，增加了广播和中继等频繁任务的复杂性。在广播方面，需要以非常快的速度动态控制波束传播，且信息传播非常快。因此，需要开发新的快速广播技术。另外，还需要开发新的最优中继策略，该策略应考虑到非常大的阵列以及太赫兹频段信道特性，并需要开发每个跃点上的同步开销。当与距离相关的可用带宽只能满足更短的链路时，与波束控制过程和中继消耗相关的开销可另做规定，以满足其最佳中继距离。UM-MIMO 是用于设备到设备（D2D），还是用于微蜂窝部署，这些都将取决于具体的应用程序的特点。最后，每个底层面临的所有挑战都需要以跨层的方式联合解决，以确保在太赫兹频段通信网络中端到端的传输是可靠的。

## 6.11 结论

太赫兹频段通信被认为是未来满足超高数据速率需求的关键无线技术。UM-MIMO 通信已经被提出，它可以作为一种克服在太赫兹频段上的高传播损耗的方法，同时它充分利用太赫兹频段的超高带宽，从而使在几十米范围内的小型设备之间能够实现无线 Tbit/s 连接。在本章中，我们描述了 UM-MIMO 系统的使能技术，以及使用等离子体纳米天线和纳米收发机作为等离子体纳米天线阵列的构件。对于太赫兹频段范围内的频率，基于超级材料的纳米天线可被用于创建在几平方厘米内拥有数百个振子的等离子体纳米天线阵列，也可被用于发射和接收。例如在60GHz 的 144×144 的 UM-MIMO 阵列占用了 52 平方分米。在更高的频段（1THz ～ 10THz）上，石墨烯基等离子体纳米天线阵列可以在 1 平方厘米内嵌入数千个振子。例如在 2THz 时，一个 1024×1024 的 UM-MIMO 系统可实现的阵列占用不到 0.25 平方厘米。在一定面积内，频段越高，可容纳的天线数量就越多，但阵列运行就越有挑战性。最后，我们还介绍了 UM-MIMO 通信系统的不同工作模式，即 UM 波束赋形、UM 空间复用和多频段 UM-MIMO、基于智能环境中的设计以及基于深度学习信道估计。在此，我们分析了 UM-MIMO 通信系统在通信和网络协议方面遇到的主要挑战和可能的解决方案，从而可为其制订相关的开发路线图。

第7章

# 卫星通信网络技术

## 7.1 卫星通信技术

### 7.1.1 卫星通信概述

卫星通信是指利用人造地球卫星作为中继站，转发或反射空间电磁波来实现信息传输的通信技术，卫星通信是宇宙无线通信的主要形式之一。随着航空航天技术的飞速发展，人类的活动领域已经扩大到地球大气层以外的空间。为了满足宇宙航行传递信息的需要，宇宙（空间）无线电通信也随之发展起来。国际电信联盟（International Communication Union，ITU）和国际无线电咨询委员会（International Radio Consultative Committee，CCIR）从 1959 年开始把宇宙（空间）无线电通信列为新的课题，提出了许多重要的技术建议。1963 年召开的世界临时无线电行政会议为宇宙通信制定了规则，分配了 10GHz 以下的频段。1971 年，世界无线电行政大会（World Administrative Radio Conference，WARC）将分配的频段扩展到了 275GHz，修订了有关的技术标准，并对宇宙无线电的术语及其定义进行了统一的规定。1979 年，WARC 又提出了新的规定：以宇宙飞行体或通信转发体为对象的无线电通信称为宇宙通信。它包括 3 种形式：①地球站与宇宙站之间的通信；②宇宙站之间的通信；③通过宇宙站的转发或反射进行地球站之间的通信。这里所说的地球站是指设在地球表面（包括地面、海洋或大气层）的通信站，用于实现通信目的的人造卫星被称为通信卫星。一般称同轨道卫星间的链路为星际链路（Inter Satellite Link，ISL），不同轨道宇宙站间的链路为轨间链路（Inter Orbit Link，IOL）。

一般说来，通信卫星对地球而言是相对固定的静止卫星或同步定点通信卫星。由于该类卫星移动较小，地球站天线跟踪它非常容易，所以地球站设备装置较经济，一颗卫星能 24 小时连续通信。对于特别指定的目的区域，地面天线也易于对准卫星的天线波束，能有效地使用卫星发射功率。卫星用于通信，只有在许多用户多路访问使用卫星发射端的全部频段的情况下，才能显示出更大的作用。地球站通过上行链路使用某一频率对卫星进行多路访问，而卫星则通过下行链路使用另一频率（与地面 GSM、LTE 等移动通信系统相反，其下行链路频率低于上行链路频率）对地球站进行广播。地球站由收发兼用的地面天线以及发射装置、接收装置、控制系统等设备组成，并将现代化通信技术与电子计算机技术融为一体。可按通信协议通过发射装置、卫星信道向网内其他地球站发送数据信息，也可按通信协议通过卫星信道、接收装置接收网内其他地球站发来的数据信息等。

卫星通信具有覆盖范围大、不受地理和自然条件限制、通信距离远、容量大、质量好、能实现一点对多点通信、组网建站快等一系列优点。卫星通信、光纤通信、移动通信已成为当今世界通信的重要组成部分。国际上卫星通信技术更新换代很快，从多媒体卫星通信终端到宽带高速 1Gbit/s 的卫星通信系统进行应用试验，从 20 世纪 80 年代中期甚小口径终端（Very Small Aperture Terminal，VSAT）地球站到星际交换的“全球移动卫星通信”热潮，有人预测，全球移动卫星通信的发展将改变 21 世纪人们的生活、工作方式，将对世界经济、政治的发展带来巨大的促进作用。尤其是在将来的 6G 移动通信系统中采用的空 - 天 - 地 - 海覆盖网络体系，将发挥重要的作用。

卫星通信是一种理想的长途通信方式，它可以克服地理条件的限制，提供廉价、稳定、可靠的信道。卫星通信可以将大量数据信息以极快的速度发送很长的距离，通信覆盖面积大，且具有多址通信能力，组网灵活，见效快。卫星通信比其他通信在装置和维护方面更便利，并且无论通信距离是远是近，所需的费用相同，适合人口分散地区的通信，能满足洲际、国家间、地区间、国内各城市间数据通信和信息传递的快速、准确的需要，其应用领域极其广泛。

然而，就真正支持手持终端的移动卫星通信系统而言，静止的轨道卫星是无法胜任的，目前已经投入运营的系统是面向 3G、4G 移动通信的系统。在不久的将来，5G 会被应用在移动卫星通信领域，笔者认为，预计在 2030 年，6G 系统也将被应用于移动卫星通信领域，采用崭新的低轨卫星技术，成为为手持终端提供多种业务的新一代全球卫星移动通信系统。

## 7.1.2 卫星通信频段、分类及特点

1. 卫星通信使用的频段

卫星与地面设备、卫星与卫星之间的通信是通过无线电进行的。卫星通信所使用的频段的选择是一个非常重要的问题，它直接关系到通信系统的传输容量、地球站和转发器的发射功率、设备的复杂程度和成本等。

目前，无线电频谱率中的 3kHz ～ 3000GHz 可分为 14 个频段。无线电频谱划分见可被划分为 149 个频段。无线电频谱划分见表 7-1。在卫星通信中，频段用一些符号来表示，例如 C 频段（4 ～ 8GHz）、L 频段（1 ～ 2GHz）、S 频段（2 ～ 4GHz）、Ku 频段（12 ～ 18GHz）和 Ka 频段（27 ～ 40GHz）。

在选择卫星通信使用的频段时，需要考虑以下问题。

① 能够提供足够的带宽，满足通信容量要求，并可以与地面通信系统兼容。

② 电波传输引起的各种损耗要小。

③ 卫星天线系统引入的外界噪声要尽量小。

④ 卫星通信系统与其他地面无线通信系统（例如雷达、微波中继）间的干扰要尽量小。

⑤ 设备重量轻，节能省电。

⑥ 电波传播中天线系统引入的外部噪声电平要小。

⑦ 电波能穿透电离层到达卫星所在的轨道空间。

表7-1　无线电频谱划分

| 带号 | 频段名称 | 频率范围 |
|---|---|---|
| –1 | 至低频（TLF） | 0.03Hz ～ 0.3Hz |
| 0 | 至低频（TLF） | 0.3Hz ～ 3Hz |
| 1 | 极低频（ELF） | 3Hz ～ 30Hz |
| 2 | 超低频（SLF） | 30Hz ～ 300Hz |
| 3 | 特低频（ULF） | 300Hz ～ 3000Hz |
| 4 | 甚低频（VLF） | 3000Hz ～ 30kHz |
| 5 | 低频（LF） | 30kHz ～ 300kHz |
| 6 | 中频（MF） | 300kHz ～ 3000kHz |
| 7 | 高频（HF） | 3000kHz ～ 30MHz |
| 8 | 甚高频（VHF） | 30MHz ～ 300MHz |
| 9 | 特高频（UHF） | 300MHz ～ 3000MHz |
| 10 | 超高频（SHF） | 3000MHz ～ 30GHz |
| 11 | 极高频（EHF） | 30GHz ～ 300GHz |
| 12 | 至高频（THF） | 300GHz ～ 3000GHz |

注：频率范围均含上限、不含下限。

6G 通信系统将可能采用太赫兹频段（0.1THz ～ 10THz）用于卫星通信。这是因为太赫兹频段有很宽的频谱，频率高，天线的增益高且天线尺寸小。

目前，考虑到大气损耗等各种传输因素的影响，卫星的工作频率通常从下列频段中选择。

① UHF 频段：400MHz/200MHz（上行 / 下行）。

② L 频段：1.6GHz/1.5GHz（上行 / 下行）。

③ C 频段：6GHz/4GHz（上行 / 下行）。

④ X 频段：8GHz/7GHz（上行 / 下行）。

⑤ Ku 频段：14GHz/12GHz 或 14GHz/11GHz（上行 / 下行）。

⑥ Ka 频段：30GHz/20GHz（上行 / 下行）。

⑦ V 频段：50GHz/40GHz（上行 / 下行）。

目前，卫星通信工作频段在 1GHz ～ 10GHz 较为适宜。而根据无线电波穿越大气层时电波衰减的情况，最理想的频段是在 6GHz/4GHz（上行 / 下行）附近，即 C 频段附近。C 频段上行频率 $f$ 为 5.925GHz ～ 6.425GHz，下行频率 $f$ 为 3.7GHz ～ 4.2GHz。

X 频段上行频率 $f$ 为 7.9GHz ～ 8.4GHz，下行频率 $f$ 为 7.25GHz ～ 7.75GHz，主要被用于政府和军事通信。虽然降雨对 Ku 频段信号的传输影响比 C 频段大得多，但是其相同尺寸天线的增益也大。Ku 频段的上行频率 $f$ 为 14GHz ～ 14.5GHz，下行频率 $f$ 为 11.2GHz ～ 12.2GHz 或 10.95GHz ～ 11.2GHz 或 11.45GHz ～ 11.7GHz。这些频段主要用于被民用的卫星通信和广播卫星业务。

同步卫星通信使用最多的频段是 C 频段，但 30GHz/20GHz 的 Ka 频段也有被开发利用。Ka 段的上行频率 $f$ 为 27.5GHz ～ 31GHz，下行频率 $f$ 为 17.2GHz ～ 21.2GHz。该频段的所用带宽可达到 3.5GHz，为 C 频段的 7 倍，因此其有较大的带宽优势，但降雨损耗比较严重。

当然，上面所指出的卫星通信的工作频率也不是绝对的，随着通信业务的急剧增长，这些频段已经不够用了，尤其不能满足于 2030 年的 6G 系统中急剧增长的业务需求。因此，人们正在探索更高的频段，例如太赫兹频段。事实上，1971 年举行的世界无线电行政大会已经把宇宙通信的频段扩展到了 275GHz。2019 年世界无线电通信大会（WRC–19）最终批准了 275GHz ～ 296GHz、306GHz ～ 313GHz、318GHz ～ 333GHz 和 356GHz ～ 450GHz 频段共 137GHz 带宽资源可无限制条件地用于固定业务和陆地移动业务应用。这将为全球太赫兹通信产业的发展和应用提供基础资源保障，将会给太赫兹产业界提供明确的频谱政策指引，极大地推动太赫兹技术和应用的快速发展，使其在未来 6G 等无线电通信系统中发挥更重要的作用。当前，太赫兹已成为新一代无线通信产业发展的重要方向；在 2019 年世界无线电通信大会（WRC–19）上，全球范围内将 24.25GHz ～ 27.5GHz、37GHz ～ 43.5GHz、66GHz ～ 71GHz 频段共 14.75GHz 带宽的频谱资源标识用于 5G 和 6G 移动通信系统的未来发展。WRC–19 就非静止轨道星座系统提出了基于一定时间阶段需满足一定比例在轨卫星数量的要求，以及 50GHz/40GHz 频段非静止轨道卫星频率共用磋商机制等国际规则框架，开启了低轨道卫星星座发展的新时代。WRC–19 还为高空伪卫星（HAPS）、Ka 频段动中通地球站、51GHz 频段卫星固定业务（地对空）、卫星航空移动业务、微小卫星测控等新增了频率划分或指定使用频段，对航空、水上频段引入卫星系统、未授权使用地球站终端等的相关规则进行了修订，确定了电动汽车无线充电全球统一使用的频率等。

2. 卫星通信系统的分类

随着卫星通信技术的迅速发展，各种面向不同应用、使用不同技术的卫星通信系统出现。卫星通信系统的分类方法很多，可以从卫星的运动状态、卫星的通信覆盖范围、用户性质、卫星的转发能力、基带信号的体制、多址方式、通信业务种类以及卫星通信所用的频段等各种不同的方面来区分。卫星通信系统的分类如图 7-1 所示。

虽然卫星通信系统有很多种分类方法，但都是对卫星的某一个方面进行强调，无论从哪个方面划分，都离不开卫星通信的性质、应用和特点。如果将某一具体的卫星通信系统按以上分类方法归类，那么就可以从不同方面，全面地描绘出它的特征。

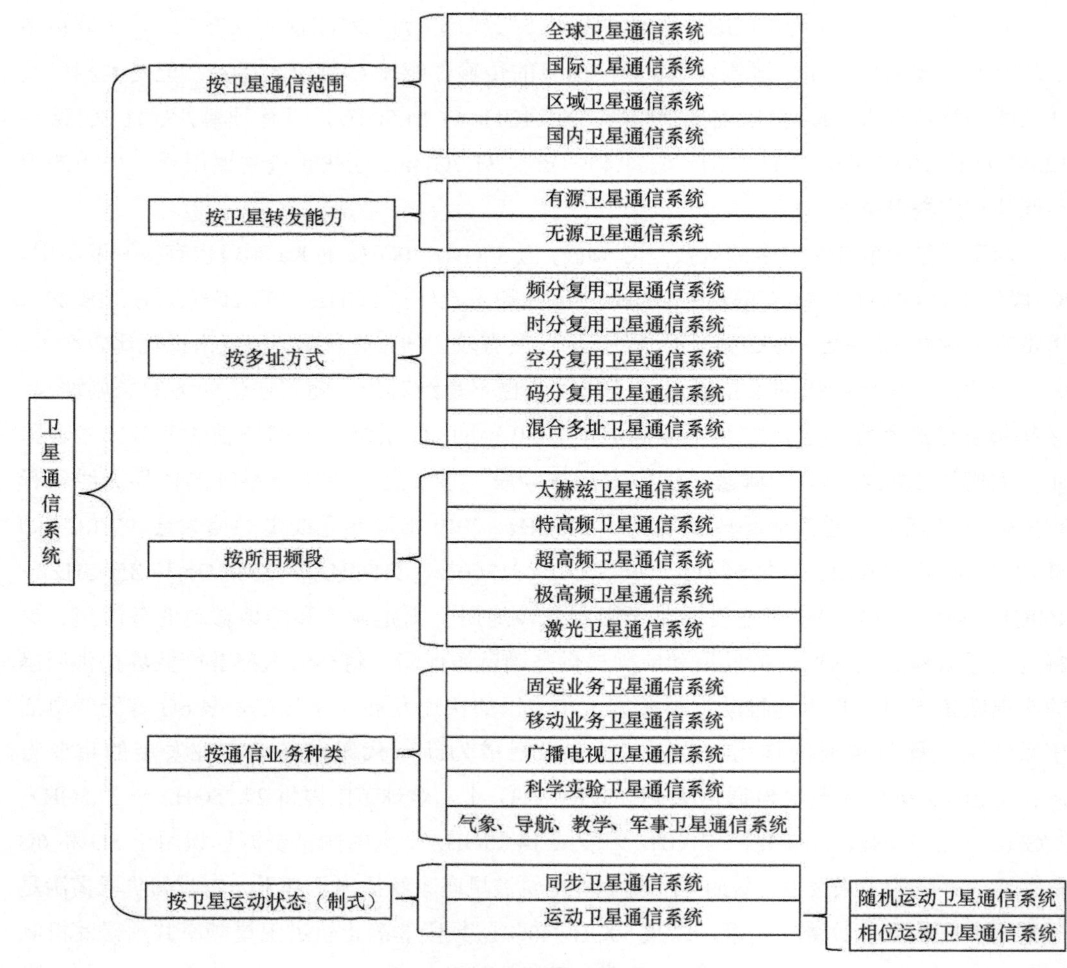


**图7-1 卫星通信系统的分类**

3. 卫星通信的特点

与电缆通信、微波中继通信、光纤通信、移动通信等通信方式相比，卫星通信具有以下优点。

（1）通信距离远，且费用与通信距离无关

地面微波中继系统或电缆载波系统的建设投资和维护费用都随距离的增加而增加，而卫星通信的地球站至卫星转发器之间并不需要线路投资，因此，其费用与通信距离无关，而且建站费用和运行费用不会因为通信站之间的距离以及两站之间地面上的自然条件而变化。在远距离通信时，卫星通信比地面微波中继、电缆、光缆、短波通信等有明显的优势，除了国际通信之外，在国内或区域通信中，尤其对于在边远的城市、农村和交通、经济不发达的地区，以及森林、海洋、沙漠等地方的通信，卫星通信是极有效的现代通信手段。此外，卫星通信是目前实现远距离越洋电话和电视广播的主要手段。

（2）覆盖面积大，可进行多址通信

卫星距离地面很远，一颗地球同步卫星可覆盖地球表面的1/3，因此利用3颗适当分布的地球同步卫星即可实现除两极以外的全球通信。另外，许多其他类型的通信手段通常只能实现点对点通信，例如在地面微波中继通信中，只有干线或分支线路上的中继站才能参与通信，不在这条线上的点无法参与通信。而卫星通信系统是大面积覆盖，在卫星天线波束覆盖的整个区域内的任何一点都可以设置地球站。这些地球站可以共用一颗卫星来实现双边或多边通信，即进行多址通信。

卫星覆盖区域很大，而且这个范围内的地球站基本不受地理条件或通信对象的限制。由于一颗在轨道上的卫星相当于在全国铺设了可以通过任何一点的无形的通信线路，所以卫星通信线路具有很大的灵活性。这使地球站的建立不受地理条件的限制，可将其建立在边远地区、岛屿、汽车、飞机和舰艇上。

（3）通信频带宽，传输量大，适用于多种业务传输

卫星通信采用微波频段，信号所用带宽和传输容量比其他频段大得多。由于每个卫星上可设置多个转发器，所以卫星通信容量也很大。目前，卫星带宽可以达到500MHz～1000MHz。一颗卫星的容量可以达到数千路甚至数万路，并且可以传输高分辨率的照片和其他信息。

（4）通信线路稳定可靠，传输质量高

卫星通信的电波主要在大气层以外的自由宇宙空间传播，宇宙空间接近真空状态，可被看作均匀介质，它的噪声小、通信质量好、电波传播比较稳定。就可靠性而言，卫星通信的正常运转率达99.8%以上。同时，它不受地形、地物（例如丘陵、沙漠、丛林、沼泽地）等自然条件的影响，而且不容易受自然或人为干扰以及通信距离变化的影响，因此通信线路稳定可靠，传输质量高。

（5）通信电路灵活

地面无线和移动通信要考虑地势情况，要避开高空遮挡，在高空中、在海洋上都不能运转，而卫星通信解决了这个问题，其通信电路具有较大的灵活性。

（6）机动性好

卫星通信不仅能作为大型地球站之间的远距离通信干线，而且可以为车载、船载、地面小型机动终端以及个人终端提供通信功能，能够根据需要迅速建立同各个方向的通信联络，能在短时间内将通信网络延伸至新的区域，也可以使遭受破坏的地域或者因灾难毁坏通信基础设施的区域迅速恢复通信。

（7）可以自发自收进行监测

当收发端地球站位于同一卫星覆盖区域内时，发端地球站同样可以收到自己发出的信号，从而监视自身所发消息是否正确传输以及传输质量的优劣。

基于上述的突出优点，卫星通信获得了迅速的发展，成为了强有力的现代化通信手段之一。卫星通信的应用范围极其广泛，不仅适用于传输语音、电报、数据等，而且由于卫星的广播特性，所以它也适用于广播电视节目的传送。

卫星通信存在的不足主要体现在以下几个方面。

① 两极地区为通信的盲区，高纬度地区的通信效果不好。当地球同步卫星作为通信卫星时，地球两极附近区域是“看不见”卫星的，因此不能利用地球同步卫星实现对地球两极的通信，需要利用极轨道卫星或者增加卫星数量搭建卫星星座来满足通信需求，这也是在 6G 移动通信系统建设中需要考虑的因素。

② 卫星的发射和控制技术比较复杂。

③ 日凌中断、星蚀和雨衰现象会对卫星通信造成干扰。每年春分和秋分前后数日，太阳、卫星和地球处于一条直线上，当卫星位于太阳和地球之间时，地球站天线对准卫星的同时，也对准太阳，这时因为太阳干扰太强，所以每天会有几分钟的通信中断，这种现象通常被称为日凌中断。卫星进入地球阴影区会造成卫星的日蚀，即星蚀。在星蚀期间，卫星靠星载电池供电。但卫星重量的限制让星载电池除了维持星体正常运转之外，难以为各个转发器提供充足的电源。

④ 有较大的信号传播延时和回波干扰。在地球同步卫星通信系统中，地球站到同步卫星的距离最大可达 40000km，电磁波以光速（$3\times10^{8}$m/s）传输，从地球站发射的信号经过卫星被转发到另一个地球站时，单程传播时间约为 0.27s。在双向通信时，一问一答往返传播的时延约为 0.54s。如果利用卫星通信打电话，那么打电话者要听到接电话者的回答必须额外等待 0.54s，通话会有一种“不同步”的感觉。如果不采取特殊措施，由于混合线圈不平衡等因素，还会产生“回声干扰”，即打电话者 0.54s 以后会听到反射回来的自己讲话的声音，这是卫星通信明显的缺点。因此，卫星通信系统中增加了一些设备，专门用于消除或抑制回声干扰，地球站也增设了回波抵消或抑制设备。在 6G 移动通信系统中也需要考虑这些影响因素，可设置大量的低轨卫星、使用无人机技术来解决时延问题。

### 7.1.3 卫星通信系统的组成及工作过程

#### 1. 卫星通信系统的组成

利用卫星进行通信，除了应有的通信卫星和地球站以外，为了保证通信的正常进行，还需要对卫星进行跟踪测量，并对卫星在轨道上的位置以及姿态进行监视和控制，被用于完成这一功能的设施是跟踪遥测和指令系统。此外，为了对卫星的通信性能以及参数进行通信业务开通前和开通后的监测与管理，还需要设置监控管理系统。

一个卫星通信系统由空间分系统、通信地球站群、跟踪遥测及指令分系统和监控管理分系统四大部分组成。卫星通信系统的基本组成如图7-2所示，其中，有的系统直接被用来进行通信，有的被用来保障通信。

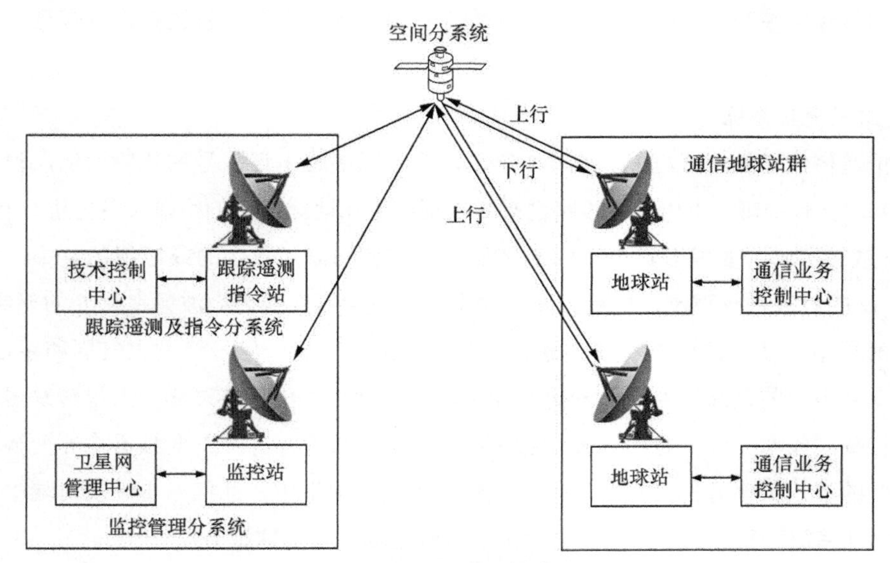


图7-2 卫星通信系统的基本组成

（1）空间分系统

空间分系统即通信卫星，通信卫星内的主体是通信装置，另外，还有星体的遥测指令、控制系统和能源装置等。

通信卫星主要是起到无线电中继站的作用，它是靠卫星通信装置中的转发器和天线来完成的。一个卫星的通信装置可以包括一个或多个转发器，每个转发器能接收和转发多个地球站的信号。显然，当每个转发器所能提供的功率和带宽一定时，转发器越多，卫星的通信容量就越大。

（2）通信地球站群

通信地球站群一般包括中央站（或中心站）和若干个普通地球站。中央站除具有普通地球站的通信功能以外，还负责通信系统中的业务调度与管理，对普通地球站进行监测控制以及业务转接等。

地球站具有收发信号功能，用户通过它们接入卫星线路，进行通信。地球站有大有小，业务形式也多种多样。一般来说，地球站的天线口径越大，发射和接收能力越强，功能也越强。

（3）跟踪遥测及指令分系统

跟踪遥测及指令分系统也被称为测控站，它的任务是对卫星进行跟踪测量，控制其准确进入静止轨道上的指定位置，待卫星正常运行后，定期对卫星进行轨道修正和位置保持。

（4）监控管理分系统

监控管理分系统也被称为监控中心，它的任务是对定点的卫星在业务开通前、开通后进行通信性能的监测和控制。例如对卫星转发器功率、卫星天线增益以及各个地球站的发射功率、射频频率和带宽、地球站天线方向图等基本通信参数进行监控，以保证卫星正常通信。

2. 卫星通信系统的工作过程

卫星通信线路的组成框架如图 7-3 所示，图中以多路电话信号的传输为例，说明卫星通信的基本工作原理。市内通信线路送来的电话信号在地球站 A 的终端设备内进行复用（例如 FDM 或 TDM），变成多路电话的基带信号，在调制器（数字的或模拟的）中，对中频为 70MHz 的载波进行调制，然后经发射端中的上变频器变换为微波频率为 $f_1$ 的射频信号，再经发射端中的功率放大器、双工器和天线发向卫星。这一信号经过大气层和宇宙空间，强度将受到很大的衰减，并引入一定的噪声，最后到达卫星的转发器。卫星转发器的接收端首先将载波频率 $f_1$ 的上行信号经低噪声放大器进行放大，并经下变频器将 $f_1$ 变换为载波频率较低的下行频率 $f_2$ 的信号，送入卫星转发器的发射端中，此信号再经发射端中由行波管组成的功率放大器放大，最后由天线发向收端地球站（地球站 B）。

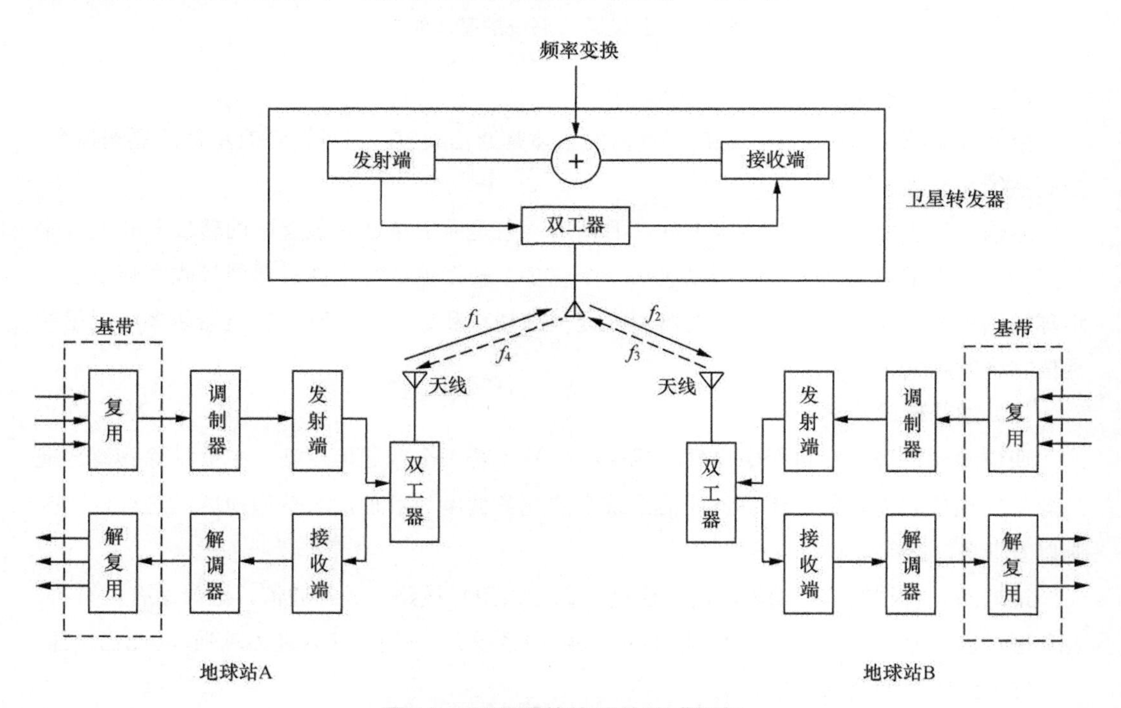


图7-3 卫星通信线路的组成框架

由卫星转发器发向地球站的载波频率为 $f_2$ 的信号，同样要经过宇宙空间和大气层，$f_2$

强度也会有很大的衰减，最后才能到达地球站B。由于卫星发射功率较小，天线增益较低，所以地球站B必须用增益很高的天线和噪声非常低的接收端才能进行正常的信号接收。地球站B收到的信号经过双工器和接收端，再在接收端的变频器中由载波频率为$f_2$的信号变换为中频信号并被放大，然后经解调器进行解调，恢复为基带信号，最后利用解复用设备进行分路，从而完成单向的通信过程。

由地球站B向地球站A传送多路电话信号的过程与上述过程类似。不同的是，地球站B发射的信号的上行频率为另一频率$f_3(f_3 \neq f_1)$，下行频率为$f_4(f_4 \neq f_2)$，以免上/下行线路的信号相互干扰。

### 7.1.4 卫星运动的轨道

卫星围绕地球运行，它的运动轨迹叫卫星轨道。不论什么用途的卫星，都有一个共同点，就是它们的轨道位置都在通过地球重心的一个平面内，卫星运动所在的轨道面叫轨道平面。如果卫星的轨道平面在赤道平面内，则称此轨道为赤道轨道；如果轨道平面与赤道平面有一定的夹角，则称之为倾斜轨道，这个夹角叫轨道倾角；轨道平面通过地球两极的轨道被称为极轨道。卫星环绕地球运转一周，所需的时间是卫星运行周期，静止卫星的运行周期为23h56min4.09s。

一个卫星移动通信系统究竟采用哪种卫星轨道，取决于系统的覆盖区域、服务业务、管理方式和投资强度等因素，它是在系统可行性研究与论证阶段要解决的问题。

1. 卫星运动的基本规律

无论卫星运动的轨道如何，卫星的运动总是服从万有引力定律。该定律指出，任何两个物体之间都存在着引力，其大小与两个物体的质量乘积成正比，而与物体之间的距离的平方成反比。根据万有引力定律，可以导出卫星运动的三定律，即开普勒三定律。开普勒三定律揭示了卫星受重力吸引而在轨道平面上运动的规律。

**第一定律：卫星运行的轨道是一个椭圆，而该椭圆的一个焦点位于地球的质心上。**

这一定律表明，在以地球质心为中心的引力场中，卫星绕地球运行的轨道面是一个通过地球质心的椭圆平面，此椭圆平面被称为开普勒椭圆，其形状和大小不变，在椭圆平面轨道上，卫星离地心最远的一点称为远地点，而离地心最近的一点称为近地点。它们在惯性空间的位置也是固定不变的，卫星绕地心运动的轨道方程如下。

$$r = \frac{a(1-e^2)}{1+e\cos V} \quad \text{式（7-1）}$$

在式（7-1）中，$r$为卫星与地心之间的距离；$a$为轨道椭圆的半长轴；$e$为轨道椭圆的偏心率；$V$为其近点角，它描述了任意时刻卫星在轨道上相对于近地点的位置。

**第二定律：卫星的地心向径，即地球质心与卫星质心间的距离向量，在相同的时间内所经过的面积相等。**

**第三定律：卫星运动周期的平方与轨道椭圆半长轴的立方之比是一个常量。**

这一定律的数学表达式如下。

$$\frac{T^2}{a^3}=\frac{4\pi^2}{GM} \quad 式（7-2）$$

在式（7-2）中，$T$为卫星运动的周期，即卫星绕地球运动一周所需的时间；$G$为引力常量；$M$为中心天体（地球）质量。

假设卫星运动的平均角速度为 $n\left(n=\frac{2\pi}{T}\right)$，则由式（7-2）可得如下方程。

$$n=\sqrt{\frac{GM}{a^3}} \quad 式（7-3）$$

由此可知，当卫星运行的椭圆轨道半长轴 $a$ 确定后，就可确定卫星运动的平均角速度 $n$。

牛顿的万有引力定律和开普勒三定律是计算卫星运行轨道的理论基础，由此可导出卫星运动的轨道参数。

2. 卫星轨道的分类

按卫星轨道的形状、倾角、高度、卫星的运转周期等，卫星轨道可分为不同的类型。

（1）按卫星轨道形状分类

卫星轨道可分为圆形轨道和椭圆形轨道两类。

（2）按卫星轨道倾角分类

卫星轨道平面与地球赤道平面的夹角被称为卫星轨道倾角，记为 $i$。根据卫星轨道倾角 $i$ 的不同，卫星轨道通常可分为三类。

①赤道轨道：$i=0°$，轨道面与赤道面重合，静止通信卫星就位于此轨道平面内。

②极轨道：$i=90°$，轨道面穿过地球的南北极，有些移动卫星通信系统（例如铱系统）就采用了极轨道卫星。

③倾斜轨道：$0° < i < 90°$，轨道面倾斜于赤道面，有些移动卫星通信系统（例如Inmarsat、ICO）采用这类卫星。

（3）按卫星轨道高度分类

根据卫星运行轨道距地面的高度不同，卫星轨道可分为地球静止轨道（Geostationary Earth Orbit，GEO）、中轨道（Medium Earth Orbit，MEO）、低轨道（Low Earth Orbit，LEO）和长椭圆轨道（High Elliptical Orbit，HEO）。其划分方法是以环地球赤道延伸至南北纬 40°～50° 地区的高能辐射带为界。卫星轨道高度的划分如图 7-4 所示。在图 7-4 中的两个辐射带均是范・艾伦带（Van Allen Belt），1958 年 1 月探险者 1 号的粒子计数器在 1000km 以上高空地带发现了令人难以置信的辐射强度，后又经探险者 3、4 号的探索最终证实了这个辐射带的存在，并以其发现者的名字命名为范・艾伦带。范・艾伦带是地球磁场从太阳风中俘获并禁锢高能电子和质子而形成的。其内带粒子密度高、辐射强且稳定，外带辐射较弱且界限比较模糊。这些高能粒子撞击卫星会产生 X 射线和附加的高能粒子。高能粒子穿透力很强，对人造卫星电子设备的损害极大，在辐射带内进行防护是不现实的，卫星只能在这个区域内存在几个月，因此必须避开。一般认为，内范・艾伦带高度 $H$ 为 1500km ～ 5000km。当 $H$ 为 3700km 时，高能粒子浓度最大；外范・艾伦带高度 $H$ 为 12000km ～ 19000km，当 $H$ 为 18500km 时，高能粒子浓度最大。也就是说，1500km 以下、5000km ～ 12000km 以及 19000km 以上区域是安全的，这就划分出了相应的低、中、高轨道。中轨道（MEO）卫星运行在内、外范・艾伦带之间的轨道上，虽然 MEO 卫星遭受的辐射强度约为 GEO 卫星的 2 倍，但它可用电防护措施进行防护，并可使用防辐射的电子部件。

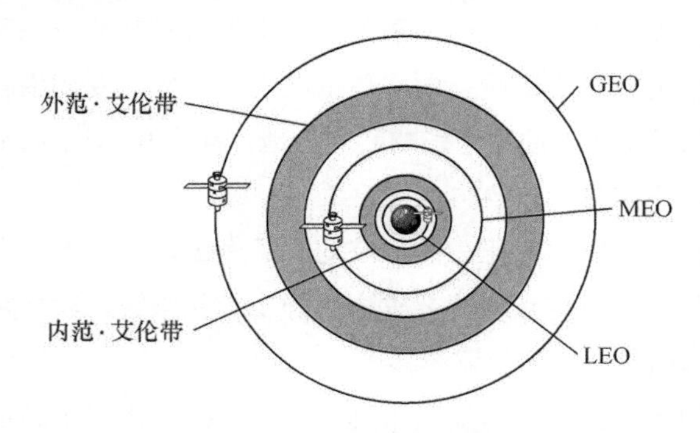


图7-4 卫星轨道高度的划分

另外，在靠近地球南、北极地区，由于所处的纬度高，利用静止卫星通信比较困难，所以可采用有一定倾角的长椭圆轨道（HEO）卫星，例如俄罗斯“闪电”卫星，它所采用的就是远地点在北半球上空、周期为 12h、倾角为 65° 的长椭圆轨道，其远地点距地球表面约为 40000km，近地点距地球表面约为 500km。

（4）按卫星的运转周期及卫星同地球相对运动关系分类

按卫星的运转周期及卫星同地球表面上任意一点的相对位置关系的不同，卫星通常可分为同步卫星和非同步卫星两类。

3. *卫星的扰动*

理想条件下的人造地球卫星的运动轨道满足开普勒三定律。但由于一些次要因素的影响，卫星的实际运动轨道经常偏离开普勒三定律所确定的理想轨道，这一现象被称为扰动。引起人造地球卫星扰动的原因有以下几个方面。

（1）太阳、月亮引力的影响

对于低高度卫星，地球引力的影响占绝对优势，太阳、月亮引力的影响可忽略。对于较高高度的卫星，地球引力虽仍是主要的影响因素，但太阳、月亮的引力也有一定的影响。以静止卫星为例，太阳和月亮对卫星的引力分别为地球引力的 1/37 和 1/6800。这些引力使卫星的轨道位置矢径每天都发生微小摆动，还使轨道倾角发生积累性的变化，其平均偏离速率约为0.55°/年，如果不进行校正，那么在26.6年内，轨道倾角偏移角度将从0°变为14.63°，然后经同样时间又减少到0°。从地球上看，这种扰动会使静止卫星在南北方向上缓慢地“漂移”。

（2）地球引力场不均匀的影响

由于地球不是理想的标准球体，而是略呈椭球状（赤道部分有些鼓胀），且地球表面起伏不平，所以地球四周等高度处的引力不是常数，即使在静止轨道上，地心引力仍有微小的起伏。显然，地心引力的不均匀性将使卫星的瞬时速度偏离理论值，从而在轨道平面内产生扰动，对静止卫星而言，瞬时速度的起伏将使它在东西方向上缓慢“漂移”。

（3）地球大气层阻力的影响

超高度卫星处于高度真空的环境中，因此大气层阻力对其的影响可被忽略。但是大气阻力可能对低高度卫星有一定的影响，它将使卫星的机械性能受到损耗，从而使轨道日渐缩小。例如椭圆轨道卫星受大气的阻力影响，其近地点高度和远地点高度都将逐渐减小。

（4）太阳辐射压力的影响

对于一般卫星来说，太阳辐射压力的影响均不予考虑，但对于表面积较大（例如带有大面积的太阳能电池帆板）且定点精度要求高的静止卫星来说，就必须考虑由太阳辐射压力引起的静止卫星在东西方向上的位置漂移。

扰动对静止卫星定点位置的保持非常不利，为此，在静止卫星通信系统中必须采取位置保持技术以克服扰动的影响，使卫星位置的经、纬度误差值始终保持在允许的范围内。

### 7.1.5 卫星通信系统的应用

1965年4月6日，世界上第一颗商用通信卫星“晨鸟”发射升空，后续对其进行了传输试验并取得成功，由此开始了卫星通信实用化的新时代。此后，诸多卫星通信系统纷纷建立并投入运营，它们在国际、国内远距离通信中发挥了巨大的作用。因此，自20世纪60年代卫星通信实用化以来，卫星通信在军事和民用领域得到了十分广泛的应用，在20世纪70、80年代达到了鼎盛时期。目前，卫星通信的主要应用领域包括以下几个方面。

① 国际电信业务，用中速数据（Intermediate Data Rate，IDR）、INTELSAT商业数据服务（Intelsat Business Service，IBS）和TDMA等提供越洋电话、传真、数据等业务，以点对点干线传输为主。

② 国内电信业务，用IDR和单路单载波（Single Channel Per Carrier，SCPC）等提供电话、数据、传真等业务，以网状点对点支线/干线传输为主。

③ 广播电视/多媒体直播，采用模拟或数字方式进行电视节目广播、转播及数字多媒体业务的直播。

④ 专网业务，用 VSAT 等为行业、企业及各类团体提供语音、数据和图像业务。

⑤ 卫星移动业务，例如 Inmarsat、MSAT、ACeS、Iridium、Globalstar 等系统可提供卫星移动业务。

在军事领域中，卫星通信仍然是其主要的通信手段。在经济、政治和文化领域中，卫星通信不仅有效地补充了其他通信手段（例如海事、远程航空的通信等）的不足，而且应用于大众传媒（例如视频和音频广播），在“最后一千米”到户的接入，防灾、救灾、处理突发事件的应急通信等领域，均大有作为。

我国卫星通信的研究和使用始于 20 世纪 70 年代初，1972 年，原邮电部租用国际 4 号通信卫星（INTELSAT-IV），在北京、上海建立了 4 座大型地球站，首次开展商业性国际卫星通信业务。1984 年 8 月，我国成功发射了第一颗基于东方红三号平台的试验通信卫星，定点于 125° E；1986 年 2 月 1 日，我国第一颗实用通信卫星发射升空，定点于 103°E，后继 2 颗实用通信卫星分别定点于 87.5° E 和 110.5°E。

目前，我国的卫星通信干线主要用于中央、各大区局、省局、开放城市和边远地区间的通信，它是国家通信骨干网的重要补充和备份，在地面网负荷过多或者发生自然灾害时可以保障国家通信网的通畅。在我国的边远地区，例如新疆、西藏和一些海岛等区域，卫星通过甚小口径终端（VSAT）系统来接入地面网。卫星专用网在我国也有很多的应用。目前，银行、民航、石化、水电、煤炭、气象、海关、铁路、新闻、证券等领域均建立了专用的卫星通信网。

目前，卫星移动通信网作为地面移动通信网的一种延伸和补充，主要被用来满足位于地面移动区域以外用户的移动业务以及农村和边远地区的基本通信需求，在特殊情况下其可作为一种有效的应急通信手段。另外，中国作为国际海事卫星组织成员已建成覆盖全球的海事卫星通信网络，跨入了国际移动卫星通信应用领域的先进行列。

## 7.2 卫星通信网体系结构和研究

### 7.2.1 卫星通信网的体系结构

#### 7.2.1.1 单层卫星网

单层卫星网是指由单一星座的卫星组成的通信网络。当前的单层卫星网不仅包括静止轨道卫星通信系统，还包括一些采用其他轨道高度的卫星通信系统。

GEO 卫星的运行周期为 86164.09s，对应的高度为 35786.045km。轨道平面与赤道平行，因此，卫星围绕地球自西向东旋转，与地球自转具有相同的周期，从地球上看，卫星是相对静止的。

这个特性使固定的地球站可以采用高增益天线。GEO 卫星的高度很高，只需要 3 颗卫星就几乎能够提供全球覆盖通信服务。但是，太长的通信距离会引起很大的信号衰减和很长的传播时延。50 多年来，GEO 卫星中的大部分被用于固定高速数据传输业务和电视广播业务。当其被用于移动业务时，GEO 卫星会遇到自由空间损耗大的问题，这要求用大的卫星天线增益补偿。因此，GEO 卫星在移动业务上只有少量必要的应用，例如低速率数据通信、有限范围的车辆移动电话或车队管理等。

为了避免很大的信号衰减和时延，轨道高度在 700km ～ 1500km 的 LEO 卫星已经被投入使用。利用倾斜轨道或者极轨道，LEO 卫星可将往返时延降到几十毫秒以下数量级。这时，为了覆盖整个地球表面，需要大量的 LEO 卫星（几十颗以上），移动通信系统会比较复杂。另外，LEO 卫星比 GEO 卫星重量轻、结构简单，它的运行周期大约是 7200s，是非静止轨道卫星。因此，一颗 LEO 卫星在要求实时连接时，可能需要转换到卫星的另一个天线波束或另一颗卫星上，当然，也可以按照信息转接的方式，传输非实时信息。全球星系统、铱星系统等都是 LEO 卫星星座的应用实例。

为了避免很大的信号衰减和时延，又不使系统太过复杂，轨道高度在 10000km 左右的 MEO 卫星被开发并且投入使用。它只须采用少量卫星（约 10 颗）几乎就可以实现全球覆盖，MEO 卫星星座的一个实例是 ICO 系统，它吸收了 GEO 和 LEO 卫星星座两者的优点。

1. *单层卫星网络拓扑结构分析*

在 LEO 卫星网络中，$N_L \times M_L$ 颗卫星按 $N_L$ 个轨道平面、每个轨道平面包含 $M_L$ 颗卫星的方式进行组网。对于极轨道星座网络，轨道平面的上升节点沿赤道在 π 范围内等间隔排列，即平面间具有固定平面偏移 $\Delta\Omega=\pi/N_L$。而对于 Walker 星座（圆形轨道星座且轨道平面中的卫星均匀分布）网络，轨道平面的上升节点沿赤道在 2π 范围内等间隔排列，即平面间具有固定平面偏移 $\Delta\Omega=2\pi/N_L$；每个轨道平面内的 $M_L$ 颗卫星以 $2\pi/M_L$ 角度等间隔分布。令 $L_{i,j}$ 表示第 $i$ 轨道平面上的第 $j$ 颗卫星，$i$=1，2，…，$N_L$；$j$=1，2，…，$M_L$。每颗 LEO 卫星可分别与同轨道平面内前、后两颗卫星，左、右相邻轨道平面的两颗卫星建立星际链路。相同轨道平面内前后卫星间的空间距离是固定的，因此，可以假设在系统周期内，轨道内的星际链路（轨内星际链路）是稳定的、永久保持的。而不同轨道平面间的星际链路（轨间星际链路）随相邻的两颗卫星的位置变化而定期打开和关闭，正是这些链路的打开与关闭行为造成了低轨道卫星网络拓扑结构的频繁变化。

在 LEO 卫星网络中，网络拓扑结构的频繁变化是因为轨间星际链路的频繁切换（不考虑星地链路）。在极轨道星座和 Walker 星座中，造成轨间星际链路切换的主要原因有以下几种。

① 当轨间相邻卫星接近高纬度地区时，由于星间距离越来越近，星间的相对角速度增加，所以通常情况下，卫星天线调整速度不能及时跟踪星间相对角速度的变化，难以建立稳定、可靠的星际链路。

② 相邻轨道平面在高纬度地区或极区相交，相邻卫星在穿过交汇点时，其相对空间位置发生变化，因此，星际链路必须要先断开再重新建立。

③ 在高纬度地区或极区，卫星对地面的重复覆盖率较高，而这些地区的用户少且业务强度较小，当卫星到达这些地区时，可以考虑将轨间星际链路暂时关闭，以降低卫星额外的能量消耗。

2. *卫星网络轨道几何特性分析*

首先采用以下几个假设。

① 卫星的运动是主动的，即未对其增加任何控制作用。

② 地球是均匀的圆球体，它对卫星的引力是指向地心的。

③ 除地球外，其他天体（太阳、月球等）对卫星的引力可以忽略不计。

④ 空气动力作用力、电磁作用力以及光压力等都可以忽略不计。

在上述假设条件下，卫星受到的唯一外力就是它和地球之间的引力。同时，本节主要研究中低轨道卫星，暂不考虑高轨道卫星，可近似认为卫星轨道为一个圆。因此，卫星是在一个半径为 $r$ 的球面上运行，该球被称为天球。按照地球经纬度的定义，也可以类似地给出卫星在天球上的经纬度，其中，$r$ 等于 $R$（地球半径）和 $h$（卫星高度）之和。

（1）卫星地理坐标的计算

首先，我们给出某颗卫星在某一时刻的位置，将其作为建立整个卫星网几何模型的基础，卫星位置可以使用不同的坐标系来表示，我们直接用类似于地球经纬度的地理坐标表示。卫星地理坐标的计算如图 7-5 所示，某一时刻卫星在天球上的轨迹的地理坐标可以由式（7-4）决定。卫星地理坐标的基本参数定义见表 7-2。

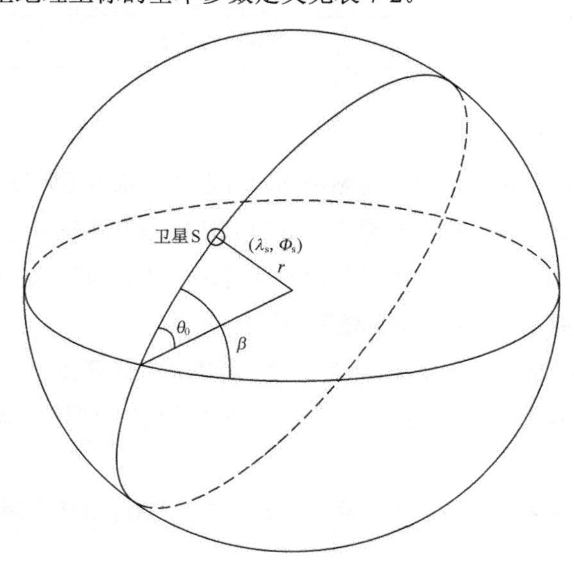


图7-5 卫星地理坐标的计算

$$\begin{cases} \Phi_s = \arcsin(\sin\beta \times \sin\theta) \\ \lambda_s = \lambda_0 + \arctan[\cos(\beta\tan\theta)] + u \\ u = \begin{cases} -180°, & -180° \leqslant \theta < -90° \\ 0°, & -90° \leqslant \theta < -90° \\ 180°, & 90° \leqslant \theta < -180° \end{cases} \\ \theta = kr^{-3/2} \times t + \theta_0 - 180n, n = 0,1,2 \quad \cdots\cdots \\ r = R + h \end{cases} \qquad 式（7-4）$$

**表7-2　卫星地理坐标的基本参数定义**

| 参数 | 定义 | 单位 |
| --- | --- | --- |
| $\lambda_s$ | 卫星在地球上的经度 | (°) |
| $\Phi_s$ | 卫星在地球上的纬度 | (°) |
| $t$ | 卫星飞行时间 | s |
| $\theta_0$ | 卫星与上升节点之间的角距 | (°) |
| $\lambda_0$ | $t$=0 时刻卫星与上升节点之间的角距 | (°) |
| $\beta$ | 卫星轨道倾角 | (°) |
| $R$ | 地球半径 | m |
| $h$ | 卫星轨道高度 | m |
| $k$ | 万有引力常量 | $N \cdot m^2/kg^2$ |

（2）星间距离及其相对变化率

星际链路有轨内星际链路和轨间星际链路两种形式。轨内星际链路建立于同一轨道上的相邻卫星之间，每颗卫星与同一轨道上在其前后运行的卫星分别建立链路。轨间星际链路建立于相邻轨道上的卫星之间。对于轨内星际链路，其星间距离、星间卫星方位角变化率几乎不变，这里主要是讨论轨间星际链路的情况。

在式（7-5）中我们给出任意两个轨道间卫星距离 $d$ 的计算公式，该距离为星间两个节点间的直线距离。在模型给出之前，假设不考虑地球的遮挡问题，即不考虑可见性问题。星际的链路距离如图 7-6 所示。

卫星星际链路距离求解中的基本参数定义见表 7-3。球面上任意两点间的距离 $d$ 可用式（7-5）进行计算。

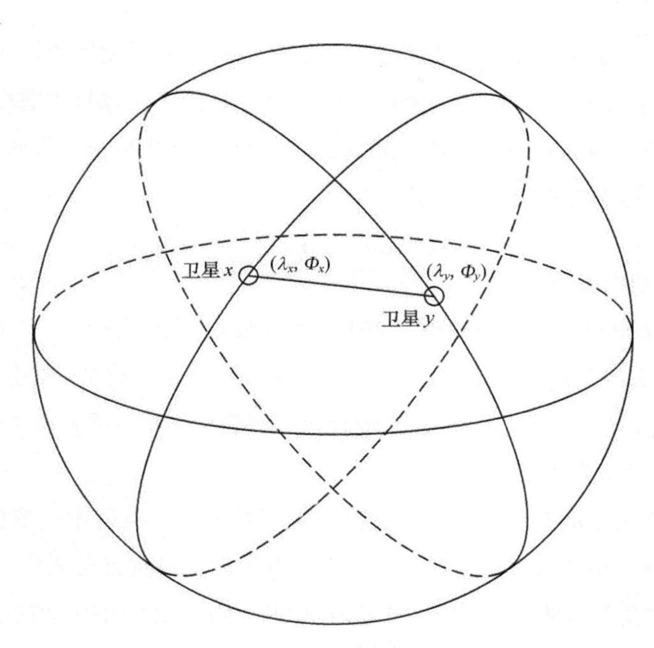


图7-6 星际的链路距离

$$d = r \times \arccos\left[\sin\Phi_x \sin\Phi_y + \cos\Phi_x \cos\Phi_y \cos|\lambda_x - \lambda_y|\right] \times \pi \div 180 \quad 式(7\text{-}5)$$

表7-3 卫星星际链路距离求解中的基本参数定义

| 参数 | 定义 | 单位 |
|---|---|---|
| $\lambda_x$ | 卫星 $x$ 在天球上的经度 | (°) |
| $\Phi_x$ | 卫星 $x$ 在天球上的纬度 | (°) |
| $\lambda_y$ | 卫星 $y$ 在天球上的经度 | (°) |
| $\Phi_y$ | 卫星 $y$ 在天球上的纬度 | (°) |
| $r$ | 卫星轨道半径 | m |

星间距离相对变化率的大小对于一些路由策略（例如基于最短时间或者最短路径的路由策略）有很大的影响，可以引发路由重构，如果变化频率较高，还容易引起路由抖动等问题，下面对此进行讨论。

为便于研究，这里先做一个简单假设：信息传输只经过空中两颗不同轨道的卫星；每颗卫星只同相邻的 4 颗卫星（轨内链路前后相邻和轨间链路左右相邻）建立链路；信息传输的平均总距离与 $r$ 成正比，设为 u$r$，u 为一常数；参数 $e$=$d$/u$r$ 为星间相对距离。

为了研究$e$的变化率，可取时间导数，得到参数$e$的变化率的绝对值，具体如式(7-6)所示。

$$\left|\frac{\partial e}{\partial t}\right| = \mathrm{A} \times r^{-3/2} \times D(t, r) \quad 式(7\text{-}6)$$

式（7-6）中，$D(t, r)$ 是一个很复杂的式子，为了简化结果并突出有用信息，需要做一些简化假设。首先，对于轨道倾角 $\beta$，假设在极轨道的卫星网络，则 $\beta$ 接近 90°，设 $\beta$=90°。另外，由于每颗卫星只同相邻的 4 颗卫星建立链路，所以只考虑相邻轨道卫星的连接。在这种条件下，相邻轨道卫星的初始纬度差（$\Delta\Phi$）一般很小，可假设为 0°，这样星间距离相对变化率的均值 $C$ 可表示为式（7-7）。

$$C=\mathrm{A}\times r^{-3/2}\times\mathrm{B} \tag{7-7}$$

其中，A、B 均为常数。

由式（7-7）可得出，星间距离相对变化率的均值 $C$ 正比于 $r^{-3/2}$。也就是说，如果其他条件相同，那么随着卫星高度的增加，星间距离的相对变化率将降低，路由重构的次数减少，有利于网络的稳定。当然，星间距离相对变化率还与轨道倾角等因素有关。

（3）卫星方位角及其变化率

由于轨内相邻卫星间几乎没有相对运动，所以轨内星际链路中天线的指向保持恒定。轨间星际链路建立于相邻轨道的卫星之间，由于卫星间相对位置会变化，所以它们之间的距离、方位角和仰角都是随时变化的。在这种情况下就需要灵敏的自动跟踪天线指向系统，每颗卫星必须知道相邻卫星的确切位置，为避免天线指向而不断进行大范围的快速调整，这些卫星之间的距离和方位角的变化范围应尽可能小，变化速率应尽可能慢。这里主要考虑的是轨间星际链路的方位角。

为便于研究，我们采用基于卫星节点的动态坐标系，即此坐标系的原点在卫星的当前位置 $A$，$x$ 轴指向地球的地心 $O$；$z$ 轴指向卫星 $i$ 的运行方向；$x$、$y$、$z$ 轴满足右手定则关系。星际链路方位角如图 7-7 所示，卫星星际链路方位角求解中的基本参数定义见表 7-4。

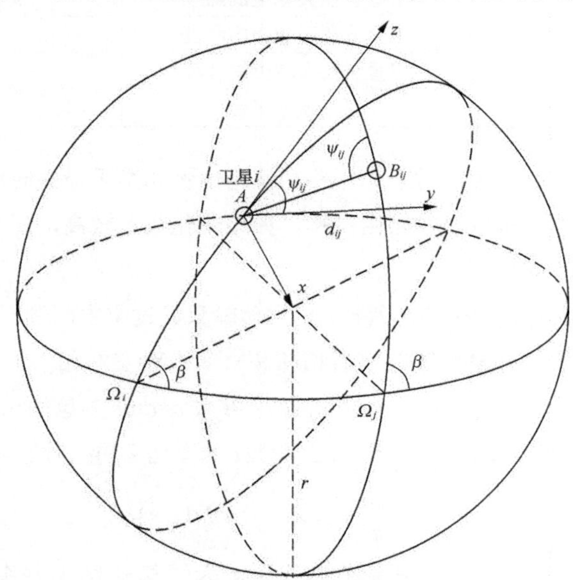


图7-7 星际链路方位角

卫星 $i$ 到卫星 $j$ 的方位角 $\psi_{ij}$ 的计算公式如下。

$$\begin{aligned}\tan\psi_{ij} = &[\sin\beta\sin\Delta\lambda\cos(\gamma_j+x)-\sin2\beta\sin^2(\Delta\lambda/2)\sin(\gamma_j+x)]/\\&[\sin^2\beta\sin^2(\Delta\lambda/2)\sin(\gamma_i+\gamma_j+2x)+\\&2\cos\beta\cos(\Delta\lambda/2)\sin(\Delta\lambda/2)\cos(\gamma_i-\gamma_j)+\\&\cos^2(\Delta\lambda/2)-\cos^2\beta\sin^2(\Delta\lambda/2)\sin(\gamma_i-\gamma_j)]\end{aligned}$$ 式(7-8)

在表 7-4 中，$x=2\pi t/T_p$，$T_p$ 为轨道周期。取卫星 $i$ 到卫星 $j$ 的方位角 $\psi_{ij}$ 变化值 $d$ 关于时间的导数，即可得到其变化率的绝对值，具体如下所示。

$$\left|\frac{\partial d}{\partial t}\right| = k\times r^{-3/2}\times E(t,r)$$ 式(7-9)

**表7-4 卫星星际链路方位角求解中的基本参数定义**

| 参数 | 定义 | 单位 |
|---|---|---|
| $\Psi_{ij}$ | 卫星 $i$ 到卫星 $j$ 的方位角 | (°) |
| $\Delta\lambda$ | 卫星 $i$ 到卫星 $j$ 所在轨道升交节点的经度差 | (°) |
| $\beta$ | 轨道倾角 | (°) |
| $\gamma_i$ | 卫星 $i$ 在 $t$=0 时刻的初始相位 | (°) |
| $\gamma_j$ | 卫星 $j$ 在 $t$=0 时刻的初始相位 | (°) |
| $x$ | 卫星由时间起点运动到 $t$ 时刻所改变的相角 | (°) |

在式（7-9）中，$E(r, t)$ 是一个很复杂的式子，为此，我们需要做一些简化假设。首先，对于轨道倾角 $\beta$，假设在极轨道的卫星网络，则 $\beta$ 接近 90°，设 $\beta=90°$。另外，$\gamma_i$、$\gamma_j$ 分别为 $t$=0 时刻两卫星的初始相位，都可假设为 0°，这样卫星方位角变化率的均值 $D$ 可表示为如下形式。

$$D=k\times r^{-3/2}\times \mathrm{B}$$ 式(7-10)

由式（7-10）可看出，卫星方位角变化率的均值 $D$ 正比于 $r^{-3/2}$，即随着卫星高度的增加，卫星方位角的变化率将相对降低，路由重构和路由切换次数减小，有利于网络的稳定。当然，卫星方位角变化率还与轨道倾角等因素有关，这里是在其他条件都相同时比较不同轨道 $\psi_{ij}$ 与卫星方位角变化率的关系。

### 7.2.1.2 多层卫星网

1. *多层卫星网络拓扑结构分析*

多层卫星网络典型的结构一般由 LEO、MEO 和 GEO 卫星层组成，能够实现全球覆盖，同时，MEO 层卫星覆盖 LEO 层卫星，GEO 层卫星覆盖 LEO 层卫星。卫星网络构成一个独立的空间自治系统（Automous System，AS）。地面网关与可视的卫星直接相连，负责卫星网络与地面网络间的地址转换和通信。多层卫星网络典型结构框架如图 7-8 所示。

GEO 层只有一个同步轨道面，共有 $N_G$ 颗卫星。GEO 卫星用 $G_i$ 表示，其中，$i$=1，2，…，$N_G$。

MEO 层共有 $N_M\times M_M$ 颗卫星，$N_M$ 表示 MEO 层每个轨道平面内的卫星个数，$M_M$ 表示轨道平面的个数，MEO 卫星用 $M_{i,j}$ 表示，其中，$i$=1，2，…，$M_M$，$j$=1，2，…，$N_M$。

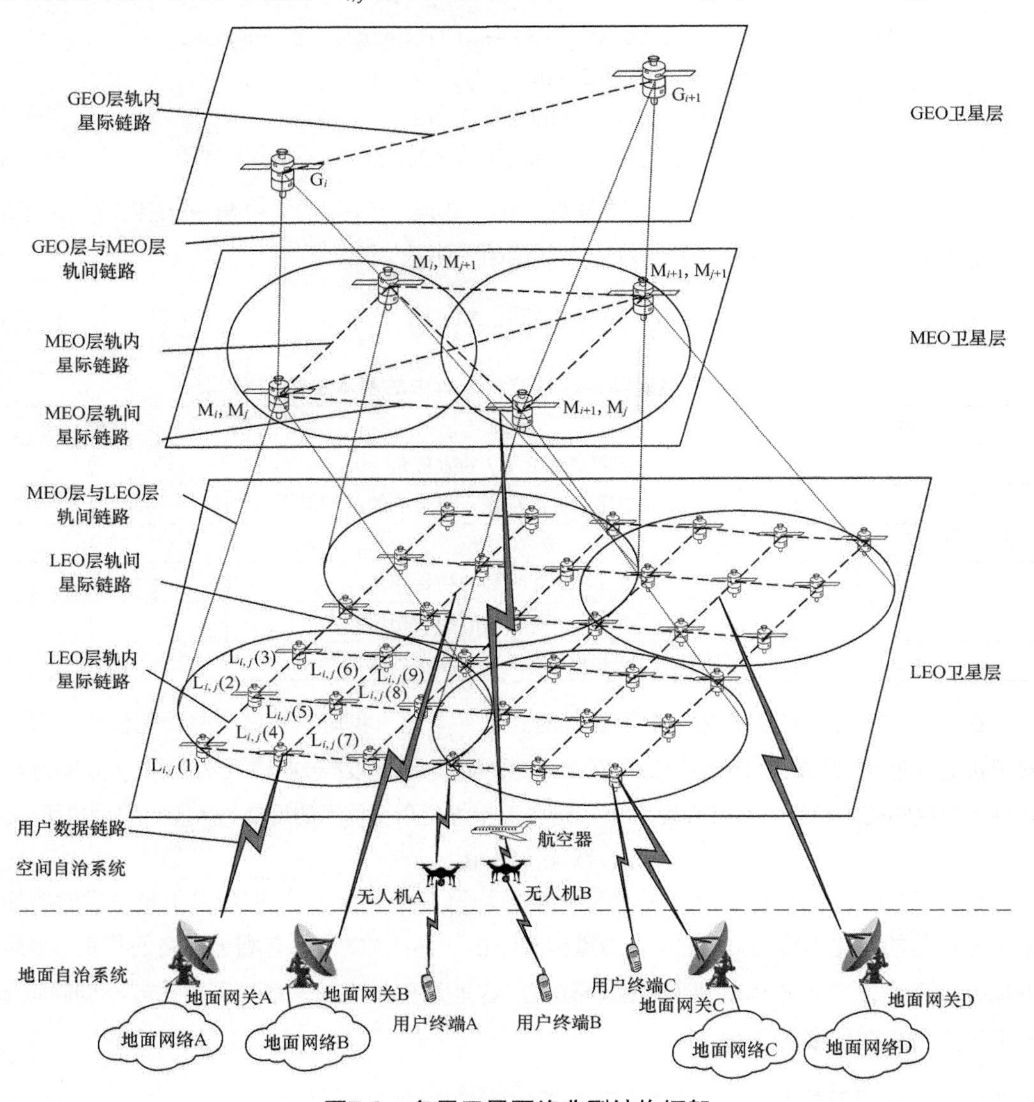


图7-8 多层卫星网络典型结构框架

LEO 层共有 $N_L \times M_L$ 颗卫星，$N_L$ 表示 LEO 层每个轨道平面内的卫星个数，$M_L$ 表示轨道平面的个数，LEO 卫星用 $L_{i,j}(k)$ 表示，其中，$i$=1，2，…，$M_L$，$j$=1，2，…，$N_L$，$k$ =LEO 域 $L_{i,j}$ 中的 LEO 卫星个数。并且 $N_L \times M_L > N_M \times M_M >> N_G$。

在多层卫星网络中，网络拓扑的变化更加剧烈。不仅低轨道卫星星座中的星际链路发生周期性切换，而且低轨道卫星与中轨道卫星或高轨道卫星之间的星际链路随不同层卫星之间的高速相对运动而频繁变化。在这种情况下，网络拓扑的变化受到诸多因素的影响，例如星座类型、层间星际链路接入策略、低轨星座中卫星与中高轨星座中卫星的初始相对位置等。

2. 星际链路分类

卫星网络星际链路包括3种类型的全双工链路。同层内的卫星通信可通过星际链路（ISL）实现。GEO、MEO和LEO卫星可通过轨间链路（IOL）进行通信。地面网关与覆盖它的LEO卫星之间通过用户数据链路（Universal Data Link，UDL）连接。一颗卫星可以通过UDL和多个地面网关相连，同样，一个地面网关也可以连接到多颗卫星。

（1）星际链路（ISL）

同层内的卫星通信可通过星际链路实现。每颗LEO卫星与4颗相邻的LEO卫星通过星际链路进行全双工通信；MEO卫星与同轨道内直接相连的MEO卫星一直保持连接。星际链路能够永久保持，而轨间链路在极点区域内无法保持，同时由于卫星间距离和视角的变化，轨间链路会临时关闭。$ISL_{s\to d}$或$ISL_{d\to s}$表示连接同一层卫星s和d之间的星际链路。

（2）轨间链路（IOL）

MEO和LEO卫星通过轨间链路进行通信。如果LEO卫星s位于MEO卫星d的覆盖范围之内，那么它们之间的轨间链路称为$IOL_{s\to d}$或$IOL_{d\to s}$。

（3）用户数据链路（UDL）

地面网关与覆盖它的LEO卫星之间通过用户数据链路连接，一颗卫星可以通过用户数据链路和多个地面网关相连，同样一个地面网关也可以连接到多颗卫星，LEO卫星s和地面网关G之间的用户数据链路表示为$UDL_{s\to G}$或$UDL_{G\to s}$。

## 7.2.2 基于卫星的通信

1. 固定用户之间的通信

通信的双方（假设为A和B）都是通过地面网络接入，然后均通过各自的关口站（假设为Sa和Sb）与卫星通信。固定终端之间的通信过程如图7-9所示。

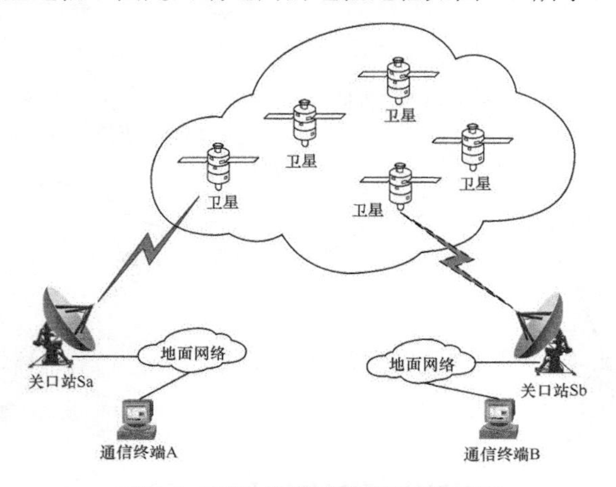


图7-9 固定终端之间的通信过程

2. 固定用户与移动用户之间的通信

通信的一方是移动终端（Mobile Terminal），它直接与某个卫星通信；通信的另一方是关口站。固定、移动终端之间的通信过程如图 7-10 所示。

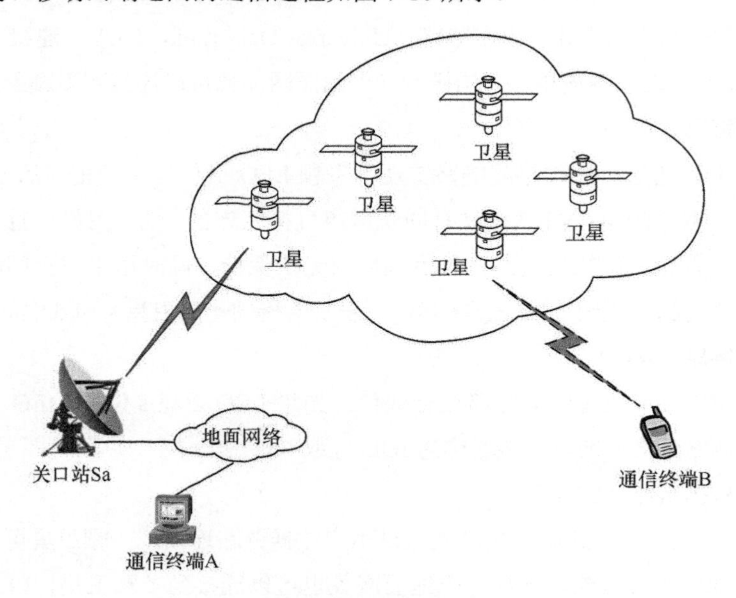


图7-10　固定、移动终端之间的通信过程

3. 移动用户之间的通信

通信的双方均是移动终端，而这些移动终端分别直接与某个卫星通信，每个移动终端的主要通信过程同前述的单个移动终端的情况一样。移动终端之间的通信如图 7-11 所示。

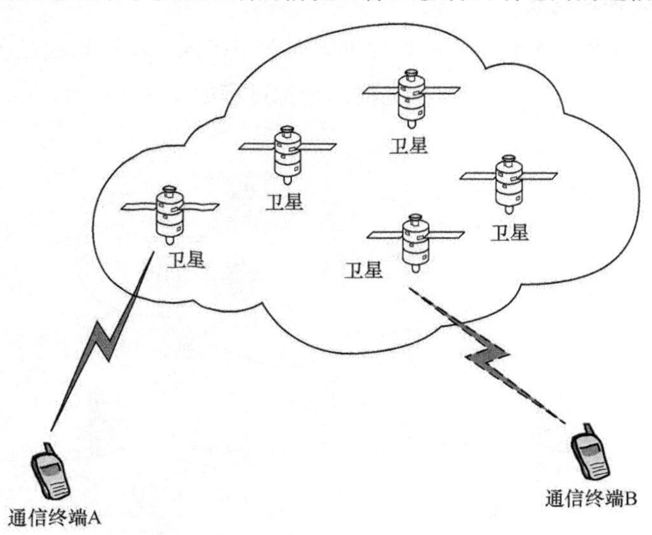


图7-11　移动终端之间的通信

### 7.2.3 卫星通信网研究

1. 组网体系结构设计

卫星星座是指为了同一用途，在相同的控制条件下，由具有相似互补轨道、相似类型和功能的一系列卫星组成的网络。卫星星座主要分为两类：一是同一轨道面内卫星以等间隔相位布放的星座；二是不同轨道面内卫星以等间隔相位布放的星座。星座概念的提出以及星座设计在国际上最早开始于 1961 年，在如何有效地进行星座设计的问题上，国外进行了很多的研究，其最初的目标着眼于对地观测卫星及军事侦查卫星、定位导航等的应用。由一定数量的低轨道卫星按照一定的相互关系构成一个整体星座来实现卫星移动通信是 20 世纪 80 年代后期提出的一个思路，其出发点是为了克服静止轨道卫星与地面手持终端之间通信的不足。

在星座设计中，覆盖要求是根本出发点，覆盖要求不同，星座形式及卫星数目显著不同。一般来说，覆盖要求可以分为以下几种。

① 持续性全球性覆盖。

② 持续性地带性覆盖，这里又包含两种情况：持续性极冠（从某一纬度至南极或北极）地带覆盖和持续性赤道地带覆盖。虽然它们都属于地带性覆盖范畴，但是由于其特殊性及其卫星星座设计方法的不同，所以有必要被列出。

③ 持续性区域性覆盖或间断性区域性覆盖。

对于低轨道持续性全球性覆盖星座及持续性地带性覆盖星座，目前，已经有公认的最优设计方法，而低轨道区域性覆盖星座的设计还没有一个很好的方法。在这种情况下，对于区域性覆盖卫星移动通信，人们目前主要是采用 GEO 系统。然而，GEO 系统的卫星轨道高度较高，路径损耗较大，而手持终端大多功率小，天线也多为非定向发射，因此要保持高质量通信，就要求卫星安装较大的可展开式的天线，从而使其具有很强的发射功率。再加上信号时延长等缺点，限制了 GEO 系统在全球个人通信中的发展，我们必须寻求一种轨道高度较低的星座方案来提供区域性卫星移动通信服务。从我国发展 6G 移动通信系统的卫星网络总体目标来看，采用持续性全球性覆盖方式将是必须的。

对于由任意相同的卫星高度、偏心率为 0、相同倾角的卫星组网提供全球连续覆盖至少需要多少卫星的问题，德莱姆（Draim）提出用“$2n+3$”颗椭圆轨道卫星就可以形成 $n$ 重全球连续覆盖。

以上这些研究成果系统地解决了星座设计的准则和设计方法。但是，由于进行全球性覆盖时采用的卫星数较少，轨道高度较高，所以 GEO 星座系统存在用户终端功率大、星地链路传输时延大、频率资源利用率低等几个缺点，而这些对于通信设备的设计、一些新兴的多媒体和实时应用将有较大的影响。发射低轨道卫星有效地克服了高轨道卫星的缺点，如果使用星际链路，卫星间的通信将不需要依赖陆地上的网络资源。要进行基于低轨道的全球性覆盖的卫星数通常比较多，如何有效地在卫星之间进行数据分组的传递，将成为构建一个卫星网络的关键问题。

2. 路由问题

要使用卫星组网，首先必须解决卫星间的路由问题。路由技术一直是网络通信中的研究重点，早期的卫星通信系统一般以 GEO 卫星为中继，采用弯管式（Bent-Pipe）转发器为地面两点之间的通信完成数据转发。这种数据传送形式是固定的，没有路由可言。而在由多颗卫星组成的星座网络中，需要在源端卫星和目的端卫星之间的多条可达路径中按照给定的链路代价度量选择最优路径。路由问题是卫星组网需要解决的根本技术问题之一。

当前，有关卫星网络路由的研究集中于解决空间段 ISL 网络路由问题。ISL 网络路由是实现收发端卫星之间通信的路由，属于点到点路由问题，也是卫星网中最基本的路由问题，其技术是实现卫星网中卫星与卫星互连的基础。ISL 网络路由性能的优劣直接影响到卫星网应用的各个方面，因此必须为之寻求有效的解决方案。

尽管点到点路由问题在地面网络中已经得到了较好的解决，但在由大量卫星组成的卫星网中仍然是一个具有挑战性的问题，这是因为卫星网本身具有的以下特点导致的。

① 受限的星上处理和存储能力。

② 星际链路的传输时延长，误码率高。

③ 持续高度动态变化的网络拓扑。

④ 承载数据流量分布不均衡。

地域和时区差异、星座运转及地球自转导致卫星网承载分布不均衡且流量负载具有时变特性。单颗卫星既可能覆盖人口稀少的区域（例如极地区域和海洋），也可能覆盖人口密集与数据量密集的区域（例如发达国家的主要城市）。

卫星网的以上特点使其既区别于传统地面固定网络，又区别于地面无线通信网络（包括 Ad Hoc 网络、传感器网络等），从而使地面网络路由机制不能直接应用于卫星网，而必须针对卫星网的上述特点研究和设计新的路由机制。一般来讲，一种有效的卫星网路由技术应该具有以下性质。

① 网络拓扑动态变化的适应性。这是卫星网的路由技术应具有的基本性质。路由技术还应采取适当措施避免可能出现的路由环，或者在出现路由环时能够及时、有效地消除其带来的不利影响。

② 抗毁性。当在两次路由更新间隔之间出现卫星节点失效或者链路故障时，路由技术应能够有效避免由此引起的数据丢失，这对于空间攻防对抗来说尤为重要。

③ 高效性。路由技术或协议应尽量降低实施的复杂性，以较小的开销获得较大的传输成功率或系统吞吐量。

④ 网络流量变化的适应性。路由技术应能支持流量负载均衡以避免网络出现链路拥塞或节点拥塞，或者在出现拥塞时它也能够及时、有效地消除拥塞带来的不利影响。

除此之外，卫星网的组网结构也会直接影响到路由技术的有效性，在不同类型的星座中，卫星与卫星之间的互连关系差异非常大。例如对于单层的LEO/MEO卫星星座，只须考虑同层轨道卫星之间的可见性变化和物理距离变化，而对于双层或多层卫星星座，除了需要考虑同层轨道上卫星之间的互连关系之外，还需要考虑处于层间轨道上卫星之间的互连关系。即使是单层轨道的卫星星座，星座类型的差异也会直接影响卫星间互连关系的变化规律，例如在玫瑰型LEO卫星星座和极地LEO卫星星座中，相邻轨道面上卫星之间互连关系的变化差异就非常大。因此在考虑路由技术的上述性质时，还应考虑技术的通用性。

3. *传输控制问题*

卫星信道属于无线信道，它具有较高的误码率和很长的无线信号传播时延，例如通过同步卫星（GEO）传播信道进行的行星之间的数据传输。另外，出于对成本等因素的考虑，卫星链路带宽往往采用不对称的方式。这些都会直接影响传输控制协议（TCP）的性能，降低TCP对卫星信道资源的有效利用。

（1）长传播时延

地面网络的往返时间（Round Trip Time，RTT）在几毫秒到几十毫秒之间，卫星信道的传播时延则大得多。在GEO系统中，*RTT*为480ms ～ 560ms，行星之间的传播时延还要更长（月球与地球之间的传播时延为1.2s左右，火星与地球之间的传播时延则为4min ～ 20min）。在传输过程中，文件处于Slow Start（慢启动）阶段的时间越长，所需要的传输时间就越长。因此Slow Start阶段在整个文件传输中的比例越大，信道的带宽利用率就越低。由于整个文件的传输都处于Slow Start阶段，所以卫星链路的有效带宽利用率最低。

另外，TCP的最大吞吐量（$Throughput_{max}$）也受*RTT*和最大发送窗口（$Win_{max}$）的限制，其具体大小可由式（7-11）计算所得。

$$Throughput_{max}=Win_{max}/RTT \quad \text{式（7-11）}$$

在GEO卫星通信环境下，*RTT*值几乎不会变化。因此协议估计的超时等待估计值（Retransmission Time Out，RTO）就会接近*RTT*值。这样，当路由器的传输队列变长，或者发送、接收端负荷增大所导致的ACK应答时延都会轻易地超过*RTO*。当应答等待时间超过了*RTO*，发送端就会认为网络出现拥塞，重传数据和降低拥塞窗口（Congestion Window，CW），并重新进入Slow Start阶段。因此尽管没有数据丢失，吞吐量还是会急速下降。

（2）高误码率

在GEO通信环境下，卫星信道主要呈现加性白高斯噪声的特性，随机误码为主要表现形式，误码率范围一般在$10^{-7}$ ～ $10^{-4}$。另外，卫星信道的表现还直接受天气的影响，当天气条件恶化时（雨、雪天气等），信道的误码率会更大，甚至不能正常通信。如前所述，

TCP 认为网络拥塞是数据丢失的唯一原因。当链路误码造成数据丢失时，TCP 就会减少数据发送窗口值，从而导致数据发送速率的降低。这样不仅降低了 TCP 的传输效率，还浪费了卫星信道的可用带宽。

在卫星移动通信的环境下，卫星链路的直达信号往往会被高山、树林或者楼房等阻隔。面对这种情况，卫星信道条件恶化严重。当卫星链路的直达信号被遮蔽时，卫星链路会出现突发误码的情况。这时，TCP 的性能会更加不稳定。并且在深空通信环境下，链路条件更加恶劣。随机误码率在 $10^{-1}$ 量级上，还会出现通信信号长时间完全中断的情况。

（3）链路带宽不对称

由于受到发送功率和天线尺寸等条件的制约，卫星链路中的前向链路（从卫星地面站到地面用户终端）带宽往往会大于反向链路（从地面用户终端到卫星地面站）带宽，前者通常为后者的 10 ～ 100 倍。在深空通信中，比例还会高达 1000 倍。由于链路带宽的不对称，反向信道的带宽往往会成为传输瓶颈，在带宽很窄的反向信道中，ACK 数据往往会“簇拥”在一起，导致反向链路的数据拥塞。链路带宽不对称会给 TCP 带来的影响如下。

① 较为明显的前向链路数据的突发特性。

② 拥塞窗口增长变慢。

从 20 世纪 90 年代至今，如何提高 TCP 在卫星网络中的性能一直是被广泛关注和研究的热点问题，国际因特网工程任务组（Internet Engineering Task Force，IETF）中的卫星工作组和网络工作组为此专门制订了多个评论要求（Request For Comments，RFC）[Internet 标准（草案）]，世界各地的研究机构和学者也提出了很多改进方案，这些改进方案大致可以分为三类。

① TCP 修改方案。

② 其他协议层修改方案。

③ 代理方案。

4. 安全问题

（1）安全目标

宽带卫星网络与传统陆地网络的安全目标是一致的，包括可用性、访问控制、数据机密性、数据完整性、安全认证等。

① 可用性。卫星网络即使受到攻击，应该仍然能够在需要时提供有效的服务。例如当出现某颗或某几颗卫星出现故障时，其他的卫星组成的网络仍然能够担当传递信息的任务。

② 访问控制。提供保护以应对可访问资源的非授权使用。具体来说，就是防止非授权地使用卫星网络的通信资源，非授权读、写或删除信息资源。

③ 数据机密性。对数据进行保护，使之不被泄露。有关军事战略或战术上的敏感信息在网络上传输，必须是机密、可靠的，如果这些信息被敌方获取，后果不堪设想。路由信息在有些情况下也必须保密，因为这些信息可能被敌方用来识别和确定目标在战场上的位置。

④ 数据完整性。该服务保证数据没有被非授权地篡改或破坏。网络中的恶意攻击或无线信道干扰都可能使发送的信息改变，如果没有对完整性的保护，就无法保证收发信息的一致性。

⑤ 安全认证。它应能对通信中的对等实体和数据来源进行鉴别，例如空中卫星应能够鉴别地面网关或终端的合法性，组成 ISL 的每一对卫星应能够相互鉴别对方的合法性。

（2）面临的安全威胁与挑战

由于宽带卫星网络自身固有的特性，所以它比传统有线网络更容易面临安全威胁，主要表现为以下几个方面。

① 卫星采用广播的方式，使用无线传输媒介传递信息导致卫星网络没有可信域。首先，安全管理就有很大的难度，而安全管理在网络安全问题领域是一个非常重要的方面。其次，卫星网络通信在 UL/DL 以及 ISL 上存在被动窃听的威胁，这种威胁不会对网络系统中的任何信息进行篡改，也不会影响网络的操作与状态，但是可能会造成严重的信息失密。再次在被动窃听的基础上还存在进一步的安全威胁，攻击者将被动窃听和重演结合起来，可冒充有特权的实体进行消息篡改等主动攻击，例如非授权地改变信息的目的地址或者信息的实际内容，使信息被发送到其他地方或者使接收者得到虚假的信息；冒充网络运行与控制中心（Network Operation and Control Center，NOCC）来配置空中卫星，控制卫星的运行，甚至可以在卫星上放置特洛伊木马程序等，利用被控制的卫星窃取信息、删除信息、插入错误信息或修改信息等。另外，对于无线信道，攻击者可以通过在物理层和 MAC 层使无线信道拥塞来干扰通信，这些将使卫星网络的可用性、完整性、机密性，安全认证等受到威胁。

② 宽带卫星网络的空中部分是由各类卫星（GEO、MEO、LEO）组成的。卫星上的电源、存储空间和计算资源都是有限的，因此无法实现复杂的加密算法，这增加了卫星被窃密的可能性。同时，一旦没有能源，节点就将完全瘫痪。攻击者可通过消耗卫星上的电源、存储空间及计算资源，使卫星无法正常工作，从而导致整个卫星网络瘫痪。

③ 对于地面的网络用户，宽带卫星网络通过地面的网关与之连接。另外，地面的 NOCC 负责处理卫星的网络资源、卫星运行控制和轨道控制。因此，一旦网关或 NOCC 受到攻击，空中部分卫星网络将完全瘫痪。

④ 卫星距离地面远，传输时延比较长，对于紧迫性比较高的实时业务，无法使用复杂的加密算法。越是紧急的信息，其保密性可能越高，这增加了保障实时业务信息安全的难度。

⑤ 卫星网络是动态变化的，实体间的信任关系也在不停地发生变化，彼此关系的维护是一个非常复杂的问题。另外，由于卫星信道的误码率远远高于高速有线介质，而高误码率对采用密码分组链方式的加密算法影响较大，平均一个比特的误码就可以损坏一个 IP 分

组，从而引起 TCP 重传，加重网络负担，因此要慎重选择加密算法。

5. 星载网络设备

（1）星载转发器

星载转发器工作于通信卫星平台，它能够提供一个完整的微波传送信道，并在没有维修和更换器材的条件下稳定地工作多年（由卫星寿命确定）。星载转发器的功能框架如图 7-12 所示。卫星的能量来自太阳能电池单元阵列，当卫星在地球阴影里（也称星蚀，发生在当地时间凌晨 1 时左右）时，将由卫星上蓄电池存储的能量提供足够的功率。对于静止轨道卫星，在每年的春分和秋分前后的 20 多天内，每天都会有一段时间（最长可达 70min）发生星蚀。

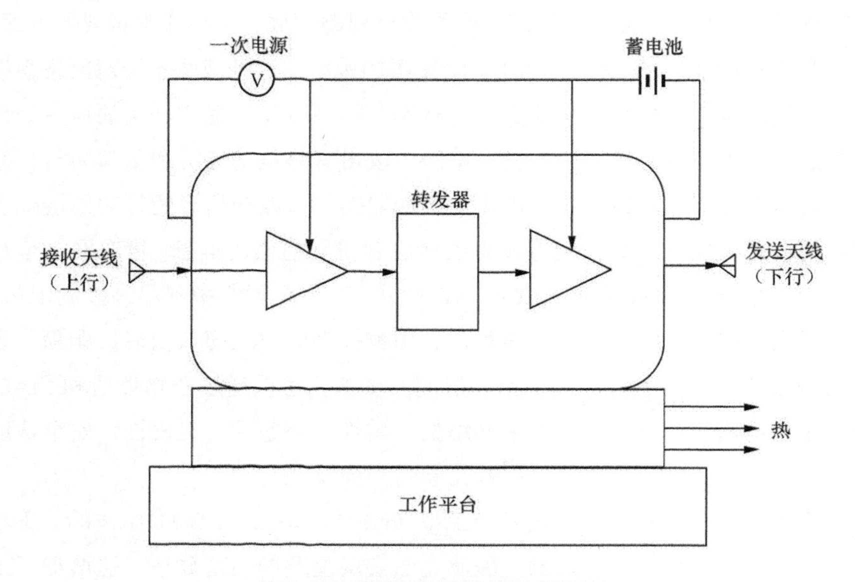


图7-12 星载转发器的功能框架

弯管转发器的框架如图 7-13 所示。所谓弯管转发器，是相对于数字处理转发器而言的，弯管转发器仅能够完成对信号的放大和将上行频率变换为下行频率，它可以是单信道的宽带转发器，也可以是多信道转发器。在多信道转发器中，基于波导的 RF 滤波器组也被称为输入复用器（Input Multiplexer，IMUX），IMUX 将宽带信道分为若干个信道，然后分别进行功率放大，在输出端再将这些多路信号在输出复用器（Output Multiplexer，OMUX）中合成。

星载转发器的功率放大器通常采用波管放大器。典型的波管放大器可将直流电源功率的 60% 转换为射频输出，而其余 40% 的能量转换为热能。近年来的波管放大器可工作 15 年甚至更长的时间，为了供给波管放大器较高的工作电源电压，星载转发器上的电源控制器（Electrical Power Conditioner，EPC）可以高效地将直流低压转换为直流高压。

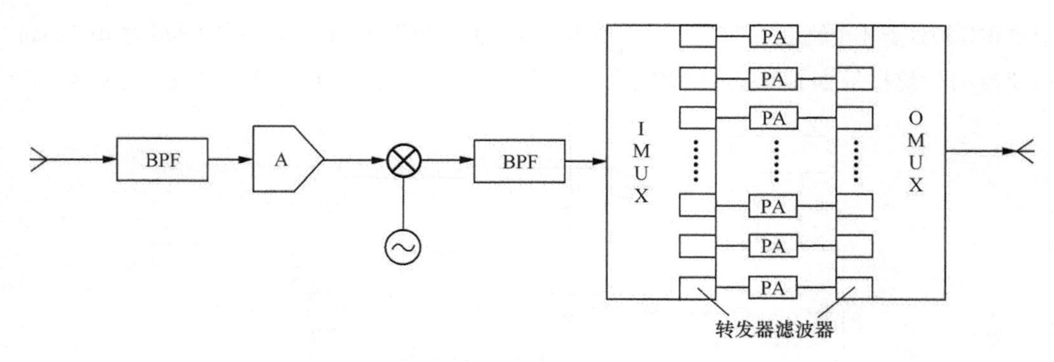


图7-13 弯管转发器的框架

为了提高星载转发器的可靠性，一些容易失效的模块或部件都有冗余配置。因此星载转发器上除了通信设备及其冗余部分之外，还有各种切换开关。

（2）星载路由器

利用矩阵开关实现射频交换的 INTELSAT-6（国际通信卫星）是大容量的，固定卫星业务（Fixed Satellite Service，FSS）系统也是时分多址系统。如果在中频使用处理器以便在不同波束之间交换信息，则处理器需要较高的处理速度。然而，目前处理器的处理速度在移动卫星业务（Mobile Satellite Service，MSS）系统中实现中频路由并不困难。例如亚洲蜂窝卫星（Asian Cellular Satellite，ACeS）系统就是采用这一技术进行不同波束间信息交换的。

星际中载路由转发器中每个上行（或下行）波束都只有 30MHz 的带宽，该频段被频分为一组公用信道，供不同用户终端共同使用。上行接收信号在中频经模拟 / 数字（Analog/Digital，A/D）转化后，通过滤波来选择需要与其他波束交链的信道。

6. 与其他网络的集成

移动互联网是互联网和移动通信网发展的一个方向，它为全世界成千上万的移动用户提供一个网络互连平台。基于通信卫星的特点，从网络发展的初始阶段就有使用卫星连接地面网络的实例。

从现有的系统来看，通过卫星连接地面网络有以下 3 种方式。

① 卫星与地面通信设施的混合结构建立在互联网的非对称性这一特点上。在这种结构中，用户的请求信息通过低速地面线路传给 ISP，而下行数据则由高速卫星链路支持传输。

② 单独使用卫星链路的结构在地面线路基础设施比较差的地方使用得较多。

③ 卫星通过广播来开发互联网的信息服务功能。据统计，在互联网中，大约有 20% 的信息属于广播服务，例如新闻、音像发布等。在广播功能上，卫星是比地面网络更有效的一种媒介。

移动终端之间的通信框架如图 7-14 所示。此框架的卫星部分由 8 颗地球静止轨道（GEO）

卫星和分别处于 4 个轨道平面的 20 颗中轨道（MEO）卫星组成。MEO 卫星的高度为 10352 km，周期为 6 h，这样每 24 h 卫星星座将完成一次循环。GPS 卫星可以提供移动终端的定位信息。

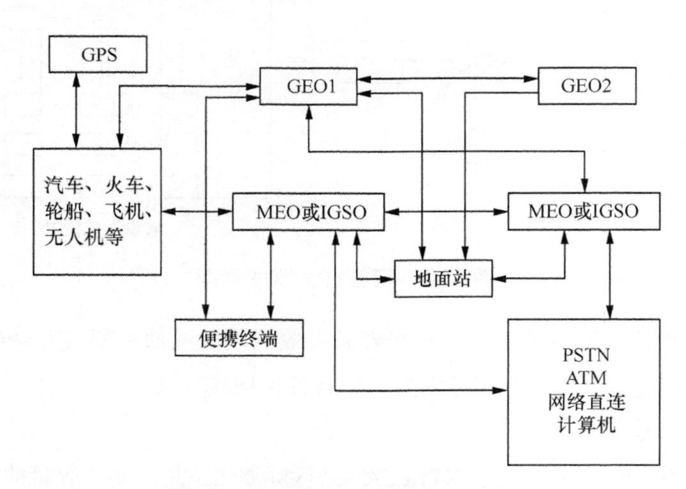


图7-14　移动终端之间的通信框架

此卫星通信网络可以提供以前的卫星接入互联网所不能提供的很多服务，它真正实现了对移动用户的多媒体服务。按计划，这个系统将要使用 50GHz/40GHz 频段，或其他的高频频段，以便为小型的用户终端提供高容量的服务。在一些情况下，每个 GEO 卫星可为一个用户提供的速率为 9.75Gbit/s，每个 MEO 卫星可提供的速率为 51.2Gbit/s，整个 MEO 卫星星座在世界范围内提供的速率为 102Gbit/s。MEO 和 GEO 总共 28 颗卫星的移动系统可以提供 190Gbit/s 的速率。网络可以支持一系列的数据速率，从 4kbit/s 的压缩语音速率到 10Mbit/s 的以太网速率。每种数据速率的用户数量会不断变化，相应的网络可以支持的用户总数也在不断变化。

显然，移动用户通过此系统可以随时接入多种地面网络，包括互联网。它与以前的卫星接入互联网的系统相比有很明显的区别，例如使用频段高、带宽大，可以为全球范围的移动用户提供服务。

## 7.3　卫星通信网路由技术

### 7.3.1　卫星通信网星座设计技术

卫星是依靠地球万有引力提供向心力飞行的航天器，始终以一定速度绕地球飞行。一般来说，卫星是不能够固定在地球某点的上空的，其覆盖区域随着时间的变化而不断变化。在大多数情况下，单靠一颗卫星是难以实现全球或特定区域的不间断通信的，因此需要多颗卫星协同工作，共同完成。如果多颗卫星之间保持固定的时空关系，形成稳定的空间几何构型，那么这些卫星就构成了卫星星座。卫星星座构型是对星座中卫星的空间分布、轨道类型以及卫星间关系的描述，星座设计技术直接决定了卫星网络采用的组网结构类型，在很大程度上影响了网络中的链路状态收集、路由计算及分组转发。

根据实际的使用目的、覆盖要求和技术水平等，卫星轨道可以具有多种形式，选择合适的轨道类型是星座设计的第一步。一般来说，需要考虑任务对轨道的需求，例如光照、载荷作用距离、相对距离变化、空间环境的影响及卫星间的相互运动关系等，需要充分考虑各个方面的因素，再进行轨道选择。

为了描述卫星的运动，可以引入地心赤道惯性坐标系 $O_e$–$xyz$：$O_e$ 与地心重合，$x$ 轴在赤道平面内指向春分点，$y$ 轴在赤道平面内垂直于 $x$ 轴，$z$ 轴由右手规则确定，指向北极。卫星在惯性坐标系中的运动，可以用 6 个经典轨道要素来表示，具体为①轨道半长轴 $a$；②轨道偏心率 $e$；③轨道倾角 $i$；④升交点赤经 $\Omega$；⑤近地点中心角 $\omega$；⑥卫星飞过近地点时刻 $\tau$。卫星在惯性坐标系中的运动如图 7-15 所示。

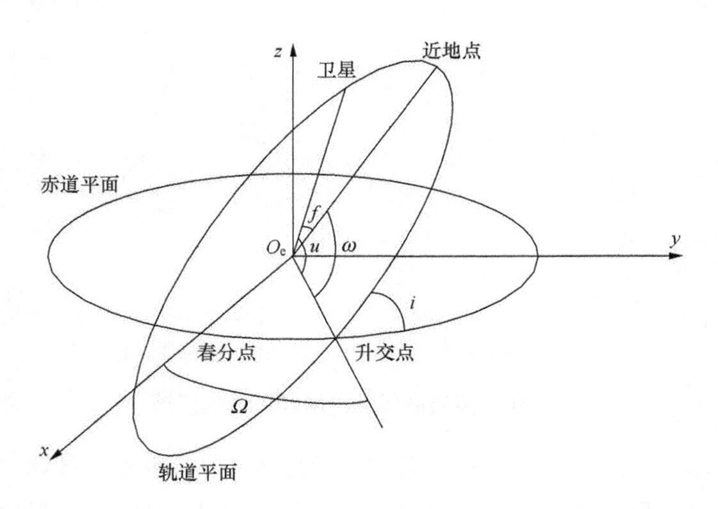


图7-15　卫星在惯性坐标系中的运动

除此之外，还有其他几个常用的参数，例如轨道高度 $H$，近点角 $f$，卫星平均运动角速度 $n$、轨道周期 $T$、卫星到地心的距离 $r$ 等，它们之间的关系如下。

$$H = r - R_e$$

$$n = \sqrt{\frac{\mu}{a^3}}$$

$$T = 2\pi\sqrt{\frac{a^3}{\mu}}$$

$$u = \omega + f \qquad 式（7-12）$$

其中，$R_e$ 为地球半径（通常取 6378km），$\mu$ 为开普勒常数，$u$ 为升交点角距，又称为相位角、纬度幅角，表示在 $t$ 时刻从升交点按卫星的运动方向度量到卫星的角度。

设 $t$ 时刻卫星运行至某个位置，则卫星离近地点角度称为平均近点角 $M$，具体计算方法如下。

$$M = \frac{2\pi}{T}(t-\tau) = n(t-\tau) \qquad 式（7-13）$$

覆盖角 $\theta$ 是描述卫星覆盖能力的基本参数，也是决定卫星星座对地覆盖能力的基本参数。卫星的覆盖区域被定义为由卫星引向地球的切线所包围的区域，即地面终端天线仰角 $\theta=0°$ 时正好能观察到的卫星的边缘线所包围的地面区域。卫星的覆盖区域和可通信区域如图 7-16 所示。

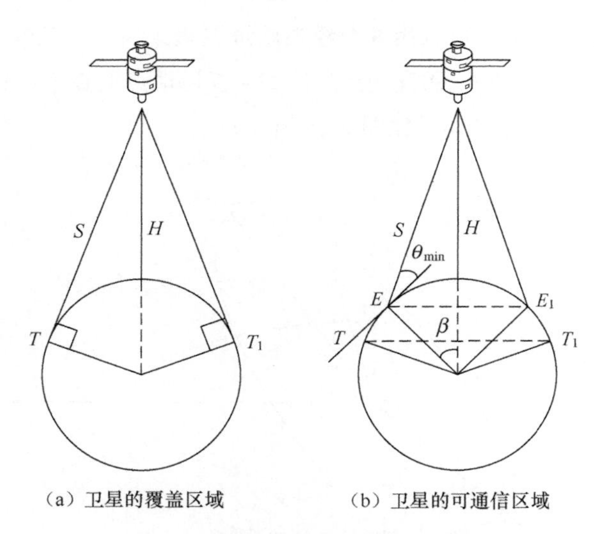


**图7-16　卫星的覆盖区域和可通信区域**

如图 7-16（a）中的 $TT_1$ 上半部分弧线所包围的区域即为卫星覆盖区域。但由于地形物及地面噪声的影响，所以当地面站终端对卫星的仰角 $\theta=0°$时，卫星是不能进行有效通信的，$\theta$ 必须大于某一值，才能进行有效通信，此值即为最小仰角，记为 $\theta_{min}$。只有在天线仰角 $\theta$ 大于 $\theta_{min}$ 的区域，地面终端与卫星之间才能进行有效的通信，此时，天线最低仰角的边缘线所包围的地面区域为卫星的可通信区域。卫星的可通信区域如图 7-16（b）所示，通过计算可得通信区域中心角 $\beta$、天线最小仰角 $\theta_{min}$ 与轨道高度 $H$ 之间的计算方法如下。

$$\beta = \arccos\left(\frac{R_e \cos\theta_{min}}{R_e + H}\right) - \theta_{min} \qquad 式（7-14）$$

因此当轨道高度相同时，卫星系统通信所需要的最小仰角值越大，可通信区域越小。

在圆形轨道上运行的卫星，距离地面的高度、运行速度和覆盖特性均变化不大，适用于全球均匀覆盖星座，轨道倾角可在 0° ～ 90° 任意选择。椭圆形轨道对区域性覆盖十分有利，运行于椭圆形轨道的卫星，其距离地面的高度、运行速度以及覆盖范围都随着轨道上位置的不同而不同，且卫星在远地点附近的运行速度慢，运行时间长，可以利用该特性实现对某特定区域连续长时间地覆盖。当轨道倾角为 63.4° 或 116.6° 时，地球引力的影响可以忽略不计，但对低纬度地区的覆盖不利，通过选择轨道倾角使之近似于覆盖区域的平均纬度，可以大大减少卫星的数目。

由卫星星座（以下简称“星座”）构成的航天系统称为卫星星座系统。星座主要分为两种：一种是同一轨道面内的卫星以等间隔相位布放的星座；另一种是不同轨道面内的卫星以等间隔相位布放的星座。从概念上来说，星座属于一种分布式卫星系统，通常把多颗卫星散布到轨道上，以实现整个系统功能的扩展。

最早提出星座概念的是亚瑟 • 查尔斯 • 克拉克（Arthur Charles Clarke），他于 1945 年在 *Wireless World*（《无线世界》）上发表的一篇文章指出，“在静止轨道上等间隔放置 3 颗卫星，可以实现全球除两极以外的覆盖”，因此地球静止轨道也被称为 Clarke（克拉克）轨道。最初提出星座设想是想通过多颗卫星的组合，提供更宽广的时空覆盖范围，这实际上是单颗卫星的覆盖能力扩展。航天技术的进步与星座系统应用的不断深入，极大地推动了星座技术的发展，相对于单颗卫星而言，星座不仅是其覆盖性能的扩展，而且通过加强卫星间的协同关系还可以获得功能的突破性提升、信息获取质量的大幅度增强以及任务模式的多样化。

按照卫星的空间分布、轨道构型的角度、星座的应用功能和覆盖角度，可以对星座进行多种分类。

（1）按照星座中卫星的空间分布

星座可以分为全球分布星座和局部分布星座。全球分布星座中的卫星散布在以地心为中心的球面上，相对地心有一定的对称性；局部分布星座中的卫星形成一个卫星簇围绕地球运动，完成一次任务需要所有卫星的合作。

（2）按照轨道构型的角度

星座可以分为同构星座和异构星座。同构星座的所有卫星轨道具有相同的半长轴、偏心率以及近地点角距，相对于参考平面有相同的倾角，每个轨道平面中有相同数量且均匀分布的卫星；而由多种轨道卫星组成的星座被称为异构星座，也是混合星座。例如常见的 Walker 星座属于同构星座，Ellipso 星座属于异构星座。

（3）按照星座的应用及功能

星座可以分为单一功能星座和混合功能星座。面向某种具体应用，装载相同类型载荷的星座称为单一功能星座，例如通信星座、导航星座等。星座中的卫星装载不同的载荷，面向同一航天任务的星座被称为混合功能星座，例如由合成孔径雷达（Synthetic Aperture Radar，SAR）卫星、电子侦查卫星、可见光成像卫星组成的对地观测卫星星座。

（4）按照覆盖角度

星座可以分为全球覆盖、纬度带覆盖和区域覆盖星座。严格的全球覆盖星座是指覆盖范围为经度 –180°～180°、纬度 –90°～90° 的星座，而通常情况下，覆盖范围为经度 –180°～180°、纬度 $-\lambda \sim \lambda(\lambda>60°$，即地球人口主要分布区）的星座也被称为全球覆盖星座。纬度带覆盖星座指的是覆盖范围为经度 –180°～180°、纬度 $\lambda_1 \sim \lambda_2 \cup \cdots \cup \lambda_{n-1} \sim \lambda_n$ 的星座。由于其特殊性及其卫星星座设计方法的不同，所以纬度带覆盖包括持续性极带（从某一纬度至南极或北极地带）覆盖和持续性赤道地带覆盖两种。区域覆盖星座指的是对地球表面上任意给定区域实现覆盖的星座，这里的任意给定区域一般指的是经度范围小于 360° 的区域。

## 7.3.2 卫星通信网路由技术

在传统的地面网络中，路由器依据网络拓扑信息建立路由信息库并据此计算路由表。当路由器从输入端口接收到分组信息后，根据分组信息头部携带的目的地址，采用最长前缀匹配方式查找路由表，将分组信息转发至对应的输出端口。路由信息库的更新依赖于链路状态的改变和链路通断关系的改变，这种路由更新方式需要在全网范围内交换拓扑信息，导致网络协议开销大、收敛速度慢。由于传统地面网络拓扑的变化频率低，当网络达到稳定状态以后不需要频繁更新路由表，同时路由器的计算能力和存储能力都能满足计算要求，所以现有路由协议能够稳定地工作。

卫星网络具有移动、多跳、节点对等（无中心）等特点，卫星网络拓扑结构具有高度的动态性和时变特性，并且受体积、功耗以及空间自然环境的限制，卫星（尤其是 LEO 小卫星）的星上处理资源和存储资源非常有限，星与星之间的距离较大、链路传输时延长是影响卫星网络中路由决策的重要因素，与现有的地面网络大不相同，因此必须针对卫星网络自身特点设计新的路由机制。

从路由域的角度，卫星网络路由可以被划分为上 / 下行链路路由（UP/Down Link，UDL）、边界路由（Area Border Link，ABL）和星际链路路由（Inter Satellite Link，ISL）3 类。

1. 上 / 下行链路路由

上 / 下行链路路由是卫星与地面网关或者移动用户之间的链路，负责各种用户到卫星网络的接入控制，并为用户选择源端卫星和目的端卫星。在 3 类路由中，上 / 下行链路路由功能相对简单，可以根据单星覆盖时间长短或信号强弱为用户选择服务卫星并进行星间切换控制。

2. 边界路由

地面网络被划分为若干个自治系统（Autonomous System，AS），每个 AS 包括属于一个机构管理的若干网络和路由器。通常情况下，在单个AS中使用内部网关协议（Interior Gateway Protocol，IGP）（例如RIP、OSPF等）执行路由功能，不同的AS之间可以采用外部网关协议（External Gateway Protocol，EGP）。为了使AS间无环路由信息交换变得更容易，并且能够通过无类域间路由选择（Classless Inter Domain Routing，CIDR）来控制路由表的扩展，边界路由由此被引入。

边界路由的基本功能是与其他自治系统交换网络的可达性信息，这种可达性信息包含了通往目标所要穿过的自治系统列表。利用这些信息系统就可以构建一个无环的自治系统连接图，并把外部路由信息重新发布给自治系统内部的路由协议。

与地面网络中的边界路由不完全相同，卫星网络中的边界路由在边界网关和卫星地面关口站运行，负责卫星网络与地面网络之间的互操作和无缝融合，使终端用户通过地面网络和卫星网络进行透明通信。边界路由主要解决以下问题。

① 能够使用独立的地址机制在地面上任意两个网关之间进行单独的数据分组转发。

② 只要地面上任意两个网关能够通过卫星网络实现互连，对卫星网络拓扑就没有任何约束。

③ 在卫星网络内使用的路由协议也没有任何约束。

地面网络通过地面网关与覆盖自己的具有星上处理能力的卫星相连。如果多个地面网络之间在不能使用地面通信的链路上进行通信，那么它们可以通过其上空的一颗或者多颗卫星实现通信互连。而处于各个地面网络中的实体并不关心中间的通信过程是经过地面链路还是经过卫星链路，只是关心在进行端到端的通信时能否保证期望的服务质量。因此，当用户通过上空卫星实现通信互连时，就需要解决地面网络和卫星网络之间的边界路由问题。我们把卫星网络看作一个特殊的自治系统，当各个地面自治系统通过卫星网络自治系统进行互连时，这些自治系统之间就需要运行边界网关路由协议，由地面关口站和星上网关实现边界路由功能。

#### 3. 星际链路路由

星际链路路由，即ISL网络路由，负责在卫星星座内部源端卫星和目的端卫星之间计算满足一定需求的最优路径。ISL是指卫星之间的通信链路。一般来说，若无特殊说明，卫星网络中的路由都是指ISL网络路由。同轨道面上相邻卫星之间的ISL被称为轨道内ISL。不同轨道面上相邻卫星之间的通信链路被称为轨道间IOL。一颗卫星可以同时持有4～8条ISL。轨道内ISL可以一直存在，而轨道间IOL可能会在某一时间段内短暂关闭。

对于ISL/IOL网络路由来说，ISL/IOL的动态变化是路由设计的难点，主要体现在以下几个方面。

① ISL/IOL的空间几何参数不断变化。ISL/IOL的长度、指向仰角和指向方位角等参数的不断变化使路由算法优化参数的不确定性增加。

② ISL/IOL可持续通信时间受限，受到星载设备跟踪能力和卫星间可见性条件的限制，

轨道面间 ISL 在越缝（Cross Seam，CS）、经过极地高纬度地区以及卫星间可视角过小时会断开。

③ 受空间自然条件的影响，星上设备的处理能力和存储容量都受到很大的限制，而且卫星一旦发射就很难进行硬件升级，因此路由算法的实现必须尽量简单。

虽然 IOL 持续变化增加了路由问题的难度，但是 IOL 的可预见性、周期性和固定性也为解决路由问题提供了有利条件。

### 7.3.3 卫星通信网路由面临的问题

要使用卫星组网，首先必须解决卫星间的路由问题，路由技术一直是网络通信中的研究重点。早期的卫星通信系统一般以 GEO 卫星为中继，采用弯管式（Bent Pipe，BP）转发器为地面两点之间的通信完成数据转发。这种数据传送形式是固定的，没有路由可言。而在由多颗卫星组成的星座网络中，需要在源端卫星和目的端卫星之间的多条可达路径中按照给定的链路代价度量选择最优路径。路由问题是卫星组网需要解决的根本问题之一，具体表现在以下几个方面。

1. 编址问题

在任何网络中，为了在各个节点之间建立连接并进行路由转发，必须采用一种机制标识网络节点，且标识应该唯一。地面网络采用 IP 地址标识各个网络节点，但在卫星网络中，各颗卫星都在绕地球高速运动，它们相对地面的位置在不断变化，并且这种变化是全球性的，为每颗卫星分配一个固定的 IP 地址或者采用移动 IP 中的地址注册都是不可取的。

其中的一种解决方法是，充分利用星座的周期性和卫星运动的规律性为各个卫星分配地址。在任意时刻，卫星 S 的地理位置用二元组 $<Lon, Lat>$ 表示，分别代表卫星 S 当前所处的经度和纬度。卫星 S 的逻辑位置用二元组 $<p, s>$ 表示，$p$ 是轨道面号，取值范围为 0 ～ $N$–1，$s$ 是轨道面上的卫星编号，取值范围为 0 ～ $M$–1。因此任意一颗卫星都可以用一个唯一的二元组 $<p, s>$ 标识自己的位置。另一种解决方法是根据卫星的覆盖区域进行编址。单颗卫星可以覆盖的地面区域最多被划分为 64 个 SuperCell，每个 SuperCell 又可以被均分为 9 个 Cell，离 SuperCell 中心最近的卫星被认为覆盖了这个 SuperCell。卫星节点之间的路由根据虚拟地址（Virtual ID，VID），使用被称为“卫星信元”的固定大小（64Byte）的分组数据进行星间通信。卫星节点在进行信元路由交换时，可以直接使用包含在信元头部的目的节点地理位置信息。

2. 切换对路由的影响

切换是指卫星间相对运动引起的卫星与地面用户之间连接关系的变换。为了保证通信的连续性，需要采用一定的切换机制。切换会导致重路由的问题，重路由的类型一般有完全重路由和部分重路由两类。完全重路由是指卫星在切换后重新为通信两端的实体计算出的路由，这种路由虽然是最佳路由，但需要一定的开销。部分重路由是指根据当前的网络状况和路由，仅针对发生切换的链路执行重路由，这种路由实施起来简单，但不一定是最优的。针对切换问题，现在已经有了很多研究，已提出的切换机制都是为了保证通信的连续性，降低切换对路由的影响，尽量避免重路由。

3. 边界路由

卫星网络可以被看作地面网络的一个特殊自治系统。根据卫星网络的类型和特征设计的内部路由机制对地面网络来说是透明的。为了实现与地面网络的无缝融合，卫星网络仅仅在内部实现路由是不够的，还必须实现边界路由功能。卫星网络自治系统覆盖整个地球，内部路径的长度一般都大于外部路径的长度，因此必须正确选择路由度量。

4. 支持组播

对于那些有一个数据发送者和多个数据接收者的应用来说，组播是一种非常高效的传输机制。组播也是下一代网络必须实现的功能。目前，对于地面网络的组播问题已经有了很深入的研究。卫星网络的全球覆盖特性使维护距离较远的组播用户变得较容易，同时也减少了很多中间跳数。中低轨道的卫星网络能够为全球范围内的组播应用提供较低的时延。

当前，有关卫星网络路由的研究集中于解决ISL/IOL网络路由问题。ISL/IOL网络路由是实现端到端卫星之间的路由，属于点到点路由问题，也是卫星网络中最基本的路由问题，其技术是实现卫星网络中星与星互连的基础。ISL/IOL网络路由性能的优劣可直接影响卫星网络应用的各个方面，因此必须寻求有效的解决方案。

尽管点到点路由问题在地面网络中已经得到了较好的解决，但是在由大量卫星组成的卫星网络中仍然是一个具有挑战性的问题。

5. 星上存储空间、处理能力以及能源都是有限的

受空间自然条件和卫星有效载荷技术的影响，例如高强度的电高辐射、功耗限制等，星上处理资源和星上存储资源非常有限，且卫星一旦发射后就难以升级。因此在星上维护、存储整个网络的链路状态是不现实的，一般这部分工作会在地面完成。对于LEO卫星来说，网络状态的变化是非常频繁的，由地面维护的整个网络的链路状态信息也不是非常精确（可能是过时的）。受限的星上处理能力要求星载路由器所运行的路由算法必须具有较低的实施复杂性（包括计算复杂性、存储复杂性和通信开销等），只有这样，LEO卫星才能真正适用于卫星网络环境。

6. 星际链路传输时延长、误码率高

卫星之间较远的物理距离使星际链路传输时延远大于地面网络中节点之间链路的传输时延。一般来讲，根据星座参数的不同，LEO卫星之间的星际链路传输时延为15ms～25ms，MEO卫星之间的传输时延为40ms～60ms。星际链路属于无线链路，一般是微波、毫米波、太赫兹波或激光链路。受空间物理条件影响，星际链路通信的噪声干扰大大增加了通信信号的调制难度和纠错难度，致使其信道误码率远高于地面网络的信道误码率。尽

管采用激光链路相对较好，但其对卫星的姿态控制要求更高。在通信过程中，卫星的姿态稍有不稳定就有可能造成通信暂时中断。因此在星上运行动态路由算法时，网络状态的更新很难完全反映真实的链路状态，这容易使各个节点使用陈旧的甚至错误的网络状态信息进行路由计算。

7. 持续高度动态变化的网络拓扑导致频繁切换

LEO/MEO 卫星绕地球高速飞行，网络拓扑持续变化，这主要体现在两个方面。一方面，由于通信信号的衰耗以及地形的遮蔽效应，所以只有在仰角较大的情况下，卫星和地面用户之间才能进行可靠的传输。LEO 卫星较低的轨道高度及较大的仰角决定了其在地面的覆盖区域较小。同时，LEO 卫星处于高速运动中，其覆盖区域在地球表面也在快速地移动，这就导致在一个连接过程中，用户终端可能不断地从一颗LEO 卫星切换到另一颗LEO 卫星，即 User-to-Sat（用户终端到卫星）切换。另一方面，一个多跳连接可能经过多条 ISL/IOL，卫星的运动（例如卫星移动到高纬度地区）可能导致其中某一条或某几条 ISL/IOL 不可用，从而出现卫星到卫星的切换，即 Sat-to-Sat（卫星到卫星）切换，不管是 User-to-Sat 切换还是 Sat-to-Sat 切换，都使已经建立的 QoS 路由不可用，必须重新选择一整条（或部分）路径。重新选择路径需要较长的过渡时延，可能无法满足某些 QoS 路由的时延需求，导致通信终止。同时，重建路由需要的信令开销和处理负载也会浪费资源。

8. 承载数据流量分布不均衡

地域和时区差异、星座运转及地球自转会导致卫星网络承载分布不均衡且具有时变特性的流量负载。单颗卫星既可能覆盖人口稀少的区域（例如极地区域和海洋），也可能覆盖人口密集且数据量密集的区域（例如发达国家的主要城市）。卫星在沿轨道运行时，用户数目及流量也在时刻变化着，这种用户流量的变化可能会阻塞一些切换呼叫（由于用户卫星间 UDL 的剩余资源不足）。同时，ISL/IOL 上的流量随着用户终端与卫星链路和轨间链路上的流量的变化而变化，因此即便在建立连接时 ISL/IOL 有足够的资源，也可能随时间的变化而出现拥塞，进而阻塞切换呼叫。另外，即便用户流量保持不变，也会引起每个 LEO 卫星的负载变化及 ISL/IOL 上流量的变化，使一些切换无法成功。这些被阻塞的切换会导致无法使用 QoS 路由。

### 7.3.4 卫星通信网路由技术分类

卫星通信网络的路由算法受多个方面因素的制约，与传统的路由技术有很大的差别，差别主要表现在以下 5 个方面。

① 拓扑结构动态变化，链路切换频繁，路由有效时间短，链路传输时延长，误码率高。

② 卫星网络的 ISL/IOL 子网是网状结构，任意 2 颗星座卫星之间都存在多条可用路径，

存在物理环路。

③ 星上设备使用宇航级芯片，CPU 处理能力和存储器容量受到很大限制。

④ 星上设备难以维修，为保证可靠性和抗毁性，任何一颗卫星的功能失效都不应该对全网造成致命影响。

⑤ 承载的业务具有不同的优先级和不同的服务质量要求。随着 IP 技术的快速发展，人们开始将注意力集中于研究卫星网络中的路由机制，实现星上分布式数据转发，其中，不仅包含单层的卫星网络，也包含双层或多层的卫星网络。

1. *单层卫星网路由技术*

（1）基于虚拟拓扑的路由算法

该路由算法的基本思想是充分利用卫星星座运转的周期性和可预测性，把星座周期分为若干个时间片，在每个时间片内，网络拓扑被看作一个虚拟的固定拓扑，可以根据预测的网络信息提前为各个节点计算所有时间片内的连接表。

根据卫星网络运行的周期性和可预测性，把星座周期 $T$ 分为若干个时间片，即 $[t_0, t_1)$, $[t_1, t_2)$, …, $[t_{n-1}, t_n)$。其特点描述如下。

① ISL/IOL 的连通和断开仅发生在离散时间点 $t_1$，$t_2$，…，$t_n$，在时间间隔 $[t_i, t_i+1)$ 内，卫星网络的动态拓扑结构能够模型化为固定拓扑结构。

② 时间间隔 $[t_i, t_i+1)$ 足够小，在该时间片内，各个 ISL/IOL 的代价可以认为不变。

（2）基于覆盖区域划分的路由算法

此算法将地球表面覆盖区域划分成不同的区域，并给各个区域赋予不同的固定的逻辑地址，具体包括面向连接的卫星路由算法和面向非连接的卫星路由算法两种。其特点描述如下。

① 在给定时刻，最靠近区域中心的卫星的逻辑地址就是该区域的逻辑地址。

② 在运行过程中，若卫星覆盖区域发生变化，其逻辑地址也会动态变化。

③ 逻辑地址带有地面节点的地理位置信息。

（3）基于数据驱动的路由算法

在没有数据传送时，路由不进行更新，数据报（Data Gram）的到达触发网络拓扑信息更新，路由更新机制包括后继更新和前继更新两种，其特点描述如下。

① 各个节点所维持的网络拓扑信息在没有数据发送时一直保持不变。

② 数据报的到达触发网络拓扑信息更新。

③ 算法进行两次更新：一次更新数据报要送达的下个节点的网络拓扑信息；另一次更新数据报的上个节点的网络拓扑信息。

Darting 算法和 LAOR 算法都属于基于数据驱动的路由算法。这种机制的优点是在正常网络流量的情况下，性能优于普通路由算法；缺点是当网络流量过大时，由于拓扑更新触发过于频繁，所以算法性能会低于普通路由算法。

（4）基于虚拟节点的路由算法

此算法属于基于覆盖区域分割路由算法的改进方法，将卫星网络模型转化为一个由虚拟卫星节点组成的网络，分配固定的地理坐标，依据物理位置与虚拟节点地理坐标的距离关系，将真实卫星与虚拟节点相映射。其特点描述如下。

① 用离散化地理坐标代表网络中的卫星，地球表面的逻辑地址固定不变。

② 将真实卫星与虚拟节点相映射，最接近虚拟节点的真实卫星位置被认为是虚拟节点的位置。

③ 卫星之间不交换网络负载信息，按照时延最短路径传送分组。

④ 忽略卫星星座的动态性，将卫星网络中的路由问题转化为在一个由虚拟的静态地理坐标构成的逻辑平面内计算最短路由的问题。

2. *多层卫星网路由技术*

多层卫星网络是指在双层或多层轨道平面内同时布放卫星，利用层间星际链路建立的立体交叉卫星网络，主要是由MEO和LEO两层星座构成的系统。与单层LEO卫星网络相比，多层卫星网络具有空间频谱利用率高、组网灵活、抗毁性强、功能多样化（融合天基通信、导航、定位等多种功能）等优点，能够实现各种轨道高度卫星星座的优势互补，将成为未来卫星网络发展的一种理想化组网模式，其算法一般采用主从模式，以MEO卫星为主干，LEO卫星为接入卫星。

（1）双层卫星网络

本村和弘（Kazuhiro Kimura）最早提出使用双层的LEO/MEO星座和激光星际链路组建双层卫星网络（Double Layered Satellite Networks，DLSN）的设想，并指出由高层倾斜轨道MEO星座和低层极轨道LEO星座组成的LEO/MEO双层卫星网络的覆盖性能优于双层极轨道卫星星座网络的覆盖性能。在其所提出的组网结构中，LEO层卫星之间和MEO层卫星之间均通过层内星际链路和轨间链路互连，并且MEO卫星可以使用层间星际链路和自己视距内的所有LEO卫星相连。

DLSN的优点是双层卫星星座结构在覆盖重数、仰角、连接灵活度等方面均优于单层卫星星座。其缺点是数据在这种类型的网络中如何传输没有分析，双层卫星网络结构对路由算法设计的影响也没有分析。

（2）双层卫星路由算法

双层卫星路由算法（Two Layered Satellite Routing，TLSR）以与DLSN类似的双层卫星网络结构为参考网络模型，该卫星网络采用了63颗LEO卫星和16颗MEO卫星，MEO卫星之间使用4条链路互连形成顶点对称网络，而每颗LEO卫星通过两条轨间链路与两颗在其视距内的MEO卫星互连，LEO卫星之间无星际链路。其特点描述如下。

① 采用基于ATM的分组交换方式实现分层的数据传输。

② MEO卫星作为网络交换节点，组成骨干交换网络；LEO卫星作为接入节点为覆盖范围内的用户之间提供信息传送服务。

③ 按照星际链路通断变化把系统运行周期划分为有限个时间片，提前生成路由表。

（3）多层卫星网络的分层路由协议

李章洙提出了一种新型的多层卫星网络（Satellite over Satellite，SoS）体系结构，并设计了对应的分层路由协议（Hierarchical QoS Routing Protocol，HQRP）。SoS 体系结构包含一个基本的 LEO 星座和一个或多个轨道高度更高的星座，这些星座组成分层的网络体系结构，HQRP 的核心思想是上层卫星实现对下层卫星路由信息的汇聚并为下层卫星提供路由计算支持，下层卫星节点按照 QoS 指标要求和节点跳数限制选择最优路径。HQRP 的特点描述如下。

① HQRP 通过卫星网络的现有状态信息推算下个时刻的卫星网络的状态、拓扑和信息的可达性，并自动适应卫星网络的变化。

② 该协议选择的路由能满足 QoS 各个参数的要求，例如带宽、时延和时延抖动等。

③ 该协议采用一系列机制使卫星网络能自行升级、扩容，满足日益增长的通信容量需求。

（4）基于 IP 的多层卫星网络路由算法

基于 IP 的多层卫星网络路由算法（Multi-Layered Satellite Routing，MLSR）适用于由 GEO、MEO 和 LEO 卫星组成的三层卫星网络。其中，GEO 层卫星之间、MEO 层卫星之间、LEO 层卫星之间均具有层内星际链路，而 GEO 与 MEO 卫星之间、GEO 与 LEO 卫星之间以及 MEO 与 LEO 卫星之间也具有层间星际链路，从而形成一个强互连的立体网络结构。该算法特点描述如下。

① MLSR 算法依据高层卫星的覆盖区域对低层卫星进行分组，实现分层的网络拓扑信息收集，并在组内成员关系改变时，周期性地由高层卫星为低层卫星计算路由表。

② 路由计算度量仅为链路传输时延，只在组内成员关系改变（即层间覆盖关系改变）及到达更新周期时更新路由表。

③ 算法缺乏对网络中流量突发变化的适应能力。

（5）GEO/LEO 双层卫星网络路由

采用由 GEO 卫星和 LEO 卫星组成的 GEO/LEO 双层卫星网络结构是组建多层卫星网络的一种新思路。基于 GEO 卫星覆盖区域分割的分层路由算法针对 GEO/LEO 双层卫星网络结构的物理特征进行覆盖区域划分，把系统同期分为若干个时间片，用 GEO 卫星存储各时间片内的静态连接矩阵并确定路由。分级拓扑协议流程如图 7-17 所示。

分层路由算法的特点如下。

① 按照 GEO 卫星将网络进行覆盖区域划分，每颗 GEO 卫星负责管理覆盖区域内的多颗 LEO 卫星。

② 系统周期被划分为若干个时间片，由 GEO 卫星存储各时间片内的静态连接矩阵，确定覆盖区域内的 LEO 卫星之间的路由。

③ 算法把覆盖区域聚合为一个具有多个入口和出口的节点，不同覆盖区域之间的信息

通过覆盖区域的边界 LEO 卫星进行传送。

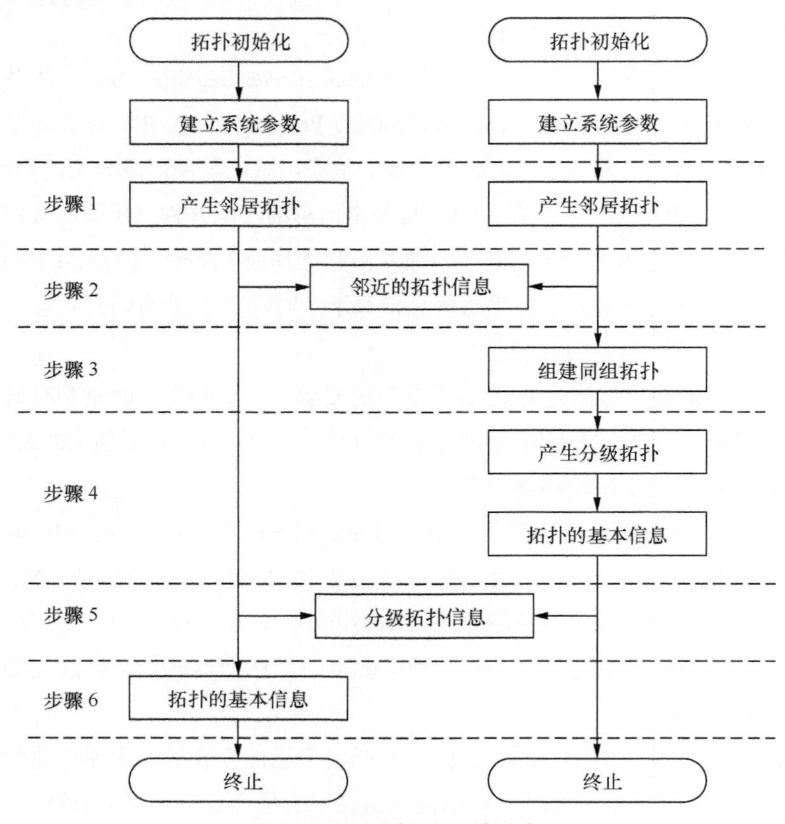


图7-17　分级拓扑协议流程

已有的多层卫星网络组网结构大都依赖一个同样覆盖全球的 MEO 卫星星座，不仅使 LEO 卫星与 MEO 卫星之间的层间星际链路维护困难，而且极大地增加了系统建设的复杂性和实施成本。GEO/LEO 双层卫星网络路由算法同样也建立在多连接模型之上，每对卫星之间存在多种路由选择，为实现最优路径的计算，每次网络结构的微小变化都将引起路由表的大范围更新，导致 GEO 卫星的路由汇聚任务异常繁重。

## 7.4　微型卫星技术的特点及设计

从 20 世纪 80 年代以来，国外就十分关心小型 / 微型卫星技术的发展，提出数十种利用中、低轨卫星星座的通信系统方案，以期提供实时或非实时的通信业务。同时，国外还进行了大量的试验，例如 UoSAT 系列微型卫星的试验就验证了微型卫星在不同应用领域完成各项任务的潜力。试验表明，微型卫星在通信、地球观测、遥感遥测、空间技术研究等方面完全可以扮演十分重要的角色。这些试验的成功更进一步推动了微型卫星在工业、商业、军事等领域的应用。

现代通信技术的飞速发展和新型超大规模集成电路的不断发展，提升了微型卫星的通信能力和在星载设备上的性能，并促进了设备小型化、低功耗和低成本等方面的发展。可以预计，新型的微型卫星具有以下技术特点。

① 星载计算机随着计算机技术的发展而更加先进；星载存储容量更大。

② 星载 LAN 的速率更高。

③ 卫星采用 GPS 姿态控制系统，天底角指向精度达 0.1°。

④ 军用微型通信卫星将向 SHF 和 EHF 频段发展，采用扩频技术和先进的信号处理技术以提高抗干扰能力。

⑤ 具有星际和轨间通信能力。

从国外微型卫星通信技术的研究情况可以看出，用微型卫星来为军队、政府部门提供特种通信服务，建立广域安全的 E-mail（电子邮箱）网络是一条简便易行和能够提供有效服务的途径。

同时，微型卫星造价低、开发周期短、结构简单，对星载设备的器件无特殊要求，均可使用市场上的常规器件。这些特点特别适合我国的国情，加之其部署迅速、灵活、机动性强、地面终端小，可以很好地运用于军事，能够较好地满足我国军队部分特种通信的需求。因此开展微型卫星通信技术研究具有重要的意义。

虽然我国在微型卫星星体以及开发通信技术所依赖的软硬件技术的研发上都已具备了相应的条件（例如通信体制、收发机、星载计算机系统、用户终端设备等），但是微型卫星通信技术是一项复杂的系统工程，需要航天和通信双方的协调攻关。未来，它可以从以下几个方面进行研究。

① 对通信体制的研究，包括对信令、协议、数据结构、调制方式、编码体制等研究。

② 对微型通信卫星的通信子系统方案研究，包括星上计算机、数据信号处理器、星上存储器及其管理控制系统和用户终端设备。

③ 对软件的在轨重新加载技术的研究。

## 7.5 微型卫星存储 / 转发数据通信系统的设计

微型（小型）卫星技术是近年发展起来的一项新兴技术，在卫星通信领域有着广泛的应用前景。自 20 世纪 90 年代以来，以低轨小卫星构成的全球数据存储 / 转发系统纷纷建立。这些系统以一种灵活、方便、低价的方式为全球用户提供信息交换服务，成为建立全球专用数据交换网络的有效手段之一。

根据博耶（Boyer）等人对全球个人移动通信系统（GMPCS）中的低轨大卫星（Big

Low Earth-Orbit，以支持语音业务为主）、低轨小卫星（Little Low Earth-Orbit，提供数据和定位业务）和以同步卫星支持的区域性系统的市场前景进行分析。其中，低轨小卫星（微型卫星）的数据业务占有一定的市场份额。从我国的实际情况来看，建立由我国控制的全球数据通信系统是必要的，这对我国驻外机构、企业、船队等都有实用价值。从国内的需求来看，我国通信网络尚未完全覆盖边远地区、矿山、野外作业和远程医疗、教育，且对某些行业（例如水文、地震无人值守站的数据采集、传输）均有良好的应用前景。

微型卫星技术主要的研究内容涉及通信体制与协议设计、标准化星体设计、低成本发射技术、软件无线电技术在微型卫星中的应用等方面。其中，怎样以星载计算机为核心建立一套支持高效数据交换的通信体制和协议是决定系统容量及服务水平的主要问题。早期（20 世纪 90 年代初）的微型卫星数据通信系统（例如萨里卫星工程中心研制的 UoSat-3、UoSat-5 和 Posat-1 等系统）采用“邮递员”式的工作方式，由于在这些通信系统中没有考虑用户移动性和位置管理，所以需要地面用户通过竞争的上行链路，不断地发送查询信息以便从卫星上转发属于自己的信息，这样势必会造成通信资源的巨大浪费。

## 7.5.1 系统构成

低轨微型卫星数据系统由以下几个部分组成：星载通信有效载荷单元、用户终端、用户便携式计算机（应用件）、GPS 接收端、声码话机等。微型卫星存储 / 转发数据通信系统结构如图 7-18 所示。系统协议体系采用分层结构，具体包括物理层、数据链路层、网络层、控制层、管理层等几个部分。系统协议体系结构如图 7-19 所示。

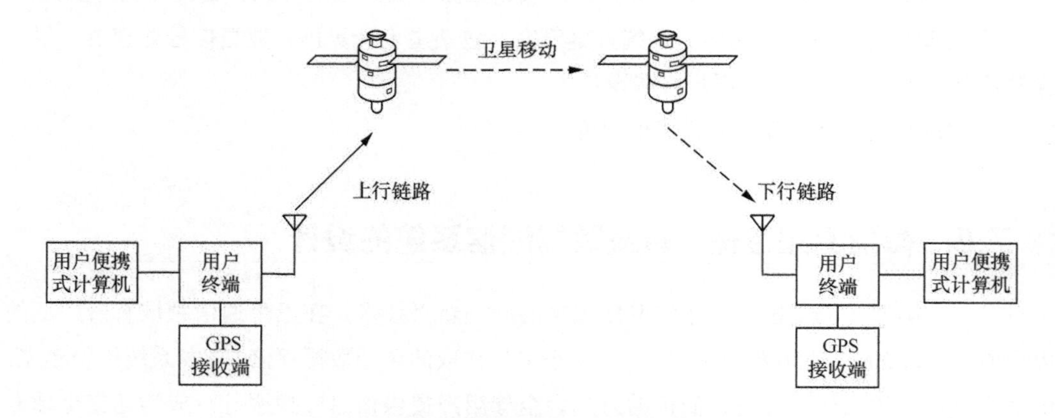


图7-18 微型卫星存储/转发数据通信系统结构

星载通信有效载荷部分以星载计算机为核心，完成系统网络资源管理、位置管理、星历管理和星上文件及存储器管理，构成全网的信令中心和定时钟源，并支持分组通信的信令交换，具体功能如下所述。

**系统网络资源管理**：完成网络通信资源（信令信道和信息信道）状态的检测、资源的按需分配和用户身份合法性及权限的检查。

**位置管理**：根据用户登录和退出时提交的地理位置信息（经纬度）建立系统用户位置数据链，并根据卫星当前位置建立当前覆盖区内用户映射关系，同时根据时间的推移进行映射关系的更新。

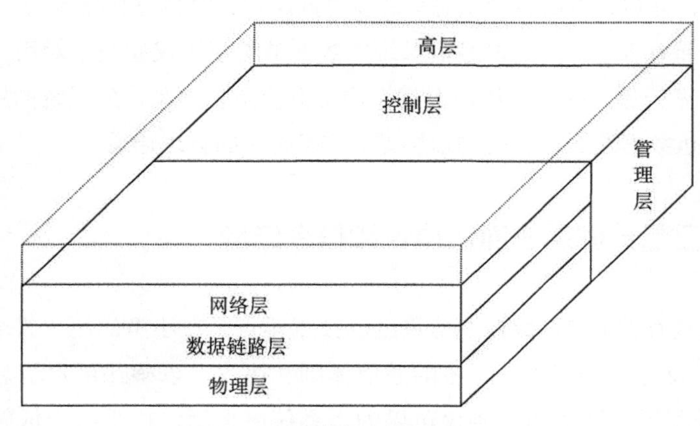


图7-19 系统协议体系结构

**星历管理**：根据卫星的轨道参数和运行时间建立卫星星下点地理位置（经纬度）和时间的映射关系，并将星历情况通过下行的信令信道广播给当前覆盖区的所有用户，以帮助这些用户终端进行卫星位置预报和通信时间估计。

**星载存储器管理**：完成对需要在卫星暂存的用户文件所需存储空间的分配、维护和回收。

**全网定时钟源**：作为进行 TDMA 信道分配和实现时隙 ALOHA 信令信道的全网定时钟源，通过信令帧对覆盖区内的用户终端进行广播，以帮助这些用户终端实现时钟同步。

**信令管理**：星载管理部分代行系统网络中心的功能，负责用于通信、控制及管理的全部信令的管理。

用户终端基带处理部分具有系统网络时钟恢复、卫星位置报告和传输时延补偿、用户文件暂存管理以及支持分组通信的信令交换等功能，并负责交换和处理用户计算机的命令和数据，具体功能描述如下所述。

**系统网络时钟恢复**：根据周期性出现的卫星下行复帧帧头，将本地的收发时钟调整到系统时钟上，并对本地时钟进行校准，以支持系统所采用的 TDMA 多址方式和时隙 ALOHA 协议的实现。

**卫星位置报告和传输时延补偿**：根据收到的卫星星历信息，向用户提供卫星出现和飞逝的时间，便于用户掌握文件交换的过网时延、启动本地的登录及文件收发等操作。根据本地与卫星传播距离的远近情况，对本地的收发时钟进行调整，以保证时隙 ALOHA 协议的实现和文件传递的可靠性。

**用户文件暂存管理**：完成对暂存于用户终端的用户文件所需存储空间的分配、维护和回收。

**信令交换功能**：与星载基带处理部分相配合，完成用于通信、控制及管理的全部信令信息的生成、传递、响应和处理。

**交换和处理用户计算机的命令和数据**：对用户计算机发来的各种命令进行响应，对各种数据进行处理，并将终端的各种状态信息及时向用户计算机进行报告。

低轨微型卫星存储 / 转发数据通信系统的数据链路层协议完成了对用户数据和系统各种监控信息的可靠传递，并实现用户数据误码检测及重传控制，为系统的用户文件交换和控制信令交换提供数据通道，它的物理层提供信息传递的物理通道。

### 7.5.2 微型卫星数据系统通信协议和信令结构

低轨微型卫星存储 / 转发数据通信系统的技术难点是在小型的用户终端设备和通信有效载荷上实现一套有效、可靠、完备的通信体制和协议，以确保用户信息的安全传递和系统资源的充分利用。许多通信协议可以为本系统所采用，但是由于低轨微型卫星的特点，所以必须对这些通信协议进行修改和必要的补充，同时还必须建立一套支持这些通信协议的完整信令结构。由于低轨微型卫星对用户终端和星载通信有效载荷单元在发射功率、天线噪声、温度等方面的要求较低，所以信道单元可以借鉴并采用许多成熟的技术和设备。对低轨微型卫星存储 / 转发数据通信系统的通信体制的研究重点应放在通信协议和信令结构上。

对微型卫星存储 / 转发数据通信系统的研究仍需要考虑以下几个方面。该通信系统以存储 / 转发方式进行工作，且信息传递时延的变化范围很大，处于 0 ～ 10h。系统需要对用户终端进行位置管理。所有的信息交换都必须通过卫星进行，网络呈星形结构。卫星需要根据用户终端的位置判断是否要对数据分组进行实时转发，且在当前覆盖区内，用户是动态变化的。

本系统采用频分双向、时分多路的方式在星地间建立双向信道。为了解决信息和信令传输的问题，本系统将信道分为信令信道和数据信道，数据信道以时分的方式按需分配给不同的用户，接入方式采用 S-ALOHA 协议。系统资源实现按需分配，以便提高信道的利用率，在有限的通信时间窗口传递更多的有效信息。数据信息采用选择性重传的方式，信令信息采用定时保护的重传方式以确保信令和信息的可靠传递。本系统以 AX.25 通信协议为基础，并根据微型卫星数据通信的特点对该通信协议进行必要的修改和补充。以定长的信息帧传递用户数据信息，以非信息帧传递信令信息。

信令子帧和信息子帧构成复帧。上 / 下信道时隙安排如图 7-20 所示。每个信令时隙内是一个包含信令信息的非信息帧。信息子帧内含有多个数据时隙，根据用户的需求分配给覆盖范围内的不同用户，由于本系统采用的是存储 / 转发的工作方式，所以卫星复帧的下行数据时隙和地面用户终端的上行数据时隙之间没有一一对应的关系，每个数据时隙内含有一个携带转发信息的信息帧。根据系统资源的情况，系统可以将一个或几个数据时隙在一段时间内分给一个用户使用，以提高信道的利用率。当用户数据通信完毕后，拆链信令将其所占用的系统资源交还给系统，以便其他用户使用。

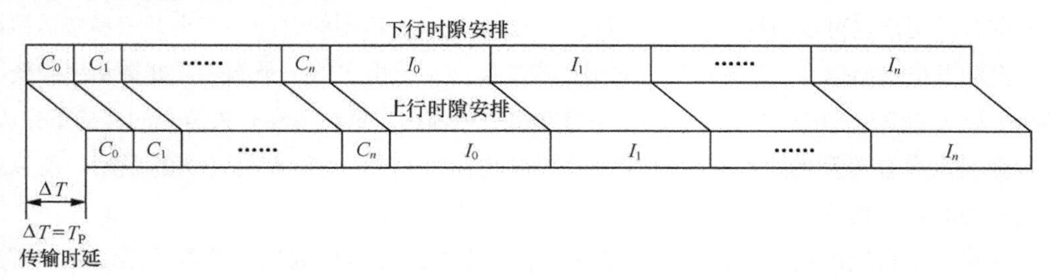


图7-20 上/下信道时隙安排

由于上行链路和下行链路的特点不同，所以信令子帧的信令时隙安排不完全一致。上 / 下行信道信令时隙安排如图 7-21 所示。上行链路的公共信令时隙以竞争的方式被卫星覆盖范围内的用户使用。文件响应时隙则与信息时隙一一对应，以实现信息帧的选择性重传。用户终端在地理分布上的随机性造成各个用户终端与卫星之间的传输距离不等。为了保证信令时隙与数据时隙以及数据时隙之间不发生重叠，除了采用一定的保护时隙之外，还需要对各个信令、数据帧的发送起始时刻进行调整，这种调整由用户终端根据自己的位置（来自 GPS 单元）和星历来实现。

下行信令时隙安排

| 星历广播 | 系统资源广播 | 公用信令时隙 | 文件响应时隙 |
|---|---|---|---|

上行信令时隙安排

| 公用信令时隙 | 文件响应时隙 |
|---|---|

图7-21 上/下行信道信令时隙安排

### 7.5.3 用户移动性和位置管理

用户移动性和位置管理是支持星地之间高效数据交换的核心，也是星上管理的重要组成部分。通过用户移动性和位置管理，星载计算机对是否即时转发接收到的信息以及何时将存放在星上存储器的信息进行转发等做出判断，并产生支持上述信息转发的信令。

在系统中，用户移动性和位置管理由星载计算机和用户终端配合完成。用户终端根据GPS接收端或用户设定获得用户终端当前的位置信息（地理经纬坐标），在用户终端接收到卫星星历信息（即用户已进入卫星覆盖区）后，自动形成登录信令，向卫星发出登录请求（登录信令中包含用户识别号、用户位置信息、用户权限信息等）。星载计算机接收到登录信息后，利用用户资料库的记录对该用户进行合法性检查，如果是合法用户，则把该用户添加到当前用户资料库中，并根据星历和用户位置获得该用户离开卫星覆盖范围的时间。同时，用户也可以根据星历计算出自己离开卫星覆盖范围的时间，在离开卫星覆盖范围时，自动发出退出信令；卫星则从当前用户资料库中将该用户的记录删除，并更新用户资料和相关记录的信息。用户与卫星之间的信息交换在当前用户资料库和有关信令的支持下完成。

由于卫星星历及用户终端位置与卫星实现其存储 / 转发功能有着密切的联系，所以需要在星历和用户终端位置登记表之间建立一定的映射关系。

在对卫星轨道的设计中，要保证卫星运行周期与地球自转周期是整数关系，使在时刻$t_N$，卫星可以飞临初始位置。在微型卫星数据系统中，通常采用太阳同步轨道。由于低轨卫星高速运动，所以在一次通信过程中可以将地面用户视为“静止”状态。当卫星位置不断变化的时候，其所对应的用户位置表的内容也发生相应的改变。

### 7.5.4 存储 / 转发实现技术

系统的星载计算机采用实时多任务操作系统和嵌入式微机，可以在高度集成化的硬件平台上完成处理多个用户与卫星间的通信、系统资源管理、用户位置管理等多项任务。卫星通信资源实现按需分配，提高信道的利用率，以便在有限的通信时间窗口传递更多的有效信息。在地面的用户终端设备也采用实时多任务操作系统和嵌入式微机，以便实现用户终端设备的小型化。同时，系统采用这样的设计可以实现通信协议、信令结构的重新加载和更新。

与一般的计算机应用相比，嵌入式实时应用系统是具有处理高速、配置专一、结构坚固可靠等特点的实时系统，相应的软件系统应当具有特色、要求更高且具有实时性。对这种实时软件系统的要求主要有以下几个方面。

① 实时性。实时软件对外部事件做出反应的时间必须要快，在某些情况下它还需要是确定的、可重复实现的，不管当时系统内部情况如何，应当都是可预测的。

② 有处理异步并发事件的能力。在实际环境中，嵌入式实时应用系统处理的外部事件往往不是单一的，这些外部事件往往同时出现，而且发生的时刻也是随机的，即异步的。实时软件应有能力对这类外部事件进行有效处理。

③ 能快速启动，并具有出错处理和自动复位功能。这一要求对机动性强、运行环境复杂的智能系统显得特别重要。快速多变的环境不允许控制软件临时从盘上装入，嵌入式实时软件需要事先固化到只读存储器内，开机自动启动，并在运行出错死机时能自动恢复先前运行状态，因此它应具有特殊的容错、出错处理功能。

嵌入式技术的上述特点可以很好地满足微型卫星存储 / 转发数据通信中对信令、数据信息的及时响应，对地面用户异步并发通信请求的及时处理，卫星在轨条件下的软件自动恢复及重新加载等特殊要求。嵌入式实时软件是应用程序和系统软件的一体化。对于通用计算机系统（例如计算机、工作站、操作系统等），系统软件和应用程序之间界限分明。换句话说，在统一配置的操作系统环境下，应用程序是独立运行的软件，可以被分别执行。但是，在嵌入式实时应用系统中，应用程序和系统软件的这一界限却并不明显。这是因为应用系统配置的差别较大，所需操作系统的繁简不一，输入 / 输出操作也不标准，而这部分的驱动软件常常由应用程序提供。这就要求采用不同配置的系统和软件应用程序装配成统一的运行软件系统。也就是说，在系统总设计目标的指导下，将应用程序和系统软件综合考虑、设计与实现。由于嵌入式实时应用系统的软件开发受到时间、空间开销的限制，常常需要在专门的开发平台上进行软件的交叉开发，其交叉开发环境包括宿主机和目标机。开发平台是宿主机，应用系统是目标机。宿主机可以是与目标机相同或不相同的机型。不同机型的开发平台又被称为交叉式开发系统。显然，这种独立的实时软件开发系统应配备完整的实时软件开发工具，例如高级语言、在线调试器和在线仿真器等。因此嵌入实时软件的开发过程较为复杂。

在掌握嵌入式技术和实时多任务操作系统的基础上，需要根据微型卫星存储 / 转发数据通信的特点对操作系统内核进行必要的修改和补充，才能让其为微型卫星存储 / 转发数据通信系统的建立提供可靠、高效的软硬件开发平台。

## 7.6 卫星中继通信中的切换

切换也属于网络控制的范畴，鉴于它是蜂窝移动通信系统中的一项重要技术内容，本章单列一节进行讨论。切换工作的宗旨是保证在用户通话过程中，系统能持续性地提供信道连接。在地面蜂窝系统中，当一个正在通话的用户从一个小区的覆盖范围移动到另外一个小区的覆盖范围时，切换就产生了。在卫星蜂窝系统中，卫星的移动性使切换问题变得更为复杂。

在卫星蜂窝系统中存在这样一些需要切换的情形。

1. 信道切换

电波传播环境的变化或者干扰情况的变化会使目前用户的通信信道变得不可用，此时，系统需要将用户切换到同一波束的另外一个可用信道上。另外，动态信道分配也会启动波束内的信道切换。

2. 波束间切换

在地面蜂窝系统中，用户自身的移动会导致小区间的信道切换，对应到卫星蜂窝系统中就是波束的切换。对于非 GEO 的卫星蜂窝系统来说，用户移动造成的小区切换几乎可以忽略不计，卫星的移动才是绝大部分切换产生的原因。卫星移动造成的波束切换如图 7-22 所示。某个用户起初在卫星的波束 1 中通信，虽然他没有移动，但是因为卫星在移动，所以经过一定时间后覆盖他的波束不再是波束 1 而是后面的波束 2。如果用户的通话没有结束，就需要将通信切换到波束 2。

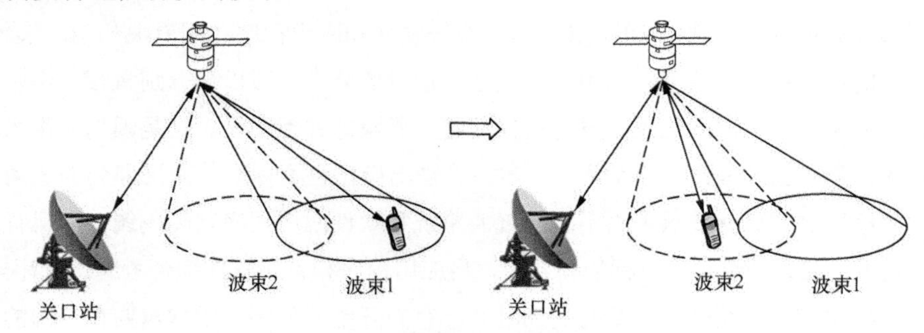


图7-22　卫星移动造成的波束切换

过于频繁的切换对系统来说不是一件好事。实现切换需要一系列信令方面的操作，频繁切换将使系统的信令负荷加重。另外，切换失败的概率也会增大，而切换失败将导致用户的通话过程被中途打断，这种情况被称为掉话。相对于阻塞来说，用户对掉话这种情况更难以接受，因此在系统设计过程中应更重视降低掉话率。着眼于这一点，许多系统采取了一些降低切换频率的波束设计。其中的一种方法是固定波束在地面的位置，卫星在移动过程中通过位置计算，控制投向地面的波束的方向，卫星在相对地面前移时，波束在相对卫星后移。固定波束在地面的位置以减少切换频率如图 7-23 所示。采用这种方法的卫星系统有 ICO、Teledesic 等。另一种方法是不把波束设计成常规的圆形，而是设计成长条形状。例如全球星（Globalstar）系统的波束设计，它的每个波束都是长条形状，长条的方向和卫星的移动方向一致，除非卫星移出用户的视野，否则不会发生切换。

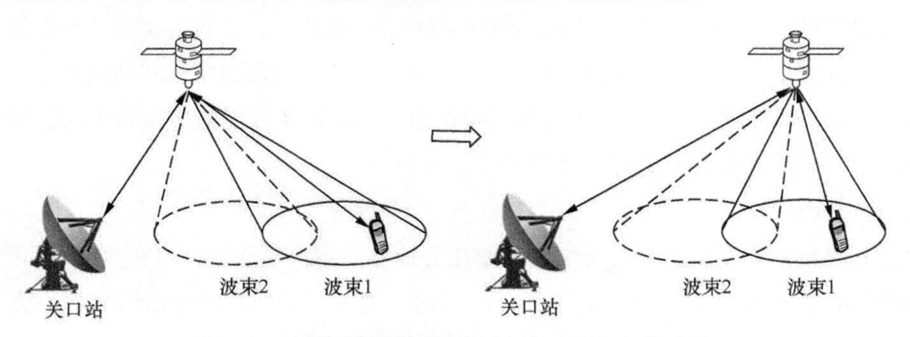


图7-23　固定波束在地面的位置以减少切换频率

3. 卫星间切换

即使没有波束间切换的问题，卫星蜂窝系统也有卫星间切换的问题。如果正在为用户服务的卫星在用户通话结束之前离开了用户的视野，通话就需要被切换到后面的卫星上。卫星切换的问题主要存在于 LEO 卫星系统中，MEO 卫星系统基本可以不用考虑此问题。例如 ICO 系统中卫星的平均视在时间约为 2h，而铱星（Iridium）系统的平均视在时间是 9min。因此在 ICO 系统中，卫星切换几乎不会发生，而在铱星系统中极有可能发生。

4. 关口切换

还有一种切换问题就是在通话过程中切换了关口站。发生关口站切换的情形如图 7-24 所示，用户通话起初通过卫星 A 连接到关口站 1，在通话结束之前，卫星 A 离开了关口站 1 的视野，而后面跟来的卫星还没有进入用户的视野，因此通话不能被切换到后面的卫星。此时，卫星 A 进入了关口站 2 的视野，因此用户通话只能被切换到关口站 2，否则只有掉话。关口切换涉及更多的信令交互，还需要变更用户通话在地面网络的路由，一般来说应该通过事先周全的设计尽量加以避免。

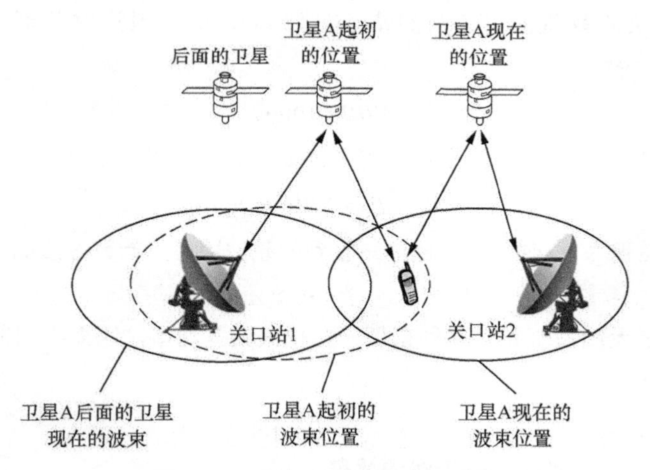


图7-24 发生关口站切换的情形

5. 网络切换

为了降低用户的通话费用，许多卫星蜂窝系统都设计成双模运行模式，同时支持地面移动网络和卫星移动网络，如果地面移动网络可用，则优先使用地面移动网络。假如用户的呼叫是在卫星移动网络中建立的，但在通话过程中发现地面移动网络可用，则需要将后面的通话切换到地面移动网络中。反之，在地面移动网络中接通电话的用户在其通话过程中移出了地面移动网络的服务区，需要切换到卫星移动网络继续通话。

## 7.7 卫星链路功率传输

功率传输是设计卫星链路的基础。下述方程描述发送地球站发送的射频功率与接收地球站收到的射频信号功率、传输频率和发射端到接收端之间距离的关系。接收信号功率电平涉及传递到终点站信号的质量，因此这些功率参数对卫星链路的设计是极其重要的。

对于一副各向同性辐射天线来说，这个点源发射的功率均匀地从周围传送到一个球形表面上。如果这个球面的半径为 $d$，接收到的功率通量密度（即单位面积接收到的功率）可表示为式（7-15）。

$$P_{f_d}= P_T/4\pi d^2 \quad 式(7\text{-}15)$$

在式（7-15）中，$P_T$ 是各向同性点源发射的功率，单位一般用 W 表示。$4\pi d^2$ 是半径为 $d$ 的球面面积。$f_d$ 为天线的传输频率 0 如果用一副增益为 $G_T$ 的天线替换各向同性辐射天线，则在此天线的视轴方向，功率通量密度将增大 $G_T$ 倍，具体计算方法如下。

$$P_{f_d}= P_T G_T/4\pi d^2$$

其中，乘积 $P_T G_T$ 就是发射端的有效全向辐射功率 $EIRP$，将其代入后，上述公式如下。

$$P_{f_d}= EIRP/4\pi d^2$$

如果公式涉及的数值很大（例如 $d\approx 4\times 10^7$m），则一般用对数形式表示比较方便。$EIRP$ 一般单位为 dBW。

$$EIRP=10\lg G_T +10\lg P_T \quad 式(7\text{-}16)$$

类似功率通量密度 $P_{f_d}$ 的分贝值的计算方法如下。

$$P_{f_d} =EIRP-10\lg(4\pi d^2) \quad 式(7\text{-}17)$$

当天线口径面积为 $A_R$ 时，接收地球站收到的载波功率的计算方法如下。

$$P_C=P_{f_d}\times A_R$$

实际上，由于天线系统具有各种损耗，会损失某些功率，因而收到的载波功率应按下列公式改写。

$$P_C=\eta\times P_{f_d}\times A_R \quad 式(7\text{-}18)$$

在式（7-18）中，$\eta$ 就是接收天线的效率。

天线增益与它的几何尺寸和工作频率的关系表示如下。

$$G=4\pi A/\lambda^2$$

其中，$A$ 为天线的孔径面积，$\lambda$ 为工作波长。当考虑实际天线效率时，增益 $G$ 表达式修改如下。

$$G=4\eta\pi A/\lambda^2 \quad 式(7\text{-}19)$$

在式（7-19）中，$\eta$ 是天线效率，乘积 $\eta A$ 被称为天线的有效孔径。若天线为圆形孔径直径为 $D$，则 $A=\pi D^2/4$，有 $G=\eta(\pi D/\lambda)^2$，如果地面站为接收天线，则 R 作为下角标表示，例如 $G_R$；通常用一个天线参量 $G_R$ 表示面积 $A_R$，则 $A_R=G_R\lambda^2/4\pi\eta$。将上述 $P_{f_d}$ 和 $A_R$ 代入式

（7-18），所得的传输方程如下。

$$P_C=P_T G_T G_R(\lambda/4\pi d)^2 \quad 式(7-20)$$

如果用分贝形式表示如下。

$$\begin{aligned}P_C&= P_T+ G_T+ G_R-20\lg(4\pi d/\lambda)=\\ &P_T+ G_T+ 10\lg[\eta(4\pi A/\lambda^2)]-20\lg(4\pi d/\lambda)=\\ &P_T+ G_T+ 10\lg(4\eta\pi A)-20\lg(4\pi d)\end{aligned} \quad 式(7-21)$$

在式（7-21）中，$20\lg(4\pi d/\lambda)$ 为自由空间传播损耗。式（7-20）和式（7-21）都被称为功率传输方程。根据式（7-21）可以得出无线电（卫星）自由空间链路的某些特性。天线增益 $G$ 随频率 $f_d$ 的增加而增大，但是传播损耗也增大，天线输出端的接收功率 $P_C$ 保持不变。从而可以得出卫星自由空间链路对频率变化是不敏感的结论。但是从技术和经济的因素考虑，给定的应用只对一定的频率范围感兴趣。对给定直径的天线，已知在高频时天线增益会增大，我们可以限制天线的直径以满足技术和价格的要求，在卫星上使用相对小和简单的天线，就能发射较高的 *EIRP*，获得较大增益；同时在地面上也能使用小口径高增益天线。因此频率逐渐被扩展到太赫兹波作为商业应用。虽然卫星自由空间链路对频率变化是不敏感的，这也是6G系统卫星集成采用太赫兹频段的原因之一，但是其他因素也会影响使用频率的选择。通常，对各类业务和应用，通信系统都有一个最佳的频率范围（不考虑降雨衰减等影响）。卫星通信工作频率的选择是一个复杂的过程，会受多种因素的影响，也是当前6G通信系统研究中的热点之一。

第 8 章

# 6G 系统应用和部署设想

## 8.1 概述

在功能和体验质量方面，6G 中的大多数应用将基于目前新兴的 5G 系统应用程序继续发展。当 6G 系统的启用程序逐渐可用时，原有应用程序将通过增强性能来继续发展。在本节中，我们将使用 3 个目前流行的 5G 应用作为演进示例来描述 6G 可能带来的优于 5G 的功能。5G 与 6G 应用对比见表 8-1。

表8-1 5G与6G应用对比

| 指标 | 5G | 6G |
| --- | --- | --- |
| 重心 | 以用户为中心 | 以服务为中心 |
| 超灵敏的应用程序 | 不可行 | 可行 |
| 真正 AI | 否 | 是 |
| 可靠性 | 高 | 极高 |
| 时间缓冲 | 非实时 | 实时 |
| 可见光通信 | 否 | 是 |
| 卫星融合 | 否 | 是 |
| 智能城市组件 | 独立 | 融合 |
| 自主 V2X | 部分 | 全部 |

5G 网络在时延、能量、成本、硬件复杂性、吞吐量和端到端可靠性方面进行了平衡。例如 5G 网络的不同配置分别满足了移动宽带超可靠、低时延通信的需求。然而，考虑到未来的经济、社会、技术和环境背景，6G 将以整体的方式进行开发，以同时满足众多更加严格的网络需求（例如超高的可靠性、容量、效率和低时延）。

5G 和 6G 的关键性能指标（Key Performance Indicator，KPI）如图 8-1 所示。流媒体和多媒体服务的使用频率日益增加，目前需要采用新的频谱，以确保在 5G 中有更高的容量。然而，这种千兆比特量级的速率正吸引着拥有比二维多媒体更大数据量的新应用，例如 5G 触发的 AR/VR 早期应用。但是就像过饱和的 4G 网络速率一样，AR/VR 应用的普及将耗尽 5G 频谱，并需要 Tbit/s 以上的系统容量，而 5G 的峰值速率无法满足未来的通信需求。此外，为了满足沉浸式环境中实时用户交互的低时延要求，AR/VR 不能被压缩（编码和解码是一个耗时的过程），因此每个用户的数据速率需要达到千兆比特量级，而不是更宽松的 100Mbit/s 的 5G 目标。

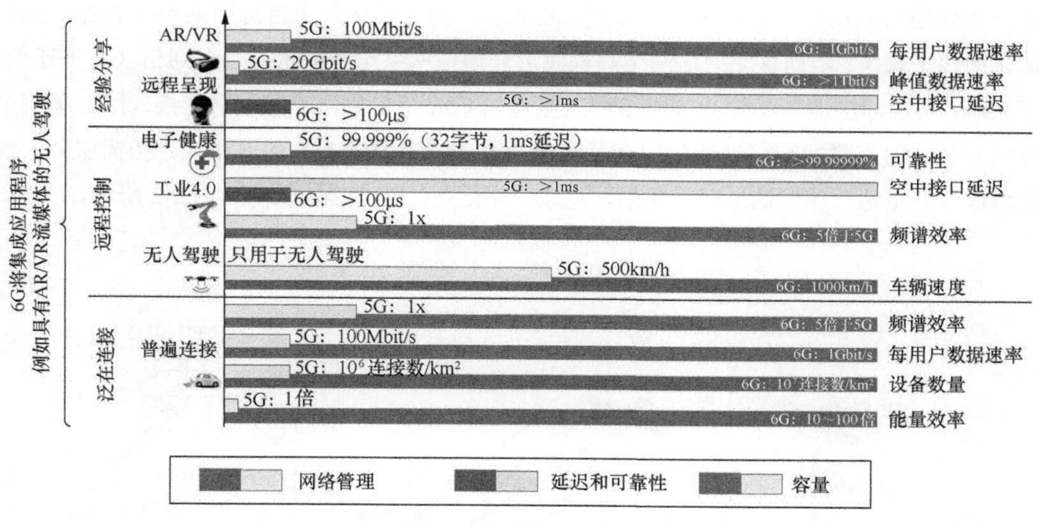


图8-1 5G和6G的关键性能指标

在 6G 网络中，人们倾向于以越来越高的保真度进行远程连接，实现全息远程呈现（远距传物），这将为通信技术带来严峻的挑战。例如 3D 全息显示的数据应当是没有任何压缩的原始全息图，包括颜色和全视差等，速率需要达到 4.32Tbit/s，还需要数千个同步视角，而 5G 中的 AR/VR 呈现只需要几个视角，要求被提升了几个数量级。此外，为了充分实现沉浸式远程呈现，人类的 5 种感官都将被数字化，并在未来的网络中传输，因而还需提高整体目标数据率。

6G 将在智享生活、智赋生产、智焕社会 3 个方面催生全新的应用场景。智享生活包括通感互联网、孪生体域网、智能交互；智赋生产包括智赋农业、智赋工业；智焕社会是指泛在覆盖，助力基础设施智能化（超能交通），促进公共服务普惠化（精准医疗、普智教育、虚拟畅游等），推动社会治理精细化（即时抢险、无人区探测等）。

## 8.2 行业典型场景应用设想

为实现 6G 网络的愿景与目标，需要特别考虑和研究空天地海一体化通信和无线触觉网络等技术。空天地海一体化通信的目标是扩展通信覆盖广度和深度，即传统蜂窝网络分别与卫星通信（非陆地通信）和深海远洋通信（水下通信）深度融合。空－天－地－海一体化通信网络是以地面网络为基础、以空间网络为延伸，覆盖太空、天空、陆地、海洋等自然空间，为空基（卫星通信网络）、天基（飞机、热气球、无人机等通信网络）、陆基（地面蜂窝网络）、海基（海洋水下无线通信＋近海沿岸无线网络＋远洋船只 / 悬浮岛屿等构成的网络）等各类用户的活动提供信息保障的基础设施。从基本的构成来看，空－天－地－海一体化通信系统可以包括两个子系统：陆地移动通信网络与卫星通信网络结合的空地一体化通信子系统；陆地移动通信网络与深海远洋通信网络结合的深海远洋通信（水下通信）子系统；其中，空地一体化通信网络由卫星通信系统（空基骨干网、空基接入网、地基节点网）与地面互联网和移动通信网互联互通，建成“全球覆盖、随遇接入、按需服务、安全可信”的空地一体化信息网络体系。空地一体化通信网络架构示意如图 8-2 所示。

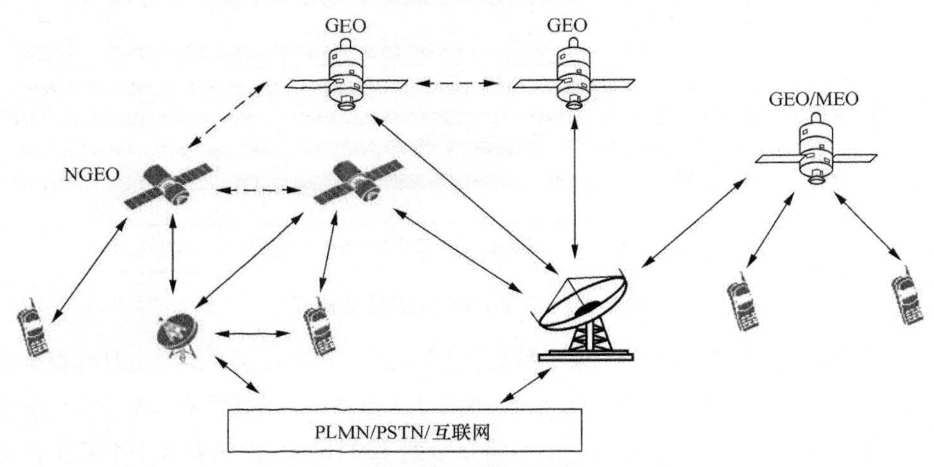


图8-2　空地一体化通信网络架构示意

空基骨干网由布设在地球同步轨道的若干骨干卫星节点联网而成，而骨干节点需要具备宽带接入、数据中继、路由交换、信息存储、处理融合等功能，由单颗卫星或多个卫星簇构成。空基接入网由布设在高轨或低轨的若干接入点组成，满足空－天－地－海多层次海量用户的网络接入服务需求，形成覆盖全球的接入网络；同时，地基节点网由多个互联的地基骨干节点组成，主要完成网络控制、资源管理、协议转换、信息处理、融合共享等功能，通过地面高速骨干网络完成组网，并实现与其他地面系统的互联互通。

空地一体化通信网络特别是空基网络会受到空间传播环境与网络设置等因素的影响，与陆地移动通信网络存在显著差别，具体差别如下所述。

① 空间传输条件受限。由于空间节点之间距离遥远，信道质量差，空基网络链路通常存在较大的传输时延、较高的中断概率、非对称等特点。

② 空间节点组网的特殊性。空间节点设置会受轨道、星座等的制约，例如节点分布稀疏且高度动态变化，同时节点拓扑结构动态变化等。

③ 系统组成与管理上的特殊性。空地一体化网络由大量专用系统和专网构成，它们在各自长期发展过程中缺乏统一标准，不同网络的管理实体的应用需求和习惯也大相径庭，不同管理域的异构网络互联互通困难，节点资源协同困难。

基于目前的发展状态，空地一体化网络还有以下几个方面问题需要研究解决：传统卫星系统与移动通信网络的互联互通问题、卫星通信系统本身的技术突破问题、轨道与频谱资源分配管理问题、不同卫星系统之间的互联互通问题等。由于空基网络存在上述与陆地移动通信网络的显著差别，大量陆地移动通信网络中的成熟技术难以直接用于空基网络。为尽快克服这些问题，需要从以下几个方面入手：尽快确定网络架构、确定接口标准、星际链路方案选择、空基信息处理、网络协议体系、安全机制等。

未来空地一体化通信网络五大典型的应用场景如下所述。

① 全地形覆盖：覆盖地面基站无法覆盖到的区域，例如海洋、湖泊、岛屿、山区等；覆盖移动平台，例如飞机、远洋船舶、高铁。

② 应急通信：应对地震、海啸等灾害。

③ 广播业务：低速的广播服务，例如公共安全、应急响应消息等广播、点播多媒体业务。

④ 物联网（IoT）服务：远洋物资跟踪、偏远设备监控、大面积物联设备信息采集。

⑤ 信令分流：通过卫星网络传递控制面的信息。

同时，人工智能将被集成到 6G 通信系统中。所有的网络仪表、管理、物理层信号处理、资源管理、基于服务的通信等都将使用 AI 进行整合，推动工业 4.0 革命，实现工业制造业的数字化转型。6G 通信应用架构场景如图 8-3 所示。下面简要介绍 6G 无线通信的一些前景和关键应用。

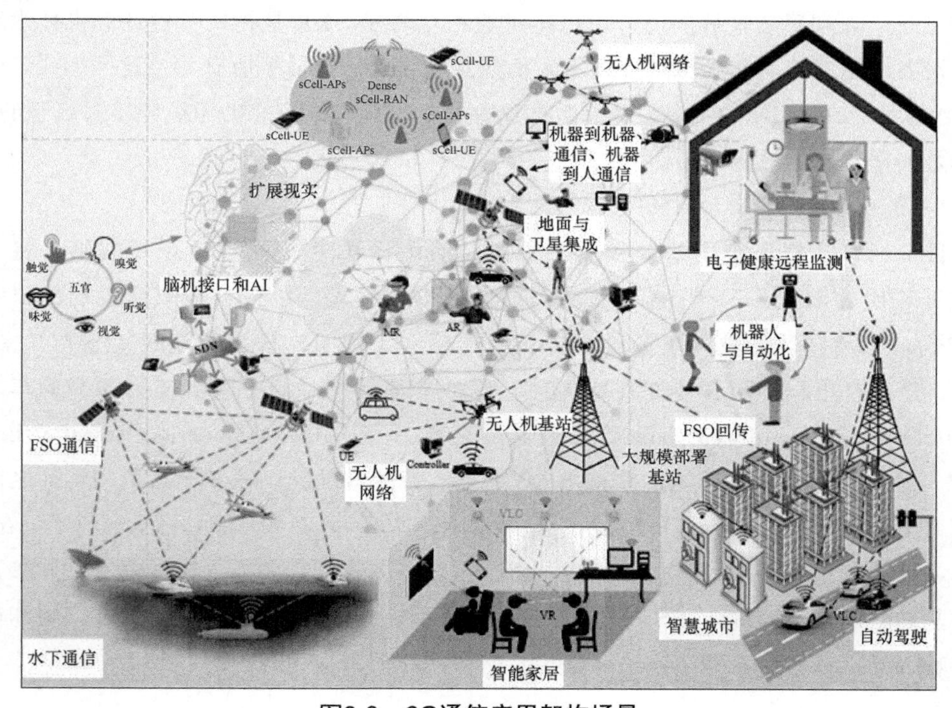


图8-3 6G通信应用架构场景

1. 超级智能社会

6G 的优越特性将加速智能社会的建设，包括提高人们的生活质量、应用于环境监测和使用基于 AI 的 M2M 通信和实现能源收集的自动化等。6G 的无线连接将使我们的社会因为智能移动设备、自动驾驶汽车等的出现变得超级智能。此外，世界上许多城市将部署基于 6G 无线技术的飞行出租车，智能家居也将成为现实，在远程位置的任何设备都可以通过智能设备发出指令，对家居产品进行控制。

2. 扩展现实

扩展现实（Extended Reality，XR）服务包括增强现实（AR）、虚拟现实（VR）和混合现实（Mixed Reality，MR）。XR 是 6G 通信系统非常重要的功能。这些功能都使用了 3D 和 AI 作为关键驱动元素。除了提供计算、认知、存储、人体感官和生理上的感知需求之外，6G 还将通过联合设计集成和高品质的无线连接，提供真正的沉浸式 AR/VR/MR 体验。VR 是一种计算机模拟的 3D 体验，计算机技术通过使用现实头戴式设备来使人产生真实的感觉，并复制一个真实的环境或创建一个想象的世界。一个真正的虚拟现实环境需要 5 种人体感官的参与。AR 是真实世界的实时视图，其元素由各种计算机生成的传感器输入（例如音频、视频、图像和 GPS 数据）。它不仅可以呈现现实场景，而且可以并通过使用某种设备对场景进行补充。MR 融合了真实世界和虚拟世界，创造了新的体验氛围、视觉效果以及实时互动，也被称为混合现实。MR 的一个重要特点是，人和现实世界的内容可以实时的相互响应。XR 是指所有由计算机技术和可穿戴设备产生的真实和虚拟环境以及人机交互的组合，包括了所有的描述性形式，例如 AR、VR 和 MR。6G 系统提供的高数据速率、低时延和高可靠的无线连接对真正的 XR 体验是非常重要的技术支持。

3. 联网机器人和自动系统

目前，许多汽车技术研究人员在研究自动化和联网车辆。6G 系统的部署将促进此领域应用的演进。基于 6G 无线通信的自动驾驶汽车可以极大地改变我们的日常生活方式。一辆自动驾驶汽车通过组合多种传感器［例如光探测和测距（激光）雷达、GPS、声纳、里程计量和惯性测量单元］感知周围环境。6G 系统将支持可靠的车对车（Vehicle-to-Vehicle，V2V）以及服务器的连接。无人机（Unmanned Aerial Vehicle，UAV）是一种无人驾驶飞机，它将由 6G 网络支持的地基控制器和无人机与地面之间的系统通信来实现功能。无人机可以在许多领域提供支持，例如军事、商业、科学、农业、娱乐、法律和秩序、产品交付、监视、航空摄影、灾害管理和无人机竞赛等。此外，当蜂窝基站（Base Station，BS）不存在或不工作时，UAV 将被用于支持无线广播和高速率传输等。

## 8.2.1 空天系统应用

1. 航天中 6G 太赫兹技术应用

无线通信是载人和无人航天器研发中的一项必要技术。它能使宇航员和仪器不受束缚地移动，增加了安全性和科学性，并通过取消电缆传输来提高航天器质量和减少维护成本。以前，太赫兹技术是由天文学应用驱动的。在过去的 20 年里，NASA 成功地发射和部署了用于天文学应用的作为太赫兹仪器和传感器的科学卫星。太赫兹技术最近的研究和开发活动正在扩展到更广泛的应用领域，例如安全检查、医学成像、无线传感器和通信等。数据速率和无线通信容量不能完全满足当今的应用需求，因此近年来研究人员研发了频谱效率调制和减少干扰的新技术。在未来的无线网络中，需要新的技术来提供数据容量和降低能耗要求，有一种可能是为无线电系统开发新的频谱。在太赫兹频段，可以使用多个 GHz 的信道带宽，这就提供了以更少的功耗和更高的网络信道容量传输 Gbit/s 数据速率的可能性。

（1）太空舱内和室内通信

由于太赫兹信号在大气中会衰减，所以实际的太赫兹室内通信距离限制在 50m 以内。与微波信号相比，太赫兹频率处的衍射场或蠕动波不明显，太赫兹信号不能克服结构遮挡。太赫兹无线系统需要发射端和接收端之间进行视距通信，人员进入可能会遮挡和中断通信。

太赫兹无线系统可以为空间站太空舱提供 Gbit/s 高数据速率的 WLAN 服务。太空舱无线应用如图 8-4 所示。假设 0.5THz 信号传播 10m 范围时，由于大气衰减而增加 10dB 的路径损耗。10m 范围内 10mW 和 1W 传输功率的 WLAN 应用最大可达数据速率如图 8-5 所示。另外，增加一个 30dB 的增益天线来补偿自由空间路径损耗和大气衰减，数据速率和噪声随着分配带宽的增加而增加。在 30dB 增益天线和 10mW 发射功率下，可以获得 55Gbit/s 的最大数据速率。更高的信道带宽和更高的增益天线可以获得更高的速率。10GHz 和 50GHz 信道带宽的内部 WLAN 应用程序的最大可达数据速率如图 8-6 所示。

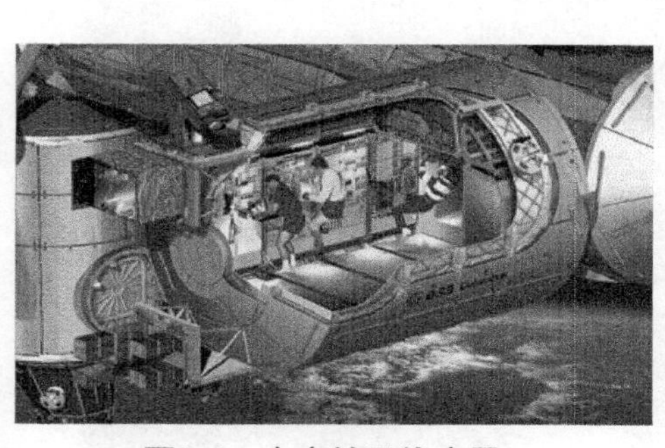

图8-4 太空舱无线应用

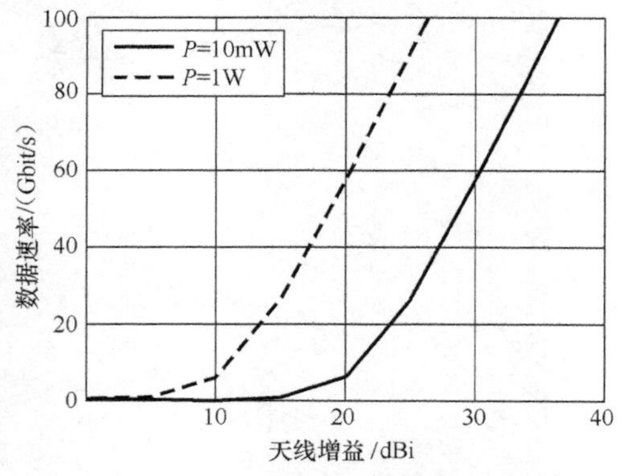


图8-5 10m范围内10mW和1W传输功率的WLAN应用最大可达数据速率

太赫兹无线系统对高增益天线的要求与地面上传统的 2.4GHz 和 5.8GHz 室内 WLAN 系统有很大的不同。地面上的微波 WLAN 通常配备低增益和宽波束单极或贴片天线。这是因为在 0.5THz 时的传播损耗和大气衰减比 2.4GHz 或 5.8GHz 时的微波 WLAN 高 40dB ～ 50dB，需要高增益天线来补偿链路预算中的损耗。对于大多数的室内应用，由于多径的存在，所以信号在室内环境中可能存在时间延迟。限制数据速率可以避免沿多个传播路径接收的数据之间的码间干扰（Inter-Symbol Interference，ISI）。自适应智能天线系统和调制方案可以用来缓解 ISI 的干扰。使用一层媒介反射器可改善室内太赫兹通信，为非视距链路提供可选的传播路径。

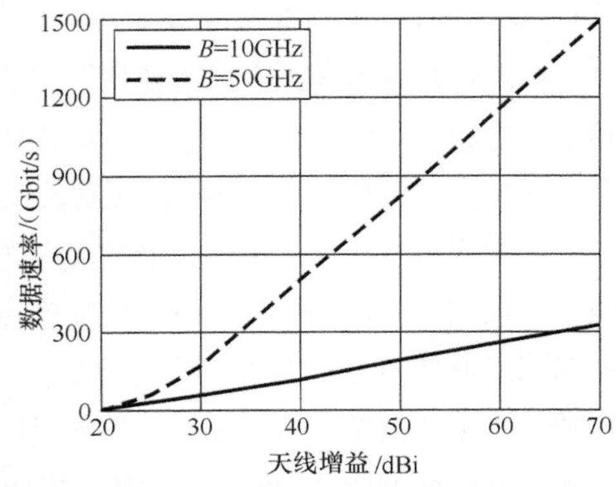


图8-6　10GHz和50GHz信道带宽的内部WLAN应用程序的最大可达数据速率

（2）行星表面应用

高数据速率无线系统将支持高速率的科学和公共服务应用，例如实时高光谱影像、雷达和高清晰度电视等。太赫兹可用于航天、对太空中其他星球的科学研究工作。用于未来人类太空探索任务的地面通信网络结构如图 8-7 所示。无线通信距离为 1km 的 10mW 和 1W 发射功率的行星表面无线应用的最大可达数据速率如图 8-8 所示，10GHz 和 50GHz 信道带宽的行星表面应用程序的最大可达数据速率如图 8-9 所示。发射端和接收端天线的增益要求大于 40dB，以补偿路径损耗。太赫兹系统所需的天线孔径大小可以很紧凑。在 0.5 THz 时天线增益与孔径大小的关系如图 8-10 所示。

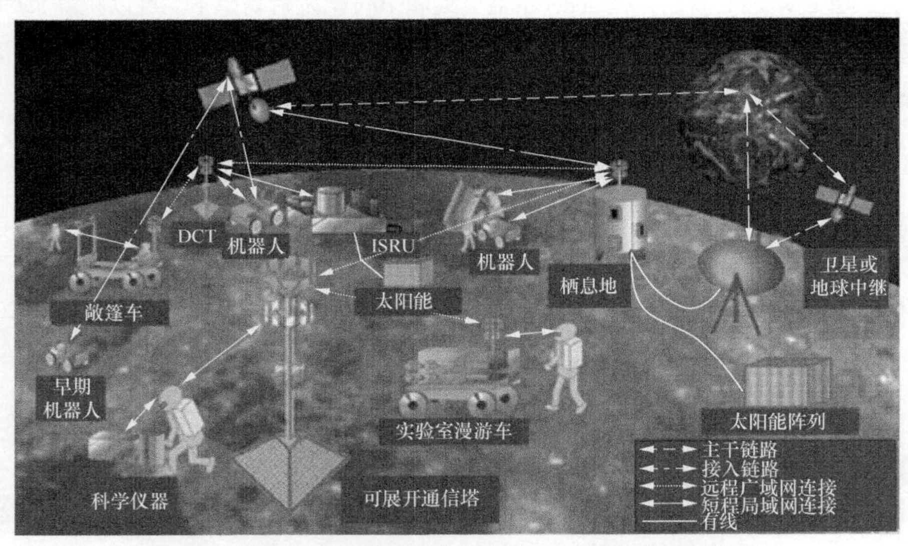


图8-7　用于未来人类太空探索任务的地面通信网络结构

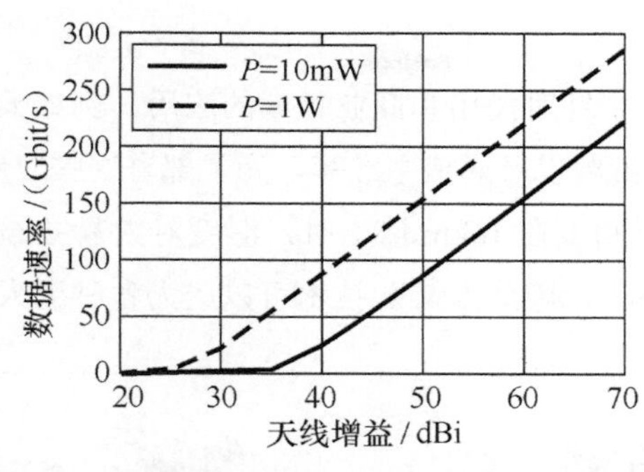


图8-8 无线通信距离为1km10mW和1W发射功率的行星表面无线应用的最大可达数据速率

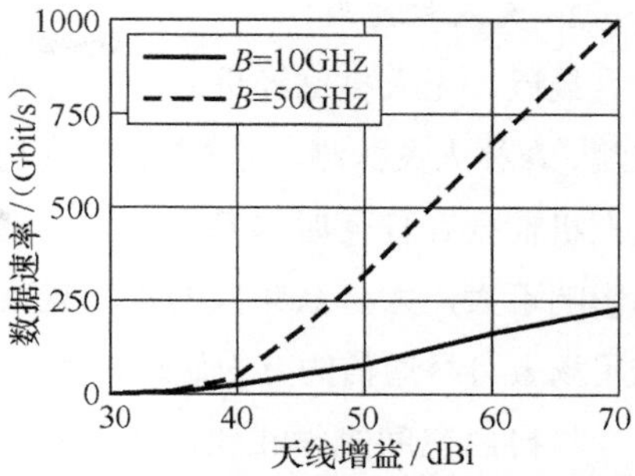

图8-9 10GHz和50GHz信道带宽的行星表面应用程序的最大可达数据速率

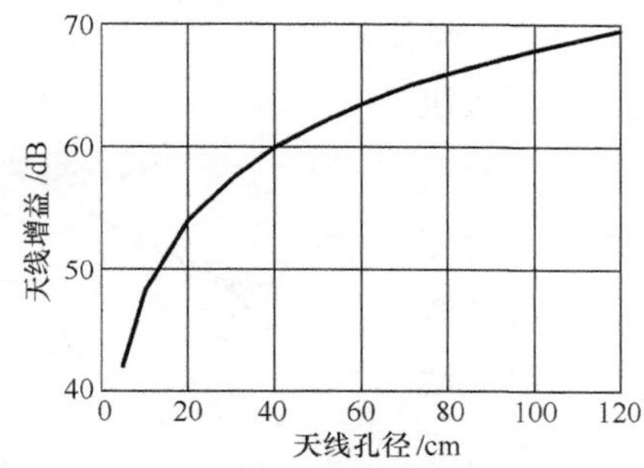


图8-10 在0.5THz时天线增益与孔径大小的关系

在20GHz的情况下，一个40dB的天线需要一个直径为61cm的孔径，在0.5THz的频率下只是5cm。在0.5THz频率下要获得70dB增益，所需的天线孔径大小为1.2m。具有13cm直径、50dB的增益和10mW的发射功率的天线可以达到100Gbit/s或更高的数据传输速率。在50GHz的信道带宽下，速率可提高到300Gbit/s。这对于微波频段的传统无线系统是不可能的。

大气传输窗口可以应用太赫兹进行短程有策略地选择通信。在某些情况下，考虑到杂乱和拥挤的语音信道，有限的传输距离可能是一个优势。太赫兹发射的束状特性降低了对手远程截获传输的能力，使对手缺乏探测、拦截、干扰或发送“欺骗”THz信号的技术能力。此外，因为信号不会传播到远处的监听站，大气衰减允许隐蔽短程通信。如果能够使太赫兹通信设备足够小和轻，那么它可应用于单个士兵之间的通信。太赫兹导航信标在隐蔽方面具有优势（例如用于特种部队的进入、撤出或营救被击落的飞行员等），但它在距离覆盖方面具有劣势。

研究了太赫兹无线系统链路在室内WLAN和行星表面无线通信中的应用。目前，其最大可达数据速率超过每千兆赫兹10Gbit/s。为了克服太赫兹频段的高空间损耗问题，需要高增益的天线，高增益天线可以在太赫兹频段实现小型化。这对于太赫兹频段的长期应用是一个技术挑战。除了高增益天线之外，用大功率发射端来实现远距离通信也是一大技术挑战。

2. 无人机应用

最近，无人机已经进入公众视线，产生了几个针对民用和商业领域的应用，例如天气监测、森林火灾探测、交通控制、货物运输、紧急搜救以及通信中继等。为了部署这些应用，无人机需要在任何时候都有可靠的通信链路。当高度在 16km 以上时，湿度对太赫兹技术的影响不大，太赫兹频段的水汽衰减可以忽略不计。因此太赫兹技术可以成为各种无人机应用场景可靠通信的有力候选技术。

与自由空间光学相比，太赫兹频段不仅可以实现大容量无人机之间的无线回传，而且可以更好地适应无人机的高移动性环境。太赫兹通信可以在 2 个动态位置之间建立高速通信链路。无人机在离开执行任务之前，需要利用短距离安全链路来接收指令或传输数据，以完成远程控制或自主任务。因此太赫兹链路被认为是在无人机之间、无人机和地面控制站之间交换安全关键信息的可靠途径。太赫兹系统的大信道带宽允许针对各种攻击（例如干扰）采取特定的保护措施，并具有完全隐藏信息交换的能力。此外，还可以利用无人机和飞机之间的太赫兹连接，支持飞行互联网，而不是使用卫星服务。通过这种方式，无人机将充当空中的交换机，充当地面站和飞机之间的中介。6G 网络架构中的无人机如图 8-11 所示。此外，未来飞行器（例如无人机）在各种场景（例如急救）中具有巨大的应用潜力。成群的无人机需要通过改进能力来扩展互联网连接。

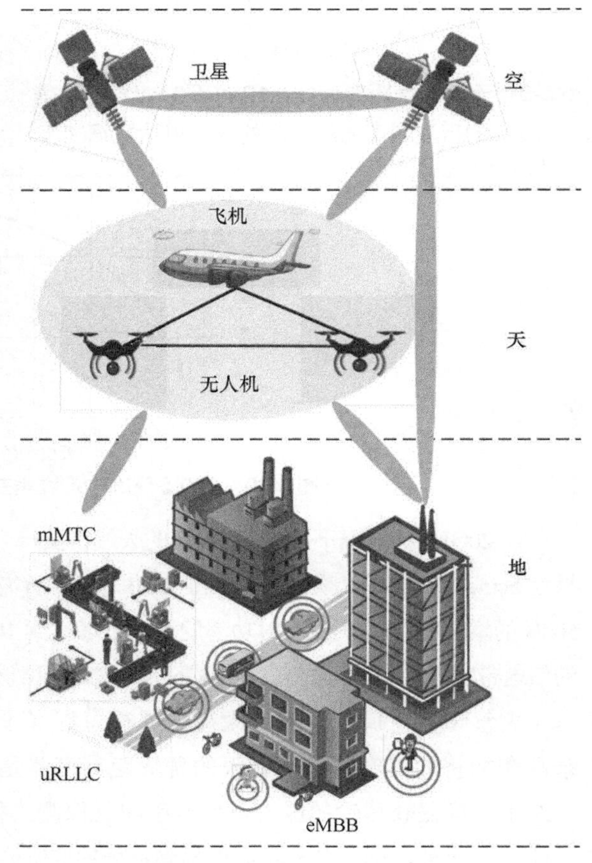

图8-11 6G网络架构中的无人机

## 8.2.2 陆地系统应用

从 2016 年到 2021 年，移动通信流量增长了 3 倍，移动设备的数量将达到极限，到 2030 年，在密集地区，5G 移动设备数量将从每平方千米 $10^6$ 台增加到 $10^7$ 台，全球预计有 1141 亿台设备。6G 将连接个人设备、传感器（实现智能城市）、车辆等。这将对原本已经拥挤的网络造成压力，这些网络无法在满足 6G 网络的 KPI 指标的同时向每个设备提供连接。此外，6G 网络将需要更高的整体能源效率（5G 的 10 ～ 100 倍），以支持规模化、低成本的部署，以及受环境因素影响小的更好的覆盖。虽然 80% 的移动通信是在室内产生的，但是 5G 蜂窝网络主要部署在室外，后续可能在毫米波频谱中运行，很难提供室内连接，因为高频无线电信号很难穿透介电材料（例如混凝土）。相反，6G 网络将在各种不同的环境中提供无缝和普遍的连接，以满足室外和室内场景中严格的 QoS 要求，并满足成本和基础设施要求。6G 网络将实现“万物互联”（Internet of Everything，IoE），使用网络基础设施的大量计算单元、传感器、设备、人员、流程和数据之间的无缝集成和自主协调。6G 系统将提供全面的 IoE 支持，IoE 基本上是一种物联网（IoT），将数据、人员、流程和物理设备 4 个属性集成在一个框架内。物联网通常涉及物理设备或对象以及彼此之间的通信，但 IoE 引入了网络智能，将所有人员、数据、流程和物理对象绑定到一个系统中。IoE 将应用于智能社会，例如智能汽车、智能健康和智能产业等。这种泛在应用是 6G 的一个特征，只有通过突破性的技术进步和新颖的网络设计才能充分发挥其潜力。

为了满足对更高数据速率和各种流量模式的支持服务的需求，需要开发用于各种传输链路的新颖且有效的无线技术。太赫兹频段被认为是 6G 的一个潜在候选应用，可分为纳米、微观和宏观 3 个层面。不同领域太赫兹相关的应用如图 8-12 所示。Tbit/s 数据速率、可靠传输和最小时延等多个特性允许这种带宽支持不同领域的多个场景。

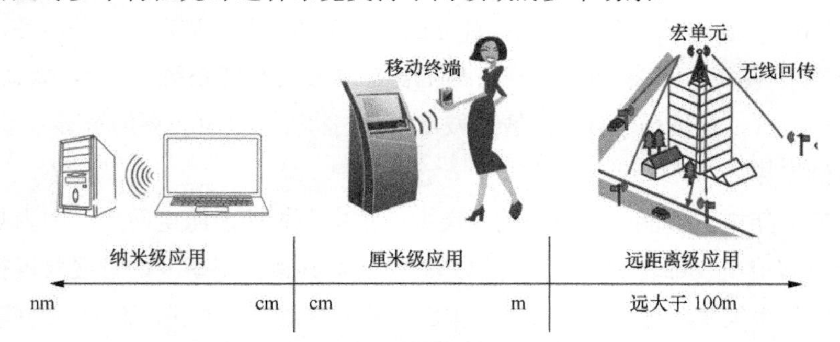


图8-12　不同领域太赫兹相关的应用

1. 全息及触觉通信

触觉通信为传统的网络视听通信增添了“触感”，是开启 XR 应用潜力的关键。这将对不同的行业经济产生巨大的影响，包括制造业、教育、医疗和智能公事业等。在通信的发展过程中，各种受关注的服务已被讨论过，例如远程手术、全息通信、模拟现实中的网络游戏等，这些服务将需要通信系统满足不同程度的低时延和可靠性要求。

尽管高可靠低时延通信（Ultra-Reliable and Low Latency Communication，uRLLC）在 5G 中可以提供关键时延型应用，但一些超敏感应用，例如远程手术的通信时延将需要小于 1ms，这在 5G 系统中还无法实现。5G 中还有一个受关注的应用是全息通信，但它在 5G 系统中可以以受限的形式出现，并且只有在专用网络资源和有限或无移动条件下才有可能实现。5G 不太可能以可靠的性能处理大量的全息通信。其他高要求的 XR 应用，例如虚拟会议室和全息投影，也需要大量的实时空中数据传输，只有 6G 才可以满足端到端的时延要求。

脑机接口（Brain Computer Interface，BCI）是一种日常使用的控制智能的设备，特别是在家庭和医疗系统中使用的设备。它是大脑和外部设备之间的直接通信路径。BCI 获取传输到数字设备的大脑信号，并将这些信号分析和解释为进一步的命令或动作。6G 无线通信的特性将支持 BCI 系统的真正应用，实现智能生活。人类通过听觉、视觉、味觉、嗅觉、触觉 5 种感官来体验周围的世界，6G 通信系统通过探测来自人体和环境的感觉，并在整体环境和局部环境中有效地利用这些感觉，利用神经过程将来自 5 种感官的数据进行远程传输。其中，触觉通信是利用触觉的非言语通信的一个分支，6G 无线通信将支持触觉通信，远程用户将能够通过实时通信系统享受触觉体验。6G 无线通信网络的优越特性将促进触觉系统和应用的实现，BCI 技术将有效地促进这一应用。

2. 大规模物联网集成智慧城市

智慧城市是指一个城市通过优化其运营和功能，整合城市运行的核心组件，利用可用的基础设施来感知、检测、分析和行动，极大地提高人们的生活质量（Quality of Life，QoL）。物联网是实现智慧城市的推动者，实现智慧城市是 5G 的主要目标之一。然而，在 5G 技术条件下，一个城市只能是智能碎片化的，这意味着智慧城市主要的组件，例如公用事业（即网络）、医疗、监控和交通网络都是各自独立的智能系统。与 5G 相比，6G 将采取一种整体的方式，打造一个真正的智慧城市。我们将介绍几种主要的智慧城市应用。

（1）智能家居

在过去的十年中，智能公用事业的发展主要集中在智能能源电网上，因为易于集成这一特点，所以智能电表部署的进展十分迅速。然而，其他公用事业的进展要慢得多。尽管如此，物联网技术很快就会成熟起来，使家庭中的所有器件智能化。而如今面临的挑战是，它如何支持家庭生活中产生的海量数据，并为个人数据提供安全保护。6G 技术将负责为所有数据密集型服务提供必要的基础设施。此外，6G 有望与人工智能完全集成，可以在家庭网络中进行自主决策。

（2）互联车辆、自动驾驶与基础设施通信

汽车和交通行业正在经历一个时代的变化，部分原因是 5G 和超 5 代移动通信（Beyond Fifth Generation，B5G）系统提供了强连接和高联网能力。最近研究人员已经开发了几个标准，例如专用短程通信（Dedicated Short-Range Communication，DSRC）和车辆与车辆、设施及网络等的通信（Vehicle to X，V2X）以支持智能车辆系统。随着人工智能和极端数据率的发展，自主和互联的车辆技术将达到一个新的高度。车辆之间需要共享大量数据以更新实时交通和道路上的实时危险信息，并提供高清 3D 地图。所有信息都将由人工智能在自主指挥和控制运输网络中进行处理。由于车辆通常以极高的速度行驶，所以网络需要极短的往返通信时间。V2X 技术很有可能不会在 5G 周期内成熟，其全部潜力可能在 6G 时代才能被完全挖掘。

车辆与基础设施通信取得的进展被认为是汽车行业发展的一个重要里程碑。在车辆和路边基础设施之间开通无线通信链路，为部署全自动智能交通系统铺平了道路。长期演进（Long Term Evolution，LTE）已经支持车载通信的标准无线接口。然而，由于用户的严格要求和市场对移动用户更高数据速率和更低时延的要求，所以必须有新的解决方案来满足这些需求。希尔达尼（Giordani）讨论了利用更高的频率（即毫米波）建立车辆与基础设施通信以支持汽车应用的可行性。尽管在大都市和移动高速公路的场景中，毫米波技术实现了预期的性能，但仍存在一些问题，包括路径损耗、阴影、波束的高方向性以及对遮挡的高敏感性。因此太赫兹频段似乎是一个更好的选择，特别是它能够支持每小时行驶所需的 Tbit/s 级吞吐量。使用太赫兹链路模拟车辆与基础设施（Vehicle to Infrastructure，V2I）通信示意如图 8-13 所示。高数据速率通信、高分辨率雷达感知能力以及太赫兹发射端和接收端的定向波束对准能力，使它成为实现智能车载通信场景的强有力候选技术。

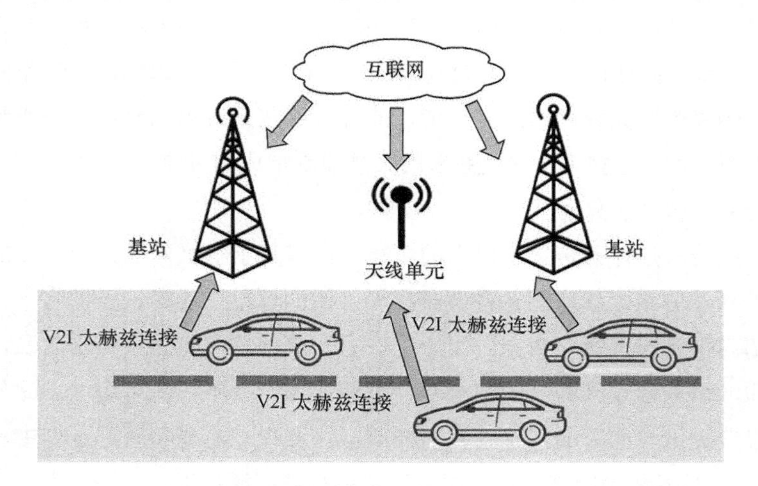


**图8-13 使用太赫兹链路模拟车辆与基础设施通信示意**

不仅车辆与基础设施的通信技术在发展，而且列车与基础设施（Train to Infrastructure，T2I）的通信也在朝着智能轨道移动的方向发展。由于需要使用超过吉赫兹的高数据速率的无线连接来建立 T2I 和车辆间场景，关可团队进行了使用太赫兹频段对 T2I 信道测量、模拟和特性描述的完整研究。尽管太赫兹信号存在高路径损耗以及高速列车具有的高机动性，但网络接入点之间仍然可以实现稳健的太赫兹连接。这是因为用户想要的内容可能被分发到几个片段中，这些片段根据列车的调度时刻表分别被发送到广播点。使用一个主动的内容缓存方案就可以简化这一过程，为无缝的数据传输铺平了道路。而且太赫兹技术可为全自动交通系统提供更安全的运行方式改进交通管理，以及满足列车对资讯娱乐项目的支持，即使在超高机动性的情况下（最高可达 1000km/h），太赫兹技术也支持连接自动驾驶车辆需要的可靠性和低时延（即高于 99.99999% 的可靠性和低于 1ms 时延），同时保证乘客安全，这些都是现有技术难以满足的。此外，随着每辆车的传感器数量的不断增加，这将要求超过当前网络容量的数据速率（车辆每行驶一小时产生 Tbit/s 级的数据）。从这个角度来看，6G 系统将在硬件、软件和新的连接解决方案等方面为连接车辆或设备等的通信助力。

许多射频传感器，例如汽车防撞系统、无人机雷达和便携式通信系统，需要微波或毫米波天线阵列与高速电子集成。目前，这些系统的制造技术是将大量独立的天线或收发模块组装在一起形成天线阵列。由于将这些组件组装在一起的成本以及单个模块的成本很高，所以这种方法的成本非常昂贵。费尔（Phiar）的高速薄膜技术解决了这个问题，它允许将天线阵列和高速电子设备直接集成到大面积的柔性基板上，利用费尔的高速薄膜技术，同样的高速电路可以在 12 英寸（30.48 厘米）的硅片上，甚至在大型塑料或陶瓷面板上制作。这意味着微波和毫米波电路的制造成本更低，这些系统也将具有新的应用场景和新市场。因此一个完整的雷达收发机可以组装在一块塑料上，而这一块塑料又可以被粘贴在汽车保险杠或飞机外壳上。同样地，低成本的毫米波通信收发机可以安装在窗户或建筑物的侧面，这使城市地区的高带宽无线网络成为可能。此外，这些系统可以合并电子操纵阵列，精密卷绕对位和大型面板制造技术使这些系统的大规模制造成为可能。

（3）智能医疗和电子健康

人口老龄化给医疗体系带来了巨大的负担。许多基于物联网的无处不在的健康监测解决方案已经被开发出来，以监测各种健康指标，例如体温、心率、血糖水平、血压等，并自动向相关部门报告这些医疗数据。由于这些医疗数据非常敏感且关乎隐私，所以必须确保通信系统和网络基础设施的高度安全性、可靠性和无处不在的可用性。此外，智能医疗的目标是为患者提供与面对面问诊相同的体验，这意味着需要实现通过空中安全保障的高清视频对话。6G 技术将使智能医疗获得真正发展和被广泛接受。

医疗卫生系统也将受益于 6G 无线系统，AR/VR、全息远程呈现、移动边缘计算和人工智能等都将有助于建立智能医疗系统。6G 无线系统将提供一个可靠的远程监控系统，即使是远程手术也可以使用 6G 通信。高数据率、低时延和超可靠的 6G 网络将有助于大量医疗数据的快速和可靠的传输，这可以提高医疗服务的接入水平和质量。

6G 将改变卫生保健部门，它通过远程手术消除时间和空间障碍，并优化卫生保健工作流程。除了成本高之外，目前，6G 应用于卫生保健工作的主要限制因素是缺乏实时的触觉反馈。此外，电子健康服务也需要满足严格的服务质量（QoS）要求，即连续连接可靠性

（99.99999% 可靠性）、超低时延和移动性支持，通过增加频谱带宽、6G 网络精确的智能技术以及 5 ～ 10 倍的频谱效率，以确保这些 KPI 指标可以被满足。

在纳米网络中，随着纳米物联网（Internet of Nano Things，IoNT）的出现，各种物体、传感器和设备之间的互联产生了无处不在的网络，它们不仅适用于设备与设备之间的通信，而且适用于难以接入的区域提取数据。在此基础上，纳米网络的通信体系结构得以建立。这些网络依赖于 THz 频段来实现由纳米级晶体管、处理器和存储器组成的不同实体之间的通信。这些广泛部署的纳米设备与现有的通信网络之间的互联创建了一个网络物理系统。因此纳米级的无线通信是在计算机和设备内部进行操作的应用程序的关键推动者，其典型范围只有几厘米，包括芯片与芯片、板与板、设备与设备之间的通信。此外，太赫兹纳米小区被设想成分层蜂窝网络的一部分，为潜在的移动用户提供各种室内和室外应用。实际上，现代几乎所有的自动化应用都依赖于纳米级的设备，这些设备可以相互通信，从而提供更智能的技术选择。因此纳米级通信适用于生物医学应用等领域。纳米天线使部署在人体内部和外部的纳米传感器之间无线互联，从而产生了许多生物纳米传感应用。有几项研究指出，太赫兹频段推动了体内无线纳米传感器网络（in-vivo Wireless Nano Sensor Network，iWNSN）的产生。

3. 自动化与制造

6G 将提供基于人工智能的全自动控制，即过程、设备和系统的全自动控制。6G 自动化系统将使用高数据速率和低时延网络提供高可靠、可扩展和安全的通信。6G 系统可确保在传输和接收之间没有任何数据丢失，数据传输没有错误，确保网络的安全性。

6G 将充分实现由 5G 开始的“工业革命 4.0”，即通过网络物理系统和物联网服务实现制造业的数字化转型，克服真实工厂和网络计算空间之间的边界，将基于互联网的诊断、维护、操作和直接的机器通信以一种经济、灵活和高效的方式实现。在可靠性和同步通信方面，6G 通过颠覆性技术的集合来解决自动化的问题。例如工业控制需要实时操作，保证 AR/VR 工业应用（训练、检查）具有微秒级的时延抖动和 Gbit/s 级的数据速率。

新兴的 X.0 行业概念旨在通过开发社交、移动、分析和云平台来提升行业水平。将机器人大量应用于自动化和仓库运输对行业发展至关重要。由成百上千个机器人组成的复杂网络对于 6G 通信系统的应用是一个挑战。6G 将通过提供大规模的 uRLLC 以及大规模的物联网和嵌入式人工智能能力，全面支持行业 X.0 革命。

4. 其他应用设想

（1）太赫兹纳米网络应用

在本小节中，我们将介绍一种高数据速率的室内太赫兹通信系统，该系统利用现有的以太网基础设施进行网络连接，并从无线局域网和蜂窝网络中释放大量流量。太赫兹通信系统所提出的设想已经被很好地集成到网络基础设施中，并且标志着对当前接入系统的颠覆性转变，从而使基础设施性能快速地改进。

沉浸式太赫兹室内无线接入环境如图 8-14 所示。

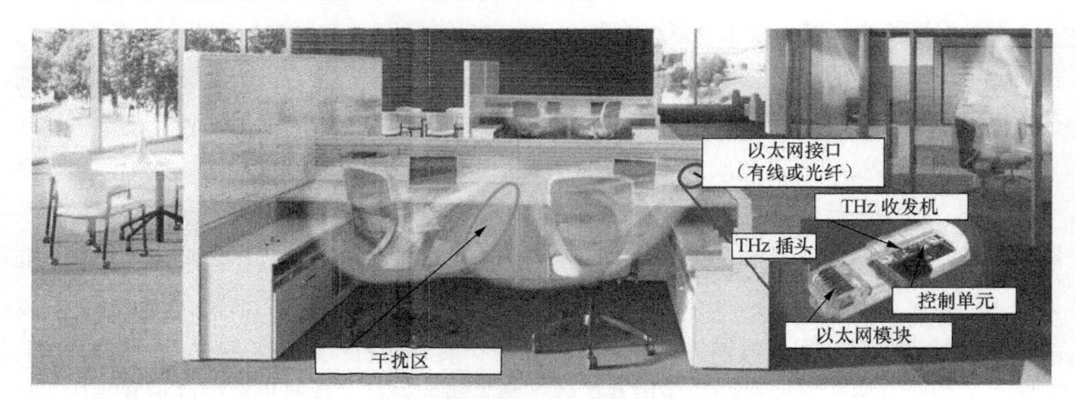


图8-14　沉浸式太赫兹室内无线接入环境

在纳米网络的设想中，太赫兹插头是一个低成本的太赫兹技术应用热点，它被插入连接到标准以太网基础设施的以太网插座中，如果它使用铜线介质，则通过以太网供电（Power-over-Ethernet，PoE）技术供电。如果把太赫兹插头放在办公桌旁边，用户就可以将笔记本电脑或平板电脑可靠地连接到桌子上任何位置或周围几米内每秒千兆比特的无线链路上。太赫兹插头概念应用的具体实现如下所述。

① 太赫兹插头需要解决定向天线、波束学习与跟踪、调制、编码和即插即用操作等问题。要使用定向天线来增加接收端的有效天线孔径，发射端还需要使用定向天线来补偿低发射功率。在毫米波方面，微型相控阵已被实现，但在太赫兹波方面，它取得的进展还是很有限的，需要做的工作还很多。太赫兹频段的小波长使拥有成千上万等离子体的纳米天线元件集成在一个小区域内，即超大规模多进多出天线（Ultra-Massive Multiple Input Multiple Output，UM-MIMO），从而支持数米距离的连接。在太赫兹插头和移动太赫兹设备模块中包含几个天线阵列，用以减少遮挡的概率，并支持通信寻找良好的传播路径。因此找到良好的波束指向对天线至关重要。为了支持用户的移动性，需要太赫兹插头实现快速准确的波束跟踪，特别是在非视矩（Non-Line of Sight，NLoS）条件下的快速准确的波束跟踪。对于即插即用功能，太赫兹插头被网络视为一个常规交换机。因此，用户设备会被认为是无 IP 的，所有数据的转发都在链路层执行。太赫兹插头保留以太网框架结构，以便将服务扩展到空中接口，可避免业务上行和下行的代码转换。

② 太赫兹插头需要考虑用户的高移动性，并支持切换功能。此时，需要引入一个类似 SDN 的网络控制器，收集数据并管理专用区域内的所有太赫兹插头。该设备的作用是不断监测用户的位置，当用户接近离开当前连接时，预先为用户选择新捕捉的太赫兹插头。此

网络控制器可以通过波束的配置和接收功率的级别来估计用户轨迹。由于在大多数情况下，预计的连接都在视距内，而太赫兹插头是固定的已知位置，所以计算是可行的。当用户到达最后一个可用的天线配置时，通过从下一个太赫兹插头引导接收波束来执行切换过程。在这个过程中，需要通过以太网接口将未发送的数据从当前太赫兹插头转发到下一个太赫兹插头。

③ 虽然波束的高指向性可能会使在室外场景中通信噪声受到抑制，但在室内环境中，通信噪声的干扰仍然起着主要的作用，例如当 2 个移动的接收端非常接近时，可能会发生较大的干扰。对于具有定向天线的通信系统，需要全新的多址接入机制。来自一个链路的反射、衍射、散射波可能会干扰另一个链路，目前还没有全面的解决方案。由于这些效应的存在，再加上节点的移动性，所以与较低频率相比，对太赫兹频段的干扰类型总是全新的，接收信号质量的降低也是无法预测的。因此需要对高方向性的太赫兹天线进行深入、准确的干扰建模，以了解和确定多用户太赫兹无线接入的抗干扰技术。高密度的无线网络和太赫兹无线接入作为候选的解决技术，需与传统的改善技术（例如功率控制、频分以及新的技术）相结合。

以太网基础设施被部署在办公室和一些其他场所，从而可实现高效和低成本的数据与高数据速率的太赫兹接口之间的相互传输。目前，由于 WLAN 技术的普及，以太网基础设施的利用率严重不足。这个设想中的太赫兹通信系统结合了有线和无线网络的优点，帮助用户避免了如何在便利性和性能之间权衡，并使用户充分受益于太赫兹频段提供的超高速率，太赫兹通信系统与现代的以太网、骨干网相结合，使真正的宽带无线室内接入成为可能。

太赫兹通信系统的室内布局需结合建筑特点。建筑物覆盖的解决方案因建筑物而异，甚至因房间而异。大量的家具、墙壁和可移动的物体，例如门、人或两者结合都能造成明显的遮挡。因此信号质量的空间变化很大。传统的室内通信系统，例如 WLAN、微波频段能提供足够的穿透性能来解决这些问题。对于太赫兹频段，不透明物体，包括小的物体，例如桌子上的一个杯子就可能会阻止它的视距通信。由于室内传播环境的复杂性，为了评估太赫兹插头概念的潜力，需要进一步研究太赫兹在室内环境中传播的主要优势和限制。研究人员通过模拟典型的办公场景下太赫兹无线接入的可用容量和信噪比指标性能，以便后续提升性能，满足太赫兹插头的需求。在其他应用方面，太赫兹纳米网络可以通过体内分子网络设备与体外穿戴设备形成结合体域网，监测人体健康各项指标。纳米体域网如图 8-15 所示。太赫兹纳米网络还可以被应用于智慧农业场景，可以根据植物根部的分泌物来检测植物生长的各项指标情况。太赫兹在体域网和智慧农业中的应用如图 8-16 所示。

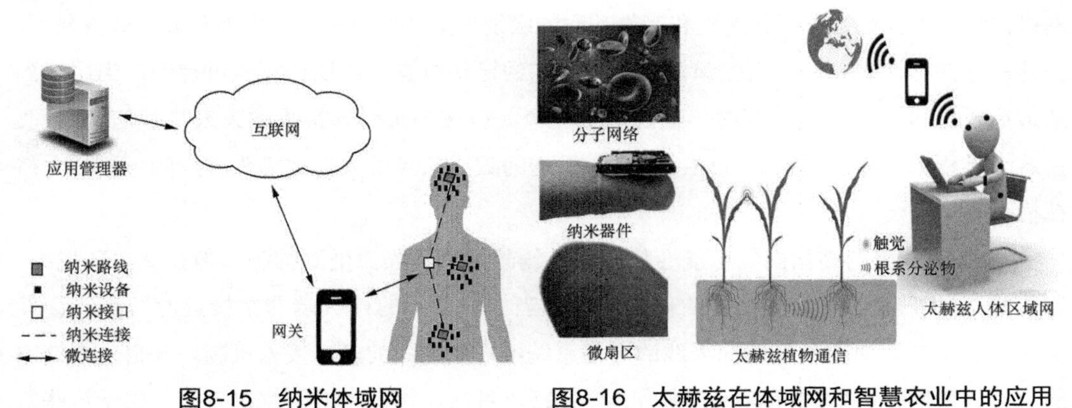


图8-15　纳米体域网　　　图8-16　太赫兹在体域网和智慧农业中的应用

（2）太赫兹微网络应用

为满足消费者的要求，特别是在微观尺度更高的数据速率下，太赫兹无线通信可开发应用程序。无线局域网络和无线个人区域网络（Wireless Personal Area Network，WPAN）是一些应用的基础，这些应用包括高清电视（High-Definition Television，HDTV）、无线显示器、文件的无缝传输以及在人流量大的地区的太赫兹接入。太赫兹频段为移动蜂窝网络提供了微蜂窝通信，在 20m 的传输范围内为移动用户提供超高数据速率。

太赫兹频段可以为 Ad Hoc 网络和移动用户通过便利的连接接入点（包括大门到地铁站、公共建筑入口、购物中心及电梯等）接入的网络提供传输解决方案。电梯太赫兹微小区示意如图 8-17 所示。此外，太赫兹频段的微观尺度无线通信可用于传输教育、娱乐、远程医疗等领域安全的未压缩的高清视频。凯瑟琳（Kathrine）实际演示了将 4K 摄像机集成到太赫兹通信链路中，并以未压缩的高清视频和 4K 视频方式进行了直播和录制，然后分析了它们的链路质量。在测量误码率的过程中，即使在 175cm 的最大距离情况下，误码率也低于前向纠错码（Forward Error Correction，FEC）的 $10^{-3}$ 的限制。不仅如此，日本广播协会（Japan Broadcasting Corporation，NHK）在奥运会专用设备上转播 8K 视频。

如果按照现代铁路的新愿景新要求，则意味着需要将基础设施、火车和旅客“互联”起来。要实现“互联”，即无缝的高数据速率无线连接需要巨大的带宽。这种需求推动了 THz 通信的部署工作，因为 THz 通信可以提供比当前频谱分配大几个数量级的带宽，并使非常大的天线阵列能够提供高波束赋形增益。这有助于铁路相关场景应用的实现，包括火车到基础设施的通信、车厢间和车厢内通信。此外，信息亭（Kiosk）下载是太赫兹频段的另一个微观尺度应用。Kiosk 信息下载示意如图 8-18 所示，它为用户的手持设备提供超高质量的数字信息下载服务。例如在地铁、火车或街道上，与广告海报的相关媒介都可以作为可以下载内容的前端界面，例如新发布的电影预告视频、CD、书籍和杂志等。

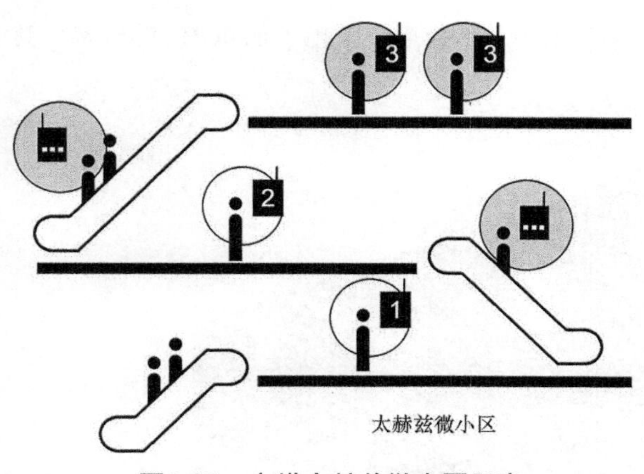

图8-17 电梯太赫兹微小区示意

图8-18 Kiosk信息下载示意

（3）太赫兹宏观应用

在宏观尺度上，太赫兹无线通信促进了潜在的户外应用开发，其涉及范围从几米到几千米。例如无线回传 / 前传是标准 100Gbit/s（甚至 Tbit/s 级）传输解决方案的设想应用之一。在回传方面，无线点对点链路被广泛应用于向宏基站小区传输信息，特别是在没有可用光纤资源的地方。在前传方面，无线点对点连接是指基站的无线设备控制器与远程无线设备（无线单元）之间的连接。这些系统通常需要严格遵守 2 个节点的收发机之间的视距（LoS）条件。

① 基站与用户间应用。在个人、工业和通信运营商领域，移动和固定用户的数量都在不断增加，这就要求在蜂窝基站之间（回传）或蜂窝基站与远程无线设备之间（前传）进行数百千兆比特每秒（甚至 Tbit/s 级）的通信。在这种情况下，除了高目标值数据速率（Tbit/s 级）之外，关键参数还有覆盖范围，其大小应该在几千米。从经济可行性的角度来看，微波解决方案与太赫兹波解决方案的主要区别在于频谱价格、设备成本以及组装和现场调试的时间差异。未来的发展包括大规模部署微蜂窝、实现协作多点传输和云无线接入网络（Cloud Radio Access Network，CRAN），这可能会增加前传 / 后传或两者都需要的数据速率。

② 数据中心应用。无线数据中心也被认为是有前景的太赫兹宏观尺度应用。用户对云应用不断增长的需求引发了试图提供升级体验的数据中心之间的竞争。这需要通过大量的服务器和提供足够的带宽支持许多应用程序来实现。无线网络具有若干特性，包括提供管理流量突发和有限网络接口的方法。

数据中心太赫兹天线传输示意如图 8-19 所示，尽管如此，太赫兹频段无线传输能力受限于短距离，而且如果所有的线缆都被无线替代，不能容忍遮挡将导致数据中心的效率下降。一个更好的选择是通过无线 flyways（飞道）扩展数据中心网络，而不是用无线替代所有的线缆。在数据中心中，这种部署形式为其带来了增强性能的体验，并在不影响吞吐量的情况下节省了大量的线缆费用。他在某数据中心的应用中采用了 120GHz 的带宽，其中大气数据被用来建模太赫兹信道。

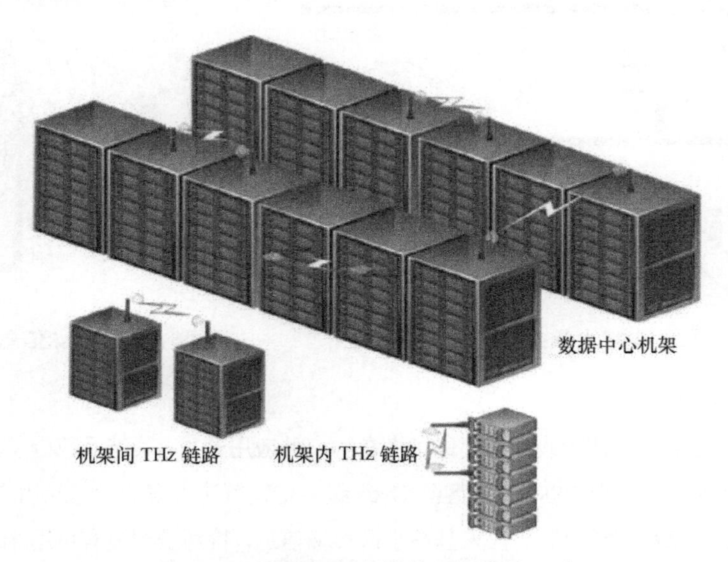


图8-19 数据中心太赫兹无线传输示意

## 8.3 部署研究和设想

在本节，我们将介绍一些关键的影响因素，这些因素将推动太赫兹频率链路的发展和部署，并为支持蜂窝网络和车辆网络等的众多应用程序的开发打开大门。

1. *蜂窝网络太赫兹通信*

为了保证超可靠、低时延的通信（远远超出 5G 所能提供的范围），以及在许多的增强现实和虚拟现实应用中，视频成为重要的传输方式，太赫兹频段被认为是一种能够提供高容量和密集覆盖服务的技术，从而可以使这些应用更好地满足最终用户的需求。太赫兹蜂窝网络将使交互式、高动态范围的视频具有更高的分辨率和更高的帧率，具有 10 倍于 4K 视频所需的比特速率。太赫兹传输将有助于缓解传输信号干扰问题，并提供以支持视频传输中的各种指令的额外数据。此外，太赫兹频段将支持 6 自由度（6 Degrees of Freedom，6DoF）的视频，为用户提供在移动时与环境交互的能力。目前，在流媒体直播中出现的 6DoF 内容为用户提供了一种身临其境的体验，是一个前瞻性的应用。考虑到分子吸收对太赫兹链路的影响（这在很大程度上限制了小型基站的通信范围），可以通过网络加密来减轻这种影响。

2. *移动异构网络太赫兹通信*

随着通信业务需求向多用户方向发展，大容量、高速移动异构网络（HetNets）融合多种接入网技术已成为一个发展趋势。因此将太赫兹技术应用于 HetNets 是一种具有前瞻性的方法，可以提高其传输速率和容量，实现 Tbit/s 水平的吞吐量。尽管 HetNets 存在高路径损耗和高方向性天线的要求，但通过部署家用基站（Femtocell），这些缺点可以转变为令人满意的优点。Femtocell 的部署减少了基站和用户之间所要求的距离，同时保持了接收端的信号与干扰加噪声比（Signal to Interference and Noise Ratio，SINR）。通过这样的设置，Femtocell 改进了频率复用的规则，提高了太赫兹频段系统的容量。这些 Femtocell 接入点可应用于家庭业务自动化、地铁车站、购物中心、交通灯等场景，使 HetNets 通过太赫兹信号进入通信的新时代。基于包括环境、质量和通信服务类型在内的几个指标，企业级小基站（Picocell）和家用基站将相应地被部署在太赫兹无线通信的宏基站（Macrocell）覆盖范围内如图 8-20 所示。乔达诺（Giordano）指出，6G 技术将允许无蜂窝架构，此架构是多频率与通信技术的紧密集成。这种设想可以通过开发多连接方式和在设备中设置分集和异构的无线支持技术来实现。即使在具有挑战性的迁移场景中，也可以通过无蜂窝的网络过程来保证无缝迁移切换支持和服务质量。此外，当超高密度 HetNets 与大数据网络组合时，李玉洲和张宇提出了一种基于 AI 的网络框架来进行节能操作。该框架通过对采集到的大数据进行分析，为网络提供了学习推理的能力，从而节省了基站大规模操作、主动缓存和干扰感知资源分配小规模操作的消耗。由于太赫兹通信系统由无孔不入的 Wi-Fi 网络中的接入点或异构网络中的基站集群组成，所以在其中可以部署强化学习。太赫兹通信具有自组织能力，它使 Femtocell 能够自主识别可用频谱并随后调整自身的参数。因此这些太赫兹通信小区可避免在覆盖范围内和覆盖边界的干扰限制下运行，并且质量服务也满足要求。

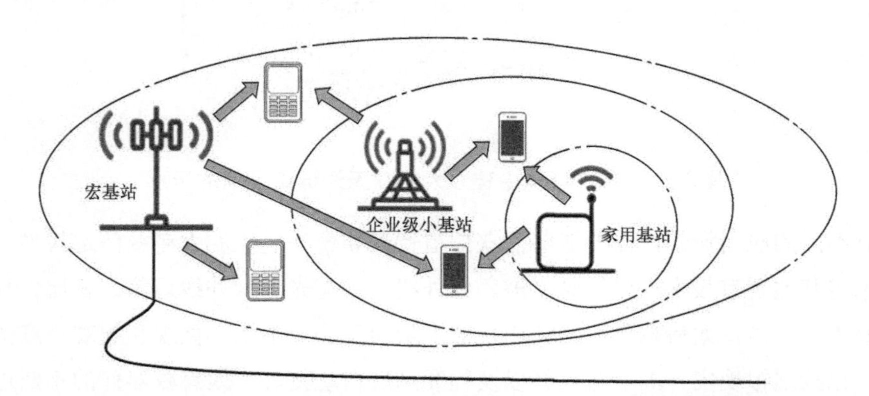


图8-20 企业级小基站和家用基站将相应地被部署在THz无线通信的宏基站覆盖范围内

3. 用于城市环境的太赫兹通信

2016 年，脸书推出了一个名为“Terragraph”的新项目，为拥挤的城市地区提供高速互联网服务。“Terragraph”采用了毫米波频段（60GHz 频段），并利用现有城市基础设施上的分布式接入点来实现快速、简单、低成本和易于管理的网络安装。多个接入点相互通信在城市上空形成网状网络，而不是通过铺设在高密度的城市环境中的光纤来实现。“Terragraph”推出了一个强大的解决方案，使用了 7GHz ～ 14GHz 的网络带宽，这被认为是迄今为止最大的商用无线电频段。此外，它是一个被许可的自由频谱，进一步降低了网格网络部署成本。因此“Terragraph”网络引入了一个良好的网络连接解决方案，它利用现有的城市物理资产，例如交通灯杆和灯柱，通过 Tbit/s 级的链路将服务提供商与终端用户连接起来。

尽管无线网格网络的解决方案具有上述优点，但是有几个瓶颈也会限制它的性能，并影响它将来在类似场景中的使用。第一，对于毫米波频段相关标准，IMT–2020（5G）推进组仍在研究中；第二，毫米波频段预计在未来十年将变得拥挤，它将不可能容纳更多的用户以及满足人口和数据通信服务的指数增长；第三，毫米波信号在下雨环境中衰减较大，在这种情况下，网格网络是向下的。换句话说，尽管“Terragraph”项目提出了重路由技术以避免链路中断的情况，但降雨会导致大部分网络中断。因此太赫兹频段提供了一个可靠的无线网络接入选择，它具有多个备份链接以避免链路中断，特别是它可以在不同的天气条件下工作，适应未来人口增长、城市环境快速变化和新的速率需求服务。城市环境中建立太赫兹无线链路通信的示意如图 8-21 所示。

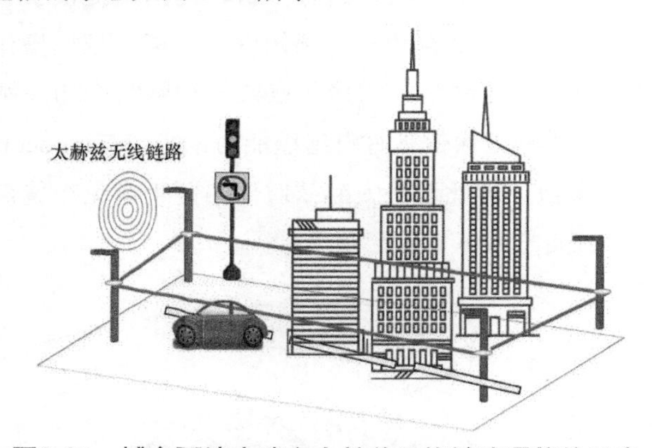


图8-21　城市环境中建立太赫兹无线链路通信的示意

针对不同的应用场景，需要能够捕获信道特性和传播现象的太赫兹信道模型。太赫兹无线技术与其他现有技术（包括毫米波、红外线、可见光和紫外线通信）相比，具有很大的预期潜力。此外，太赫兹频段已证明可被大量用于处理纳米、微观和宏观尺度的场景应用程序，包括虚拟现实、高清流媒体以及物联网的自动化等。太赫兹器件的不断进步将为实际太赫兹通信系统的快速发展奠定新的基础。随着太赫兹通信系统设想的出现，社会也会越来越期待超越 5G 网络的，近乎即时、无限的，具有无线连接能力的 6G 通信系统的实现。

# 缩略语

| 英文缩写 | 英文全称 | 中文全称 |
| --- | --- | --- |
| 3D | Three Dimensional | 三维 |
| 6DoF | 6 Degrees of Freedom | 6 自由度 |
| 6G | Sixth Generation Mobile Communication System | 第六代移动通信系统 |
| ACeS | Asian Cellular Satellite | 亚洲蜂窝卫星 |
| AE | Auto-Encoder | 自编码器 |
| AE | Antenna Element | 天线振子 |
| AI | Artificial Intelligence | 人工智能 |
| AM | Attention Mechanism | 注意力机制 |
| ANN | Artificial Neural Network | 人工神经网络 |
| AoA | Angular of Arrival | 到达角 |
| AoSA | Array of Subarray | 阵列中的子阵列 |
| APIS | Adaptive Pulse Interval Scheduling | 自适应脉冲间隔调度 |
| ARIMA | Auto Regressive Integrated Moving Average | 自回归综合移动平均 |
| AS | Autonomous System | 自治系统 |
| ASR | Automatic Speech Recognition | 自动语音识别 |
| AWGN | Additive White Gaussian Noise | 加性高斯白噪声 |
| BPTT | Backpropagation Through Time | 时间反向传播 |
| CA | Collision Avoidance | 避免冲突 |

| 英文缩写 | 英文全称 | 中文全称 |
| --- | --- | --- |
| CDA | Contrastive Divergence Algorithm | CD 算法 / 对比差异算法 |
| CDR | Call Detail Record | 通话详细记录 |
| CMOS | Complementary Metal Oxide Semiconductor | 互补金属氧化物半导体 |
| CNN | Convolutional Neural Network | 卷积神经网络 |
| ConvLSTM | Convolutional Long Short-Term Memory | 卷积长短时记忆 |
| CPU | Central Processing Unit | 中央处理器 |
| CR | Cognitive Radio | 认知无线电技术 |
| CRAN | Cloud Radio Access Network | 云无线接入网络 |
| CSI | Channel State Information | 信道状态信息 |
| CUDA | Compute Unified Device Architecture | 统一计算设备架构 |
| D2D | Device to Device | 设备到设备 |
| D2NN | Diffractive Deep Neural Network | 衍射深度神经网络 |
| DAE | Denoising Auto-Encoder | 去噪自编码器 |
| DBN | Deep Belief Network | 深度置信网络 |
| DKL | Deep Kernel Learning | 深度核函数学习 |
| DL | Deep Learning | 深度学习 |
| DL | Down Link | 下行链路 |
| DLSN | Double Layered Satellite Network | 双层卫星网络 |
| DNN | Deep Neural Network | 深度神经网络 |
| DPGM | Deep Policy Gradient Method | 深度策略梯度法 |
| DPPO | Distributed Proximal Policy Optimization | 分布式近端策略优化 |
| DRL | Deep Reinforcement Learning | 深度强化学习 |
| DSA | Dynamic Spectrum Allocation | 动态频谱分配 |
| DSRC | Dedicated Short-Range Communication | 专用短程通信 |
| DZN | Deep Zipper Network | 深链网络 |
| EGP | External Gateway Protocol | 外部网关协议 |
| ELF | Extremely Low Frequency | 极低频率 |

| 英文缩写 | 英文全称 | 中文全称 |
| --- | --- | --- |
| EMD | Edge Mobile Device | 边缘移动设备 |
| EMF | Electro Magnetic Field | 电磁场 |
| EPC | Electrical Power Conditioner | 电源功率控制器 |
| FC | Fog Computing | 雾计算 |
| FCC | Federal Communications Commission | 美国联邦通信委员会 |
| FD | Flexible Duplex | 灵活双工 |
| FD | Full-Dimension | 全维 |
| FoV | Field of View | 视场 |
| F-RAN | Fog Radio Access Network | 雾无线接入网络 |
| FSO | Free Space Optical | 自由空间光学 |
| FSS | Fixed- Satellite Service | 固定卫星业务 |
| FTDMA | Frequency and Time Division Multiple Access | 频时分多址 |
| GAN | Generative Adversarial Network | 生成对抗网络 |
| GEO | Geostationary Earth Orbit | 地球静止轨道 |
| GIM | Generalized Index Modulation | 广义索引调制 |
| GP | Gaussian Process | 高斯过程 |
| GPR | Gaussian Process Regression | 高斯回归过程 |
| GPU | Graphics Processing Unit | 图形处理单元 |
| GRU | Gate Recurrent Unit | 门递归单元 |
| GSM | Generalized Spatial Modulation | 广义空间调制 |
| GW | Gateway | 网关 |
| HBF | Holographic Beam Forming | 全息波束赋形 |
| HBT | Heterojunction Bipolar Transistor | 异质结双极性晶体管 |
| HDFS | Hadoop Distribute File System | Hadoop 分布式计算文件系统 |
| HDTV | High Definition Television | 高清电视 |
| HEMT | High Electron Mobility Transistor | 高电子迁移率晶体管 |
| HEO | Highly Elliptical Orbit | 高椭圆轨道 |

| 英文缩写 | 英文全称 | 中文全称 |
|---|---|---|
| IID | Independent and Identically Distributed | 独立同分布 |
| IDS | Intrusion Detection System | 入侵检测系统 |
| IGSO | Inclined GeoSynchronous Earth Orbit | 倾斜地球同步轨道 |
| IMUX | Input Multiplexer | 输入复用器 |
| IoE | Internet of Everything | 万物互联 |
| IOL | Inter-Orbit Link | 轨间链路 |
| IoNT | Internet of Nano-Thing | 纳米物联网 |
| IoT | Internet of Thing | 物联网 |
| IoV | Internet of Vehicle | 车联网 |
| ISI | Inter-Symbol Interference | 符号间干扰 |
| ISL | Inter-Satellite Link | 星际链路 |
| ISP | Internet Service Providers | 互联网服务提供商 |
| ITU | International Telecommunication Union | 国际电信联盟 |
| iWNSN | in-vivo Wireless Nano Sensor Network | 体内无线纳米传感器网络 |
| KPI | Key Performance Indicator | 关键绩效指标 |
| LED | Light Emitting Diode | 发光二极管 |
| LoS | Line of Sight | 视距 |
| LS | Least Square | 最小二乘 |
| LS-GAN | Loss-Sensitive Generative Adversarial Network | 损失敏感生成式对抗网络 |
| LSTM | Long Short Term Memory | 长短时记忆模型 |
| LSVRC | Large Scale Visual Recognition Challenge | 大规模视觉识别挑战 |
| LTE | Long Term Evolution | 长期演进 |
| M2M | Machine-to-Machine | 机器对机器 |
| MA-ADM | Media Access Angular Division Multiplexing | 角分复用 MAC 协议 |
| MDP | Markov Decision Processes | 马尔科夫决策过程 |
| MEO | Medium Earth Orbit | 中轨道 |
| MF-TDMA | Multiple Frequencies Time Division Multiple Access | 多频时分多址 |

| 英文缩写 | 英文全称 | 中文全称 |
| --- | --- | --- |
| ML | Machine Learning | 机器学习 |
| ML | Maximum Likelihood | 最大似然估计 |
| MLP | Multilayer Perceptron | 多层感知器 |
| MMSE | Minimum Mean Square Error | 最小均方误差 |
| MRRC | Maximum Receive Ratio Combining | 最大比合并接收 |
| MSS | Mobile Satellite Service | 移动卫星业务 |
| MTSR | Mobile Traffic Super Resolution | 移动流量超分辨率 |
| NCC | Network Control Center | 网控中心 |
| NE | Nash Equilibrium | 纳什均衡 |
| NLoS | Non-Line of Sight | 非视距 |
| NLP | Natural Language Processing | 自然语言处理 |
| NN | Neural Network | 神经网络 |
| NPA | Nano Phased Array | 纳米相控阵 |
| NPU | Neural Processing Unit | 神经处理单元 |
| OAM | Orbital Angular Momentum | 轨道角动量 |
| OMUX | Output Multiplexer | 输出复用器 |
| OWC | Optical Wireless Communication | 光无线通信 |
| PCA | Principal Components Analysis | 主成分分析 |
| PDF | Probability Density Function | 概率密度函数 |
| PDP | Power Delay Profile | 功率延迟剖面 |
| PEP | Pairwise Error Probability | 配对错误概率 |
| POE | Power Over Ethernet | 以太网供电 |
| QCL | Quantum Cascade Laser | 量子级联激光器 |
| QKD | Quantum Key Distribution | 量子密钥分配 |
| QoE | Quality of Experience | 体验质量 |
| QoL | Quality of Life | 生活质量 |
| QoS | Quality of Service | 服务质量 |

| 英文缩写 | 英文全称 | 中文全称 |
| --- | --- | --- |
| RAT | Radio Access Technology | 无线电接入技术 |
| RBM | Restricted Boltzmann Machine | 限制型波兹曼机 |
| ReLU | Rectified Linear Unit | 线性整流单元 |
| RF | Radio Frequency | 射频 |
| RFI | Radio Frequency Interference | 无线电频率干扰 |
| RFID | Radio Frequency Identification | 射频识别 |
| RNM | Residual Network Model | 残差网络模型 |
| RNN | Recurrent Neural Network | 递归神经网络 |
| ROI | Region of Interest | 兴趣区域 |
| RTR | Request-To-Receive | 请求接收 |
| SA | Subarray | 子阵列 |
| SAN | Satellite Access Node | 卫星接入节点 |
| SARSA | State-Action-Reward-State-Action | 状态 - 执行 - 反馈 - 状态行为 |
| SDK | Software Development Kit | 软件开发工具包 |
| SDM | Software-Defined Material | 软件定义材料 |
| SDN | Software Defined Network | 软件定义网络 |
| SELU | Scaled Exponential Linear Unit | 比例指数线性单元 |
| SGD | Stochastic Gradient Descent | 随机梯度下降法 |
| SINR | Signal to Interference and Noise Ratio | 信号与干扰加噪声比 |
| SLF | Super Low Frequency | 超低频 |
| SM | Spatial Modulation | 空间调制 |
| SMX | Spatial Multiplexing | 空间复用 |
| SNR | Signal to Noise Ratio | 信噪比 |
| SRN | Satellite Relay Node | 卫星中继节点 |
| SSA | Static Spectrum Allocation | 静态频谱分配 |
| SVM | Support Vector Machine | 支持向量机 |
| T2I | Train to Infrastructure | 列车与基础设施 |

| 英文缩写 | 英文全称 | 中文全称 |
| --- | --- | --- |
| TC | Transmission Confirmation | 传输确认 |
| TDMA | Time Division Multiple Access | 时分多址 |
| TG3d | The Task Group 3d | 3d 任务组 |
| TP | Tokenized Prediction | 标记化预测 |
| TPU | Tensor Processing Unit | 张量处理单元 |
| TR | Transmission Request | 传输请求 |
| UAC | Undersea Acoustic Communication | 水声通信 |
| UAV | Unmanned Aerial Vehicle | 无人机 |
| UL | Up Link | 上行链路 |
| UM-MIMO | Ultra-Massive Multiple Input Multiple Output | 超大规模多进多出天线 |
| UOWC | Underwater Optical Wireless Communication | 水下光无线通信 |
| UV | Ultra-Violet | 紫外线 |
| UWEC | Underwater Wireless Electromagnetic Communication | 水下无线电磁波通信 |
| V2I | Vehicle-to-Infrastructure | 车辆与基础设施 |
| V2V | Vehicle-to-Vehicle | 车对车 |
| VAE | Variational Auto-Encoder | 变分自编码器 |
| VLC | Visible Light Communication | 可见光通信 |
| VLF | Very Low Frequency | 甚低频 |
| VR | Virtual Reality | 虚拟现实 |
| VSAT | Very Small Aperture Terminal | 甚小口径天线终端 |
| WGAN | Wasserstein Generative Adversarial Network | 瓦瑟斯坦生成式对抗网络 |
| WIET | Wireless Information and Energy Transfer | 无线信息和能量传输的集成 |
| WLAN | Wireless Local Area Network | 无线局域网络 |
| WPAN | Wireless Personal Area Network | 无线个人区域网络 |
| WPT | Wireless Power Transfer | 无线功率传输 |
| WSN | Wireless Sensor Network | 无线传感器网络 |
| XR | Extended Reality | 扩展现实 |

# 参考文献


[1] 汪丁鼎，许光斌，丁巍，等，5G 无线网络技术与规划设计［M］. 北京：人民邮电出版社，2019.

[2] T. S. Rappaport. Wireless beyond 100 GHz: opportunities and challenges for 6G and beyond[J]. IEEE COMCAS Keynote，2019.

[3] Zhao. N，Zhang. S，Yu. F. R，etc.，Exploiting interference for energy harvesting: a survey，research issues，and challenges[J]. IEEE Access，2017, 5: 10403-10421.

[4] Calvanese Strinati E.，6G: The Next Frontier: From Holographic Messaging to Artificial Intelligence Using Subterahertz and Visible Light Communication [J]. IEEE Vehicular Technology Magazine，2019, 14（3）:42-50.

[5] Fei. B，Zhang Y，UAV communications for 5G and beyond: recent advances and future trends[J]. IEEE Internet of Things Journal，2019, 6（2）: 2241-2263.

[6] Saad. W，Bennis. M，Chen. M，A Vision of 6G Wireless Systems: Applications，Trends，Technologies，and Open Research Problems[J]. IEEE Network (Early Access)，2019.

[7] Wollschlaeger. M，Sauter. T，Jasperneite. The Future of Industrial Communication: Automation Networks in the Era of the Internet of Things and Industry 4.0，IEEE Ind. Electron. Mag.，11（1）：17–27.

[8] Choi. J，Va. V，Gonzalez-Prelcic. N，etc. Millimeter-wave vehicular communication to support massive automotive sensing[J]. IEEE Commun. Mag.，2016, 54（12）: 160–167.

[9] Chen. Z，Ma. X，Zhang. B，etc. A survey on terahertz communications[J]. China Communications，2019, 16（2）：1–35.

[10] 蔡青松．毫米波混合波束成形技术研究 [D]. 西安：西安电子科技大学，2015.

[11] 蓝骥．宽带毫米波通信接收前端的研究 [D]．南京：东南大学，2015.

[12] Nagatsuma. T，Ducournau. G，C. C. Renaud，Advances in terahertz communications accelerated

by photonics[J]. Nature Photonics，2016，10（6）：371.

[13] 刘晓婷．全双工 MIMO 中继系统的空域自干扰消除方案研究 [D]. 南京：南京邮电大学，2016.

[14] 陈聪．全双工微波通信数字域自干扰抑制方法研究与实现 [D]. 成都：电子科技大学，2015.

[15] 房龄江． 同时同频全双工 RLS 数字自干扰抑制关键技术与验证 [D]. 成都：电子科技大学，2016.

[16] Han. C，Bicen. A. O，Akyildiz. I. F.，Multi-ray channel modeling and wideband characterization for wireless communications in the terahertz band[J]. IEEE Trans. Commun. ，2015, 14（5）：2402–2412.

[17] Kokkoniemi. J，Lehtomaki. J，Juntti M. A discussion on molecular absorption noise in the terahertz band[J]. Nano Communication Networks，2016, 8: 35–45.

[18] 许光斌．不同频率的降雨气候视距衰减率分析 [J]. 移动通信．2017，41(8):17-20.

[19] 许光斌，徐晓峰．5G 信号在沙尘气候中的特征衰减率分析 [J]. 信息通信．2019，9:198-199.

[20] 周旺，翁凌雯，周东方．沙尘衰减对微波通信的影响 [J]. 微计算机信息，2005，8:68-69.

[21] 阎毅，黄际英，黄俊． 微波毫米波在战场烟尘中的传播 [J]. 西安电子科技大学学报，2000，4:433-436.

[22] 沈笑云，尤佳林，张思远．多因素影响下的 ADS-B 地面站覆盖及仿真 [J]. 计算机测量与控制，2016，24(8):186-189.

[23] 徐英霞，杜延，黄际英，等．沙尘暴对地空路径上 Ka 频段电波传播的影响 [J]. 电波科学学报，2003，3:328-331.

[24] 全庆一，廖建新，胡健栋，等．卫星移动通信［M］. 北京：北京邮电大学出版社，2010.

[25] 尹文言，肖景明．沙尘暴对微波通信线路的影响 [J]. 通信学报，1991，5:91-96.

[26] 杨瑞科，鉴佃军，姚荣辉． 沙尘暴中毫米波传播衰减及双频互相关函数研究 [J]. 西安电子科技大学学报，2007，6:953-957.

[27] 周旺，周东方，侯德亭，等． 微波传输中沙尘衰减的计算与仿真 [J]. 强激光与粒子束，2005，8:1259-1262.

[28] Han. C，Tong. W，X. Yao. W. MA-ADM: A memory-assisted angular-division multiplexing MAC protocol in Terahertz communication networks[J]. Nano Communication Networks，2017，13：51 – 59.

[29] Han. C，Zhang. X，Wang. X. On medium access control schemes for wireless networks in the millimeter-wave and terahertz bands[J].Nano Communication Networks，2019，19：67 – 80.

[30] Cacciapuoti. A. S，Sankhe. K，Caleffi. M. Beyond 5G: Terahertz-based Medium Access Protocol for mobile heterogeneous networks[J].IEEE Communications Magazine，2018，56（6）：110–115.

[31] Tong. W，Han. C. MRA-MAC: A multi-radio assisted medium access control in terahertz communication networks[J]. IEEE Global Communications Conference，2017.

[32] Luoyang Fang，Xiang Cheng，Haonan Wang，etc. Mobile Demand Forecasting via Deep Graph-Sequence Spatiotemporal Modeling in Cellular Networks[J]. IEEE Internet of Things Journal，2018.

[33] Chaoyun Zhang，Paul Patras，Hamed Haddadi. Deep Learning in Mobile and Wireless Networking:A Survey[J].IEEE COMMUNICATIONS SURVEYS & TUTORIALS，2019.

[34] Weibo Liu，Zidong Wang，Xiaohui Liu，etc. A survey of deep neural network architectures and their applications[J]. Neurocomputing，2017，234:11–26.

[35] Mehdi Gheisari，Guojun Wang，Md Zakirul Alam Bhuiyan. A survey on deep learning in big data[J]. IEEE International Conference on Computational Science and Engineering (CSE) and Embedded and Ubiquitous Computing (EUC)，2017，2：173– 180.

[36] Nie. S，Jornet. J. M，Akyildiz. I. F. Intelligent environments based on ultra-massive MIMO platforms for wireless communication in millimeter wave and terahertz bands[J]. IEEE Int. Conf. Acoust. ，Speech，Signal Process. (ICASSP)，2019，7849–7853.

[37] Akyildiz. I. F，Jornet. J. M. Realizing ultra-massive MIMO (1024×1024) communication in terahertz band[J]. Nano Commun. Netw. ，2016 8：46–54.

[38] Han. C，Jornet. J. M，Akyildiz. I. Ultra-massive MIMO channel modeling for graphene-enabled terahertz-band communications[J]. IEEE Veh. Technol. Conf. (VTC)，2018.

[39] 吴诗其，胡剑浩，吴晓文，等．卫星移动通信新技术［M］．北京：国防工业出版社，2001.

[40] 陈振国，杨鸿文，郭文彬．卫星通信系统与技术［M］．北京：北京邮电大学出版社，2003.

[41] 王汝传，饶元，郑彦，等．卫星通信网络路由技术及其模拟［M］．北京：人民邮电出版社，2010.

[42] 肖清华，汪丁鼎，许光斌，等．TD-LTE 网络规划设计与优化［M］．北京：人民邮电出版社，2013.

[43] Ding. Y. M，Gao. S，Shi. X，etc Analysis of inter-satellite terahertz communication link，” in 3rd International Conference on Wireless Communication and Sensor Networks (WCSN)[J]. Atlantis Press，2016.

[44] Jafri. S. R. A，etc. Wireless brain computer interface for smart home and medical system[J]. Wireless Personal Communications，2019，106（4）：2163-2177.